GÉOLOGIE AGRICOLE

NANCY IMPRIMERIE BERGER-LEVRAULT ET Cⁱᵉ.

GÉOLOGIE AGRICOLE

PREMIÈRE PARTIE

DU

COURS D'AGRICULTURE COMPARÉE

FAIT A L'INSTITUT NATIONAL AGRONOMIQUE

Par Eugène RISLER

DIRECTEUR DE L'INSTITUT AGRONOMIQUE
MEMBRE DE LA SOCIÉTÉ NATIONALE D'AGRICULTURE DE FRANCE
MEMBRE DU CONSEIL SUPÉRIEUR DE L'INSTRUCTION PUBLIQUE

TOME I

PARIS

BERGER-LEVRAULT ET Cⁱᵉ
LIBRAIRES-ÉDITEURS
5, rue des Beaux-Arts, 5

LIBRAIRIE AGRICOLE
DE LA MAISON RUSTIQUE
26, rue Jacob, 26

1884

INTRODUCTION

AU

COURS D'AGRICULTURE COMPARÉE

(Leçon faite à l'Institut agronomique en 1878.)

MESSIEURS,

Les choses nouvelles ont ordinairement à passer par deux phases : dans la première, la critique les présente comme inutiles ou impossibles; dans la deuxième, elle cherche à prouver que, loin d'être nouvelles, elles sont au contraire connues depuis fort longtemps.

J'espère que le cours d'agriculture comparée, qui a été inscrit dans le programme de l'Institut agronomique et que je suis appelé à inaugurer devant vous, aura l'honneur d'arriver à cette seconde phase. Pour le moment, nous en sommes à la première.

On a dit : Pourquoi créer un cours d'agriculture comparée ? Il n'a pas sa raison d'être, pas plus qu'un cours de chimie comparée ou de mathématiques comparées.

Il est vrai que tout est comparaison dans nos observations et dans nos jugements. Il serait, en effet, ridicule de parler de chimie comparée ou de mathématiques comparées; — et cependant nous avons d'assez honorables précédents. Nous pouvons

a

citer l'*anatomie comparée*, d'où sont sorties la paléontologie et la géologie moderne; la *grammaire comparée*, la *législation comparée*, etc... Pourquoi ces exceptions? Pourquoi cette différence?
— Parce que, dans la chimie, on observe des phénomènes simples qui se produisent de la même manière partout et toujours, tandis que, dans l'anatomie comparée, on s'occupe d'êtres organisés, ou, pour ne pas employer un nouveau terme, de phénomènes complexes, formés de phénomènes simples qui sont associés de toutes sortes de manières. Puis dans les langues et les législations, il ne s'agit pas seulement de faits de l'ordre physique, mais de faits de l'ordre moral et intellectuel, comme dans l'économie politique, faits qui ne se produisent que chez les hommes réunis en sociétés, par conséquent, faits essentiellement complexes, qui varient avec les lieux et les temps.

Or, il en est précisément ainsi des systèmes de culture. Ce sont des faits très complexes qui varient, non seulement avec les nombreux faits que l'on a réunis sous les noms de *climat* et de *sol*, mais avec les *faits économiques*.

Comparez, par exemple, l'agriculture avec une de nos principales industries manufacturières. Quelque immense qu'elle soit, une fabrique de coton est infiniment plus simple dans son organisation que la plus petite et la plus modeste de nos fermes. Elle emploie toujours la même matière première; cette matière première passe toujours par la même série de machines; ces machines livrent toujours le même produit; il n'y a de différence que dans la finesse des filés. On peut construire des filatures exactement pareilles en Écosse, aux États-Unis d'Amérique ou en Alsace. Le terrain sur lequel elles sont bâties, le climat n'auront aucune influence sur elles. Pour établir, par une comptabilité rigoureuse, le prix de revient du kilogramme de filé de tel numéro, on ne trouvera comme éléments variables, que le coût de la matière première, de la houille, celui des salaires, etc.

Quand le même établissement réunit à la fois la filature et le tissage, il devient un peu plus complexe. Les produits de la filature servent de matières premières à la fabrication des étoffes. Mais c'est toujours du coton et rien que du coton.

Nous pourrions dire que nous aussi, nous agriculteurs, nous avons à fabriquer un tissu. C'est ce tissu merveilleux des plantes qui couvrent nos champs, tissu formé en quelque sorte par la réunion des éléments du sol avec ceux de l'atmosphère, sous l'influence de la lumière du soleil et des eaux de la pluie. Mais, au lieu de n'employer qu'une même matière première, partout et toujours, nous en avons de toutes sortes. Les unes, les substances azotées, l'acide phosphorique, la chaux, la potasse, etc., sont très inégalement réparties dans les diverses terres, et les autres très inégalement fournies par les divers climats. Nous avons autant de produits que de cultures. De plus, au lieu de les livrer directement au consommateur, il faut transformer la plupart de ces premiers produits, soit en lait, beurre, fromage, viande, laines, etc., par l'intermédiaire des animaux qui s'en nourrissent sur place, soit en fécule, sucre, vin, alcool, huile, etc., par les industries qui s'annexent aux cultures proprement dites. Chacune de ces productions représente en quelque sorte une industrie à part. La comptabilité agricole exprime bien cette complication; de là précisément viennent les difficultés qu'elle a souvent à surmonter.

Toutes ces productions doivent varier, non seulement avec le milieu physique, mais avec le milieu économique. Les prix de vente, par conséquent le produit brut, dépendent de la densité de la population, de sa richesse, de la nature de ses consommations, de son groupement en villes plus ou moins grandes, de la distance de la ferme au marché, du coût des transports, des droits de douane et d'octroi, et, quant aux frais de production, ils dépendent des salaires et des conditions variées de la main-d'œuvre, du prix des engrais et amendements, de celui des terres, des modes de fermages et des lois qui régissent la propriété, des impôts, etc.

Les classifications des systèmes de culture, proposées par Royer entre autres, n'en expriment que les traits généraux. En France, il y a, pour ainsi dire, autant de systèmes de culture qu'il y a d'anciennes dénominations comme *la Brie, la Beauce, le Vexin, le pays de Caux, le Bocage,* etc. Pendant longtemps ces systèmes de culture sont restés immuables dans leurs caractères essentiels ou n'ont subi que des changements très lents par une sorte de sélection naturelle, inconsciente à la plupart des cultivateurs qui les pratiquaient. Ils se formaient en quelque sorte comme les flores et les faunes en raison du milieu qui les entourait; les pratiques qui n'étaient pas appropriées à ce milieu ne vivaient pas longtemps et disparaissaient avec leurs auteurs; — celles qui réussissaient étaient imitées, se propageaient et s'adaptaient au milieu, sans que les gens du pays se rendissent bien compte pourquoi.

Mais, aujourd'hui, le milieu économique qui les entoure se transforme rapidement avec les moyens de transport. Tel produit qui se vendait bien autrefois a baissé de prix par suite de la concurrence; tel autre a augmenté par suite de l'accroissement de sa consommation; partout la main-d'œuvre devient rare et chère. Les vieux praticiens s'inquiètent.

La crise actuelle a des causes qui, je l'espère bien, ne seront que passagères: les mauvaises saisons, les maladies des plantes, etc... Après les vaches maigres viendront les vaches grasses. Mais cette crise a également d'autres causes, plus profondes, plus durables, dont la plupart proviennent du perfectionnement des moyens de transport et de l'amélioration du sort des classes inférieures. Elles se résoudront en fin de compte par un progrès général, mais elles n'en amènent pas moins des souffrances et, en certains endroits, des ruines pour les cultivateurs privés de l'instruction qui fait connaître les remèdes, ou des capitaux qui permettent de les appliquer. Ils ne peuvent plus faire ce que faisaient leurs pères, car les temps ont changé. Ils ressemblent à des marins privés de boussole. Comment diriger leur navire au milieu de ces mers inconnues?

Quant à vous, Messieurs, l'enseignement que vous recevez ici et que vous allez terminer cette année, doit vous apprendre à vous reconnaître le plus sûrement et le plus rapidement possible au milieu des circonstances variées où vous pouvez être appelés à pratiquer l'agriculture.

Quelques-uns d'entre vous deviendront peut-être eux-mêmes ou professeurs ou directeurs de stations agronomiques; raison de plus pour savoir comment vous pourrez le mieux vous préparer à être utiles aux praticiens et aux progrès de l'agriculture.

Nous voulons, autant qu'il est en notre pouvoir, vous épargner les déceptions et les revers.

Pour cela, rappelez-vous d'abord, quand vous vous trouverez à la tête d'une entreprise agricole, qu'il faut commencer par accepter ces anciens usages que je vous décrivais tout à l'heure. S'ils n'ont plus leurs raisons d'être, à coup sûr ils les ont eues pendant longtemps. Commencez par étudier ces raisons d'être; quand vous les aurez bien comprises, vous aurez le droit d'y faire des changements; vous comprendrez également les changements qui y sont survenus, et, d'après les variations observées dans les causes, vous serez amenés logiquement et sûrement à modifier les effets. Soyez modestes devant les vieux praticiens, comme doivent l'être des jeunes gens instruits à la fois de l'autorité des faits et de leur complication.

Vous trouverez dans les livres et les publications agricoles bien des faiseurs de systèmes hâtifs et incomplets. Ce sont souvent des hommes ingénieux et distingués; — mais ce sont des hommes qui n'ont vu qu'un côté des choses et qui se sont trop pressés de conclure à une règle générale. Quelquefois l'exagération même de leur système a fait leur succès momentané; le public s'est fait illusion quelque temps; mais cet engouement n'a pas été de longue durée, quoique, hélas! presque toujours il a fait des victimes. J'en ai vu de ces victimes, souvent des jeunes gens pleins d'enthousiasme et de courage.

Il fut un temps où l'on s'était passionné pour l'agriculture allemande ou belge, puis vint le tour de l'agriculture anglaise. — L'agriculture ultra-intensive jette encore beaucoup de poudre aux yeux. — On a vu également la doctrine des engrais chimiques qu'on présentait comme pouvant remplacer complètement et économiquement le fumier de ferme. — On a vu, il y a 25 à 30 ans, la passion de la viticulture. On voulait faire des vignes partout et les tailler partout à la méthode de Guyot. Le Dr Guyot a été un brillant exemple de ces hommes à systèmes. Il est mort avec toutes ses illusions au moment où le phylloxera commençait à envahir les vignobles du Languedoc.

Non seulement l'agriculture comparée constate que les méthodes de culture varient avec le sol, le climat et les conditions économiques, mais elle étudie comment, suivant quelles lois elles doivent varier.

Toutes les leçons que vous avez suivies vous ont montré quelques-unes des lois suivant lesquelles les systèmes de culture varient avec le climat, le sol et les conditions économiques du milieu qui les entoure. Je n'ai qu'à les compléter.

Quel ordre suivre dans ce cours? Comment le diviser?

A première vue, il semble que nous devrions étudier successivement l'agriculture des divers pays, de l'Angleterre, de la Belgique, de l'Allemagne, de la Suisse, etc. Nous trouvérions pour cela des guides excellents dans M. de Lavergne, M. de Laveleye, M. Tisserand, etc. Puis nous aurions à les comparer avec l'agriculture de la France. Nous diviserions ainsi notre sujet suivant les groupes politiques formés en Europe ou ailleurs. Les gouvernements, les lois et les mœurs ont, en effet, des influences nombreuses sur les systèmes de culture. Mais elles sont loin d'être aussi importantes que les influences du climat, du sol, de la densité des populations, des débouchés, etc., et ces facteurs principaux sont indépendants des frontières. Il faudrait, pour chaque contrée, commencer par les décrire et puis passer aux détails agricoles qui n'offrent pas partout le même intérêt. Cela nous prendrait trop de temps pour des redites inutiles.

Il vaut donc mieux diviser notre cours d'après les grands facteurs de systèmes de culture : le *climat*, le *sol* et les *conditions économiques*, et comme ces dernières peuvent varier, soit *dans le temps*, soit *dans l'espace*, nous aurons 4 parties :

1° *La climatologie agricole ;*

2° *La géologie agricole ;*

3° *L'histoire de l'agriculture;*

4° *La géographie ou statistique agricole.*

Comme le nombre de nos leçons est fort limité et que vous avez déjà suivi un excellent cours de météorologie [1], je ne m'occuperai des climats que dans leurs rapports avec le sol et les questions économiques.

Nous allons donc commencer par l'*étude du sol arable* ou la *géologie agricole.*

Des cours antérieurs, faits par des professeurs éminents [2], vous ont déjà appris à connaître les propriétés physiques des terres, leur composition chimique, les matières qui sont utiles à la végétation et les méthodes pour les doser.

MM. Carnot et Delesse vous ont fait des cours de minéralogie et de géologie, malheureusement restreints à un nombre de leçons beaucoup trop faible pour le mérite des professeurs et l'importance des sujets qu'ils traitent. Je prendrai mon point

---

1. Par M. Ed. Becquerel en 1868, puis par M. Duclaux.

2. MM. Grimaux, Péligot, Boitel et Schlœsing.

de départ dans le cours de géologie, et je chercherai à me rapprocher de plus en plus du domaine de la pratique, en vous décrivant les caractères agricoles des divers terrains classés par formations géologiques. C'est à la fois la classification la plus scientifique et la plus pratique.

GÉOLOGIE AGRICOLE

CHAPITRE Ier

UTILITÉ DE LA GÉOLOGIE POUR L'ÉTUDE DES TERRES ARABLES

Les classifications que donnent la plupart des traités d'agriculture, par exemple celle de M. Masure, qui est la plus logique et la plus simple, divisent les terres en terres franches, terres argileuses, terres sablonneuses, terres calcaires, terres argilo-calcaires, etc. Mais cela ne suffit pas.

Il y a sable et sable. Il y a toutes sortes d'argiles. Il y a également toutes sortes de calcaires : la craie ne ressemble pas au calcaire corallien et le calcaire corallien ne ressemble pas davantage au calcaire grossier des environs de Paris. Les terres qui dérivent des uns ou des autres diffèrent par leur composition chimique comme par leurs propriétés physiques; elles n'ont ni la même profondeur, ni le même sous-sol.

La plupart des agriculteurs emploient seulement les termes de *terres fortes* ou *terres légères*, *terres chaudes* ou *terres froides* qui sont connus partout, ou ces dénominations locales qui sont très caractéristiques, comme, par exemple, *diot* pour l'argile glaciaire en Savoie, *arène* pour sable granitique dans le Morvan et le Limousin, *groix* pour terres de calcaires oolithiques dans le Poitou, etc., dénominations qui varient d'un pays à l'autre, mais qu correspondent presque toujours à certaines formations géologiques et que la géologie seule peut réunir dans une classification générale.

Les marnages et les chaulages sont, depuis longtemps, usités dans certaines parties de la France. Mais aujourd'hui le progrès des moyens de transport permet de les étendre à des régions où ils coûtaient trop cher autrefois. Quelles sont les terres auxquelles ils conviennent? à quelle dose faut-il les employer, suivant qu'ils sont plus ou moins riches en chaux pure?

Si les engrais chimiques peuvent rarement remplacer le fumier de ferme, il est aujourd'hui démontré que, dans beaucoup de terres, on ne peut arriver aux rendements maxima de la culture intensive et souvent faire une culture quelconque avec chances de bénéfice, qu'en employant des phosphates comme addition au fumier, comme engrais complémentaire. Les terres sont incomplètes, il faut aller prendre dans certaines couches les phosphates qui y sont en excès pour les porter dans les terres qui en manquent. Quelles sont ces terres? — Ailleurs, c'est la potasse qui fait défaut; comment le savoir?

Les anciennes classifications ne répondent à aucune de ces questions. Mais, en s'appuyant sur la géologie, elles pourront être plus utiles aux agriculteurs; en devenant plus réellement scientifiques, elles seront du même coup plus pratiques.

Pourquoi la géologie ne deviendrait-elle pas aussi utile pour les agriculteurs qu'elle l'a été pour les métallurgistes et les ingénieurs? Les minerais de fer et les matériaux de construction ne sont pas plus régulièrement répartis que les marnes, les phosphates et les sels de potasse.

Et, si l'on peut indiquer les formations dans lesquelles il y a quelque probabilité de trouver des dépôts d'amendements ou d'engrais exploitables, pourquoi ne pourrait-on pas indiquer tout aussi bien celles où ils peuvent être employés avec le plus de profit, celles qui manquent le plus de chaux, de phosphate, etc. ?

« C'est dans la constitution géologique du sol, disait Antoine Passy, qu'il faut chercher les raisons des dénominations spéciales affectées à certaines étendues du pays.

« Le bon sens des paysans a devancé la science; il a distingué par

un nom particulier chaque étendue offrant le même aspect et la
même culture [1]. »

Ces rapports ont été indiqués d'une manière plus précise encore
par Élie de Beaumont et Dufrénoy, les savants auteurs de la Carte
géologique de la France :

« Le mot *pays*, dans le langage des naturalistes, disent-ils dans
leur Introduction, est très significatif et présente à l'esprit une tout
autre idée que celle qu'on y attache dans le langage ordinaire. Il
désigne un ordre tout particulier de terrain dans une certaine
étendue. On se tromperait fort si l'on croyait que tout est confondu
dans notre globe, et cette manière de s'exprimer qu'ont adoptée les
naturalistes prouve le contraire. Ceux qui voyageront en naturalistes
verront qu'il est tout à fait dans l'ordre de dire : *pays à craie, pays
à marbre, pays à ardoise*, etc., car ils verront que, pendant telle ou
telle étendue, le fonds du terrain est formé de telle ou telle matière,
et que, s'il y a quelque variété pendant une certaine étendue, ou
quelque matière particulière, le fonds du terrain est caractérisé
constamment par l'une ou l'autre des matières minérales qui y est
prédominante.

« Les contours de chacun de ces *pays*, d'une composition spéciale,
sont ordinairement assez faciles à saisir, parce que chacune des matières minérales qui constituent les différents compartiments de l'é-
corce terrestre imprime généralement à la partie correspondante
de la surface des caractères particuliers : d'où il résulte que leurs
limites respectives se décèlent extérieurement par des circonstances
plus ou moins frappantes, que l'œil saisit avec facilité dès que l'esprit en est prévenu.

« Un premier coup d'œil jeté sur la carte géologique de la France
fait voir qu'en effet il existe souvent des rapports extrêmement marqués entre les formes extérieures du sol et sa composition intérieure.

« L'immense quantité de vallées et de petits ruisseaux qui sillonnent dans toutes les directions les montagnes granitiques du Limousin et de l'Auvergne, se reproduisent dans la partie de la Vendée,
de la Bretagne et des Vosges dont le sol appartient aux terrains

---

1. *Description géologique du département de la Seine-Inférieure.*

cristallisés. Cette disposition est si prononcée, qu'on peut tracer approximativement les limites de ces terrains par la seule considération des cours d'eau.

« Cette considération des cours d'eau et des vallées qu'ils occupent est encore un guide presque certain pour distinguer les contrées dont le sol est formé par les divers terrains de sédiment. En effet, l'on voit que dans les départements de la Dordogne, du Lot, de l'Aveyron et du Tarn, où le calcaire du Jura domine, les vallées sont rares et profondes. La forme abrupte de leurs escarpements nous montre, en outre, que ces vallées sont le produit de fentes qui ont coupé le terrain sur une épaisseur considérable. Il en résulte que ces contrées, lorsqu'elles n'ont pas éprouvé de bouleversements très violents, présentent de vastes plateaux bordés de murs presque verticaux. Le simple passage de l'un des bords d'une vallée à l'autre bord exige plusieurs heures. Telles sont, par exemple, les *Causses* du midi de la France, dont la surface, élevée au-dessus de la mer de plusieurs centaines de mètres, se lient au même niveau sur 12 à 15 lieues de longueur, sans autre accident de terrain que des crevasses énormes qui les traversent dans toute leur longueur. Ces terrains ne présentent pas partout des plateaux aussi étendus; mais le petit nombre de vallées qui les arrosent, et leur profondeur, sont des caractères qui les distinguent constamment.

« Les contrées formées de terrains crétacés ont une certaine analogie avec les pays de calcaire jurassique dont nous venons de parler; mais les premiers admettent toujours, outre les vallées de déchirement, un certain nombre de vallées à formes plus douces et creusées simplement par l'action des eaux : les ruisseaux y sont alors plus nombreux, et les coupes des montagnes, quoique fortement allongées, sont en général arrondies. Enfin, les couches argileuses, si abondantes dans les terrains tertiaires, donnent souvent à ces terrains la propriété de retenir les eaux; aussi leur surface est-elle fréquemment couverte d'une quantité prodigieuse de petits étangs qui donnent au pays une physionomie toute particulière. Les départements d'Indre-et-Loire, de Loir-et-Cher, du Loiret, ainsi que les plaines si fertiles de la Bresse, nous offrent des exemples de cette disposition.

« Plusieurs des relations que nous venons de signaler entre les formes extérieures du sol et la nature intérieure du terrain sont d'un ordre infiniment supérieur aux modifications que les travaux des hommes peuvent opérer. On ne saurait nier, sans doute, que l'industrie humaine n'ait produit de grands changements sur les apparences extérieures de beaucoup de parties de la surface de notre globe : et n'est-ce pas, en effet, de nos jours, une chose rare et imposante qu'une scène naturelle composée d'éléments assez grands pour qu'on puisse se dire que les travaux des hommes n'ont eu sur elle aucune influence, et qu'elle est exactement telle qu'on la verrait si le régime des Celtes et des Druides régissait encore l'Europe ?

« A l'exception de la mer, dont la perpétuelle mobilité nous échappe, et des hautes montagnes que leurs neiges éternelles ont préservées des atteintes de l'activité humaine, notre industrie a changé plus ou moins la surface de tous les pays civilisés. Mais si, en dépouillant le sol de ses bruyères ou de ses forêts, en l'ouvrant à l'action des agents atmosphériques qui tendent à le dégrader, en apportant des modifications jusque dans le climat auquel il se trouve exposé, les travaux des hommes ont changé la forme des rapports qui existaient, dans l'origine, entre la constitution intérieure du sol et sa manière d'être extérieure, ils n'ont pu rendre semblables, même à l'extérieur, des sols dont l'intérieur est différent.

« L'industrie humaine a profité des circonstances qui dévoilent la composition intérieure du sol ; mais elle a dû, dans chaque contrée, se conformer à leur nature, et les moyens variés qu'elle a pris pour les mettre à profit n'ont fait, en général, que les rendre plus apparentes.

« La facilité toujours croissante des communications, l'établissement des chemins de fer, pourront rapprocher les villes et prolonger, pour ainsi dire, les faubourgs de Paris jusqu'aux frontières du royaume, mais ces puissants instruments d'une civilisation perfectionnée, tout en devenant pour les campagnes une source nouvelle de fécondité, ne pourront faire que les cultures établies sur des sols différents s'identifient plus qu'elles ne l'ont fait jusqu'à ce jour. La facilité des communications ne changera ni la forme des vallées, ni l'aspect des coteaux ; elle permettra, au contraire, de les comparer plus facilement, et, par conséquent, de mieux saisir leurs dissemblances.

« Le besoin de noms propres, pour désigner les espaces où se manifestent ces dissemblances, se fera de plus en plus sentir ; et ceux qu'une longue habitude a affectés à cet usage, loin de s'effacer, prendront un sens de plus en plus déterminé. *La Beauce, la Brie, la Sologne,* ne cesseront donc jamais d'avoir des noms spéciaux, et l'on comprendra de mieux en mieux que la connaissance des noms de ce genre et de tout ce qu'ils expriment est, à la fois, la base de la géographie ordinaire et de la géographie minéralogique. C'est là leur point de contact et leur point de départ commun. »

<hr>

§ 1. — Engrais complémentaires.

Pour juger si une terre a besoin de tel engrais ou de tel autre, le moyen le plus simple est d'essayer ces engrais, mais de les essayer avec une certaine méthode, suivant un certain plan. C'est ce que l'on a appelé :

L'analyse du sol par les plantes ou *par les engrais.*

Pour cela, on divise le champ d'expérience en un certain nombre de parcelles égales et juxtaposées, par exemple d'un are ou d'un demi-are chacune, et l'on essaye sur la première de l'azote seul (nitrate ou sulfate d'ammoniaque), sur la deuxième de la potasse, sur la troisième de l'acide phosphorique, puis, deux à deux, de l'azote et de la potasse, de l'azote et de l'acide phosphorique, et enfin tous les trois ensemble, azote, potasse et acide phosphorique[1]. Au milieu de ces parcelles à engrais variés, on en réserve une ou deux comme témoins, sans rien y mettre. L'état et le poids des récoltes montreront de quels engrais la terre avait besoin.

---

1. On peut y ajouter des bandes spéciales pour l'essai de la chaux, des sulfates, etc.

Si l'on veut se rendre compte de l'influence des engrais sur différentes récoltes, on peut tracer, en travers des bandes affectées à ces engrais, des bandes perpendiculaires destinées l'une aux pommes de terre ou betteraves, la deuxième au froment, la troisième au trèfle, etc. On forme ainsi une espèce de table de Pythagore dont les produits sont fort intéressants.

Plus les surfaces des champs d'expérience sont grandes, plus les résultats sont considérés comme valables, mais, d'un autre côté, plus il y a de travail pour obtenir des résultats bien exacts en pesant avec soin les récoltes. D'ailleurs, il ne faut pas se faire illusion sur la valeur des résultats obtenus sur de grandes surfaces. Cette valeur n'est réelle que si toutes ces surfaces sont homogènes. Quand il y a dans une ferme différents types de terres, il faut répéter les essais d'engrais analyseurs pour chacun de ces types. Pour reconnaître ces types, l'étude géologique du sol sera très utile.

Tous les cultivateurs ne peuvent pas, surtout dans les pays de petite culture et de petite instruction comme le sont beaucoup de nos départements, faire les essais dont je viens de tracer le plan, quelque simples qu'ils nous paraissent. D'ailleurs, ces essais exigent l'emploi de la balance et un certain temps qui se trouve difficilement à l'époque des foins et de la moisson.

Pour que l'emploi des engrais chimiques se généralise, il faut un intermédiaire entre le fabricant d'engrais et le cultivateur. Cet intermédiaire sera le chimiste directeur de laboratoire agricole ou de *station agronomique*. La station agronomique deviendra pour toutes les applications de la science à l'agriculture : emploi des engrais, rationnement des animaux, choix et perfectionnement des graines, destruction des parasites de toutes sortes qui trop souvent, hélas ! détruisent nos récoltes, drainages, irrigations, etc.,... l'intermédiaire indispensable, comme la pharmacie est l'intermédiaire entre le médecin et le malade.

Or, le directeur de la station agronomique ne pourra donner des avis que s'il provoque et, au besoin, entreprend lui-même des essais d'engrais, comme ceux que je viens de décrire sur les types principaux de terres qui se rencontrent dans sa circonscription, ou s'il a, soit pour les remplacer, soit pour les appuyer, des méthodes d'analyse assez sûres et assez complètes pour qu'il puisse en déduire des réponses pratiques.

Ces méthodes existent-elles ? Examinons cette question. Nous verrons qu'elle n'est pas étrangère à celle des applications de la géologie à l'agriculture.

***

§ 2. — Analyse chimique des terres.

M. Paul de Gasparin est le premier chimiste qui a bien compris comment l'analyse des terres devait être conduite et jusqu'où elle devait être portée pour être réellement utile aux cultivateurs. Dans sa *Détermination des terres arables dans le laboratoire*, il a voulu arriver à pouvoir leur dire nettement : « Pour telle terre, achetez tel engrais, les récoltes le paieront bien ; pour telle autre, ce serait une dépense superflue. »

Dans ce but, il a analysé par la même méthode, méthode qu'il a décrite avec beaucoup de détails dans son traité [1], soixante-deux terres sur lesquelles il avait recueilli des renseignements très complets (situation, formation géologique, cultures, engrais qui y réussissent, etc.). Puis, comparant les terres entre elles et avec les données qu'il avait sur les essais d'engrais qu'on y avait faits, il a pu formuler des règles comme les suivantes :

« La minéralisation des engrais par les sels de potasse ne doit être

---

1. Évidemment on doit, pour les mêmes échantillons de terres, obtenir des dosages très différents, suivant que l'on rapporte les poids déterminés à l'ensemble de l'échantillon ou seulement à la partie fine, suivant la manière dont on détermine cette partie fine, suivant la nature et la force des dissolvants qui servent à l'attaquer, suivant la température à laquelle on les emploie...... Les résultats des analyses ne sont comparables entre eux que si ces analyses ont toutes été dirigées d'après les mêmes principes.

Ainsi, M. Paul de Gasparin, comme M. W. Knop en Allemagne, considère comme inerte et laisse de côté tout ce qui est *pierres* et ne fait porter l'analyse que sur ce qui traverse un tamis métallique à mailles carrées contenant dix fils par centimètre dans les deux sens. L'*analyse physique* distingue dans la portion qui traverse ce tamis le *sable fin* et l'*argile*. Mais M. P. de Gasparin les réunit pour l'*analyse chimique* et, de plus, les porphyrise dans un mortier d'agate jusqu'à ce que le tout passe à travers le tamis de soie. Puis il fait agir les dissolvants. (Voir son traité.)

pratiquée que pour des terrains contenant moins de 1 gramme et quart de potasse attaquable par kilogramme, dépourvus de réserves importantes de potasse inattaquable (à l'état de silicates dans les débris de roches feldspathiques, granites, gneiss, etc., etc.) et soustraits à l'action des eaux qui peuvent leur en apporter en les traversant. »

« Un terrain est *très riche* quand il contient plus de deux millièmes d'acide phosphorique. Il est *riche* quand il en contient de un à deux millièmes; *moyennement riche* quand il en contient de un demi-millième à un millième, et *pauvre* quand il en contient moins de un demi-millième. »

J'ai vérifié moi-même l'exactitude des règles posées par M. Paul de Gasparin, en faisant une cinquantaine d'analyses par ses méthodes et comparant leurs résultats avec ceux de l'emploi des engrais pour les diverses cultures. Dans les argiles glaciaires de la vallée du Rhône, qui contenaient de 0,118 à 0,164 p. 100 de potasse attaquable et 0,054 à 0,070 p. 100 d'acide phosphorique, j'ai trouvé que les engrais potassiques ne servent à rien aux céréales, mais font du bien aux pommes de terre, au trèfle et à la luzerne. Quant aux superphosphates, employés seuls, ils ne montrent sur aucune récolte un effet appréciable. Mais, joints à des nitrates ou à du sulfate d'ammoniaque, ils donnent pour la plupart des récoltes une augmentation plus forte que si les nitrates ou le sulfate d'ammoniaque étaient employés seuls. Ainsi, comme l'a dit M. Paul de Gasparin, un demi à un pour mille d'acide phosphorique est suffisant pour les petites récoltes d'une culture moyennement riche, mais insuffisant pour les récoltes plus fortes que l'adjonction des engrais azotés tend à produire[1].

Dans des terres du département du Nord et du Pas-de-Calais, depuis longtemps fumées au moyen d'engrais flamand, MM. Corenwinder et Contamine ont trouvé en moyenne 1 p. 1000 d'acide phosphorique. Dans certains champs, il y en avait jusqu'à 1,72 p. 1000. Or, pour la culture de la betterave, l'emploi des superphosphates a été reconnu inutile dans toutes les terres qui renfermaient déjà 1 à 1,3 p. 1000 d'acide phosphorique.

1. *Études sur le sol arable.*

§ 3. — Prise des échantillons de terres d'après leur formation géologique.

Mais qu'on ait déterminé une terre arable dans un champ d'essai ou dans le laboratoire, il reste un point très important à établir : Les résultats de cette détermination ne seront-ils valables que pour telle parcelle du cadastre, ou telle ferme, ou telle commune dans laquelle l'échantillon de terre a été recueilli et faudra-t-il la recommencer, avec les mêmes frais, pour toutes les autres parcelles du cadastre ou toutes les autres communes de France ?

Évidemment, la composition chimique d'une terre n'a, de même que ses propriétés physiques, aucun rapport avec la division du territoire en unités cadastrales ou en circonscriptions administratives. Mais la composition chimique et les propriétés physiques d'une terre, par conséquent tous ses caractères agricoles, ont certains rapports naturels avec le mode de formation de cette terre. Dès lors que vous saurez *d'où la terre vient,* vous serez près de savoir *ce qu'elle est.* Si vous aviez pris comme base la division cadastrale, quelle garantie auriez-vous d'ailleurs que la terre serait la même sur toute l'étendue de chaque parcelle ?

Supposez que vous couvriez, comme le prescrivent certains agronomes, la surface que vous voulez étudier, d'un réseau de lignes indépendantes des limites cadastrales, mais qui se coupent à angle droit, et que vous préleviez un échantillon de terre à tous les points d'intersection. Quelque écartement que vous donniez à vos lignes, vous aurez à faire des centaines d'analyses, peut-être des milliers pour un seul département, tandis que, si vous commencez par vous rendre compte de la géologie de ce département, le problème que vous avez à résoudre prendra immédiatement une extrême simplicité. Peut-être reconnaîtrez-vous que, dans ce département, il n'y a que quinze ou vingt types différents de terrains ; peut-être seulement huit ou dix. En analysant des échantillons qui représentent bien chacun de ces types, en les contrôlant par des essais d'engrais chimiques, vous en saurez autant sur les substances que contiennent les terres et sur celles qu'il faut leur ajouter pour les compléter qu'en faisant au hasard du choix des centaines ou des milliers d'analyses. De plus, vous saurez mieux jusqu'à quelle profondeur cette composition chimique se maintient et quelle est sa différence avec celle du sous-sol. Enfin, vous aurez sur la possibilité d'y trouver des sources, sur la nécessité plus ou moins grande de drainer, sur les moyens les plus économiques de vous procurer de l'eau ou de vous en débarrasser au contraire, des renseignements que les analyses n'auraient pas pu vous procurer.

Ce qu'Élie de Beaumont et Dufrénoy ont dit, dans leur *Introduction* à l'explication de la carte géologique de la France, sur la marche à suivre dans l'étude de la composition minérale de notre sol, peut tout à fait s'appliquer à notre étude agronomique :

« Il semblerait, au premier coup d'œil, que, pour exécuter le meilleur relevé de la composition minérale du sol d'un pays, il n'y aurait rien de mieux à faire que de prendre les plans parcellaires du cadastre, et d'indiquer séparément sur chaque parcelle la composition minéralogique du sol.

« Des observateurs sédentaires établis dans chaque canton, et profitant de toutes les occasions pour reconnaître la composition intérieure du terrain, pourraient, en quelques années, faire ce relevé d'une manière complète.

« Un pareil travail aurait, sans aucun doute, plus d'un genre d'utilité ; mais, quelque complet, quelque soigné qu'il pût être, il ne saurait renfermer tout ce qu'on doit désirer en pareille matière, et il serait surtout loin de se trouver en rapport avec les circonstances générales dont nous avons parlé, comme offrant à la fois des points de départ et des moyens de vérification.

« Mais ce travail, purement cadastral, manquerait avant tout de clef, et les recherches qu'on voudrait y faire, soit dans l'intérêt de la science, soit même dans l'intérêt de l'industrie, seraient extrêmement difficiles.

« Ce travail produirait une carte lithologique très exacte et très détaillée ; mais cette carte serait un dédale d'indications isolées, d'autant plus confuses qu'elles seraient plus nombreuses.

« On chercherait un fil conducteur pour parcourir ce labyrinthe, mais on ne le trouverait pas dans le travail lui-même, dont la table des matières ne pourrait se dresser que suivant l'ordre alphabétique des substances ou des localités. Ce fil existerait, il est vrai, dans les rapports entre les formes de la surface et la disposition des grandes masses ; mais ces rapports n'étant pas encore mis en relief, leur détermination exigerait un nouveau travail : ils seraient cachés d'abord au milieu de la confusion des indications, trop nombreuses et trop indépendantes les unes des autres, dont seraient couverts les plans minéralogiques minutieusement exacts dont nous venons de parler ; mais on les verrait se dégager d'eux-mêmes aussitôt qu'on élèverait le travail de détail, exécuté d'abord, au rang de carte géologique, en y indiquant, à côté de la composition absolue de chaque partie, les relations de position et de continuité qu'elle peut offrir.

« Les relations de continuité dont il vient d'être question ne pourraient pas toujours résulter de la simple élaboration du travail de détail le plus minutieusement exact ; souvent elles exigeraient des observations *ad hoc* faites sur le terrain.

« La continuité des grandes masses minérales demande à être étudiée en elle-même, avec une attention soutenue, parce qu'elle s'allie souvent avec une variation progressive dans la nature ou dans la proportion des éléments dont la masse se compose. Il y a là, par conséquent, des rapports particuliers à saisir, une étude spéciale et nouvelle qui ne pourrait être faite avec autant de rigueur par des observateurs sédentaires, dont chacun consacrerait tous ses soins à l'examen d'un canton particulier, que par des voyageurs, qui sans entrer dans tous les détails de la constitution de chaque canton, feraient, de ces rapports de continuité, l'objet spécial de leurs recherches. Les mêmes raisons qui ont conduit à rendre les limites de concession de mines indépendantes de celles des propriétés de la surface, conduisent de même à faire, des contours et de l'enchaînement des masses minérales considérées en grand, un objet d'étude spécial indépendant de la résidence de celui qui s'y livre.

« Ce qu'il y a ici de remarquable, c'est que cette étude en grand, qui seule peut faire distinguer sûrement les masses qui se continuent au loin de celles qui ne sont que subordonnées, n'a nullement besoin d'être précédée par l'étude des détails locaux. Elle peut, et nous dirons même qu'elle doit marcher la première et rendre l'étude des détails infiniment plus simple et plus facile.

« Il appartient à la géologie, non seulement d'éclaircir, après son exécution, l'immense travail de détail dont nous avons parlé, mais encore de le préparer, et même d'en donner, au besoin, une analyse anticipée.

« Les considérations qui dictent cette manière de procéder sont réellement la clef de ce genre de recherches.

« En effet, les substances minérales qui composent l'écorce du globe terrestre n'y sont pas confondues pêle-mêle, mais s'y trouvent enchaînées les unes aux autres ; et les différents compartiments, à peu près homogènes qu'on y remarque, les *pays* de natures différentes que l'on observe, se lient et s'enchaînent entre eux, suivant des lois régulières, plus simples en grand qu'en petit, suscesptibles d'être saisies dans leur ensemble et d'être exposées, relativement à chaque contrée, d'une manière d'autant plus facile à suivre qu'elle sera plus abrégée, qu'elle descendra moins dans les détails locaux, qu'elle s'en tiendra davantage, si l'on peut s'exprimer ainsi, à l'intention générale de la nature dans la distribution des substances minérales, et souvent à la continuité de leurs masses plus encore qu'à leur homogénéité.

« On comprendra facilement, d'après ces remarques, comment l'administration des mines, ayant l'intention de faire exécuter, non seulement une carte géologique générale de la France, mais encore des cartes géologiques spéciales de ses différentes subdivisions, a dû s'occuper d'abord de la carte générale, plutôt que de chercher à l'extraire, par voie de simple réduction, des cartes géologiques de détail. »

---

§ 4. — Recherche des amendements et engrais.

Réciproquement, si certains terrains manquent de chaux ou d'acide phosphorique ou de potasse, d'autres terrains en contiennent des quantités assez considérables pour en fournir aux premiers. Ce sont des dépôts de marnes, des mines de phosphates ou de sels de potasse exploitables, au point de vue agricole, comme le sont ailleurs les mines de houille, de fer ou de plomb au point de vue industriel.

Il n'est pas nécessaire d'insister sur l'utilité de la géologie pour la recherche de ces dépôts de marnes, de phosphates, etc.; c'est évident.

§ 5. — Recherche des sources et drainage.

La répartition des eaux dépend, comme celle des matières minérales, de la constitution géologique d'une contrée. En réglant leur aménagement suivant les besoins de l'alimentation et de la production agricole, on pourrait doubler la richesse de la France. Or, la géologie seule peut nous diriger dans ce travail; elle seule peut nous indiquer la situation des dépôts de sables, de graviers ou de roches fissurées qui se laissent traverser par les eaux de pluie tombées à leur surface ou des couches d'argiles et de roches imperméables qui tantôt les retiennent, tantôt les amènent à jour en sources plus ou moins volumineuses et plus ou moins régulières.

Certains pays manquent d'eau, par exemple les plateaux de collines jurassiques appelés *les causses* qui s'étendent au sud du massif granitique et volcanique du centre de la France, dans les départements de la Lozère, de l'Aveyron, du Lot, etc. C'est dans le Lot que l'abbé Paramelle fut nommé, en 1818, desservant d'une petite paroisse, Saint-Jean-Lespinasse. « A peine arrivé dans cette localité, raconte-t-il, je fus vivement attristé par les maux sans nombre que causait la disette d'eau. Dans la plupart des communes, me disait-on journellement, tous les habitants sont obligés d'employer, dans les temps les plus précieux, une, deux, trois, quatre ou cinq heures par jour pour aller, avec des barriques, quérir à la rivière l'eau qui est nécessaire à eux et à leurs bestiaux.

« Ceux qui n'ont ni attelage, ni monture, et qui forment la plus grande partie de la population, vont jusqu'à une ou deux lieues chercher l'eau avec des seaux qu'ils portent sur leur tête; d'autres n'ont pour toute boisson que l'eau bourbeuse et fétide des mares. En certains endroits, on vend l'eau de rivière de 0 fr. 20 c. à 0 fr. 30 c. le seau, et chaque bête de trait ou de somme en boit pour une douzaine de sous par jour. On voit de temps en temps, au bord des rivières, les brebis qui n'ont pas bu depuis plusieurs jours, les unes se précipiter dans l'eau et s'y noyer, les autres se gorger et périr subitement. A leur retour de la rivière, les bestiaux sont presque aussi altérés qu'ils l'étaient à leur départ. Lorsqu'un incendie se déclare, on n'a aucun moyen d'en arrêter les progrès. Les propriétaires qui ont des citernes sont extrêmement rares, et ils ne peuvent les ouvrir au public qu'en se résignant à manquer eux-mêmes d'eau. Si, dans une commune, il y a un puits qui fournisse de l'eau, ses alentours ressemblent continuellement à un champ de foire.

« Les personnes qui s'y rendent de nuit et de jour, souvent de fort loin, avec leurs troupeaux, sont obligées d'attendre plusieurs heures jusqu'à ce que les premiers venus aient abreuvé leurs troupeaux et rempli leurs barriques.

« En entendant ces doléances et un grand nombre d'autres, qui avaient pour cause le manque d'eau, je me disais souvent : Serait-il possible que Dieu eût abandonné à jamais tant d'infortunées populations aux angoisses de la soif? Ne serait-il pas possible de trouver dans ces malheureuses contrées des sources, fussent-elles très profondes? Muni de quelques notions de géologie, et sachant qu'il tombe autant de pluie sur les terres calcaires que sur les autres, je me mis à parcourir dans tous les sens ces vastes et arides plateaux pour essayer de me rendre compte de ce que pouvaient y devenir les eaux pluviales, et voir si je ne pourrais y découvrir quelque indice de source. »

Après plusieurs années de recherches, le bon abbé réussit enfin à savoir ce que devenaient les eaux de pluies tombées sur ces plateaux arides, et à pouvoir indiquer exactement la direction des ruisseaux souterrains qu'elles forment, ainsi que la profondeur à laquelle on pourrait les trouver. Puis il alla parcourir les départements voisins pour étudier le régime de leurs eaux et indiquer à ceux qui en manquaient les moyens de s'en procurer. Sa réputation se répandit de proche en proche; il fut appelé successivement dans quarante départements pour y chercher des sources et il réussissait si bien, que les paysans croyaient qu'il avait quelque don surnaturel ou quelque baguette magique qui l'aidait à les trouver. « Ma baguette magique, répondait-il, c'est tout simplement l'observation de la nature, c'est l'étude de la géologie », et parvenu à l'âge de 64 ans, en 1854, il a écrit l'*Art de découvrir les sources,* livre qui contient beaucoup de faits intéressants.

Dans les contrées où les sources sont nombreuses, par exemple dans les contrées granitiques, comme le Morvan, les fermes sont éparses dans la campagne, près de leur fontaine, entourées de leurs champs et de leurs prés.

Dans d'autres, au contraire, par exemple dans la Champagne crayeuse, elles sont agglomérées en gros villages au bord des rivières, et les vallées populeuses sont séparées par d'immenses plateaux qui ressemblent à des déserts, parce que le manque d'eau y rend impossible l'établissement des centres de culture. Les assolements varient avec la distance des villages et, par conséquent, avec celle des cours d'eau. Dans les vallées, ce sont des prairies ou des jardins maraîchers. Sur les premières pentes, un assolement triennal très intensif. Plus loin, un assolement semi-pastoral composé de quelques années de céréales suivies d'un semis d'esparcette qui peu à peu forme pâturage. Puis, au delà, ce sont à perte de vue des *savarts* où les moutons, seuls animaux capables de supporter ces longues courses sans être abreuvés, vont pendant le jour brouter les herbes et reviennent à la nuit parquer sur les jachères.

Non seulement la quantité des eaux, mais aussi leur qualité dépend des formations géologiques qu'elles ont traversées et dans lesquelles elles ont dissous plus ou moins de matières minérales ou organiques. En général, les sources des terrains granitiques sont très pures, excellentes pour les besoins des ménages et de l'industrie. Au contraire, celles des terrains jurassiques sont trop chargées de carbonate de chaux; quelquefois elles en contiennent tellement, qu'elles ont des inconvénients pour l'alimentation du bétail et pour l'irrigation des prés.

Les eaux sont d'autant plus efficaces qu'elles fournissent aux terrains qu'elles irriguent, en quelque sorte comme les engrais complémentaires, les matières minérales qui leur manquent. Ainsi, les sources volcaniques ou jurassiques sont les meilleures pour les sols granitiques et, réciproquement, celles qui ont traversé des couches riches en potasse sont les plus efficaces dans les prairies à fonds de pur calcaire.

Souvent des eaux souterraines apportent aux terrains dans lesquels elles s'épanchent horizontalement ou dans lesquels elles remontent par ascension capillaire des sels de potasse ou de chaux qui contribuent à leur fertilité. Les récoltes contiennent alors des matières minérales que l'analyse du sol lui-même n'avait pas fait prévoir.

Dans les terrains trop humides, les méthodes de *drainage* ne peuvent être à la fois efficaces et économiques que si elles sont basées sur une étude préalable de leur constitution géologique.

Dans les sols qui ne reçoivent que les eaux de pluie tombées directement sur eux et qui sont ou uniformément compacts ou refroidis par un sous-sol partout également imperméable, on a raison d'employer les méthodes régulières mises en vogue par les Anglais, avec drains parallèles et équidistants, tracés suivant la plus grande pente et coupés en travers par les collecteurs.

Mais quand le sol et le sous-sol varient, il faut aussi varier les procédés d'assainissement. On peut quelquefois, en se servant habilement des couches perméables, en faisant des puits perdus ou ce que l'on nomme des *drains verticaux*, trouver des moyens d'écoulement qu'il serait impossible d'obtenir autrement et, dans tous les cas, faire des économies considérables.

Dans certaines formations, par exemple dans les granites, les gneiss, les grès des Vosges, et dans les terrains de transition, etc., les eaux arrivent des coteaux voisins par filets qui suintent de loin en loin sur les pentes et s'accumulent dans les dépressions, formant des *mouilles* au milieu des champs, ou des places marécageuses sur les prairies. Il faut alors les couper au moyen d'un drain de circonvallation assez profond pour atteindre les couches imperméables ou aller à leur rencontre au moyen de coulisses disposées en épi.

Vallès, dans ses Études sur les inondations, admettait que dans les terrains liasiques et primitifs où il n'y a pas d'autre imbibition que celle qui s'effectue à travers la terre cultivable de la surface, on ne doit pas compter que l'absorption soit plus grande que 1/4 ou 1/3 au plus de la pluie. Mais dans les formations naturellement perméables, et dans lesquelles, indépendamment de l'absorption superficielle, les fendillements des roches permettent des infiltrations profondes, la quantité d'eau disparue pourra varier entre les 3/10 et les 9/10 de la pluie suivant le degré plus ou moins grand de perméabilité.

Belgrand, le célèbre ingénieur en chef de la ville de Paris, précédemment ingénieur en chef des ponts et chaussées dans le département de l'Yonne, a fait une carte géologique du bassin de la Seine d'après laquelle il indique, pour chacune des formations géologiques qu'on y trouve, le degré de perméabilité et les conséquences qui en résultent pour le régime des cours d'eau, les sections à donner aux ponts construits sur ces cours d'eau, etc... Ainsi, en supposant qu'un cours d'eau *draine* une vallée de 100 kilomètres carrés de superficie, la section du pont qui donne passage aux eaux devra avoir :

Dans le lias.	150 mètres carrés.
Dans les grès verts	40 à 125 mètres carrés.
Dans les granites	50 mètres carrés.
Sur les plateaux tertiaires.	10 à 13 mètres carrés.
Dans l'oolithe moyenne et supérieure . .	3 à 25 —
Dans la craie couronnée de plateaux tertiaires.	3 à 6 —
Dans l'oolithe inférieure	0 mètre carré.
Dans la craie proprement dite	0 —

Plus les formations qui constituent un bassin hydrographique sont imperméables, plus les cours d'eau que ce bassin alimente sont variables et sujets à des crues subites.

Dans leurs plus grandes crues, la Somme, qui s'alimente au milieu de terrains secondaires et tertiaires, roule 90 mètres cubes d'eau, soit 1ᵐ,15 pour 100 kilomètres carrés, et la Loire, qui sort des massifs granitiques du plateau central, a presque la même masse d'eau pour 1 kilomètre carré de la surface de son bassin. Devant Orléans, le débit de la Loire oscille entre 25 et 10 000 mètres à la seconde, soit de 1 à 400. De là des inondations souvent désastreuses ; celle de

1856 a emporté des routes et des ouvrages de défense pour une valeur de 172 millions de francs [1].

Dans le département des Hautes-Alpes, le bassin de la Durance est formé de roches très dures, alternant avec d'autres assises qui se délitent facilement sous l'action des torrents ; on voit d'immenses escarpements qui s'écroulent ou glissent lentement dans les vallées, quand les eaux ont délayé les marnes schisteuses sur lesquelles ils s'appuyaient. Ces éboulements menacent les villages, détruisent leurs cultures, rendent impraticables les routes et les chemins de fer.

A la suite des orages des 25 et 26 octobre 1882, la Durance s'est élevée à une hauteur de 40 centimètres au-dessus des plus hautes crues connues jusqu'à ce jour. D'un autre côté, son étiage a diminué de 80 centimètres, à la prise du canal de Mannosque [2].

La régularisation des cours d'eau devient donc de plus en plus urgente. Il faut reboiser les montagnes ; il faut faire des bassins de retenue qui serviront en même temps, soit à irriguer des prés, soit à fournir des forces motrices aux usines. L'étude géologique des bassins sera très utile pour déterminer les périmètres des zones de reboisement et les gorges dans lesquelles les barrages pourront être faits le plus utilement et le plus économiquement.

§ 6. — Cartes agronomiques.

On a essayé de faire des cartes agronomiques, distinctes des cartes géologiques.

M. de Caumont, qui en a donné la première idée, a fait celle du département du Calvados. Il y a distingué par une même teinte les régions herbifères et par une autre les régions granifères. Dans ces dernières, des signes particuliers indiquent les assolements suivis

---

1. Belgrand, *Annales des ponts et chaussées.*
2. Chambrelent, *Fixation des torrents et reboisement des montagnes*, 1883.

et l'élément qui domine dans la composition des terres. Il signale même en marge les races d'animaux domestiques de chaque région.

Dans sa carte agronomique du département de Seine-et-Marne, M. Delesse a mis également de tout. Les teintes y deviennent d'autant plus foncées que le produit net des terres est plus élevé. Mais ce produit net est la résultante de facteurs très divers. La composition chimique des terres, qui est l'un de ces facteurs, est représentée par des chiffres ; mais son élément le plus important, l'acide phosphorique, n'est pas mentionné. Pour tout donner : propriétés physiques des sols, composition chimique, aptitude spéciale pour certaines cultures, assolements, statistique des animaux, etc., etc., il faudrait en quelque sorte représenter par des signes tout un traité d'agriculture sur une même carte ou sur plusieurs cartes pour le même département, comme l'a proposé M. Scipion Gras. C'est impossible ; de plus, tout ce travail ne servirait pas à grand'chose pour les économistes et à rien du tout pour les cultivateurs. En effet, chaque cultivateur s'intéresse surtout à sa terre et ne s'intéresse guère qu'à elle : or, il trouvera toujours insuffisants les renseignements que les cartes pourraient lui donner, d'autant plus qu'il aurait fallu en grande partie les lui demander à lui-même. C'est un cercle vicieux.

---

§ 7. — Cartes géologiques à grande échelle.

L'expérience acquise dans les essais de cartes agronomiques, dit M. de Lapparent, a démontré que le meilleur travail de ce genre était encore une carte géologique à grande échelle, tant la concordance est parfaite entre la nature du sous-sol et les divisions stratigraphiques qu'on peut y établir[1].

Je suis entièrement de cet avis.

Les ingénieurs distingués du corps des mines, qui avaient été

---

1. *Traité de géologie*, Introduction.

chargés de ce travail ingrat, nous seront beaucoup plus utiles, en continuant à nous donner d'excellentes cartes géologiques de détail, comme celles qu'ils ont déjà faites pour une partie de la France. Ces cartes sont des chefs-d'œuvre, et les crédits que le Parlement voudra bien accorder au ministère des travaux publics pour en hâter l'achèvement seront payés au centuple par les services qu'elles rendront à l'agriculture. Elles doivent devenir la base des travaux des chimistes et des ingénieurs agricoles, comme des forestiers, qui auront à diriger l'aménagement rationnel des matières minérales et des eaux de la France.

Grâce aux légendes qui les accompagnent, ces cartes sont très faciles à comprendre, à *lire*, comme on dit. Les dépôts de marnes, de phosphates, de gypse, de cendres pyriteuses, etc., qui peuvent être utilisés comme amendements, les calcaires qui peuvent servir à fabriquer de la chaux maigre ou grasse, les argiles bonnes pour la briqueterie, les roches propres aux constructions ou aux empierrements de routes, etc., sont indiqués avec beaucoup de soin. Les sources, les nappes d'eaux souterraines, qui permettent de faire des puits, le sont également.

Les dépôts de limon quaternaire que l'on trouve épars sur les plateaux secondaires et tertiaires du bassin de la Seine, qui forment, en général, les terres les plus fertiles, mais qui ont besoin d'amendements calcaires, sont figurés partout où ils ont une profondeur assez grande pour que les labours ne les dépassent pas et n'entament pas les couches sur lesquelles ils reposent. Dans les endroits où ce limon est moins épais, la charrue le mélange avec le sous-sol ; mais comme la plupart de ces endroits se trouvent au pourtour des dépôts indiqués sur les cartes, dépôts qui vont en s'amincissant graduellement, les agriculteurs pourront aisément en tenir compte.

Les cartes géologiques de détail signalent même les dépôts meubles sur les pentes. Évidemment, ces dépôts, comme les alluvions que l'on trouve dans le fond des vallées, ont reçu les matériaux dont ils sont composés des coteaux qui les dominent ou qui forment le haut du bassin. Connaissant la composition minéralogique de ces parties élevées, on pourra prévoir jusqu'à un certain point celle des parties basses. D'ailleurs, pour toutes ces *terres de transport*, l'analyse devra intervenir pour vérifier la justesse plus ou moins grande des présomptions que fournit l'étude de l'origine de ces terres.

Quant aux terres formées sur place par l'ameublissement et la décomposition du sous-sol, sous l'influence de l'air et de la culture, et elles sont infiniment plus nombreuses que les précédentes, le principal travail des chimistes consistera à prendre une à une les divisions indiquées sur les cartes géologiques de détail pour en faire une étude complète. L'analyse d'un seul échantillon pour chaque division, bien choisi et accompagné de renseignements sur le mode de culture, sur les engrais qui y sont en usage, nous en apprendra, certes, déjà bien plus que des centaines d'analyses d'échantillons pris au hasard, sans classification géologique. Mais cependant on fera bien de ne pas s'en tenir là : toujours guidé par ce que les géologues nous ont appris sur l'origine et la formation de ces dépôts, on prendra pour chacun d'eux des échantillons sur différents points, et il est probable que, si la nature des terres diffère d'une localité à l'autre, elle ne varie que dans certaines limites qui pourront être indiquées et qu'elle conserve partout certains caractères généraux[1]. On prendra également sur le même point des échantillons à diverses profondeurs, afin de pouvoir comparer le sous-sol avec la couche végétale ou arable.

Si l'on peut joindre à ces analyses des essais méthodiques d'engrais et de culture dans chacun de ces étages géologiques, sa monographie deviendra d'autant plus complète, et l'on pourra donner aux cultivateurs qui l'exploitent des règles précises sur ce qu'ils doivent y faire.

Dans les leçons qui vont suivre, j'ai cherché à réunir tous les documents que j'ai pu me procurer sur les caractères agricoles des diverses formations géologiques en France et dans quelques-uns des autres pays les plus intéressants par leur économie rurale. J'ai employé à ce travail trente années de voyages, de recherches et d'expériences faites dans mes cultures et dans mon laboratoire. Malgré ces efforts, je sais que mon livre reste encore bien incomplet. J'ai peut-être

----

1. Ordinairement ces variations sont très faibles, souvent elles sont nulles sur une même feuille des cartes géologiques à grande échelle.

voulu trop embrasser, en décrivant toutes les régions agricoles de la France et des pays voisins. Mais il fallait commencer par tracer, dans leurs grandes lignes, les rapports entre les formations géologiques et les systèmes de culture et chercher à bien prouver qu'ils sont assez nets pour que la géologie puisse devenir la base de l'agrologie. Quand cette démonstration sera acceptée comme suffisante, les études de détail se feront peu à peu, à mesure que les cartes géologiques à grande échelle seront achevées pour le reste de la France et que les directeurs de stations agronomiques voudront bien entrer dans la voie que je leur indique, en prenant ces cartes pour cadres de leurs recherches. Les monographies spéciales des diverses formations viendront ou compléter, ou sans doute souvent corriger, ce que j'en dis aujourd'hui. L'essentiel, c'est qu'il y ait désormais un plan d'ensemble dans l'étude de notre sol arable.

§ 8. — Plan de l'ouvrage.

Dès lors que je rejetais les cartes agronomiques et que je prenais comme base de cette étude les cartes géologiques, je devais également adopter la classification des traités de géologie [1]. J'ai pris comme modèle celle du *Traité de géologie* de M. A. de Lapparent[2], dont la publication a été terminée récemment. Je renvoie à cet

1. Dans son *Traité élémentaire de géologie agricole,* M. Scipion Gras a adopté comme divisions principales : 1° terrains agricoles à sol végétal *indépendant* ou formés de matières de transport; et 2° terrains agricoles à sol végétal *autochtone* ou originaire du sous-sol ; puis chacune de ces deux divisions comprend un certain nombre de classes, chacune de ces classes un certain nombre de genres qui diffèrent par la composition minéralogique du sous-sol, et enfin chacun de ces genres un certain nombre d'espèces qui diffèrent par la nature du sol. Ce n'est que dans les lieux cités comme exemple de ces espèces que l'on retrouve les divisions géologiques, et ces lieux sont la plupart très bien décrits, tellement bien que les dernières sous-divisions en espèces se montrent beaucoup plus caractéristiques que les divisions principales et les classes. Il est regrettable que M. Scipion Gras, géologue très distingué, n'ait pas choisi la classification géologique. Son livre y aurait beaucoup gagné comme clarté, même pour les agriculteurs.

2. Publié chez F. Savy, 77, boulevard Saint-Germain, à Paris. 1883.

excellent livre les lecteurs qui voudront avoir des renseignements plus complets sur la géologie pure.

Comme c'est l'affaire des géologues et non celle des agriculteurs de déterminer les diverses formations, ces derniers n'ont pas besoin d'avoir fait des études très approfondies de minéralogie et de paléontologie. Pour pouvoir se servir des cartes géologiques et reconnaître les terrains qui y sont indiquées, il suffit qu'ils connaissent les principaux minéraux et les fossiles les plus caractéristiques.

D'après cela, je n'ai donné, dans l'histoire et la description des terrains, que ce qui peut les éclairer sur la formation du sol arable, ses propriétés physiques et sa composition chimique. J'ai cité toutes les analyses bien faites que j'ai réussi à découvrir. Malheureusement, le nombre de ces analyses *bien faites* est encore très restreint. Pour certains terrains, il n'y en a pas du tout. Tantôt l'endroit où l'échantillon avait été pris n'a pas été assez nettement défini, tantôt l'analyse n'a pas distingué les éléments qui sont encore engagés dans des combinaisons complètement insolubles et ceux qui se dissolvent dans tel acide ou tel autre : elle a confondu le capital inerte que renferme le sol avec les intérêts qu'il doit rapporter chaque année, en fournissant aux plantes une nourriture assimilable ; tantôt encore l'acide phosphorique n'a pas été dosé, ou la potasse n'a pas été séparée de la soude qui joue un rôle presque nul dans l'alimentation des végétaux que nous cultivons.

J'ai cherché à reproduire également les résultats des essais d'engrais chimiques qui ont été faits à l'appui de ces analyses.

Quant aux amendements qui sont en usage depuis longtemps, aux systèmes de culture qui sont pratiqués, aux méthodes de drainage et d'irrigation, aux plantations forestières, aux races de bétail, etc., j'ai tâché de réunir tous les documents qui peuvent servir à caractériser les divers terrains.

On trouvera peut-être même que j'ai fait trop de citations. Il eût été facile d'éviter ce reproche. Mais, dans un livre destiné à établir sur des bases solides les rapports qui unissent la géologie à l'agriculture, j'ai cru devoir m'appuyer, non seulement sur l'autorité des hommes de science qui avaient commencé à fournir des matériaux pour ce rapprochement, mais sur celle des hommes de pratique agricole qui, sans avoir aucune notion de géologie, avaient, à force d'exactitude dans leurs observations et de clarté dans leurs descriptions, contribué à établir ces rapports. On aurait pu m'accuser d'être trop systématique ou d'avoir un parti pris d'avance. A coup sûr, on ne pourra pas en accuser ces collaborateurs involontaires qui avaient fait de la géologie agricole sans le savoir et sans *la* savoir.

Pour les terrains les plus importants, j'ai indiqué quelques-uns des agriculteurs qui ont le mieux su les utiliser, principalement ceux qui ont obtenu les primes d'honneur dans les concours régionaux. Guidés par les cartes géologiques, les cultivateurs pourront ainsi connaître les méthodes d'exploitation qui ont le mieux réussi dans les terres analogues aux leurs, soit en France, soit dans les pays voisins.

Ainsi, les propriétaires bretons pourront aller voir comment les habitants de l'île de Jersey ont amélioré des terres granitiques ou siluriennes qui ont tout à fait la même origine et les mêmes caractères que les leurs.

Les Champenois apprendront peut-être avec étonnement ce que leurs confrères de l'Artois, de la Flandre ou du sud de l'Angleterre ont su faire des sols crayeux.

Les Lorrains s'obstinent à faire du blé dans les marnes du lias ; ce blé leur coûte très cher et ne peut pas supporter la concurrence de ceux d'Amérique, puisqu'il faut, pour le produire, préparer les terres par une jachère qu'on laboure trois fois avec des charrues attelées de quatre bêtes. Ils feraient bien mieux de laisser pousser cette mauvaise herbe qu'ils cherchent en vain à détruire ; ils devraient, au contraire, l'aider à pousser et en semer davantage ; ils obtiendraient ainsi, comme dans le Charolais et le Nivernais, de riches herbages et leur agriculture, au lieu de souffrir, serait prospère !

On trouve, dans toutes sortes de formations, des terres trop sèches et trop pauvres pour que la culture arable puisse y devenir profitable ; quand elles sont éloignées des villages, elles ne valent que 100 ou 150 fr. l'hectare, comme certains *savarts* de craie ou de calcaire jurassique dans la Marne, l'Aube ou la Côte-d'Or ; mais allez voir les mêmes terres dans les montagnes du Jura ; elles portent des futaies splendides ; pourquoi n'y plantez-vous pas du bois? Ce seraient des placements à 8 ou 10 p. 100, comme l'ont prouvé, dans ces départements mêmes, quelques propriétaires intelligents.

Évidemment, il faudra qu'en imitant ces méthodes, on tienne compte des différences de climat et de conditions économiques. Je n'avais à m'en occuper que d'une manière tout à fait accessoire : ce sont des questions de météorologie et d'économie rurale qui n'ont que des rapports indirects avec l'étude des sols.

Plus la population est dense et concentrée sur certains points, plus l'agriculture des zones qui entourent ces centres de consommation peut et doit devenir *intensive,* c'est-à-dire appliquer sur une certaine surface de sol une grande somme de travail et de capitaux. Par conséquent, plus la population est nombreuse, plus le travail de l'homme tend à modifier la nature et à effacer ses caractères primitifs. Il ne réussit cependant jamais à les effacer complètement, car le travail lui-même, pour être fructueux, doit varier avec les conditions naturelles où il s'exerce. Quand elles sont drainées, les terres fortes ressemblent davantage aux terres légères. Quand elles sont bien fumées, les terres pauvres ressemblent davantage aux terres naturellement fertiles. Mais les procédés de drainage et les engrais employés doivent varier avec la nature de ces terres.

Du reste, quand le perfectionnement des moyens de transport et d'échange appelle de nouveaux concurrents sur ce marché restreint dont les terres les plus rapprochées avaient en quelque sorte le monopole, il se produit une crise économique qui doit aboutir à une transformation dans les systèmes de culture.

Il y a, au grand profit des consommateurs, une concurrence constante entre le travail employé à produire dans le voisinage des grands centres de population les denrées dont ils ont besoin, et le travail employé à amener ces mêmes denrées des contrées lointaines où la terre est encore à bon marché. Les premières ont à supporter plus de frais de production, les deuxièmes plus de frais de transport. Il faut que, des deux parts, la somme des frais de production et de transport reste égale. Or, dès que les frais de transport diminuent pour les blés qui arrivent d'Amérique, il faut absolument qu'on arrive à diminuer les frais de production pour ceux qui se récoltent en Europe.

Comment y arriver ?

En employant tous les procédés mécaniques et chimiques que la science moderne offre à l'agriculture, et surtout en spécialisant les productions suivant les aptitudes naturelles des climats et des sols. Il faut augmenter les prairies, les herbages et les fourrages temporaires partout où ils ont des chances de succès. Il faut consacrer à la production des bois toutes les terres trop ingrates pour celle des céréales.

Après avoir consacré quelques millions d'hectares à la production des fourrages et des bois qui augmentent de valeur et qui exigent peu de travail, on aura plus d'engrais, tout en ayant à cultiver une surface moins grande en céréales. On obtiendra ainsi un produit brut plus considérable sans accroissement de frais correspondant : avec une moyenne de 2 ou 3 hectolitres de blé en plus par hectare, on abaissera son prix de revient au point de pouvoir lutter sans crainte contre la concurrence américaine.

Quelles sont ces terres ? On peut les indiquer avec une grande précision d'après les formations géologiques.

CHAPITRE II

§ 1. — Caractères généraux.

Le granite se compose de *quartz*, qui n'est que de la silice pure ;
de *mica*, qui ne peut fournir au sol formé par la décomposition de
la roche que du silicate d'alumine, de la magnésie, du fer, un peu
de potasse, et enfin de *feldspath*, silicate qui, outre l'alumine, a pour
bases secondaires, suivant les variétés, de la potasse (*orthose*), de la
soude (*albite*) avec de faibles traces de chaux et de fer. Les granites
à orthose ne peuvent donc former que des terres presque complètement dépourvues de chaux. C'est seulement quand ces feldspaths à
base de potasse sont accompagnés ou remplacés par du feldspath
oligoclase, qui contient environ 3 p. 100 de chaux, que les granites
peuvent donner des terres un peu moins pauvres en silicate ou carbonate de chaux.

Outre ces trois éléments *essentiels*, qui le caractérisent au point
de vue géologique, le granite contient souvent d'autres minéraux
comme éléments *accessoires* et en beaucoup plus faibles quantités.
Ainsi, en étudiant au microscope des roches taillées en plaques minces et transparentes, MM. Fouqué et Lévy ont trouvé des cristaux
d'apatite (phosphate de chaux) à l'état d'inclusion dans la plupart
des granites qu'ils ont examinés. Voici ce qu'ils en disent dans leur
Minéralogie micrographique :

« On trouve l'apatite dans les roches les plus diverses, enveloppée
et moulée par tous les autres cristaux, à quelque espèce qu'ils appar-

tiennent. Presque tous les minéraux des roches la renferment à l'état d'inclusion.

« Mais, bien que fréquente dans les roches éruptives, l'apatite est rarement très abondante.

« Les roches les plus riches en apatite sont presque toujours aussi riches en mica noir ou en amphibole. Parmi les premières, nous citerons les kersantites (kersantons de Bretagne), les porphyrites micacées (minettes du Morvan), les andésites micacées (Cantal). Parmi les secondes, nous signalerons les andésites à amphibole (Cantal).

« L'apatite est remarquable par la résistance qu'elle oppose aux causes d'altération.

« Il est rare qu'elle puisse être détachée en esquilles des roches qui la contiennent ; car elle est presque toujours en cristaux très petits et fortement adhérents. »

Les quantités d'apatite contenues dans les roches éruptives sont variables, mais elles ne sont jamais considérables.

Quelquefois, on y trouve l'acide phosphorique à l'état de phosphate de fer ou de phosphate d'alumine, phosphates qui se décomposent et se dissolvent beaucoup moins facilement que le phosphate de chaux dans les eaux chargées d'acide carbonique.

Certaines roches cristallines contiennent aussi, comme inclusions, du sulfure de fer ou d'autres sulfures qui, par l'oxydation de l'air, se transforment en sulfates et fournissent aux plantes le soufre dont elles ont besoin. C'est un élément qui trop souvent est négligé dans les analyses de terres, et son absence pourrait avoir des conséquences importantes au point de vue de la culture ; elle rendrait l'emploi du plâtre nécessaire. Je ne serais pas étonné que souvent les superphosphates de chaux soient utiles, non seulement par l'acide phosphorique et la chaux qu'ils fournissent aux récoltes, mais par l'acide sulfurique qui les accompagne.

Pour les poètes, le granit est le symbole de la solidité, de la durée. Et, en effet, l'on voit en Égypte des monuments de granit qui ont été construits il y a 3,000 ou 4,000 ans, et qui sont admirablement bien conservés. Il est vrai que, sous le climat égal et sec de l'Égypte, les roches se décomposent moins facilement que dans les contrées où la température et l'humidité varient beaucoup. Mais quelques-uns de ces monuments, transportés à Rome ou à Paris, y sont restés aussi inaltérables que sur les bords du Nil, et l'on trouve dans les Alpes des parois de granit sur lesquelles les stries tracées par les glaciers de l'époque diluvienne sont encore très nettes.

Ce caractère indestructible que l'on a prêté au granit n'en est pas moins un caractère exceptionnel. Il n'appartient qu'à certaines variétés. S'il était général, notre globe ne serait qu'un immense rocher sans culture et sans habitants. Les granits et les autres roches ignées sont, au contraire, l'origine de tous les dépôts sédimentaires et, par conséquent, directement ou indirectement la matière première qui a formé toutes nos terres arables.

Les *ballons* des Vosges, les sommets arrondis des montagnes du Morvan, du Limousin, etc., montrent, au premier aspect, que les granites dont ils sont formés résistent moins bien aux forces destructives de l'atmosphère que les pics aigus des Pyrénées et les aiguilles des Alpes.

Dans les endroits où le sous-sol a été mis à nu, par suite d'une rectification de route ou du creusement d'une tranchée de chemin de fer, on trouve parfois la roche altérée, *pourrie*, comme disent les gens de la campagne, jusqu'à une profondeur de plusieurs mètres. Ce n'est plus une roche, c'est un amas de quartz, de grains de feldspath blanchis et terreux et de paillettes de mica jaunies par la rouille. Il suffit d'un coup de pioche pour que tout s'écroule et se réduise en sable.

Lorsque le granite reste enfoui dans un sol humide, il se désagrège encore plus vite. Les meules de granite que l'on a trouvées dans les fouilles d'Alise, en Bourgogne, et qui remontent, par conséquent, au temps de Jules César, tombaient en poussière ou plutôt en sable, dès qu'on les touchait avec la pioche. Il en est de même pour certains blocs de granite qui se trouvent enterrés dans les argiles glaciaires.

Quand les racines des plantes et surtout celles des arbres pénètrent dans les interstices que les alternatives de température et la congélation de l'eau ont formés au milieu des roches granitiques, elles contribuent également à augmenter ces interstices, d'une façon mécanique, à mesure qu'elles grossissent.

À ces causes physiques de décomposition, viennent se joindre les actions chimiques, plus puissantes encore et plus continues. L'air pénètre dans les fissures de la roche. L'eau y amène l'oxygène et l'acide carbonique qu'elle tient en dissolution.

Sous leur influence, le quartz reste intact. Le mica s'altère peu ; son protoxyde de fer se transforme en peroxyde et prend une couleur jaune, mais ses silicates résistent longtemps à l'action décomposante de l'acide carbonique. Cette décomposition est presque nulle comparativement à celle que l'acide carbonique produit dans les feldspaths.

L'acide carbonique attaque les feldspaths : avec leurs potasse, soude, etc., il forme des carbonates qui sont dissous et entraînés par les eaux. Une partie de la silice qui se trouvait combinée à ces bases disparaît en même temps et, comme résidu de cette décomposition, il reste l'argile, silicate d'alumine hydratée plus ou moins mêlé de fragments très divisés de feldspath, de mica et de quartz. Mais il y a feldspath et feldspath. Suivant les bases qui s'y trouvent associées à l'alumine, suivant la proportion de silice qui en fait partie, les diverses variétés se décomposent plus ou moins facilement. En général, cette décomposition est d'autant plus rapide que les feldspaths contiennent moins de silice et plus de chaux et de protoxyde de fer. Ainsi, l'oligoclase, qui renferme un peu de chaux, et surtout le labrador et l'anorthite, dans lesquels la chaux est la base dominante, résistent moins que l'orthose et l'albite, dans lesquels l'alumine n'est accompagnée que de potasse ou de soude. Il en résulte que les premiers forment l'argile en plus grande abondance et comme, en outre, ils contiennent de la chaux, les terres qui en dérivent sont beaucoup plus fertiles que les sols sablonneux et dénués de calcaire des granites à orthose ou albite. Malheureusement, ces derniers sont les plus abondants, à tel point que la pauvreté en chaux peut être considérée comme le caractère général des terrains granitiques.

Le mica, silicate d'alumine, de fer, de magnésie et de potasse, souvent avec un peu de fluor et de lithine, se détache de la roche avant que les eaux chargées d'acide carbonique l'aient beaucoup altéré. On trouve ses paillettes encore brillantes ou simplement jaunies et ternies par l'oxydation du fer au milieu des grains de quartz des sables granitiques. Mais la dureté du mica est beaucoup moins grande que celle du quartz ; quand il est entraîné avec lui par les eaux des torrents, il ne résiste pas au broiement mécanique de ces eaux et se divise en particules infiniment petites qui restent longtemps en suspension et se déposent avec l'argile quand la vitesse du courant vient à se ralentir[1].

Certains granits contiennent plus de quartz, ou plus de feldspath, ou plus de mica que d'autres ; de là, des variations correspondantes dans la nature des terres qui en dérivent. Le quartz forme quelquefois plus de la moitié de la masse de la roche et descend rarement au-dessous de 30 p. 100. Le feldspath ne dépasse guère 50 p. 100 dans le granite proprement dit. Quand il est plus abondant, la roche passe au porphyre.

Dans la Corrèze et dans les Cévennes, l'abondance du quartz

---

1. En moyenne, chaque partie de granite à orthose, quartz et mica blanc (mica potassique) fournit en se décomposant :

20 à 25 p. 100 de potasse à l'état de carbonate, avec un peu de silicate ;

2 à 6 p. 100 de soude à l'état de bicarbonate, avec un peu de silicate ;

1 à 2 p. 100 de chaux à l'état de carbonate ;

Des traces de silicate ou carbonate de magnésie et de fluorure de calcium et de carbonate de protoxyde de fer ;

} solubles dans les eaux chargées d'acide carbonique ;

et comme résidu insoluble, de l'argile blanche (kaolin) ou colorée en jaune par de l'oxyde de fer, argile à laquelle se trouvent mêlés des fragments de quartz et de mica.

Chaque partie de granite à oligoclase, quartz et mica noir (mica magnésien), fournit en se décomposant :

5 à 8 p. 100 de potasse à l'état de carbonate, avec un peu de silicate ;

8 à 10 p. 100 de soude à l'état de carbonate, avec un peu de silicate ;

4 à 5 p. 100 de chaux à l'état de carbonate ;

10 à 15 p. 100 de magnésie à l'état de carbonate ;

Des traces de carbonate de protoxyde de fer ;

} solubles dans les eaux chargées d'acide carbonique ;

et comme résidu insoluble, une argile de couleur ocre mêlée de particules de quartz et de paillettes de mica.

La plupart des granites contiennent à la fois de l'orthose et de l'oligoclase ; quelquefois ils contiennent également du mica magnésien outre le mica potassique. Alors les produits de leur décomposition peuvent être représentés par une moyenne entre ceux qui viennent d'être indiqués.

(Senft, *Steinschutt und Erdboden.*)

communique une grande stérilité au pays. Le roc dur ne fournit point de terre argileuse, il ressort, presque partout, à travers une mince couche de sable impropre à la végétation. Là tout est solitude, on fait souvent plusieurs lieues sans trouver d'habitation, et l'on ne rencontre que de loin en loin des châtaigniers improductifs.

Dans quelques cantons privilégiés, comme au nord de Pompadour, le granite, presque entièrement feldspathique, donne une couche de terre végétale de plus d'un pied d'épaisseur, d'une admirable fertilité: aussi la végétation y déploie toute sa splendeur. Les châtaigniers et les chênes y acquièrent des dimensions généralement inconnues à ce pays, et les magnifiques prairies de Pompadour nourrissent les plus beaux bœufs du Limousin. (Dufrénoy.)

La structure des roches, la dimension des minéraux qui les constituent et le mode suivant lequel ils sont associés, exercent également une grande influence sur leur décomposition. En général, les variétés de granits à petits grains résistent mieux à la destruction que les variétés à gros grains.

Les inclusions liquides et gazeuses que contiennent souvent les matières minérales doivent contribuer à hâter leur décomposition.

Enfin, les cristaux que contiennent les roches éruptives ont souvent commencé à subir certaines altérations par l'oxygène de l'air, la vapeur d'eau à haute pression et les acides qui les accompagnaient au moment où elles ont apparu.

Sur les plateaux qui dominent le centre de la France, le granite porphyroïde s'altère très rapidement et forme des amas de sable au milieu desquels sont épars d'énormes blocs, les uns à demi couverts par les débris de leur décomposition, les autres isolés et quelques-uns dans un équilibre si peu stable qu'ils oscillent par la plus légère percussion : ce sont les *rochers tremblants*, une des curiosités de l'Auvergne.

Ainsi, pendant la décomposition des granites, il se forme des fragments de toutes sortes de grosseur : de l'argile, du sable fin, des paillettes de mica, des grains de quartz et de feldspath, etc. Suivant leur poids et leur volume, suivant la pente sur laquelle ils sont accumulés, ces débris restent en place sur le roc qui les a fournis ou sont entraînés par la pesanteur et les eaux.

Sur les pentes faibles, il reste une terre légère et sablonneuse, appelée *arène* en certains pays. Sous le soleil de l'été, elle devient brûlante. Par contre, le sous-sol de roche étant imperméable, il regorge d'eau dans les saisons pluvieuses ; il est froid en hiver. Ce sont les deux extrêmes superposés. Généralement on laboure en travers de la pente, afin d'empêcher que les eaux entraînent trop de particules terreuses.

Sur les hauteurs et sur les fortes pentes, on trouve souvent le roc complètement à nu.

La terre s'accumule dans les vallons. Elle y est non seulement plus profonde, mais elle y est mélangée d'argile et plus ou moins imprégnée de carbonates alcalins et terreux que les eaux ont enlevés aux environs. Cette dénudation des parties hautes au profit des parties basses est plus rapide quand le sol est labouré, moins rapide quand il est boisé ou engazonné.

Sous cette couche meuble, le roc est plus ou moins altéré, plus ou moins rempli de fissures. Il est plus près de la surface dans les parties élevées. Dans les vallons, il est souvent couvert de plusieurs mètres de détritus et de terre. Le roc ne suit donc pas exactement les mêmes ondulations que la surface ; il a des ondulations plus prononcées que celle-ci.

Dans les pays granitiques, tous les vallons que l'on voit extérieurement existent avec toutes leurs ramifications dans le sous-sol. Les eaux de pluie qui s'infiltrent à travers la couche de sable coulent sur ce roc, après en avoir rempli les fissures, se réunissent dans les dépressions et forment sous terre des ruisseaux qui tantôt s'écoulent invisibles, tantôt surgissent en sources. Dans la plupart des terrains granitiques, les sources sont très nombreuses, mais précisément parce qu'elles sont nombreuses, la surface qui les alimente ne peut pas être très grande pour chacune d'elles. Elles n'ont donc la plupart qu'un faible débit et quelquefois ce débit ne résiste pas à une sécheresse prolongée. Les sources les plus persistantes se trouvent dans les dépressions qui correspondent aux grandes surfaces tout entières inclinées vers ces dépressions.

« L'immense quantité de vallées et de petits ruisseaux, dit E. de Beaumont dans son *Explication de la carte géologique de la France,* qui sillonnent dans toutes les directions les montagnes granitiques du Limousin et de l'Auvergne, se reproduisent dans la partie de la Vendée, de la Bretagne et des Vosges, dont le sol appartient aux terrains cristallisés. Cette disposition est si prononcée, qu'on peut tracer approximativement les limites de ces terrains par la seule considération des cours d'eau. »

Cette abondance de sources qui caractérise les contrées granitiques[1] permet de disséminer les habitations et les fermes, tandis que dans d'autres formations, par exemple dans les terrains jurassiques et crétacés, les habitants sont forcés de se grouper en grands villages, le long des rares cours d'eau qui les traversent et d'abandonner à la vaine pâture ou à une culture très extensive les plateaux qui s'éloignent des centres de population. De là des conséquences très importantes au point de vue de l'économie rurale : la petite culture peut s'établir plus facilement dans les pays de granite que dans les pays de formation jurassique et crétacée. Elle y est plus productive, parce qu'elle y économise beaucoup de transports et de temps ; elle peut partout employer, dans le voisinage des fermes, les engrais dont elle dispose et les eaux qui y coulent.

A égalité de terrain, les sources sont partout d'autant plus abondantes que le climat est plus humide. Dans les montagnes granitiques de l'Écosse, on trouve des tourbières jusque sur des pentes à 45° ; il y en a dans toutes les dépressions, même sur les plateaux. En Bretagne, la plupart des vallons sont tourbeux ; dans le Limousin, dans le Morvan, ils sont couverts de prés souvent trop humides et, en certains endroits, remplis de carex, de joncs, etc. Leur fourrage n'est pas de première qualité ; il convient mieux aux bêtes à cornes qu'aux moutons et il est plus favorable à l'élevage qu'à l'engraissement.

---

1. Très peu perméables de leur nature, les terrains primitifs renferment, lorsqu'ils ont leurs plateaux recouverts de terrain détritique ou de roches pourvues d'un très grand nombre de fissures verticales, des sources très nombreuses, peu éloignées les unes des autres, toutes d'un faible volume et s'épanchant au bas du plateau. Il en est de même dans le fond de chaque vallon ; mais les coteaux des terrains primitifs qui sont unis ou sans ondulations, et qui ne sont pas recouverts de terrains perméables, sont généralement dépourvus de sources.
(L'abbé Paramelle, *l'Art de découvrir les sources*, p. 173.)

Mais avec le drainage, on peut facilement améliorer la qualité de ces prairies. Les eaux de pluie y amènent constamment les matières terreuses enlevées aux hauteurs voisines. Les sources qui débouchent au-dessus d'elles sont employées à les irriguer, mais il est essentiel que les rigoles soient tracées de manière à ce que leurs eaux passent sur le terrain et s'écoulent, sans s'accumuler et rester stagnantes dans les bas-fonds.

Les eaux sortant du granite sont très pures. Elles ne contiennent pas de sulfate de chaux et très peu de carbonate de chaux. Elles dissolvent donc parfaitement le savon et conviennent bien pour la cuisson des légumes, pour le décreusage de la soie, le blanchiment et la teinture des étoffes, etc.

D'après M. Truchot, des eaux sortant des terrains granitiques de l'Auvergne, contiennent par litre :

	SILICE.	CHAUX.	POTASSE.	SOUDE.	ACIDE phosph.
	Millig.	Millig.	Millig.	Millig.	Millig.
Montaigut	40	Traces.	2.7	2.0	Traces.
La Celle (fontaine)	9	2.4	2.5	3.6	Traces.
Sauviat (fontaine de la Ste-Vierge) .	29	25	1.9	6.4	Traces.
Estaudeuil (fontaine).	28.5	13.5	8.2	13.5	Traces.

D'après Belgrand, les titres hygrométriques des eaux de sources des terrains granitiques du Morvan varient entre 2 et 7 degrés. Celles qui contiennent le plus de chaux proviennent de variétés de roches dans lesquelles l'orthose est mêlée d'oligoclase ou dont le mica est remplacé par de l'amphibole. Dans le Limousin, les eaux qui font le plus de bien aux prés sont celles qui ont traversé des terrains provenant de la décomposition de ces roches.

Ce qu'il importe de connaître, c'est la quantité d'acide phosphorique, potasse, etc., à l'état soluble et assimilable par les plantes dans les terres provenant de la décomposition des granites.

Pour cela, il faut suivre la méthode indiquée par M. Paul de Gasparin dans son *Traité de la détermination des terres arables dans le laboratoire*, ou une méthode analogue qui permette de tirer des résultats analytiques des conclusions applicables à la pratique agricole.

M. de Gasparin a analysé lui-même une terre granitique d'Annonay (Ardèche). La partie attaquable par l'eau régale se composait de :

Acide phosphorique	0,037	p. 100
Potasse	0,250	—
Chaux	0	—
Magnésie	0,214	—
Sesquioxyde de fer	3,670	—
Alumine	2,468	—
Eau combinée	1,520	—
Acide carbonique	0,236	—
Matières organiques	2,245	—

M. Truchot, directeur de la station agronomique de Clermont-Ferrand, a employé, pour trois terres granitiques du Puy-de-Dôme, les procédés analytiques décrits par M. Paul de Gasparin dans son Traité, et il a trouvé :

	CHAUX.	POTASSE.	ACIDE phosphorique.
	p. 100	p. 100	p. 100
Terre de Bourguon	0,108 à 0,300	0,045 à 0,120	0,054 à 0,095
Terre de Trézioux	0,102 à 0,108	0,061 à 0,295	0,032 à 0,048
Terre de Theix	Traces.	0,345	0,086

Ce sont des terres riches en potasse, mais pauvres en chaux et en acide phosphorique, caractère presque général des terres granitiques.

Sans amendements calcaires, ces terres ne peuvent donner ni blé, ni trèfle, aucune légumineuse. On se borne à y cultiver du seigle, de l'avoine, des pommes de terre, du sarrasin, du millet, des choux, etc.

Les fermes n'ont donc pour ressources que les prés des parties basses pour produire des fourrages, et le fumier, transporté sur les terres hautes, y ramène un peu de chaux et d'acide phosphorique, assez pour certaines plantes, pas assez pour d'autres, assez pour une culture pauvre et extensive, pas assez pour une culture active, riche, intensive.

Ailleurs, le bétail va pâturer sur les landes et ramène ainsi à la ferme une partie des principes fertilisants qui se sont concentrés dans les ajoncs dont il mange les jeunes pousses et dans l'herbe qui croît autour d'eux. Toutes les plantes qui forment la végétation naturelle des landes, les bruyères dans les parties les plus maigres, l'ajonc, les fougères, dans les meilleurs fonds, condensent en quelque sorte les traces de chaux et d'acide phosphorique qu'elles y trouvent disséminées. Elles en trouvent même dans le terrain où le chimiste le plus habile ne pourrait pas en découvrir, et, pour mettre plus complètement et plus rapidement ces matières minérales à la disposition des récoltes qu'il cherche à obtenir, le cultivateur breton emploie deux moyens : tantôt il *étrèpe* la lande, c'est-à-dire, il enlève, à l'aide d'un instrument appelé *étrèpe*, les bruyères, etc., qui s'y sont développées avec quelques centimètres de terre et de gazon. Il emploie le tout comme litière dans les étables, ou bien il en fait des composts, après l'avoir laissé pendant quelque temps dans la cour de ferme. Tantôt, il *écobue*, il brûle toutes ces plantes, enterre par un labour les cendres et les restes d'humus, puis il obtient deux ou trois récoltes de seigle, de sarrasin, d'avoine, etc., et abandonne de nouveau la terre à sa végétation spontanée. C'est le système de culture que le comte de Gasparin a appelé *système celtique*, précisément parce qu'il est usité en Bretagne.

Partout, dans les montagnes de l'Auvergne et du Forez, dans les Vosges comme en Bretagne, nous retrouvons ce système de culture ; nécessaire à cause de la pauvreté chimique des terrains de granite, il convient d'autant mieux que le climat est plus humide par suite du voisinage de l'Océan ou de la hauteur des montagnes au-dessus du niveau de la mer. Sur les plateaux les plus élevés, la culture temporaire des céréales disparaît complètement ; c'est le domaine du pâturage permanent ou de la forêt.

Dans les parties les plus rocailleuses, dans les sables les plus maigres, le pin sylvestre peut seul servir au reboisement. Dans les terres plus profondes, le sapin, le hêtre, le chêne et surtout le châtaignier montrent une végétation superbe.

Tels sont, suivant les altitudes, les produits naturels des terrains granitiques, ceux qui peuvent se développer avec les faibles quantités de chaux et d'acide phosphorique qu'ils renferment.

En général, cette rareté de phosphate de chaux se manifeste même dans la petite taille et la finesse d'ossature du bétail qu'élèvent les régions granitiques. Quelques observateurs ont été plus loin encore : en comparant la taille moyenne des conscrits provenant des pays calcaires et des pays à terrain primitif ou de transition, ils ont cru pouvoir établir qu'elle est plus petite dans ces derniers : par exemple, dans la Haute-Vienne, la Corrèze, les Côtes-du-Nord et le Morbihan.

Pour obtenir un développement plus considérable dans toutes les productions de ces terres incomplètes, pour que le blé puisse réussir dans les champs et le trèfle dans les prés, les engrais phosphatés ou les amendements calcaires sont indispensables.

Tout à l'heure, en parcourant successivement les diverses régions dont le terrain repose sur les roches primitives et provient de leur décomposition, nous verrons combien la construction des routes, des chemins de fer et des canaux favorise les progrès de leur agriculture, en leur amenant la chaux à bon marché.

Mais, avant de passer à la description de ces pays de formation primitive, qui forment en quelque sorte le squelette de la France, dans le plateau central, les Vosges, les Alpes, les Pyrénées et la Bretagne, nous allons indiquer les caractères agricoles des autres roches cristallines, gneiss, syénites, etc., qui se trouvent presque toujours associées au granit.

Gneiss. — Dans le même massif, le granite passe souvent au gneiss par une transition insensible[1].

Le gneiss, c'est du granite schisteux.

En se décomposant, il se feuillette et fournit une terre qui a la même composition chimique que les terres dérivées du granite.

Une terre formée de débris de gneiss dans le domaine de Laboryte (Haute-Loire), contient, d'après les analyses de M. P. de Gasparin, dans la partie attaquable par l'eau régale :

> Acide phosphorique 0,051
> Potasse 0,203

---

1. Ordinairement les granites se trouvent au centre du massif, le gneiss et les micaschistes sur les bords.

Chaux 0,085
Magnésie. 0,850

La roche de gneiss contenait :

Acide phosphorique 0,044
Potasse 0,693
Chaux 0,161
Magnésie. 1,341

Comme on le voit, la roche a perdu en se décomposant, les deux tiers de sa potasse, mais la terre en contient encore assez pour être qualifiée de très riche en potasse. Par contre, elle est pauvre en acide phosphorique et en chaux.

D'après M. Truchot, un gneiss du Chéry (canton de Sauxillanges) contenait :

Chaux. . . . . Traces.
KO 0,115
PhO⁵ . . . . Traces.

La terre du Chéry :

Chaux. . . . . Traces.
KO. . . . . 0,108 à 0,405
PhO⁵ . . . . 0,021 à 0,040

Quand les couches de gneiss sont verticales ou fortement inclinées dans le sous-sol, le sol meuble qui les recouvre est plus profond et ordinairement moins humide que si elles sont horizontales. Les bois surtout y réussissent mieux, parce que leurs racines, non seulement trouvent plus de terre végétale, mais peuvent s'enfoncer au-dessous d'elle dans les fissures de la roche.

Certains gneiss contiennent, comme certains granites, des feld-spaths dans lesquels il y a un peu de chaux à l'état de silicate.

Ainsi, M. Albert Leplay a signalé, dans sa terre de Ligoure (département de la Haute-Vienne), un gneiss qui renferme, outre l'orthose, du feldspath oligoclase, et qui forme, en se décomposant, des terres qui n'ont pas besoin d'amendements calcaires, comme la plupart des terres granitiques et gneissiques du Limousin. M. A. Leplay a trouvé dans ce gneiss 0^{gr},030 de chaux à l'état de silicate, mais pas du tout à l'état de carbonate. La destruction de la roche commence par les cristaux d'oligoclase. La matière vitreuse et translucide de ce feldspath se transforme en une matière friable et opaque qui se désagrège sous le moindre effet en laissant isolés à l'état grenu l'orthose, le mica et le quartz et en formant une terre argilo-sableuse. Cette terre végétale contient un peu moins de chaux à l'état de silicate que la roche d'où elle est dérivée (0^{gr},008 à 0^{gr},014 au lieu de 0^{gr},030); elle n'en contient pas du tout à l'état de carbonate ou seulement des traces. Mais le sous-sol formé de débris de gneiss, le *tuf*, comme on le désigne dans le Limousin, renferme de 0^{gr},0008 à 0^{gr},0019 de chaux à l'état de carbonate, outre 0^{gr},010 à 0^{gr},030 à l'état de silicate. Évidemment, ce carbonate de chaux provient de l'action de l'acide carbonique sur le silicate de chaux isolé au milieu de l'oligoclase décomposé. Les eaux de pluie l'entraînent dans le sous-sol, en sorte que sa quantité augmente avec la profondeur. Le tuf du sous-sol représente donc un réservoir de carbonate de chaux que l'on peut ramener dans la terre végétale au moyen de labours profonds.

Quand les eaux de pluie traversent ce tuf, elles y dissolvent une partie de cette provision de carbonate de chaux, et les sources qu'elles forment en contiennent de notables quantités. Il faut donc avoir soin de les employer à l'arrosement des prairies.

M. A. Leplay a dosé dans un litre d'eau :

	DU RUISSEAU de Chevillot.	DE LA RIVIÈRE de Ligoure.
Silice	0,029	0,016
Alumine et oxyde de fer	0,008	0,001
Chaux	0,006	0,007
Magnésie	0,006	0,004
Alcali	0,013	0,009
Acide chlorhydrique	0,003	0,004
Acide sulfurique	0,001	Traces.
Acide carbonique	0,003	0,009
Eau combinée, matières organiques, perte	0,018	0,003
RÉSIDU TOTAL	0,087	0,053

L'acide sulfurique contenu dans ces eaux provient du sulfure de
fer que l'on trouve par-ci par-là dans le gneiss et dans le granite.

Connaissant la composition chimique des trois minéraux qui constituent le granite et le gneiss, nous pouvons prévoir les modifications
qui se produisent dans les roches et dans les caractères agricoles des
terres qu'elles fournissent, lorsque l'un ou l'autre de ces trois éléments vient ou à disparaître ou à prédominer.

Souvent, et particulièrement à la limite des roches éruptives et des
terrains de transition, par exemple sur le pourtour du plateau central de la France, le gneiss passe peu à peu au *micaschiste*.

Le *micaschiste* ou schiste micacé se compose de couches alternantes
de quartz et de mica. Il diffère du gneiss, en ce qu'il a perdu le
feldspath, c'est-à-dire l'élément qui se décompose le plus aisément.
Par conséquent, c'est une roche plus dure que le gneiss. Elle résiste
plus longtemps que lui aux influences atmosphériques et se transforme moins rapidement en terre arable. Cette terre ne renferme
jamais de chaux. Par contre, elle contient plus de magnésie et de
fer; elle en contient même quelquefois trop; c'est un de ses inconvénients.

Quand le mica est très abondant dans le micaschiste, la roche se
décompose encore assez facilement et donne naissance à une terre
argileuse, mêlée de fragments de schiste, qui peut devenir assez
productive si on y mêle des amendements calcaires.

Au contraire, quand c'est le quartz qui prédomine, la roche est
très dure; elle ne se décompose que fort difficilement et ne fournit
qu'un sol très aride.

Entre ces deux extrêmes, les micaschistes fournissent en général
une terre légère qui ne convient qu'à l'avoine, au seigle, au sarrasin
et aux pommes de terre. Les chaulages et les marnages y font beaucoup de bien.

On trouve beaucoup de ces terres dans le sud du département du
Cher. On en trouve également dans les Maures (département du Var),
couvertes de bruyères, de fougères, d'arbousiers, de pins maritimes,
de chênes-lièges, de châtaigniers, cytise, etc., tandis que les montagnes calcaires du voisinage ont une tout autre flore.

Au nord du département de l'Aveyron, les schistes du *Ségala* (*pays à seigle*) forment un sol ingrat, surchargé de paillettes de mica qui se décomposent difficilement, léger et en même temps froid, gélif.

Quand c'est le mica qui disparaît et quand il ne reste plus que du feldspath et du quartz, c'est de la *pegmatite*, roche qui se désagrège facilement et forme un sol plus ou moins graveleux, mais qui renferme toujours une certaine proportion d'argile. On sait que les meilleurs kaolins proviennent de la décomposition des pegmatiques.

Les *porphyres quartzifères* ou porphyres à cristaux de quartz et de feldspath, disséminés au milieu d'une pâte de feldspath, font des terres très ingrates[1].

Quant *aux porphyres proprement dits*, ils ne contiennent plus que du feldspath ou plutôt des feldspaths, l'un formant la masse de la roche, l'autre à l'état de cristaux disséminés dans cette pâte amorphe. Tantôt cette pâte feldspathique est riche en silice, très dure, et elle ne se décompose que lentement; ailleurs elle est terreuse et fournit des sols assez fertiles : on en voit des exemples dans les Vosges, en Saxe, en Cornouailles.

Quand les variations des roches cristallines ne se bornent pas à la disparition de l'un ou l'autre des trois minéraux qui constituent les granites, mais que ces minéraux sont remplacés par d'autres minéraux de composition chimique différente, on trouve des roches dont

---

1. Dans le porphyre quartzifère du département de la Loire la pâte contient, outre l'alumine et la soude, de la potasse, un peu de chaux et de magnésie, de plus du fer. Les cristaux de feldspath sont de l'orthose. Ils contiennent 70 à 80 p. 100 de silice et 6 à 8 p. 100 de potasse et de soude.

Au point de vue de la dureté et de son altérabilité, le porphyre quartzifère offre des divergences assez grandes. En général cependant, il se désagrège moins facilement que les granites ordinaires. Il engendre un sol rocailleux très peu profond, le plus mauvais de ceux qui appartiennent aux terrains anciens.

Très souvent, on reconnaît de loin, à la simple végétation, un filon porphyrique dans les grès à anthracites du plateau de Neulize. La charrue ne pouvant entamer ce sol dur, on laisse incultes au milieu des champs les parties occupées par le porphyre. Le pin ou les genêts s'emparent de ces lambeaux qui, d'ailleurs, sont presque toujours en saillie sur les terrains environnants. Ce qu'il y a de mieux à faire avec les terrains de porphyre quartzifère, c'est de les boiser en pins. (Grüner. *Description géologique de la Loire.*)

la nomenclature est assez compliquée dans les traités de minéralogie. Nous nous bornerons à indiquer les caractères qui offrent de l'intérêt pour les agriculteurs.

A la série des roches à micas, que nous venons de passer en revue, correspond une 2ᵉ série dans laquelle les micas sont remplacés par des silicates dont la base renferme de la chaux, de la magnésie et plus ou moins de fer, et une autre 3ᵉ série dans laquelle ces silicates ne contiennent que de la magnésie et du fer.

La 2ᵉ, la série des *roches à amphibole* (trémolite, actinote, hornblende) ou *à pyroxène* (augite, diallage), forme, en général, des terres plus fertiles que les roches correspondantes de la série à mica. Cela provient non seulement de ce que l'amphibole leur fournit la chaux qui manque à la plupart des terres de granite ou de gneiss, mais aussi de ce que l'amphibole se décompose plus rapidement que le mica.

La *syénite* est un granite dans lequel le mica est accompagné ou complètement remplacé par la hornblende, silicate que l'on reconnaît aisément à sa couleur noire et qui contient, outre la chaux et la magnésie, beaucoup de fer. Le quartz y est, en général, moins abondant que dans le granite et, quelquefois même, il disparaît complètement. Les syénites peuvent devenir porphyroïdes et passer à toutes les variétés que nous avons vues dans la série granitique. Elles renferment ordinairement deux feldspaths : de l'orthose et de l'oligoclase. Le microscope permet d'y reconnaître l'apatite.

On trouve des syénites entre autres : dans les Vosges, près de Saint-Maurice et de Giromagny, en Normandie, près de Coutances, etc.

Pendant leur décomposition, chaque partie d'orthose fournit, en moyenne, 13 à 16 p. 100 de potasse et 1 à 4 p. 100 de soude, chaque partie d'oligoclase 8 à 10 p. 100 de soude, 1 à 3 p. 100 de potasse et 4 à 5 p. 100 de chaux, chaque partie de hornblende 4 à 12 p. 100 de carbonate de chaux et 1 à 2 p. 100 de sels alcalins, et, sous l'influence d'eaux riches en acide carbonique, des silicates et carbonates de magnésie et du carbonate de protoxyde de fer. En définitive, il se forme une argile plus ou moins ferrugineuse de couleur ocre, d'ordinaire mêlée de fragments de hornblende, qui contient un peu de chaux, et qui, par conséquent, est plus fertile que les terres dérivées du granite pur.

La *diorite* est une roche à structure granitoïde qui ne contient que de l'amphibole et du feldspath, tantôt de l'oligoclase (à Trémeven et à Créach-Maria, en Bretagne), tantôt du labrador (à Kermorvan et à Kervouyée, près de Quimper). Certaines variétés de diorites, qu'on trouve, entre autres, dans le plateau central et dans les côtes du Nord, sont très chargées de calcite et donnent avec les acides une effervescence notable. Il est probable que ce sont des diorites quartzifères plus ou moins altérées.

Quelques diorites deviennent schisteuses par l'alignement de l'amphibole et passent alors à de véritables amphibolites.

Une diorite à oliglocase, examinée par MM. Fouqué et Lévy, contenait 54 p. 100 de silice, 18,50 d'alumine, 11 de fer, 5,5 d'alcalis, 7,5 de chaux, 6 de magnésie et, comme élément accessoire, de l'apatite.

Grâce à cette riche composition, les diorites forment en se décomposant des terres très fertiles. Celles de la Bretagne sont souvent employées à l'amélioration des terres pauvres en chaux ; on choisit pour cette opération celles qui sont décomposées et amenées par la kaolinisation à l'état d'arène. Les cultivateurs bretons leur donnent même le nom de *marne*.

Sur les terres granitiques de l'arrondissement de Domfront (Orne), on utilise également une arène dioritique qui facilite la culture du sarrasin et rend possible celle du blé. Une analyse en a été faite par M. Durand-Claye :

RÉSIDU insoluble.	$Fe^2 O^3 Al^2 O^3$	Ca O	Mg O	Ph O^5	K O soluble.	H O et produits non dosés.	Somme.
56,57	22,45	1,78	1,78	0,32	0,15	10,95	100,000

On voit que cette arène dioritique introduit dans la terre granitique à laquelle on la mélange, de la chaux, de la magnésie et une proportion notable d'acide phosphorique.

Les diorites de l'ouest de la Cornouailles ont été étudiées par M. J. A. Philipps :

	Densité.	SiO^2	Al^2O^3	Fe^2O^3	FeO	MnO	MgO	CaO	KO	NaO	PhO^5	HO		Perte.	Sommes.
												hygrom.	comb.		
A	3,02	46,32	18,18	0,82	10,92	Traces.	7,46	9,32	2,07	2,95	0,52	0,24	0,76	0,32	99,88
B	3,01	43,48	18,60	3,68	11,38	Traces.	6,01	12,31	1,12	1,69	Traces.	0,22	1,17	0	99,66

Sur le Lizard, dans le comté de Cornouailles, sir Henri de la Bèche a remarqué la grande fertilité des sols formés par la décomposition des syénites et des diorites, et, d'un autre côté, l'infertilité de ceux qui proviennent de la serpentine, et il ajoutait : « Comme les roches du Lizard sont toutes exposées aux mêmes conditions, le contraste entre les différents degrés de fertilité que l'on y trouve est très instructif et montre que, toutes choses égales d'ailleurs, les caractères agricoles des sols dépendent des roches subjacentes. »

Partout où la *serpentine* [1] affleure, ce sont des surfaces rocheuses sans terre et sans végétation. Sa composition chimique explique cette infertilité, c'est un silicate de magnésie hydraté, quelquefois avec un peu de fer et d'alumine. Aucune plante ne peut trouver à s'y nourrir.

Heureusement pour l'agriculture, la serpentine ne constitue, en général, que des masses peu étendues. Le seul point en France où elle forme une véritable montagne est le Puy-del-Voll, près de Firmy, dans l'Aveyron.

Ailleurs, la serpentine ne forme que des filons qui apparaissent au milieu du gneiss du plateau central de la France, ou bien, à la limite de ce gneiss, des lignes de faîte sur lesquelles s'appuient de l'autre côté des micaschistes (Haute-Vienne, Tarn, Aveyron, etc.).

Les terres formées par la décomposition des roches de la 3ᵉ série, *schistes chloriteux* et *talcschistes* (*schistes à séricite*) dans lesquelles le mica est remplacé par des silicates ferro-magnésiens, sont toutes

---

1. Qui appartient à la 3ᵉ série.

moins fertiles que celles qui dérivent des roches de la 1re série. Elles manquent également de chaux et d'acide phosphorique. De plus, elles contiennent moins de potasse. Dans le Ségala de l'Aveyron, ce sont des terres friables qui, à l'état inculte, se couvrent de bruyères et qui ne peuvent être améliorées que par les amendements calcaires.

Après avoir décrit les caractères généraux des terrains de granites, gneiss, etc., nous allons passer en revue les différents pays où nous trouvons des terrains de ce genre. Commençons par les Vosges.

§ 2. — Les Vosges.

Le noyau central des Vosges est composé de granites, de syénites et de porphyres qui ont soulevé avec eux le grès rouge, le grès des Vosges, etc.

Du côté de l'Alsace, la chaîne des Vosges s'élève brusquement au-dessus de la vallée du Rhin. A ses pieds se déroule une bande de riches vignobles. Puis viennent les forêts ; on monte à pic, sous les noirs sapins, jusqu'aux cimes les plus élevées[1] qui sont couvertes de gazon. Ces sommets, arrondis par suite de la décomposition des granites, portent le nom caractéristique de *ballons*. On y trouve des chalets comme sur les montagnes de la Suisse. Les fromages fabriqués dans ces chalets, le Gérardmer, le Munster, ont une certaine réputation.

Du côté de la Lorraine, les Vosges s'abaissent peu à peu, formant trois étages que les gens du pays appellent la *Montagne,* la *Voge* et la *Plaine.*

La montagne est presque tout entière couverte de forêts ; la culture ne commence que plus bas.

Les Vosges sont, au point de vue des forêts et des cours d'eau, le pays le mieux aménagé de la France. C'est un modèle à imiter ailleurs : dans les Alpes, dans les Pyrénées, dans les Cévennes, etc. Non seulement les lacs si pittoresques de Gérardmer, etc., forment

1. Le ballon d'Alsace a 1,250 mètres de hauteur.

des régulateurs naturels, mais on a créé, au moyen de barrages, des lacs artificiels. Chaque vallon, pour ainsi dire, a son réservoir qui emmagasine les eaux de sources et les utilise pour arroser ses prés. Quand il y a un peu de culture, on se sert de la chute pour faire marcher la machine à battre ou la féculerie. Dans les principales vallées, l'industrie est venue se joindre à l'agriculture pour utiliser ces forces naturelles. Une partie des familles travaille dans les tissages, une autre partie dans les champs ou dans les bois, et, grâce à cette union de l'industrie et de l'agriculture, la population vit dans l'aisance, malgré la rigueur du climat et la pauvreté naturelle du sol.

Voici, d'après les analyses de M. Grandeau, la composition chimique de trois terres provenant des granites ou porphyres des Vosges :

	GRANITE de Gérardmer.	PORPHYRE de Gérardmer.	GRANITE syénitique de Noirgoutte.
	p. 100	p. 100.	p. 100.
Alumine et oxyde de fer	9,28	9,39	3,97
Chaux.	Traces.	Traces.	Traces.
Magnésie	0,34	0,60	0,30
Potasse	0,31	0,20	0,21
Soude.	0,00	0,02	0,09
Acide phosphorique	0,23	0,25	0,27
Résidu insoluble.	70,00	74,00	73,45

Ce sont des terres très pauvres en chaux.

Les eaux des sources et des rivières qui découlent des Vosges sont très pures et très douces, par suite, très propres aux besoins de l'industrie. Les manufactures de toiles peintes qui ont fait la richesse de Mulhouse n'auraient pas pu s'y établir si, outre les eaux dures et calcaires de l'Ill, qui vient du Jura, les fabricants n'avaient pas pu utiliser un petit cours d'eau qui descend des Vosges.

Partout les vallons sont couverts de prairies. Partout où coule un filet d'eau, le propriétaire vosgien bâtit un pré ; il le bâtit littéralement avec des fragments de rochers sur lesquels il dépose et nivelle un peu de terre et de gazon, et il nourrit sa jeune prairie avec l'eau de la source.

Dans ses études classiques sur les irrigations, M. Hervé Mangon a montré que, dans le département de Vaucluse, on n'emploie que de 1 à 4 litres d'eau par seconde et par hectare de prairies, tandis qu'on en donne plus de 100, quelquefois même 200 à 300 litres dans celles des Vosges. C'est que dans le Midi, l'irrigation n'apporte qu'une faible partie des matières fertilisantes nécessaires aux récoltes et agit presque uniquement par la quantité d'eau qu'elle fournit aux besoins de la végétation, tandis que, dans le Nord, l'eau sert de véhicule aux matières azotées et minérales qu'elle tient en suspension ou en dissolution.

Dans la prairie de Habeaurupt, près de Plainfaing (Vosges), une de celles que M. H. Mangon a étudiées, le sol est formé par la décomposition du granite et l'eau d'irrigation est elle-même une eau granitique. Le sol ne contient que des traces de chaux et probablement des traces encore plus faibles d'acide phosphorique. Les eaux ne contiennent que $0^{gr},018$ à $0^{gr},026$ de matières minérales sur lesquelles il y a :

0,001 à 0,003 de chaux ;
Traces à 0,001 de magnésie ;
0,002 à 0,003 d'alcali ;
0,002 à 0,004 d'acide sulfurique.

En arrivant sur la prairie (de $1^{hect},0645$) qu'elle irrigue, la masse d'eau employée dans le cours d'une année contient $5693^{k},88$ d'azote à l'état d'ammoniaque et d'acide azotique. Les eaux de colature n'en renferment plus que $4811^{k},853$. La différence est de $887^{k},815$, mais une grande partie de cet azote s'en est allée par les eaux d'infiltration. M. H. Mangon admet qu'il en est resté à la prairie $261^{k},116$ dont environ $\frac{2}{5}$, soit $102^{k},057$, se sont retrouvés dans les 9250 kilogr. de foin récolté, tandis que $159^{k},059$ continuent à augmenter la fertilité de la prairie.

M. H. Mangon se demande (page 126 de son mémoire : *Expériences sur l'emploi des eaux dans les irrigations*), si, par un meilleur mode d'emploi des eaux, on pourrait fixer dans la récolte plus des $\frac{2}{5}$ de l'azote que ces eaux renferment.

Peut-être y arriverait-on plus sûrement encore en augmentant la quantité de chaux et d'acide phosphorique qui est mise à la disposition des prairies. Au moyen de phosphate de chaux, on pourrait, non seulement accroître le développement des graminées qui forment la masse principale de ces prairies, mais on accroîtrait en même temps leurs propriétés nutritives et l'on développerait, au milieu d'elles, une végétation de légumineuses qui contribuerait à améliorer les fourrages.

Les expériences faites sur les prairies que MM. Dutacq et Naville ont construites sur les bords de la Moselle paraissent confirmer cette opinion :

Il y a 50 ans, les graviers granitiques qui couvraient la vallée de la Moselle étaient encore, en grande partie, incultes et improductifs au-dessous d'Épinal. Les frères Dutacq conçurent l'idée d'y créer des prairies au moyen de dérivations dont les chutes pourraient en même temps être utilisées comme forces motrices pour des établissements industriels. Ils se mirent courageusement à l'œuvre, mais, comme les capitaux dont ils disposaient n'étaient pas suffisants pour l'achever, ils cédèrent l'entreprise à MM. Naville, de Genève. Plus de 600 hectares de prairies furent créés depuis Épinal jusqu'au-dessous de Charmes. Au point de vue technique, c'est une œuvre magnifique.

On construisait les ados au moyen des graviers ; il n'y avait presque pas de terre. Puis on y amenait l'eau, et cette eau déposait peu à peu, dans les intervalles des graviers, un limon très fin, une sorte de toile d'araignée qui, en été, se soulevait par pellicules[1].

---

1. Le principal produit de l'action mutuelle des fragments de roches solides qui s'usent au sein des eaux, dit M. Daubrée, n'est pas du sable, mais du limon.

Ce limon est, en général, impalpable et d'une ténuité telle qu'il reste plusieurs jours en suspension dans l'eau.

Par kilomètre parcouru dans un cours d'eau :

Le feldspath en fragments anguleux forme. .	0,003	p. 100 de limon.
Le feldspath en fragments arrondis	0,002	—
L'obsidienne.	0,003	—
La serpentine	0,003	—
Le silex de la craie.	0,0003	—

La désagrégation mécanique n'est pas le seul phénomène, ajoute M. Daubrée. Après un mouvement prolongé dans un cylindre de fer correspondant à un parcours de 100 kilomètres, 3 kilogr. de granite ont donné 3^{gr},3 de sels so-

Après avoir continué cette espèce de colmatage pendant 2 ou 3 ans, alors qu'on apercevait encore au milieu de ses dépôts les têtes des graviers, on semait de la fenasse qui levait dans les intervalles de ces pierres. Quand les graminées avaient bien pris racine, on ramenait l'eau très lentement. Les herbes contribuaient à arrêter les matières qui s'y trouvaient en suspension. Peu à peu l'épaisseur de la terre augmentait et le tapis de verdure devenait plus continu. Mais ce n'est qu'après 8 ou 10 ans d'irrigations conduites avec beaucoup de prudence que les prairies étaient complètement formées.

On avait alors des prés, mais, hélas ! ce n'étaient que des prés de terrains granitiques, arrosés avec de l'eau granitique. On essaya d'y nourrir des vaches laitières, mais les vaches ne donnèrent que peu de lait. On essaya d'y engraisser les bœufs, mais ces bœufs n'engraissèrent pas. Pour donner aux fourrages des propriétés plus nutritives, il aurait fallu joindre à l'irrigation des phosphates de chaux, ou bien il aurait fallu suppléer à ce qui leur manquait en propriétés nutritives par une addition de tourteaux à la ration alimentaire.

Tels qu'ils étaient, on ne pouvait employer les fourrages qu'à l'élevage des bêtes à cornes, qui ne les payait pas cher, ou les vendre pour l'alimentation des chevaux. Malheureusement les chemins de fer n'étaient pas construits à cette époque; il n'y avait pas moyen d'expédier les foins à Paris, et, dans le voisinage, les consommateurs manquaient. On avait jeté brusquement sur un marché restreint par l'absence des moyens de transport les produits de 600 à 700 hectares de prairies. L'offre des foins avait dépassé leur demande, la production avait dépassé les besoins de la consommation.

Aujourd'hui les chemins de fer sont venus résoudre le problème et ouvrir aux fourrages des débouchés sur les garnisons de cavalerie de Lunéville et de Nancy; ils peuvent même se vendre à Paris. Mais, pendant longtemps, les capitaux employés à cette grande entreprise n'ont rapporté qu'un très faible intérêt.

(Voir la suite des *Vosges* aux chap. VI et VII, *Grès rouge et grès des Vosges*.)

---

lubles, consistant principalement en silicate de potasse. (*Expériences sur les décompositions chimiques provoquées par les actions mécaniques dans divers minéraux, tels que le feldspath*, par M. Daubrée.)

§ 3. — **Le Morvan.**

En nous dirigeant vers le sud, nous trouvons un autre groupe de terrains primitifs, le massif du *Morvan,* qui sépare la Bourgogne du Nivernais.

Ce massif, dans lequel les plus grandes altitudes ne dépassent guère 600 mètres et qui couvre environ 150 lieues carrées, est formé de granites et de porphyres. Les granites se désagrègent facilement et donnent au relief du pays des formes arrondies, comme celles des ballons des Vosges, tandis que les montagnes de porphyre, qui occupent le centre, ont des formes plus aiguës et plus abruptes.

Le granite des Settons est composé d'orthose, d'oligoclase, de mica noir et de quartz. MM. Fouqué et Lévy y ont trouvé des cristaux d'apatite. Ce n'est donc pas un granite complètement dépourvu de chaux et d'acide phosphorique.

Presque toutes les hauteurs et les pentes les plus raides sont couvertes de forêts, dont les bois sont réduits en bûches de moulée, charroyés sur les ports par les bœufs morvandiaux, frappés de la marque du marchand, jetés dans les affluents de la Cure et de l'Yonne qui les flottent jusqu'à Clamecy et Vermanton où ils sont triés, empilés, mis en train et dirigés sur Paris. C'est un bûcheron du Morvan qui a inventé le flottage au XVIe siècle.

Souvent, dans les vallées étroites, les forêts descendent jusqu'au bord du torrent qui coule dans le fond. Des prairies couvrent les vallées plus larges et les plis de terrains dans lesquels les terres fines et argileuses, produites par la décomposition des granites, se sont accumulées.

Une infinité de sources et de filets d'eau vive coulent de tous côtés. La plupart des fermes, au lieu d'être agglomérées en villages, sont dispersées; elles sont placées près des sources, à côté des prairies que ces eaux permettent d'arroser et des *ouches,* terres privilégiées, non seulement parce que la nature les a faites plus fertiles que les *arènes* granitiques des plateaux élevés, mais parce que, depuis longtemps, on y a accumulé les engrais. Dans ces ouches, on peut obtenir toutes sortes de produits ; le chanvre qui fournit la toile du ménage, le chou-rave, partie essentielle de la soupe, les haricots, les pois, les pommes de terre qui sont d'excellente qualité. On y fait même du blé et du trèfle, tandis que, sur les terres ordinaires, les seules céréales qu'il est possible d'obtenir sont le seigle, l'avoine ou le sarrasin.

Sur ces champs plus éloignés de la ferme, la culture ressemble à celle de tous les pays granitiques : après une série de seigle, d'avoine ou de sarrasin qui épuisent la fertilité accumulée pendant un certain nombre d'années de repos, on laisse de nouveau la végétation naturelle, les genêts, les digitales, les bruyères, etc., se développer. Les animaux qui pâturent dans *ces champs de balais*, les balais (genêts) eux-mêmes et les bruyères que l'on coupe pour les employer comme litières dans les étables, ou même trop souvent dans les rues des villages, ramènent dans les fumiers et dans les *ouches*, qui en profitent presque exclusivement, l'azote, la chaux et l'acide phosphorique qui s'étaient concentrés dans cette flore spontanée des terrains granitiques. C'est toujours le système de culture des pays à la fois pauvres au point de vue chimique et pauvres au point de vue économique pour lesquels le comte de Gasparin avait inventé un nom aussi barbare que le système lui-même. Le savant agronome l'appelait *hétérositique*, ce qui veut dire que les *ouches*, au lieu de se nourrir elles-mêmes, s'enrichissent aux dépens des autres terres.

Ce qui justifiait cette antique méthode, c'était l'absence de moyens de transport, et, par suite, l'impossibilité de se procurer des amendements calcaires.

Les prés sont abondamment arrosés. Souvent ils le sont même trop en certains endroits. Les rigoles d'amenée ont trop de pente et les rigoles de colature n'en ont pas assez ou manquent de profondeur. Il faudrait drainer. Avec ces fourrages acides, on ne peut faire que l'élevage des bêtes à cornes. Ils n'engraissent pas. Un ancien auteur morvandiau, Guy-Coquille, en avait déjà fait la remarque dans son *Histoire du Morvan:*

«... Vray est, dit-il, que la chair et la gresse des bœufs et vaches en Morvan n'est pas si savoureuse et n'est pas sitôt acquise aux bestes, comme en celles qui sont nourries au plat pays (dans le

Bazois et les Amognes) : pour ce qu'au plat pays il y a plus de soleil et l'herbe est naturelle ; et en la montagne, à cause des bois et de la hauteur de la montagne, y a beaucoup d'ombre et peu de soleil, et l'herbe y vient par force d'arrosement. Aussi les marchands sont soigneux d'enquérir de quelle part vient le bestail qu'ils veulent engresser ; et s'ils le mettent en l'herbe du plat pays, et ils viennent du Morvan, ils sont assurés de *l'avoir incontinent gras et bon* ; mais s'il vient du pays bas, ils se garderont de le mettre en herbes de Morvan, encore qu'elles soient très abondantes, parce que le bétail, *accoutumé à meilleures herbes,* jeusnerait auprès. »

Quant à cet élevage, autrefois le Morvan avait une race spéciale de bêtes à cornes que l'on appelait la race morvandelle, race qui avait tous les caractères de celles des pays granitiques : peu laitière, type à ossature très fine, mais très robuste et très apte au travail.

« Les Morvandiaux excellent dans l'éducation du gros bétail ; ils se privent d'une grande partie du lait de leurs vaches pour faire des élèves. On voit des petits veaux et leurs châtrons se dresser dans les *champs de balais,* montrant leur échine blanche sur un poil de couleur rouge. C'est l'espèce du pays : race moins grandiose que d'autres, mais forte, courageuse, adroite, docile à la voix du bouvier habile lui-même à la conduire, à la diriger avec une grande dextérité à travers les chemins les plus difficiles, sur les pentes les plus roides, où la difficulté s'accroît à chaque instant par la rencontre de rochers qui s'élèvent et de ravins qui s'affaissent. De même que l'Arabe encourage et désennuie ses chameaux par le son d'un galoubet, le Morvandiau fait entendre à ses bœufs des sons retentissants et filés en points d'orgue d'une longue tenue, lorsqu'il se met à kioler. Ces voix répétées dans les montagnes ne sont pas sans harmonie[1]. »

L'emploi de la chaux que l'amélioration des routes a rendu possible dans une partie du Morvan, a favorisé la substitution de la race charolaise ou nivernaise à l'ancienne race morvandelle, parce qu'elle a commencé la transformation des fourrages aigres et peu nutritifs des prairies granitiques en fourrages analogues à ceux des

---

1. Dupin, *Mémoires de l'Académie des sciences morales et politiques,* 1852.

contrées calcaires où ces nouvelles races avaient pris naissance. L'amélioration des fourrages et, par conséquent, celle des terres doivent toujours précéder l'amélioration du bétail.

On peut voir, d'une manière frappante, cette transformation des fourrages à la limite septentrionale du Morvan, près de Semur, sur les bords de l'Armançon qui coule au fond d'une vallée granitique dont un des côtés est recouvert par les marnes du lias. Les prés qui descendent vers la rivière sont sur le granite ; mais, par-ci par-là, les eaux de pluie, en ravinant les champs de lias qui les dominent, y ont amené de larges bandes de boue à la fois calcaire et riche en phosphates. Partout où ce limon a été répandu sur les prés, il y a une tout autre flore que sur le granite pur. Les légumineuses y abondent, tandis qu'elles sont très rares sur le sol granitique.

---

§ 4. — Le Beaujolais, les montagnes du Lyonnais et le Forez.

Si nous continuons notre voyage à travers les pays granitiques, nous trouvons, au sud du Morvan, séparé de lui par le bassin houiller d'Autun et par les fertiles herbages du Charolais, un massif de roches cristallines qui s'élève entre la vallée de la Loire et celle de la Saône ; ce sont les montagnes du Beaujolais et du Lyonnais, dont le massif central est formé de porphyre et s'élève à des altitudes qui atteignent 1012 mètres au mont d'Ajoux, tandis que les bords sont constitués par des granites qui descendent jusqu'aux alluvions des deux vallées.

Dans le Beaujolais, le climat a permis la culture de la vigne et les vins y acquièrent, comme dans tous les terrains granitiques, une qualité supérieure.

Le docteur Guyot a décrit ces vignobles :

« Le sol de l'arrondissement de Villefranche, département du Rhône (Beaujolais), est granitique, schisteux et argileux, sans calcaire dans la moitié de sa superficie, et formé d'alluvions argilo - calcaires dans le surplus; il contient une forte proportion d'oxyde de fer et de feldspath. Ses roches granitiques les plus dures, mises au contact de l'air par le *minage* ou défonçage, s'effritent et tombent pour la plupart en une espèce de gravier pulvérulent appelé improprement *grès* dans le pays, et c'est ce terrain de grès qui donne les vins les plus délicats. Les schistes désignés sous le nom de terres pourries ou de *morgon* (du nom de la commune où ces schistes dominent) sont très appréciés et très recherchés des vignerons comme extrêmement fertilisants.

« Quant à la surface générale des vignobles du Beaujolais, elle présente un vaste plan incliné, descendant du haut d'une chaîne de montagnes, dont les crêtes courent à une hauteur maximum de 500 à 600 mètres du nord au sud, où elles s'abaissent pour disparaître en allant du bois d'Oings vers Anse et Villefranche, tandis que leurs flancs descendent à l'est en gagnant la Saône.

« Mais ce plan ne se compose point d'une surface unie, il est formé d'une succession de mamelons et de ravins, de collines et de vallons au fond desquels courent des ruisseaux à lits de torrents, généralement bordés d'arbres, de buissons, d'étroites prairies: ces mamelons et ces collines, ces ravins et ces vallons affectent toutes les directions et offrent toutes les expositions.

« Les vignes y attirent et fixent à peu près exclusivement l'attention; au milieu de ces mamelons, elles occupent de préférence les aspects est et sud; elles commencent généralement au-dessus des prairies qui sont au fond des vallons et ne vont pas jusqu'au sommet des montagnes les plus élevées, mais elles recouvrent tous les plateaux des étages inférieurs des collines et, le plus souvent, elles en occupent les rampes aux quatre points cardinaux, du haut en bas. Aux étages inférieurs des coteaux la vigne occupe donc presque tout le sol.

« A mesure qu'on s'élève vers la crête de la chaîne dominante, les vignes deviennent moins continues, les prairies sont plus nombreuses et les terres labourables occupent une grande superficie; les vignes deviennent rares. Enfin les pâtis, les bruyères, les bois et les roches s'emparent exclusivement des vallons, des mamelons les plus froids et des crêtes les plus élevées, à l'altitude de 300 à 600 mètres.

« Le Beaujolais, considéré par un beau jour d'automne, de ses sommets extrêmes, offre aux regards un aspect magnifique et plein d'intérêt.

« Toutes les vignes du Beaujolais sont plantées sur un *minage* ou défonçage de granit, de schistes ou de terrains d'alluvion de 0ᵐ,50 à 0ᵐ,66 de profondeur; le terrain débarrassé de ses pierres non friables les plus grosses est nivelé avec soin. Ces pierres sont enlevées pour l'entretien des chemins ou disposées en sous-sol dans les terrains humides, ou bien réunies en tas entre les vignes, ou encore placées dans des trous dont on extrait la bonne terre pour la répartir dans la vigne. Le minage coûte en moyenne 80 fr. la coupée : la coupée est le treizième de l'hectare. Le nivellement après le minage coûte en moyenne 60 fr. l'hectare.

« Les vignes en Beaujolais sont très soignées et très proprement tenues ; elles sont assolées de 25 à 40 ans. Après cette durée, elles sont généralement arrachées et livrées pendant cinq ou six ans aux cultures de céréales, de fourrages et de plantes sarclées, pour être replantées ensuite sur un nouveau minage, ou défonçage, qui coûte naturellement moins cher que le premier. On donne aux vignes faites trois cultures à la main : une en mars, une en mai ou juin, avant les foins, et une en juillet après les foins.

« L'exploitation des vignes, dans tout le Beaujolais, se fait à moitié fruits entre le propriétaire et le vigneron, par lots de vignes, de prairies et de terres groupées, ou disséminées plus ou moins près d'une habitation de vignerons, prenant dans leur ensemble le nom de *vigneronage*.

« Un vigneronage comporte de 3 à 5 hectares de vignes, autant ou la moitié de prairies, autant ou moins ou pas du tout de terres labourables, suivant que les prairies et les terres sont plus ou moins étendues relativement aux vignes de la localité.

« Les prairies du Beaujolais se créent facilement partout où l'on peut avoir un moyen d'irrigation, soit par des dérivations des ruisseaux torrentiels, dont les pentes rapides permettent de tirer des filets d'eau même au flanc des montagnes, soit par des caniveaux ou drainages, obliques aux rampes, qui recueillent les eaux souterraines et les versent en haut et au travers des prairies qui sont généralement excellentes, grâce aux feldspaths potassiques répandus abondamment dans les terrains primitifs du Beaujolais.

« Ces prairies fournissent une bonne nourriture aux vaches, qui dans ce pays servent d'animaux de trait sans que la production de leur lait en soit trop tarie : ce sont les vaches qui cultivent les terres arables, transportent les pailles, les fumiers, les échalas, la vendange, les matériaux de construction ; elles nourrissent en partie la famille, qu'elles chauffent pendant l'hiver, et donnent à peu près tout le fumier nécessaire aux vignes. Ces excellentes bêtes ne sont point aussi malheureuses qu'on pourrait le supposer d'après ce qu'on exige d'elles ; elles sont très apprivoisées et travaillent avec intelligence et satisfaction pour la famille qui vit avec elles ; le travail même extrême est une satisfaction pour les animaux, comme pour les hommes, quand il est compensé par les bons soins et l'attachement : d'ailleurs les vaches ont aussi leurs loisirs et leurs satisfactions journalières, soit à l'étable en famille, soit dans leurs beaux et bons pâturages. »

Malheureusement, depuis que le Dr Guyot a décrit la prospérité des vignobles du Beaujolais, le phylloxera est venu les envahir. Mais les propriétaires et les vignerons luttent avec courage contre l'insecte destructeur. Le syndicat de la commune de Chiroubles, modèle d'excellente organisation, a montré qu'on peut y maintenir la production à 25 ou 30 hectolitres par hectare, par l'emploi du sulfure de carbone à raison de 20 grammes par mètre carré et par an, à la condition toutefois d'augmenter les engrais. Au lieu de ne renouveler la fumure que tous les quatre ans, comme c'est l'habitude générale, le rapporteur du syndicat, M. Cheysson, propose de la renouveler de trois en trois ans et d'y ajouter dans les années intermédiaires du superphosphate de chaux azoté, à raison de 500 kilogr. par hectare. M. Cheysson remarque avec raison que les terres granitiques étant très riches en potasse, elles n'ont pas besoin qu'on leur en fournisse artificiellement. Quand ils s'appauvrissent de ce côté, un bon *terrage* leur rend cet élément à peu de frais. Les frais annuels de production seront ainsi augmentés de 300 fr. par hectare, dont 150 fr. pour le traitement par le sulfure de carbone et 150 fr. pour la fumure complémentaire. Mais les vins de Chiroubles ont une assez bonne marque pour pouvoir payer ces frais.

Peut-être ferait-on bien d'employer du plâtre pour saupoudrer, soit le sol des étables, soit les tas de fumier. On fournirait ainsi au terrain granitique plus de chaux et plus de soufre, et le sulfure formé dans la masse du fumier par la désoxydation du plâtre, aurait déjà une bonne influence.

On a remarqué que le traitement par le sulfure de carbone réussit moins bien dans les veines de terres fortes qui se rencontrent çà et là par lambeaux au milieu des terres légères formées par la décomposition du granite..

Un œnologue distingué, M. Pulliat, a formé dans la commune de Chiroubles une collection de vignes françaises et américaines où il étudie l'adaptation des diverses variétés aux terrains granitiques.

Plus bas sur le Rhône, les vignobles autrefois si célèbres de l'Ermitage (près de Toire) et de Côte-Rôtie (commune d'Ampuis, département de l'Ardèche), montraient également combien les sols granitiques donnent de qualité aux vins.

Au centre du massif du Lyonnais, le porphyre, plus difficile à désagréger que le granite, forme sur les hauteurs une terre sablonneuse encore plus maigre que les terrains granitiques, également pauvre en chaux et en même temps moins riche en potasse, parce que le feldspath qui y prédomine n'est plus l'orthose à base de potasse, mais l'albite à base de soude. Cependant la terre fine s'accumule dans les bas-fonds, et comme les sources sont nombreuses, on peut, en les utilisant bien, y créer des prairies assez productives.

C'est ce qu'a fait avec succès M. G. de Saint-Victor, dans sa terre de Ronno, située à 12 kilomètres de Tarare. Sur un total de 834 hectares, il a 470 hectares de bois qui occupent les parties les plus élevées et les plus arides, 167 hectares de prairies irriguées et 183 hectares de terres sur lesquelles, grâce à des chaulages et à des fumures abondantes, la culture du blé et du trèfle a pu se joindre à celle des pommes de terre et des racines. Il a donné l'exemple de ces améliorations sur une réserve de 27 hectares. Les 350 hectares de prairies et de terres labourables sont louées à onze fermiers qui ont imité cet enseignement pratique des choses agricoles et en ont retiré un grand bien-être, tout en payant à leur propriétaire un fermage d'un tiers plus élevé. Ces améliorations ont valu à M. de Saint-Victor la prime d'honneur en 1869.

La chaîne du *Forez*, qui sépare la vallée de la Loire de celle de l'Allier, est composée, comme celle du Lyonnais et du Beaujolais, de granites, de porphyres et de quelques lambeaux de terrains de transition. Au milieu de ces terrains de transition, on trouve des filons de calcaire saccharoïde qui ont été exploités pour fournir de la chaux aux terrains du voisinage. Du reste, les caractères agricoles des montagnes du Forez ressemblent à ceux des montagnes du Lyonnais; mais, comme elles sont plus élevées, le climat ajoute ses rigueurs à la pauvreté naturelle du terrain.

Là où les forêts ont disparu, le sol se couvre de bruyères et de genêts, entremêlés de fougères et d'ajoncs épineux. De loin en loin, à peine tous les dix ans, on lui fait produire, par *l'essartage,* une faible récolte de seigle, de sarrasin ou de pommes de terre. Puis on laisse le terrain en friche.

Ces terres si peu favorables aux céréales conviennent à merveille au pin sylvestre. Dans le voisinage des anciennes forêts, il se propage spontanément avec une grande vigueur. Le reboisement serait facile et donnerait souvent, en peu d'années, un produit supérieur à la culture. Dans les altitudes inférieures et sur les pentes faibles, le sol meuble acquiert cependant une certaine épaisseur. On y récolte une année sur deux, ou deux années sur trois, du seigle, de l'avoine ou du blé noir. Le chaulage serait utile dans ces terres.

Quant au fond des vallées granitiques, il est couvert de prairies. Les débris de granite y forment une couche épaisse, sans cesse arrosée par les sources et ruisseaux des montagnes. (Grüner, *Géologie de la Loire.*)

Tandis qu'un hectare de pâturage suffit pour une vache à lait dans les terrains volcaniques des monts Dore et des monts Dôme, il lui faut trois ou quatre hectares sur les granites du Forez.

Les parties les plus arides des montagnes restent encore en communaux à l'état de vaine pâture, mais leur étendue diminue sans cesse par le reboisement ou par des partages qui en améliorent rapidement la production et la valeur.

§ 5. — **Le plateau central.**

Le centre de la France, à peu près un cinquième de sa surface totale, est occupé par un vaste plateau de gneiss et de granite. Il s'élève, pour ainsi dire, d'une seule pièce au-dessus des contrées environnantes et conserve partout à peu près la même élévation, de 600 à 900 mètres. Il mérite donc bien le nom de plateau que lui ont donné Élie de Beaumont et Dufrénoy, mais sa surface, loin d'être continue, se compose d'une série de vallées et de croupes arrondies, et, au-dessus de lui, des montagnes ou *Puys*, formés par des éruptions volcaniques plus récentes, s'élèvent à des hauteurs beaucoup plus considérables.

Sur les bords extérieurs de ce plateau, les gneiss et les micaschistes tendent à prédominer sur les granites. Dans ces schistes, on trouve, par-ci par-là, quelques dépôts de calcaire.

Partout ailleurs se manifeste le caractère général des terrains granitiques : l'absence ou du moins l'extrême rareté de la chaux. Mais nous verrons que certains granites ou gneiss, par exemple, ceux que M. Albert Leplay a signalés dans la Haute-Vienne, sont moins pauvres en chaux que la plupart des autres et que les terrains basaltiques ou volcaniques se distinguent, au milieu des sols granitiques qui les entourent, par une composition chimique plus complète et, ce qui en est la conséquence naturelle, par une fertilité beaucoup plus grande.

Parmi les départements du Centre, le Cantal, le Puy-de-Dôme, l'Ardèche, la Lozère et l'Aveyron ne sont pas tout entiers granitiques. Dans les trois premiers, les terrains volcaniques occupent une large place. Dans les derniers, les plateaux arides du calcaire jurassique, les *causses*, forment un contraste frappant avec les *ségalas* riches en sources, mais pauvres en chaux, des arrondissements qui appartiennent au plateau central.

Quant aux départements de la Corrèze, de la Haute-Vienne et de la Creuse, ce sont des types complets de terrains primitifs et nous n'aurons qu'à consulter leurs statistiques pour nous rendre compte des ressources agricoles de ces terrains.

Les forêts y sont rares ; elles occupent seulement 9 p. 100 de la superficie totale.

Le plateau central est, comme on l'a dit, la *Tête chauve* de la France.

Elle était moins nue autrefois. Beaucoup de bois ont été détruits au XVIᵉ et au XVIIIᵉ siècle. Aujourd'hui ils sont remplacés par des landes presque improductives. Sur certains points les plants ne manquent pas, et il suffirait d'empêcher ou de régler la vaine pâture pour que le reboisement se fît spontanément, mais ces plants sont constamment rongés et réduits à l'état de broussailles par les moutons et les chèvres.

Dans la Corrèze, il y a 170,000 hectares de landes, près d'un tiers du département ; dans la Creuse, il y en a presqu'autant, environ ¼ de la surface totale ; dans la Haute-Vienne 1/10. Elles ne se vendent quelquefois pas plus de 60 à 70 fr. l'hectare, en moyenne à 100 ou 120 fr. On devrait les reboiser. Cela n'a pas été fait jusqu'à présent, parce que les routes nécessaires aux transports faisaient défaut et parce que les prix des bois n'étaient pas assez élevés pour attirer les capitaux. Mais aujourd'hui la valeur des bois a doublé et il est probable que la hausse ne s'arrêtera pas là.

On cite déjà, dans la Corrèze, des semis de pins qui, à l'âge de 10 ans, valent 700 à 800 fr. par hectare. Quelques communes, par exemple, celles de Saint-Angel et de Meymac dans le même département, quelques grands propriétaires, par exemple, MM. Teisserenc de Bort, à Saint-Priest Taurion, dans la Haute-Vienne, ont donné le bon exemple, en montrant que des reboisements bien faits sont des placements à 6 ou 7 p. 100, quelquefois à 10 p. 100. Il est vrai que ce sont des placements de longue haleine dont on ne peut toucher aucun intérêt pendant un certain nombre d'années. Ils ne peuvent convenir qu'à des propriétaires qui n'ont pas un besoin immédiat de tous leurs revenus. Mais ce sont des caisses d'épargne qui conviendraient précisément aux caisses d'épargne proprement dites, ou encore aux sociétés d'assurances sur la vie. Ces sociétés qui ont pris un si grand développement depuis 20 à 30 ans, immobilisent

une grande partie de leurs capitaux en constructions de maisons
à Paris ou ailleurs. Elles ont raison de le faire tant que ces constructions leur rapportent plus de 5 p. 100. Mais ces placements
ne tarderont pas à devenir moins avantageux, et il faudra en chercher d'autres. Les reboisements leur sont tout indiqués pour l'avenir : tout en assurant leurs clients, elles *assureront* du travail pendant
l'hiver aux populations des contrées reboisées ; bien plus encore,
elles contribueront à *assurer* nos grandes vallées contre les chances
des grandes inondations. Il y aura une harmonie complète entre
l'économie sociale et l'économie de la nature. L'une servira à régulariser l'autre.

Dans le département de la Haute-Vienne, les landes occupent
une surface beaucoup moins considérable que dans la Corrèze et
dans la Creuse. Elles sont défrichées, mais peut-être la culture
a-t-elle trop envahi les maigres arènes qui couvrent les hauteurs.
En vertu du proverbe *qui trop embrasse, mal étreint*, elle devrait
laisser ces hauteurs à la production forestière et se borner aux terrains les plus profonds, sur les pentes les plus douces et dans les
dépressions où les détritus du granite décomposé se sont accumulés.

Autrefois le plateau central manquait de moyens de transport à la
fois pour lui amener la chaux nécessaire à l'amélioration du sol et
pour exporter les produits plus grands que cette amélioration eût
permis d'obtenir. Elle en était réduite à ne faire qu'une pauvre
agriculture, une agriculture *extensive*.

Dans quelques cantons on a encore l'habitude, comme dans le
Morvan et en Bretagne, d'écobuer ou de brûler la lande après
l'avoir rompue, d'épuiser, au moyen de quelques récoltes de sarrasin et de seigle, la provision de fertilité que le sol avait acquise par
le repos et de l'abandonner de nouveau aux fougères et aux bruyères.
Dans les départements de la Corrèze, de la Haute-Vienne et de la
Creuse, l'assolement biennal a remplacé cet assolement primitif :
la jachère est en partie employée à faire du sarrasin, des pommes
de terre, puis vient la sole des céréales ; autrefois on n'y voyait
guère que du seigle ; mais le blé y prend une place de plus en
plus grande.

Ainsi la Haute-Vienne avait, en 1879, 34,318 hectares de froment, tandis qu'en 1861 elle n'en avait que 28,629, et en 1840, 16,985. Les surfaces consacrées au seigle et au sarrasin n'ont guère varié : 60,000 hectares pour le seigle, 32,000 environ pour le sarrasin. L'orge a augmenté de quelques centaines d'hectares, l'avoine de 5,000 à 8,600, le maïs et le millet de 1,200 à 1,900, les pommes de terre de 16,000 hectares à 23,300.

Le département de la Creuse avait :

	En 1840.	En 1861.	En 1876.	En 1879.
	Hect.	Hect.	Hect.	Hect.
Blé.	1,242	7,603	7,000	7,717
Seigle	108,457	98,753	78,000	93,000
Avoine.	9,898	13,868	12,200	11,500
Orge.	2,036	2,472	1,700	2,091
Sarrasin	26,110	22,077	12,900	12,330
Pommes de terre	10,321	13,016	11,800	17,000

Ainsi, de 1840 à 1861, il y a eu dans la Creuse accroissement du nombre d'hectares de blé et de pommes de terre ; mais il y a eu diminution sur le seigle, le sarrasin et l'ensemble des plantes alimentaires.

De 1861 à 1879, cette diminution générale s'est encore plus accentuée ; elle a porté même sur le froment et sur les pommes de terre. C'est un recul considérable qui a coïncidé avec une forte émigration.

Dans le département de la Corrèze, il y avait :

	En 1840.	En 1861.	En 1876.	En 1879.
	Hect.	Hect.	Hect.	Hect.
Froment	13,163	22,622	18,000	19,000
Méteil.	1,669	2,082	2,000	2,000
Seigle	69,040	75,052	60,000	65,000
Orge.	910	1,442	800	800
Avoine.	9,036	10,316	6,000	5,000
Maïs et millet.	3,761	5,000	5,000	5,000
Sarrasin	16,412	19,971	18,000	12,000
Pommes de terre	13,929	11,927	12,000	12,000

Il y a eu progrès de 1840 à 1861, et, comme dans la Creuse, recul de 1861 à 1879.

La châtaigne supplée, avec la pomme de terre, à l'insuffisance des céréales pour la nourriture des gens du pays. On sait que le châtaignier aime les terrains granitiques et réussit, au contraire, mal dans les terrains très calcaires.

En fait de plantes industrielles, on trouve dans chacun de ces départements, quelques centaines d'hectares de colza et de navette et quelques milliers d'hectares de chanvre.

La culture du trèfle fait quelques progrès à mesure que le chaulage la rend possible, mais elle n'occupe encore que 4,000 à 5,000 hectares dans la Haute-Vienne et beaucoup moins dans la Corrèze et la Creuse.

Par contre, la rave, que les Limousins appellent *rabioule*, se fait en culture dérobée, principalement dans la Haute-Vienne. Ajoutée à la ration d'hiver que les foins récoltés sur les prairies naturelles fournissent au bétail, elle a permis d'augmenter l'élevage et l'engraissement des bœufs.

La culture du topinambour tend également à faire du progrès.

Voici ce que M. A. Leplay dit des terres du Limousin :

Le sol appartient à la grande classe des terrains cristallisés, les roches dominantes sont le granite et le gneiss ; elles apparaissent souvent à la surface, où elles sont exploitées comme matériaux de construction ; plus habituellement, elles ont été décomposées sur une épaisseur de plusieurs mètres par les agents atmosphériques. Elles ont ainsi fourni les éléments d'un tuf jaunâtre riche en mica, qui constitue le sous-sol sur lequel repose la couche mince remuée par la charrue. Les types de terre végétale et de sous-sol qui dominent dans cette partie centrale du Limousin me paraissent suffisamment caractérisés par les six analyses suivantes faites sur deux terres à seigle de bonne qualité, recueillies dans deux localités différentes.

(TABLEAUX.)

Première localité.

	TERRE arable.	SOUS-SOL.	TUF à 0^m,80 de profondeur.
Silice	0,540	0,660	0,767
Oxyde ferrique et alumine.	0,192	0,230	0,095
Chaux à l'état de silicate (recherchée sur 1 gr.) . .	0,005	0,003	»
Chaux à l'état de carbonate (recherchée sur 10 gr.).	»	»	»
Magnésie	0,020	0,018	0,032
Alcalis	0,014	0,021	0,025
Eau et matières organiques.	0,210	0,055	0,025
Perte et matières non dosées.	0,019	0,013	0,056
TOTAL	1,000	1,000	1,000

Deuxième localité.

	TERRE arable.	SOUS-SOL.	TUF à 0^m,80 de profondeur.
Silice.	0,560	0,515	0,610
Oxyde ferrique et alumine	0,210	0,320	0,240
Chaux à l'état de silicate (recherchée sur 1 gr.) . .	0,003	»	»
Chaux à l'état de carbonate (recherchée sur 10 gr.).	»	»	»
Magnésie	0,011	0,015	0,021
Alcalis	0,009	0,012	0,010
Eau et matières organiques	0,203	0,130	0,080
Pertes et matières non dosées	0,004	0,008	0,009
TOTAL	1,000	1,000	1,000

La chaux assimilable manque donc complètement dans la terre végétale comme dans les diverses parties du sous-sol. Les traces de cette substance que l'analyse signale dans l'une des terres, proviennent manifestement des éléments organiques qui y ont été mêlés. La chaux, inégalement répandue dans la terre et dans le sous-sol, provient de parcelles de feldspath oligoclase inégalement disséminées dans le tuf comme dans la roche solide et qui n'ont point encore été complètement décomposées.

Les faibles quantités de chaux que la terre végétale renferme à l'état de silicate se transforment en carbonates et sont entraînées par les pluies dans le tuf qui forme le sous-sol. Quelquefois ce tuf en contient des quantités appréciables et l'on peut, au moyen des labours profonds, ramener cette chaux dans la couche supérieure.

Mais les eaux pluviales ne sont absorbées par ce sol peu perméable qu'en faible quantité, et, s'échappant immédiatement sur les déclivités contiguës aux plateaux, elles dissolvent la plus grande partie de la chaux et des autres éléments solubles. Beaucoup plus que la culture, elles tendent à épuiser le sol, et cette cause d'épuisement est d'autant plus énergique que les eaux pluviales, en raison de la rapidité de leur écoulement, entraînent une quantité considérable de matières argileuses ténues qui résultent de la décomposition de l'anorthose et qui constituent la source de la fécondité du sol. Le principe de culture le plus essentiel dans cette contrée consisterait donc à déverser aussitôt que possible dans les prés les eaux pluviales qui sortent des champs. C'est assurément le plus sûr moyen de restituer aux terres arables les éléments de fertilité qui leur sont journellement enlevés. Nous y reviendrons tout à l'heure, quand nous nous occuperons des prés.

L'assolement biennal peut facilement s'adapter à tous les progrès et se transformer en véritable assolement alterne en remplaçant de plus en plus le seigle par le froment et en utilisant la jachère, pour faire tantôt des plantes sarclées, tantôt du trèfle. On aura ainsi, par exemple :

Première année. — Pommes de terre, carottes ou betteraves avec fumure.

Deuxième année. — Seigle, blé, avoine ou sarrasin.

Troisième année. — Moitié en vesces avec avoine, fumier; moitié en trèfle.

Quatrième année. — Froment.

Mais, avant tout, il faut que le chaulage fournisse au sol la chaux nécessaire pour la réussite du froment et du trèfle.

M. Vassilière, ancien professeur d'agriculture départemental à Limoges, estime que dans les terrains d'origine granitique, comme ceux de la Haute-Vienne, il faut employer:

Pour les terres légères . .	2,000 kilogr. de chaux pure tous les six ans,		
Pour les terres de consistance moyenne.	2,500	—	—
Pour les terres fortes . . .	3,000	—	—
Pour les terres tourbeuses.	3,500	—	—

à la condition d'y joindre **60,000** kilogr. de fumier au moins, répartis en deux fois dans cet intervalle de 6 ans, et en admettant des labours à $0^m,20$ de profondeur.

Lorsqu'on augmente la profondeur des labours, il faut également augmenter la dose du chaulage.

Ces quantités supposent de la chaux pure, et correspondent, si la couche arable, sur $0^m,20$ de profondeur, pèse un peu plus de 2,500,000 kilogr., à 0,8 à 1,4 p. 1,000 de chaux[1].

Si la chaux n'est pas pure, il faut augmenter la dose en raison inverse de sa pureté, par exemple, l'augmenter de 20 p. 100, quand il y a 20 p. 100 de matières étrangères dans celle qu'on emploie.

Pour qu'une quantité si faible de chaux soit efficace, il faut évidemment qu'elle soit de bonne qualité, c'est-à-dire qu'elle se *fuse* bien lorsqu'on la met dans les champs en tas recouverts de terre, et de plus, qu'elle soit très également répartie.

Cette répartition est facilitée, lorsqu'on augmente le volume de l'amendement, en faisant des composts ou *tombes,* au moyen de matières végétales, curures de fossés, bruyères, etc..., mélangées de chaux.

Comme la plupart des terres de granites et de gneiss ne contiennent que de faibles traces de phosphates, on ne pourra les porter au plus haut point de la production qu'en leur en donnant. Dans les défrichements, dans tous les terrains riches en humus, on peut se contenter de phosphates minéraux en poudre. On peut également en saupoudrer les étables ou les tas de fumier. Mais les superphosphates de chaux sont préférables pour l'emploi direct dans les champs.

La plupart des superphosphates contiennent une certaine quantité

---

1. M. Bernard Lavergne dit que la quantité de chaux ne doit pas dépasser 5,000 kilogr. à l'hectare. Ce que l'on met de plus est inutile ou nuisible. (*Agriculture des terrains pauvres.*)

de sulfate de chaux qui peut être lui-même utile, en fournissant le soufre qui doit souvent faire défaut dans les terrains du Limousin. Peut-être même y aurait-il lieu de mélanger les superphosphates avec du plâtre.

Après avoir traversé les arènes légères qui se trouvent à la surface des plateaux, les eaux circulent plus ou moins vite dans le tuf du sous-sol et apparaissent en filets nombreux à la partie supérieure des pentes, ou bien, s'infiltrant dans les fissures et dans les filons de quartz effrité qui traversent les roches, elles débouchent plus bas et donnent lieu à des sources abondantes sur les points où ces conduits naturels viennent affleurer.

Quand ces eaux n'ont pas d'autre issue, elles se répandent dans les champs et y produisent des places humides où la culture est difficile et où les récoltes souffrent. Lorsqu'elles débouchent dans les prés, les graminées sont remplacées par des carex et des joncs, et le sol tend à devenir tourbeux.

Il faut alors, comme l'a fort bien expliqué M. Bernard Lavergne[1], ouvrir une tranchée jusqu'au point où l'épanchement des eaux se signale par l'humidité de la terre ou la mauvaise qualité des herbes, et y faire un aqueduc ou drain en pierres. Les matériaux pour faire ces aqueducs ne manquent pas ; les gneiss fournissent des pierres plates qui conviennent très bien pour les construire. Quand il n'y a pas à les charrier loin, elles reviennent moins cher que les tuyaux en terre cuite, et, si l'on a soin de donner aux coulisses une section assez large, elles sont moins sujettes aux obstructions que les petits drains cylindriques.

Les eaux de sources et souvent aussi celles des petits ruisseaux sont réunies dans des réservoirs pour arroser les prés qui se trouvent ou que l'on établit au-dessous.

La capacité de ces réservoirs ou *pêcheries* de la Haute-Vienne est calculée de manière à ce qu'elles puissent se remplir en deux ou trois fois 24 heures, pendant les mois de mars et d'avril.

On se contente, en général, de rendre le fond du bassin imperméable au moyen d'argile battue et on l'entoure d'un mur de $0^m,60$

---

1. *Agriculture des terrains pauvres.*

à 0^m,70 d'épaisseur sur 1 mètre à 1^m,40 de hauteur, soutenu extérieurement par un contrefort en terre. Une bonde en châtaignier permet de faire écouler l'eau. Les *lévados* ou rigoles sont étagées les unes au-dessus des autres sur les pentes des coteaux, en sorte qu'on peut arroser par reprise d'eau.

Les Limousins se contentent ordinairement de tracer les rigoles à vue d'œil, mais elles ont souvent trop de pente et l'eau, s'accumulant à leur extrémité inférieure, y développe des joncs et des carex, tandis qu'elle se trouve en trop petite quantité dans le milieu. Il faudrait se servir du niveau d'eau pour faire des rigoles dont la pente ne dépasse pas un centimètre et demi par mètre.

L'eau sort de la roche granitique pure et limpide et peut immédiatement servir aux arrosements. Mais lorsqu'elle a traversé un amas de tourbes, elle se charge d'un excès de matières organiques et d'acide carbonique et perd l'oxygène qu'elle contenait. Employée dans ces conditions, elle ferait plus de mal que de bien. Il faut, pour la corriger, la faire passer et séjourner dans un bassin à large surface.

Quant aux sources qui sortent directement des terrains granitiques ou gneissiques, elles peuvent être employées immédiatement. Leur accumulation dans les pêcheries n'a pour but que de pouvoir les employer à l'arrosement d'une plus grande surface. Mais elles ne sont pas riches en matières minérales et azotées ; il faut, comme dans les Vosges, en employer de grandes quantités pour obtenir beaucoup de fourrages ou les enrichir, en jetant dans les réservoirs de la chaux, des cendres, des phosphates, du purin, du fumier, etc.

En 1861,

La Creuse avait . .	119,383 hectares de prés,	dont 81,351 irrigués.	
La Corrèze	71,833	—	56,496 —
La Haute-Vienne . .	144,138	—	63,035 —

Depuis cette époque, leur quantité a encore augmenté[1], et elle augmentera de plus en plus, par suite de la hausse du prix du bétail.

---

1. D'après l'évaluation qui vient d'être faite de 1879 à 1881 :

La Creuse a	137,043 hectares de prés et herbages.	
La Corrèze.	113,479	—
La Haute-Vienne	145,958	—

« Jusqu'à présent, les Limousins ont bien su utiliser les sources, tandis que les cours d'eau, grevés par la servitude de quelques moulinets à farine, sont loin d'avoir fourni tout leur effet utile, malgré plusieurs exemples de dérivation. Le fait tient à ce que chaque cultivateur peut creuser des réservoirs sans grande dépense ; il est chez lui ; il n'a pas maille à partir avec le voisin ; l'utilisation du cours d'eau exige des travaux d'endiguement, il implique l'entente et l'association des riverains, circonstances difficiles à réunir en Limousin, où l'esprit d'association n'est pas plus traditionnel que dans le reste de la France. Nos cours d'eau, la Corrèze et la Vézère, arrivés dans la plaine de Brives, pourraient y arroser une étendue considérable où l'on substituerait des prairies à de méchantes cultures de céréales. Pour se faire une idée de ce qu'il serait possible d'y obtenir, il faut avoir vu, je ne dirai pas les grasses plaines de la Lombardie, mais seulement les montagnes du Piémont, dont les gorges sont aussi étroites, aussi profondes et sinueuses que celles du Limousin. Ici les torrents suivent infructueusement la pente de leur lit ; là-bas, c'est de rigole en rigole, de brin d'herbe à brin d'herbe que chaque gouttelette d'eau s'achemine vers la mer [1]. »

Parmi les travaux d'irrigation récemment faits, on peut citer ceux de M. Sciama, ancien ingénieur du canal de Suez, qui a acheté, en 1869, la propriété de la Châteline, située près de Bussière-Gallant, dans la Haute-Vienne, en plein pays granitique, à 415 mètres au-dessus du niveau de la mer et non loin du point de partage des eaux du bassin de la Loire et de celui de la Garonne. Cultivée jusqu'alors par métayers, elle rapportait 2,500 fr. par année. Aujourd'hui elle en rapporte 13,000 (1882). Elle comprend :

Taillis et châtaigneraies.	63 hectares.
Terres et jardins	4 —
Prairies	53 —
Friches	3 —
Étang	11 —
Total.	134 hectares.

____

1. Vidalin, *Journal d'agriculture pratique.*

La plus grande partie de ces prairies ont été créées sur des bruyères ou sur des champs qui ne valaient guère mieux.

Elles sont arrosées, soit avec des eaux de sources captées partout où cela a été possible, soit avec celles d'un étang de 11 hectares qui est alimenté par la petite rivière de la Droune. Les eaux sont élevées au moyen de deux béliers hydrauliques accouplés de manière à pouvoir irriguer une plus grande surface.

En outre, M. Sciama a soin de fumer ses prairies avec du fumier de ferme et des engrais chimiques (plâtre et superphosphate). Son fils, ancien élève de l'Institut agronomique, est fermier de ce domaine.

Quant au bétail des terrains granitiques du centre de la France, on peut encore retrouver le type primitif de ses bêtes à cornes dans le Haut-Gévaudan, au nord du département de la Lozère. Ce sont, comme celles des Vosges, du Morvan et de la Bretagne, de petites bêtes à ossature très fine ; leur couleur est très foncée, noire ou brun châtain.

On prétend que l'ancienne race du Limousin leur ressemblait, mais depuis longtemps elle a été remplacée par la nouvelle race que M. Sanson considère comme faisant partie de la race garonnaise. Ainsi, de même que les éleveurs du Morvan ont remplacé leur race primitive par des Charolais, ceux du Limousin ont remplacé la leur par des Garonnais.

Mais cette importation d'animaux habitués aux fourrages de contrées plus fertiles n'a pu se faire qu'à mesure que les moyens de les nourrir se perfectionnaient également. Il a fallu améliorer les prairies et joindre au foin qu'elles fournissent pour la nourriture d'hiver les *rabioules* qui jouent le rôle des turneps en Angleterre.

Aujourd'hui, la race limousine est devenue une de nos meilleures races de travail et de boucherie, mais elle est beaucoup moins laitière que celle d'Auvergne. On fait peu de fromages dans les régions purement granitiques du plateau central ; on en fait surtout dans les régions volcaniques.

Il y a dans le département de :

	BŒUFS et taureaux.	VACHES et génisses.	VEAUX.
La Haute-Vienne.	28,402	91,510	31,219
La Creuse.	27,175	101,049	17,801
La Corrèze	26,400	81,500	45,000

On voit que la quantité de bœufs est très faible comparativement à celle des vaches et des élèves. Les vaches restent au pays natal, chargées non seulement de la reproduction, mais de la plus grande partie du travail des champs. On ne conserve que peu de bœufs pour les travaux de la culture et, après avoir fourni leur carrière, ces bœufs sont engraissés avec du regain, des *rabioules*, de la farine de sarrasin, des tourteaux de noix, car les noyers ne manquent pas dans la contrée, quelquefois même avec des châtaignes, quand il y en a de reste ; ils fournissent la viande à la consommation locale ou sont envoyés directement sur le marché de Paris. La plupart des *châtrons*, ne trouvant pas l'emploi de leurs forces dans le Limousin, sont vendus à l'âge de 15 ou 18 mois aux cultivateurs des contrées jurassiques et crétacées du Poitou et de la Saintonge qui, par suite de leur climat et de la nature de leurs terres, se trouvent placés dans des conditions moins favorables pour l'élevage, mais ont, par contre, beaucoup plus de culture à faire que les régions pastorales du plateau central.

Là, on a soin de leur donner du travail seulement dans la proportion qui favorise leur développement. On attelle à la charrue 8 bœufs, quand 4 suffiraient, s'il ne s'agissait pas de jeunes bêtes qu'il faut ménager et maintenir en chair. Ce travail modéré n'en paie pas moins les fourrages et, au bout de deux ou trois ans, les animaux sont revendus avec 400 ou 500 fr. de bénéfice aux herbagers des alluvions de la Charente-Inférieure ou de la Vendée qui les engraissent pour les marchés des grandes villes.

Ainsi les pays granitiques du plateau central représentent les ateliers où se construisent ces machines vivantes, également bonnes pour fournir du travail ou de la viande. Les pays calcaires du Poitou et de la Saintonge sont les usines qui emploient le travail de ces machines, tout en les perfectionnant en vue du dernier service qu'on leur demandera dans les herbages, véritables fabriques de viande et de graisse, établies sur les marais de la Saintonge et de la Vendée.

Chaque formation géologique a sa fonction spéciale dans cette division du travail zootechnique.

Les moutons sont nombreux dans la Haute-Vienne, la Creuse et la Corrèze, à peu près 550,000 têtes dans chacun de ces départements, autant que d'hectares de surface totale. Presque tous sont de la race marchoise, race à laine commune, petite, très rustique, très sobre, qui s'engraisse facilement, quand elle a de quoi manger, et donne une viande de qualité exquise.

On trouve la même race dans les départements de la Vienne, de la Charente-Inférieure, de la Charente, de la Dordogne et du Lot qui entourent le massif granitique du centre d'une série de plateaux calcaires. M. Sanson a déjà remarqué que la taille et l'ampleur des individus varient exactement avec la proportion du calcaire contenu dans les terres.

Dans la Marche et le Limousin, ces bêtes à laine sont réparties par petits troupeaux de 20 à 40, suivant la dimension des métairies. Ce sont généralement les enfants ou les jeunes filles, les *pastoures*, qui les mènent paître dans la lande et sous les châtaigniers en filant leur quenouille.

Autrefois, les marchands de bétail réunissaient tous ces petits lots pour les conduire dans les foires de la Beauce, où les fermiers du voisinage de Paris les achetaient pour les engraisser. Mais, depuis que les chemins de fer ont été construits, l'engraissement se fait de plus en plus dans les lieux d'élevage.

Du reste, il y a une tendance bien prononcée à diminuer dans ces départements du centre l'élevage des bêtes à laine, pour les remplacer par les bêtes à cornes qui donnent plus de profit. Les alarmistes qui jettent les hauts cris, lorsqu'ils constatent dans l'ensemble de la France une diminution dans le nombre des moutons, oublient qu'elle est compensée, non seulement par l'augmentation des bêtes à cornes, mais par l'accroissement du poids et de la fécondité chez les unes et les autres. Ainsi, dans la Haute-Vienne, la taille et le poids des moutons de la race du pays ont déjà augmenté sensiblement depuis 20 à 30 ans, et M. Teisserenc de Bort a donné l'exemple de leur croisement avec les Southdown, croisement qui vient fort à propos.

Les éleveurs du Limousin ont remarqué que l'emploi des amendements calcaires diminue chez les bœufs, comme chez les moutons, la finesse des membres, si remarquable chez tous les animaux élevés sur les sols granitiques.

En 1873,

La Corrèze n'avait que.	6,360 chevaux.
La Creuse.	5,229 —
La Haute-Vienne	7,430 —

On retrouve encore dans beaucoup de ces chevaux le type des chevaux arabes que les Sarrasins abandonnèrent jadis dans le Limousin, après leur défaite par Charles Martel. Pendant longtemps cette province fournissait nos chevaux de selle les plus élégants et en même temps les plus robustes. Le haras de Pompadour, fondé en 1751, contribua jusqu'en 1791 au maintien de cette excellente race. Puis il fut à plusieurs reprises supprimé, ou, ce qui eût des conséquences plus fâcheuses encore, mal dirigé. L'Assemblée nationale l'a reconstitué en 1874. « Les traditions du passé ont été reprises, dit M. F. Vidalin, avec l'application des progrès réalisés par la science moderne dans l'élevage du bétail.

« Le domaine de Pompadour se prête admirablement à l'élevage par l'étendue et la bonne disposition de ses prairies. Les hautes futaies qui les entourent abritent les animaux contre les grands vents ; elles les préservent de l'excès du froid et du chaud. Sur leur terrain ondulé et parfois même escarpé, les poulains deviennent plus agiles que dans les plats pâturages. En revanche, c'est un sol granitique dont les herbes aromatiques, mais peu nourrissantes, donnent aux chevaux du nerf et de la légèreté, sans développer en eux une puissance de muscles indispensable à leurs usages actuels. Il y avait donc à reprendre l'amélioration du sol par les chaulages déjà tentée, vers 1840, pour l'ancienne jumenterie. Depuis cette époque, M. de Molon a mis en lumière l'action bienfaisante des phosphates de chaux sur la végétation. Utile à tous les sols, cette substance précieuse convient surtout aux terrains granitiques, auxquels elle apporte des éléments qui lui font pour ainsi dire défaut. La production chevaline dans le Midi et particulièrement à Pompadour, trouve donc maintenant dans le phosphate de chaux le moyen d'améliorer le fourrage et, par suite, de donner au squelette des animaux un développement qu'il ne pouvait atteindre autrefois. »

Élie de Beaumont appelle le plateau central le pôle répulsif de la France, parce qu'une partie de ses habitants émigrent vers les grandes villes placées dans les bassins des fleuves qui reçoivent également les eaux de ses rivières.

Au point de vue des beautés de la nature, il mériterait de devenir, au contraire, un des pôles attractifs de notre pays. Voici ce que disait du Limousin Arthur Young, qui y voyageait à la fin du dernier siècle : « Je doute beaucoup qu'il y ait rien d'aussi charmant en Angleterre et en Irlande. Ce n'est pas seulement une belle perspective qui s'offre de temps en temps au voyageur, mais une succession continuelle de paysages qui seraient célèbres en Angleterre et sans cesse visités par les curieux, soit que les vallons ouvrent leur sein verdoyant au soleil qui éclaire leurs eaux tranquilles, soit qu'ils se forment en ravins profonds où le torrent s'échappe sur un lit de roches et éblouit par l'éclat des cascades. Quelques endroits d'une beauté singulière me retinrent en extase. Pour faire de chaque site un superbe parc, il suffirait de le nettoyer. » L'*attraction* de l'agronome anglais n'est pas moins grande, lorsqu'il visite ensuite les montagnes volcaniques de l'Auvergne.

Les chemins de fer relient aujourd'hui les deux pôles de la France. Espérons qu'ils attireront dans ce beau pays de nombreux voyageurs et avec eux des capitaux qui serviront à *nettoyer* quelques-uns de ces sites pittoresques que signalait Arthur Young, à perfectionner de plus en plus son agriculture et à reboiser ses montagnes.

(Voir la suite du *Plateau central* au chap. III, *Terrains volcaniques*.)

§ 6. — La Bretagne.

La Bretagne se compose de trois zones qui s'étendent presque parallèlement de l'est à l'ouest : les deux zones littorales, au nord et au sud, sont composées de terrains primitifs parmi lesquels le granite prédomine, mais elles comprennent entre elles une zone centrale, le Centre-Bretagne, large vallée intérieure formée par des terrains de transition [1].

La zone granitique du nord est le prolongement du massif des environs de Vire, d'Alençon et de Mayenne. Ce n'est pas un massif continu, mais une série de bandes qui s'étendent de l'ouest à l'est, au milieu des schistes ou des quartzites des terrains de transition. Ce système de dislocation a formé, à la surface du pays, des rides longitudinales qui ne s'élèvent à une hauteur assez grande pour mériter le nom de montagnes que dans les Ménez (en celtique, *montagnes*), au sud de Lamballe et de Moncontour, dont le point culminant est à 340 mètres, et dans la chaîne d'Arrez qui s'avance jusqu'à la rade de Brest et atteint à la Chapelle Saint-Michel-de-Bréport, près de la Feuillée, l'altitude de 395 mètres, la plus considérable de toute la Bretagne.

Quant à la zone méridionale, elle est le prolongement du massif de roches primitives de la Vendée. C'est une longue croupe qui commence aux bords de la Loire, par le sillon de la Bretagne, et se continue au delà de la Vilaine qui s'est frayé un passage à travers ses falaises de granite. Dans le Morbihan, c'est un plateau bombé qui s'élève rarement à des hauteurs de plus de 100 mètres au-dessus du niveau de la mer. Les landes de Grand-Champ et de Lanvaux qui s'étendent au nord de Vannes, parallèlement à la côte, ne sont guère plus hautes. Mais dans le Finistère, le relief du pays devient

---

1. On pourrait mentionner encore deux petits bassins houillers, l'un dans le Finistère et l'autre dans la Loire-Inférieure, et quelques lambeaux de terrains tertiaires. Ces derniers contiennent des faluns qui fournissent de la chaux. Mais du reste, leur surface est si faible qu'ils ont très peu d'influence sur le caractère général du pays et de son agriculture.

plus accidenté. Les montagnes Noires atteignent 330 à 350 mètres dans leurs cimes les plus hautes; leur masse principale appartient aux roches siluriennes que les granites ont soulevées pendant leur éruption.

Aux environs de Rostrenen et d'Uzel, les deux zones de granite se rapprochent et partagent la zone centrale des terrains de transition en deux bassins hydrographiques. D'un côté, les eaux de l'Aulne coulent vers la rade de Brest, de l'autre, celles de l'Oust, de la Trinité et du Duc vont rejoindre la Vilaine. Les deux bassins sont réunis par le canal de Nantes à Brest.

La roche prédominante est un granite à petits grains, composé de feldspath blanc, grisâtre et de mica bronzé, qui se décompose facilement. Il contient des couches subordonnées de gneiss, de micaschiste et de schiste talqueux.

Le passage du granite au gneiss est si fréquent qu'il est presque impossible de tracer les limites entre ces deux roches. Souvent même ce granite, sans présenter l'aspect rubané qui caractérise le gneiss, est cependant schisteux, de sorte qu'il forme de véritables bancs. Presque tout le granite du Morbihan possède cette structure particulière, qui le rend d'un usage très commode pour les constructions, en permettant d'obtenir des pierres de taille de grandes dimensions [1].

Les rochers de gneiss, anguleux et déchiquetés, forment des escarpements qui contribuent beaucoup à l'aspect pittoresque des côtes de la Bretagne. La plupart des granites, au contraire, prennent ordinairement des formes arrondies, comme dans les Vosges, comme dans le Limousin.

Outre ce granite à grains fins, le plus ancien de formation, on trouve, en Bretagne, quelquefois dans le Finistère, mais principalement sur la ligne de faîte qui la sépare de la Normandie, un granite plus moderne à grands cristaux. Assez souvent la syénite se trouve mariée à ce granite porphyroïde et forme, en certains points des Côtes-du-Nord, des terres qui se distinguent par une plus grande fertilité, parce qu'elles contiennent plus de chaux que les autres.

---

1. Dufrénoy, *Carte géologique de la France.*

Ailleurs des filons de *diorites* et de *diabases* ont traversé les gneiss, ou plus souvent encore les schistes siluriens, et répandent autour d'eux les arènes calcarifères qui se forment par leur décomposition. On exploite un certain nombre de ces mines d'amendements calcaires ; les Bretons leur ont même donné le nom de *marnes*. Ils sont marqués sur la grande carte d'Élie de Beaumont et Dufrénoy par des points bleus épars au milieu du rose des roches granitiques et du gris des terrains de transition. M. Barrois en a signalé un filon de 50 kilomètres sur le versant nord des montagnes Noires.

Pour terminer cette nomenclature des roches ignées de la Bretagne, il faut citer les *eurites* ou *petrosilex*, tantôt purs, tantôt mélangés de grains de quartz, ce qui les fait passer au porphyre quartzifère, des amphibolites qui forment, entre autres, la cime du Menez-Bré, près de Guingamp, et une roche particulière aux environs de la rade de Brest, désignée dans le pays sous le nom de *kersanton*. C'est une roche où des cristaux de mica noir très abondants, d'oligoclase et d'apatite sont cimentés par une pâte d'oligoclase en cristaux allongés. Le pyroxène, l'amphibole et l'orthose y apparaissent comme éléments accessoires. La facilité avec laquelle on taille le kersanton, sa presque inaltérabilité à l'air, l'ont fait rechercher des constructeurs du moyen âge; et on retrouve constamment cette roche dans la construction de ces églises et de ces chapelles dont on admire encore, à juste titre, dans la Bretagne occidentale, l'architecture aux détails gracieux, aux formes hardies et élancées. (Dufrénoy.)

L'Océan est pour la Bretagne une véritable fabrique d'engrais.

Il enlève à ses côtes des débris de granites et de gneiss qu'il ramène et dépose, sur certains points, réduits en sable et mélangés en proportions variables, de fragments d'algues calcaires et de coquillages. Beaucoup de ces dépôts du littoral contiennent de 25 à 85 p. 100 de carbonate de chaux et peuvent, par conséquent, fournir un amendement très utile aux terres pauvres en chaux qui ont été formées par la décomposition des roches cristallines et des schistes siluriens.

Les *nullipores* sont des algues marines qui croissent en bancs très étendus autour de la Bretagne et qui ont, comme les polypiers, la faculté de sécréter du carbonate de chaux qu'elles extraient des eaux de la mer et qui entoure leur tissu végétal d'un dépôt calcaire.

Les Bretons appellent *maërl* les dépôts formés principalement par ces nullipores, plus ou moins pulvérisées et mélangées avec des débris de coquilles et du sable. Ils ont l'aspect de concrétions mamelonnées, à ramifications vermiculaires, tantôt d'un gris verdâtre, tantôt d'un blanc rosé.

Les nullipores ne se développent pas au-dessus des plus basses marées, mais quelquefois on en trouve au-dessus du niveau actuel de la mer : cela tient alors à ce que la côte a été émergée et a subi une élevation. Les cultivateurs préfèrent le *maërl vif* qui vient d'être pêché à la drague dans la mer au *maërl mort*, c'est-à-dire émergé depuis longtemps et, par conséquent, privé de la plus grande partie de sa matière organique.

Suivant sa richesse en carbonate de chaux, ils en emploient de 15 à 25 tonnes à l'hectare; ordinairement ils le mélangent à du fumier ou à des matières animales. A Morlaix, le maërl se vend 1 fr. la tonne. Il contient 74 à 82 p. 100 de carbonate de chaux, 2 à 8 p. 100 de carbonate de magnésie, 0,26 à 0,28 d'acide phosphorique, etc...

On appelle, au contraire, *traëz*, les sables calcaires dans lesquels prédominent les débris de coquilles. Du reste, la plupart des dépôts du littoral breton contiennent à la fois des fragments de plantes et d'animaux marins, etc...

Des recherches dues à MM. Isidore Pierre, Delesse, de Molon, Hervé-Mangon, Philippart, etc., ont fait connaître les points très nombreux du littoral de la Bretagne et de la Normandie sur lesquels les laisses de mer contiennent assez de carbonate de chaux pour que l'agriculture puisse les exploiter avec avantage.

La composition minéralogique du sable plus ou moins fin qui se trouve mélangé aux débris d'algues et de coquilles dépend de celle des roches qui forment les côtes et les bassins des rivières qui y déversent leurs eaux. Sur les côtes granitiques de la presqu'île de la Bretagne, ce sont des grains de quartz, de feldspath, de mica, etc. Le long des côtes schisteuses, et surtout à l'embouchure des rivières qui coulent dans un bassin silurien, le dépôt contient ordinairement de la vase qui lui donne une couleur grise. C'est dans ces conditions que se forme la *tangue* que l'on trouve depuis Saint-Malo, et surtout depuis l'anse de Moidrey, le long des côtes de la baie de Cancale et de la presqu'île du Cotentin, jusqu'à la baie d'Isigny.

La tangue est un mélange, en proportions variables, de carbonate de chaux, d'argile, de sable quartzeux, feldspathique et micacé, avec de petites quantités de phosphate, de sulfate de chaux, de chlorures et de matières organiques plus ou moins azotées, que l'agitation de la mer a produit, en broyant des coquilles sur les rochers et galets des côtes, et que les courants ont déposé dans les anses, baies, etc., partout où leur vitesse se ralentit.

La composition chimique des tangues varie beaucoup suivant les localités où on les recueille.

La partie de la côte où la tangue est la plus riche est la baie de Moidrey. Elle contient, d'après l'analyse de M. Isidore Pierre, sur 1000 de matière sèche :

Chlore.	7,4
Acide sulfurique.	3,4
Acide phosphorique	13,8
Carbonate de chaux	392,5
Magnésie.	1,9
Soude et potasse soluble	10,1
Silice soluble	22,5
Alumine et oxyde de fer solubles à froid dans les acides.	13,3
Sable et argile.	504,3
Matières combustibles et volatiles.	29,6
Azote	1,12

La tangue de Cherbourg et celle d'Isigny contiennent seulement 1,3 à 1,8 p. 1000 d'acide phosphorique, 242 à 277 de carbonate de chaux et 0,33 à 0,42 d'azote.

Du 1er avril à la fin de juillet, près de 5,000 voitures viennent chercher de la tangue dans l'anse de Moidrey. Les cultivateurs y viennent de 25 à 30 kilomètres, quelquefois de 40 kilomètres, d'une distance quelconque qui leur permet de faire le voyage, aller et retour, sans découcher. Ils ne l'extraient pas toujours eux-mêmes;

ils l'achètent aux *tanguiers*, riverains qui la mettent en dépôt sur la côte, après l'avoir extraite. Dans les environs du village de Catille, le terrain se loue, pour dépôt de tangue, *neuf francs* le mètre superficiel par année. Au delà de ce village, il ne se loue plus que 3 fr., mais les voitures paient, par voyage, un droit de 5 centimes, s'ils veulent profiter des passages établis sur des propriétés particulières qui abrègent de quelques centaines de mètres le passage de la route à la grève[1].

Ordinairement, on fait avec la tangue des composts, ce que l'on appelle des *tombes*, en la mélangeant par couches successives avec du fumier, des balayures de routes, des curures de fossés, de mares, etc., que l'on recoupe au bout de quelques semaines et qu'on laisse de nouveau se décomposer pendant 8 ou 10 jours avant de les conduire dans les champs. Dans quelques fermes, on accumule la tangue dans les parties de la cour où se rassemble le jus du fumier, et on la recouvre d'une litière de paille de sarrasin ou d'autres pailles que les animaux pétrissent.

Ailleurs, et surtout dans les localités les plus rapprochées des *tanguières*, on emploie cet amendement tout seul, sans mélange préalable, mais pourtant après l'avoir laissé en tas pendant plusieurs mois, jamais immédiatement après l'avoir extrait[2]. La tangue, fraîchement extraite, *brûlerait* la terre, disent les cultivateurs bretons, sans doute à cause de l'excès de sel qu'elle contient encore. Entre Avranches et Dol, la dose habituelle est de 15 à 35 mètres cubes par hectare. Dans toute la contrée de Cherbourg, on en emploie jusque 100 mètres cubes par hectare, parce qu'elle est moins riche en chaux et en phosphates. Le poids du mètre cube de tangue marchande est de 1,000 à 1,500 kilogr., suivant la qualité, suivant la provenance.

Les tanguiers de profession vendent la tangue, prise dans leurs chantiers, 25 centimes à 1 fr. le mètre cube, suivant ses qualités, etc. Pour l'agriculteur, il faut y ajouter le prix du transport. Comme la

---

1. Ch. de Molon, *Enquête sur les engrais industriels.*

2. Par une exposition de plusieurs mois à l'air, les tangues *foisonnent*, leur volume augmente de 8 à 10 p. 100.

charge moyenne des voitures est de 15 à 16 hectolitres, la tangue revient à 3 ou 4 fr. le mètre cube, lorsqu'il faut la chercher à 30 ou 40 kilomètres de distance.

C'est ordinairement sur les terres destinées aux froments ou aux orges que se met la tangue, et surtout aux orges dans lesquelles on doit semer de la *trémaine* (trèfle).

Il est assez rare que le même champ reçoive de la tangue tous les ans. On en met sur la luzerne tous les deux ou trois ans, sur les prés et les terres en labours tous les trois ou quatre ans, quelquefois même seulement tous les huit ou dix ans.

Cela n'empêche pas que, par suite de l'emploi répété de la tangue depuis plusieurs siècles, certaines terres voisines des côtes finissent par devenir de véritables tanguières.

Ces amendements calcaires, joints aux *goëmons* ou *varechs* qui abondent sur ces côtes et qui sont largement employés, aux débris de poissons, etc., ont peu à peu formé sur le littoral du nord de la Bretagne, entre Saint-Malo et Brest, une bande de 30 à 40 kilomètres de largeur qui contraste par sa fertilité avec la pauvreté de l'intérieur. On l'a nommée la *Ceinture dorée*[1]. Là, point de landes, peu de prairies, peu de bétail. Des céréales à perte de vue devant la mer ; voilà l'aspect. Point d'assolements réguliers ; on trouve des successions de culture comme celles-ci : froment (avec goëmon), avoine ; orge (avec goëmon et cendres), trèfle ; froment (avec fumier), avoine ; lin (avec fumier, goëmon et cendres), suivi de navets en récolte dérobée ; froment (avec fumier et goëmon), avoine, pommes de terre.

De fréquents défoncements contribuent à accroître, avec cette abondance d'engrais, la puissance productive du sol. Les arrondissements de Guingamp, Lannion, Morlaix et Brest produisent plus de 3 millions de kilogrammes de filasse de lin et de chanvre, plus de 300,000 hectolitres de grains exportables, des graines de lin, de vesces, des pois, des haricots, et, dans les vastes jardins maraîchers

---

1. Il est vrai que la Ceinture dorée contient d'anciens lais de mer, alluvions naturellement très fertiles, et des terres formées par la décomposition de syénites moins pauvres en chaux que les sols de granite et de gneiss ; mais sa grande richesse provient surtout de l'abondance des engrais de mer qu'elle emploie depuis des siècles.

qui entourent Roscoff, des oignons, des asperges, des artichauts, des choux-fleurs, dont la qualité est renommée et qui s'expédient au loin, à Paris, à Londres, à Anvers.

Cette Ceinture dorée montre ce que pourrait devenir la Bretagne tout entière, si les phosphates et les calcaires y étaient répandus partout. C'est une question de transport.

Les chemins de fer lui amènent, outre le maërl et la tangue, la chaux qui vient de la Mayenne ou des bords de la Loire, le noir animal depuis longtemps employé pour les défrichements de landes, et les phosphates minéraux dont on doit la découverte à un Breton, M. de Molon, phosphates qui sont appelés à rendre d'immenses services à son pays natal, comme au reste de la France.

Malheureusement pour l'agriculture, au lieu de faire une grande ligne centrale qui, dirigée sur Brest, aurait traversé les régions les plus dénuées de moyens de transport et qui aurait communiqué, par des embranchements, avec les principales villes des côtes du nord et du sud, on a fait deux lignes qui longent ces côtes et qui, de plus, appartiennent à deux compagnies différentes. Il faut souhaiter que, pour corriger cette faute, on les réunisse par le plus grand nombre possible de lignes transversales.

Quoi qu'il en soit, les chemins de fer ouvrent à la Bretagne un avenir magnifique ; ils lui fournissent à la fois les moyens de production et les débouchés pour les produits. Son climat humide et tempéré la rend particulièrement apte à faire beaucoup de fourrages et à élever beaucoup de bétail et de chevaux, produits dont la valeur augmentera de plus en plus. Ajoutez à cela que la main-d'œuvre y est plus abondante et moins chère que dans la plupart de nos autres provinces.

Dans la déposition qu'il fit, en 1864, à l'enquête sur les engrais industriels, M. L. de Kerjégu estimait à 250,000 ou 300,000 hectares la surface améliorée par les amendements marins dans les cinq départements de la Loire-Inférieure, Ille-et-Vilaine, Morbihan, Finistère et Côtes-du-Nord. Sans doute cette surface a beaucoup augmenté depuis cette époque ; mais, en admettant qu'elle soit aujourd'hui doublée, il reste encore 2,600,000 à 2,700,000 hectares dont le sol est incomplet.

Cette région est forcée de se contenter des productions qui n'ont pas besoin de beaucoup de chaux et d'acide phosphorique. Son système de culture tout entier, celui que le comte de Gasparin appelait le *système celtique*, dépend de cette pauvreté chimique.

À l'époque des Druides et de la conquête romaine, l'*Armorique* (*le pays de la mer*) était, dit-on, couverte d'immenses forêts. Mais aujourd'hui elle est loin d'être, comme la dépeint encore le vers de Brizeux : .

La terre de granit recouverte de chênes.

Elle n'a plus que 200,000 hectares de bois et forêts et la plupart de ses chênes classiques ne sont que des têtards tordus et ébranchés, alignés avec des châtaigniers, des hêtres et des ajoncs sur les *fossés* qui entourent les fermes.

Ailleurs, c'est la lande qui a remplacé la forêt.

Des landes, des landes, des landes! écrivait Arthur Young lorsqu'en 1788 il visitait la Bretagne. Il déplore avec raison cette situation qu'il qualifie de barbare, et il a des accents d'une éloquence bien agricole, lorsqu'à Nantes il trouve un théâtre magnifique avec une salle comble. Il voudrait que ces capitaux fussent employés à améliorer les campagnes au lieu d'être dépensés dans le luxe inutile des grandes villes. « Mon Dieu, s'écrie-t-il, est-ce à un tel spectacle que mènent les garennes, les landes, les déserts, les bruyères, les buissons de genêt et d'ajonc et les tourbes que j'ai traversés pendant 300 milles? »

Mais il se trompe complètement sur les moyens qu'il faudrait employer pour supprimer ces landes. Il s'imagine (tome II, page 124) que le sainfoin réussirait bien dans toute la province. « Ce qu'il a vu, dit-il, est fait pour la culture des navets et le système de Norfolk et il n'y a que du genêt, de l'ajonc et des mauvaises herbes. » Il oublie que le sainfoin ne réussit que dans les terres calcaires et que c'est précisément le calcaire qui manque à la Bretagne. Il juge en Anglais et il s'imagine que dans un pays privé de routes et de débouchés comme la Bretagne, on pourrait facilement remplacer les genêts et les ajoncs par les turneps et l'assolement de Norfolk. Il aurait mieux fait de comparer la Bretagne à l'Écosse qui a des terres de même nature et qui, à cette époque, n'avait pas une meilleure culture, parce qu'elle n'avait pas plus de débouchés.

Le mot *lande* désigne, non pas seulement un terrain quelconque laissé en friche, mais l'ensemble des plantes qui forment la végétation naturelle des terres qui manquent de chaux et d'acide phosphorique comme les terres granitiques et siluriennes de la Bretagne.

Sur les terres les plus profondes et les plus perméables, on trouve la *grande lande,* c'est-à-dire la fougère, le genêt à balais (*Genista scoparia*) et l'ajonc épineux (*Ulex aculeata*).

Sur les couches minces d'arène siliceuse qui couvrent les granites, les gneiss et les quartzites siluriens, on trouve, au contraire, la *petite lande,* caractérisée par le petit ajonc, diverses sortes de bruyères (la grande bruyère ou *brande,* la bruyère commune, etc.), des gentianes, des polygalas, quelques graminées, des carex, etc.

Enfin, dans les bas-fonds, où l'humidité s'accumule, où la terre est noire et tourbeuse, on ne trouve que la bruyère des marais.

Broyé sous le pilon, dans des auges en granite, l'ajonc fournit une nourriture très saine aux bêtes à cornes et surtout aux chevaux. Les cultivateurs bretons l'apprécient si bien que souvent ils en sèment dans le blé noir ou dans l'avoine, soit à la volée, soit en lignes espacées de 50 à 60 centimètres. Un champ de cet ajonc cultivé dure donc de 12 à 15 ans; on le considère comme l'équivalent d'un bon pré. A mesure que la culture le modifie, il devient plus tendre et, du reste, on en a obtenu une variété dont les piquants sont presque inoffensifs (l'ajonc queue-de-renard). C'est, comme le dit Léonce de Lavergne, la luzerne de la Bretagne.

On emploie les jeunes pousses comme fourrage. Quant aux plus grosses tiges, elles fournissent un combustible très précieux dans un pays qui manque de bois.

De plus, et c'est là le caractère fondamental du système de culture breton, tous ces végétaux spontanés de la lande, genêts, ajoncs, fougères, bruyères, etc., sont coupés de temps en temps, et servent de litière au bétail ou sont étendus dans les cours humides des métairies et dans les chemins creux.

Après qu'ils ont été ainsi décomposés, ils accroissent la masse des fumiers que l'on accumule dans les *courtils,* clos à chanvre et à lin, et dans les champs d'avoine, de sarrasin ou de choux qui entourent les fermes. Ils apportent à ces cultures les traces de chaux et d'acide phosphorique qu'eux seuls ont le pouvoir de rassembler au milieu des pauvres terres granitiques. Sans le secours de la lande, aucune culture de céréales ne serait possible dans les cantons de la Bretagne où les amendements calcaires n'ont pas encore pénétré.

Aussi, toutes les fermes bretonnes ont-elles, outre une dizaine d'hectares de champs cultivés de *terres chaudes,* comme on les appelle dans le pays, une surface de 40 à 50 hectares de landes *ou terres froides,* qui les nourrit par ses apports continuels de chaux et d'acide phosphorique.

Les champs sont divisés en pièces d'un à deux hectares, généralement entourés de *fossés,* c'est-à-dire de talus en terre, de 1^m,50 à 2 mètres de hauteur, sur 3 mètres de largeur à la base et 1 mètre au sommet, sortes de remparts plantés de chênes, de hêtres, de châtaigniers et d'ajoncs. Les fermiers ébranchent ces têtards pour se procurer du bois de chauffage. Sur ces champs souvent trop morcelés et trop ombragés par leurs ceintures d'arbres, on trouve deux sortes d'assolements : l'un qui est usité dans l'ouest de la Bretagne, par exemple dans l'arrondissement de Quimper, se compose d'une rotation triennale :

(1) Sarrasin ;

(2) Seigle ou froment ;

(3) Avoine dans l'intérieur, orge sur la côte ;

Rotation que l'on répète trois ou quatre fois, en fumant les deux premières soles, puis on laisse le terrain se reposer et s'enherber pendant quelques années.

L'autre assolement, suivi dans l'est, par exemple dans l'arrondissement de Ploërmel, n'a qu'une rotation biennale ;

(1) Sarrasin, ou pommes de terre, choux, avec fumure ;

(2) Seigle, méteil, orge ou avoine ;

Rotation qui se répète également trois ou quatre fois avant le retour de la période de repos.

Quand on a de la chaux, on sème un peu de trèfle dans la dernière céréale. Le froment ne vient également bien que dans les terres chaulées ou maërlées.

D'après la statistique de 1879, voici les surfaces occupées par les diverses céréales dans les cinq départements de la Bretagne :

	FRO-MENT.	MÉTEIL.	SEIGLE.	ORGE.	SAR-RASIN.	MILLET.	AVOINE.
Côtes-du-Nord.	80,303	9,872	30,000	13,509	52,369	»	70,636
Finistère	49,200	9,500	30,300	36,500	35,400	»	60,100
Ille-et-Vilaine	123,726	1,504	11,084	29,081	110,111	»	50,640
Loire-Inférieure.	96,000	600	19,400	»	35,000	»	15,000
Morbihan	38,706	900	81,100	850	58,850	4,530	34,100
Total.	387,935	22,376	171,884	79,940	291,730	4,530	230,476

Il y a environ 30 ans, la proportion était encore très différente. On comptait sur 100 hectares de céréales :

26 hectares en froment ;	4 hectares en orge ;
3 — en méteil ;	20 — en avoine ;
20 — en seigle ;	27 — en sarrasin.

Les grains qui se vendent le mieux sur les marchés, le froment, l'orge et l'avoine, ont donc déjà beaucoup augmenté, comparativement au seigle et surtout au sarrasin.

Le sarrasin sert uniquement à la consommation locale. Il fournit, sous forme de galette ou de bouillie, un des éléments les plus importants de la nourriture du cultivateur breton. On l'emploie également pour l'engraissement des animaux.

Voici les quantités d'animaux de ferme que la Bretagne nourrit actuellement :

	CHEVAUX.	BÊTES à cornes.	MOUTONS.	PORCS.
Côtes-du-Nord.	96,500	296,500	144,700	101,000
Finistère.	110,000	394,000	62,000	72,000
Ille-et-Vilaine	65,047	317,000	33,500	74,000
Loire-Inférieure	38,500	222,000	182,000	60,000
Morbihan.	35,772	303,000	99,500	59,000
Total.	345,819	1,532,500	521,700	366,000

Pour 1,189,000 hectares en céréales, la Bretagne n'avait, en 1879, qu'environ 523,000 hectares en fourrages artificiels et prairies naturelles. En admettant que la production moyenne de ces fourrages soit de 3,000 kilogr., valeur en foin par hectare, cela ferait par an 1,596,000 tonnes de foin. Or, la Bretagne nourrit à peu près juste autant de bêtes à cornes, sans compter 345,000 chevaux et une certaine quantité de moutons et de porcs.

Une tonne, 1,000 kilogr. de foin ! Ce serait, pour une bête de moyenne taille, tout au plus de quoi vivre pendant trois mois ; et même pour les petites vaches de la Bretagne, c'est loin de suffire pour la moitié de l'année. La lande pourvoit au reste. En hiver, l'ajonc broyé remplace une demi-ration de foin ; pendant les autres saisons, les bêtes vont pâturer dans les landes et dans les champs incultes où les genêts et les fougères repoussent avec l'herbe pendant la période de repos.

Il faut des bêtes agiles pour aller ramasser cette maigre nourriture au milieu des pierres et des bruyères ; en été comme en hiver, la ration est souvent insuffisante et les aliments sont toujours pauvres en phosphates. Par conséquent, on doit avoir une race rustique, petite et à ossature très fine. Tout se tient dans cette vieille économie rurale de la Bretagne, et la lande y joue le rôle principal. Les plantes qui constituent la lande peuvent seules vivre avec les faibles quantités de chaux et d'acide phosphorique qui, chaque année, deviennent disponibles dans les terres granitiques et siluriennes de la Bretagne ; ce sont les seules machines du règne végétal qui, dans les conditions météorologiques où se trouve la Bretagne, peuvent condenser, autour de ces traces de matières minérales, les substances azotées, l'eau que fournissent les pluies et le carbone qu'elles extraient de l'atmosphère, pour en faire des produits utiles, les uns comme fourrages, les autres comme litière ou combustible.

En divisant la somme de fourrages ainsi obtenus par 1,500,000, nombre de têtes de bétail que la Bretagne entretient, il est facile de calculer l'accroissement moyen que chacune de ces bêtes peut prendre en un an. Évidemment, cet accroissement doit être très faible et, par conséquent, chacune de ces bêtes ne peut être que très petite. Pour en obtenir de plus grandes, comme pour obtenir plus de blé, il faut mettre en circulation plus de phosphate de chaux : c'est mathématique.

Dans son *Économie rurale de la Bretagne,* M. P. Méheust porte la surface de ses landes à 835,000 hectares.

La statistique de 1879 ne les mentionne pas spécialement. Mais, en additionnant ce qu'elle appelle *terres incultes* avec les *pâturages* et *pacages,* on ne trouve que la somme de 635,000 hectares. Cela prouve que, depuis l'époque où M. Méheust écrivait son livre, la surface des landes a déjà beaucoup diminué sous l'influence du développement des moyens de transport et des amendements calcaires et phosphatés qu'ils répandent autour d'eux. Du reste, M. Méheust disait déjà : « Depuis quelques années, nous voyons une grande humeur de défrichement gagner la Bretagne. Chaque cultivateur défriche son lot tous les ans. On en défriche tous les ans 40,000 hectares. »

Autrefois on écroûtait la lande, on la brûlait et on enterrait les cendres par un labour, afin de mettre immédiatement à la disposition du blé noir, de l'avoine et du seigle, que l'on allait successivement semer, les provisions de chaux, d'acide phosphorique, de potasse, etc., que les ajoncs et les bruyères avaient réussi à tirer des terres granitiques. C'était la méthode la plus économique et la seule possible dans le Centre-Bretagne où les capitaux étaient aussi rares que les moyens de transport et les amendements calcaires.

Mais cette méthode a le grand inconvénient de détruire des matières organiques qui pourraient être très utiles, si elles étaient associées à une quantité suffisante de carbonate et de phosphate de chaux. Sur les côtes, on avait le maërl et le traëz, et on y eut recours partout où l'on pouvait les transporter assez économiquement. Dans le Centre-Bretagne, on employa principalement le noir animal fourni par les raffineries de Nantes. Mais on préfère aujourd'hui les phosphates minéraux qui coûtent moins cher et dont l'action est cependant plus durable. A la dose de 500 à 600 kilogr. et au prix de 7 à 8 fr. les 100 kilogr., c'est une dépense de 35 à 48 fr. par hectare, tandis que le noir animal, à la dose habituelle de 3 hectolitres et au prix de 15 fr. l'hectolitre, coûte 75 fr. par hectare. Quant à la chaux, celle de Chalonne revient, dans le département du Finistère, rendue en gare ou sur le bord du canal de Nantes à Brest, à 4 fr. 50 c. la barrique de 2 hectolitres et demi.

Voici, d'après M. de Molon, comment on procède aux défrichements :

Après un labour très profond, on répand 500 à 600 kilogr. de phosphate de chaux fossile et on sème du sarrasin qui donne 25 à 30 hectolitres de grain à l'hectare ; puis on fait successivement un seigle et une avoine (même deux avoines dans les fonds très fertiles), après des labours qui n'atteignent que la moitié de la profondeur du premier.

Après cela, on revient avec un labour profond et l'on sème des racines, rutabagas, choux, etc., puis on fume, chaule à raison de 25 hectolitres à l'hectare (2,000 kilogr.), et sème du blé et au printemps du trèfle dans ce blé.

Une des opérations de défrichement que l'on cite comme des mieux réussies est celle que M. Trochu fit à Belle-Isle-en-Mer (Morbihan). Il y acheta, en 1807, 133 hectares de landes au prix moyen de 80 fr. l'hectare. Comme les phosphates fossiles n'étaient pas connus à cette époque, il eut recours aux sables marins coquilliers (traëz) qu'il trouvait, sur les côtes, près de sa ferme. Ces sables contiennent 83 p. 100 de carbonate de chaux et un peu de phosphate.

Dès la première année qui suivait le défrichement, il en employait 50 tombereaux par hectare, outre 45,000 kilogr. de fumier, et faisait du blé.

Puis, la deuxième année, nouvelle fumure de 18,000 kilogr. avec 20 tombereaux de sable coquillier pour navets ou autres plantes sarclées.

La troisième année, encore 20 tombereaux de ce sable, pour faire une avoine.

Et la quatrième année, ray-grass d'Italie ou seigle, fourrage, avec 18,000 kilogr. de fumier et 20 tombereaux de sable.

Les terres, ainsi améliorées, valent aujourd'hui 1,000 fr. l'hectare.

Il importe de ne pas user les provisions de substances organiques accumulées dans les landes, en faisant céréales sur céréales sans revenir assez tôt avec la fumure, les racines et le trèfle. Les rutabagas donnent sur les défrichements des récoltes magnifiques ; les choux à vaches et les navets réussissent également très bien. Le trèfle donne trois coupes et dure jusqu'à trois, quelquefois quatre années. « Le maërl change la bruyère en trèfle et le seigle en froment », disent les paysans bretons.

Pendant que les *terres froides* se défrichent, la culture s'améliore également dans les anciennes *terres chaudes*. On fait plus de plantes sarclées, betteraves, carottes, pommes de terre, choux, etc. On fait plus rarement deux céréales de suite. On les prépare par des récoltes fourragères. Quelques agriculteurs de premier ordre réalisent le vœu jadis exprimé par Arthur Young et appliquent un assolement de quatre ans qui ressemble à celui de Norfolk.

1re *année.* — Betteraves, carottes, pommes de terre, choux ou panais.

2e *année.* — Froment ou orge.

3e *année.* — Fourrages verts ou trèfle.

4e *année.* — Avoine ou sarrasin.

D'autres conservent un assolement semi-pastoral, mais, au lieu de laisser la terre s'enherber toute seule après la période de culture, ils y sèment du trèfle et des graminées bien choisies.

A Kerlagatu, domaine qui a eu la prime d'honneur du Finistère en 1860 (commune de Penhars, à 4 kilomètres de Quimper), M. Briot de la Mallerie avait adopté l'assolement suivant :

1re *année.* — Choux à vaches, betteraves ou pommes de terre, avec défoncement et fumure ; récolte dérobée de navets après les pommes de terre ou seigle en vert.

2e *année.* — Blé de mars avec trèfle et ray-gras ; demi-fumure.

3e *année.* — Ray-grass.

4e *année.* — Ray-grass ; avec cendres.

5e *année.* — Sarrasin.

6e *année.* — Blé ou colza ; récolte dérobée de navets après le blé.

7e *année.* — Blé ; récolte dérobée de navets et colza en vert.

En dehors de cet assolement, M. Briot de la Mallerie avait une dizaine d'hectares de prés et quelques hectares de topinambours qui, bien cultivés et bien fumés, donnent autant que les betteraves et que l'on fait suivre par un semis de ray-grass. Quand ce ray-grass a été fauché deux ou trois fois, les topinambours ne repoussent plus.

Sur 42 hectares, M. Briot de la Mallerie entretenait 4 bœufs, 7 chevaux, 60 vaches de la race du pays qui produisaient en moyenne 4 litres de lait par jour (vendu 12 centimes et demi le litre à Quimper), de plus 8 élèves. C'était l'équivalent de 2 têtes de bétail par hectare, mais il est vrai que ce n'était pas du gros bétail. Par ses améliorations, il avait porté le revenu de sa ferme de 1,400 fr. à plus de 3,000 fr.

Le *panais* est une culture spéciale au Finistère. Il est excellent pour la nourriture des chevaux.

Les 328,000 hectares de prairies naturelles que possède la Bretagne pourraient être beaucoup augmentés. Comme toutes les contrées granitiques, elle a une énorme quantité de sources, de ruisseaux et de petites rivières dont les eaux, employées à l'irrigation des prairies nouvelles, les fertiliseraient par les nitrates et les matières minérales (sels de potasse, de chaux et de magnésie) qu'elles tiennent en dissolution. Pour compléter leur action fécondante, il faudrait néanmoins y ajouter des superphosphates.

M. Le Chartier, professeur à la Faculté des sciences de Rennes, a fait l'analyse de deux eaux provenant de terrains granitiques dans une région cultivée. Il y a trouvé, par litre :

	EAU de la Vollerie.	EAU de la Boisardière.
Résidu solide par litre	0^g,0880	0^g,0840
Résidu insoluble dans l'eau alcoolisée.	0 ,0150	0 ,0410
Titre hydrotimétrique.	3 ,9	4 ,6
Silice	0 ,0222	0 ,0180
Alumine et oxyde de fer.	0 ,0010	0 ,0023
Chaux	0 ,0096	0 ,0064
Magnésie.	0 ,0031	0 ,0063
Potasse.	0 ,0020	0 ,0018
Soude	0 ,0200	0 ,0150
Chlore.	0 ,0140	0 ,0135
Acide sulfurique	0 ,0041	0 ,0050
Acide carbonique.	0 ,0076	0 ,0091
Acide azotique	0 ,0024	0 ,0038

La quantité de chlorure de sodium contenue dans ces eaux est considérable ; elle provient des engrais qu'avaient reçus les terres et sans doute aussi du voisinage de l'Océan.

Dans la terre du Lézardeau, où une école d'irrigation et de drainage a été établie, son ancien propriétaire, M. du Couëdic, avait créé 65 hectares de prairies arrosées avec les eaux des sources et des ruisseaux qui partent des points les plus élevés et sont rassemblées dans une série de 32 réservoirs pour être distribuées dans les parties inférieures.

D'un autre côté, le drainage permet souvent de transformer des bas-fonds tourbeux en excellents herbages. On peut en voir des exemples très encourageants, non seulement chez M. Briot de la Mallerie, à Kerlagatu, mais chez MM. de Pompéry, de l'Écluse, de Kerjégu, de Champagny, de Saisy, etc. En général, les drains en pierre sont préférés à ceux en tuyaux de terre cuite, d'abord parce qu'on trouve partout sur place les matériaux pour les faire et ensuite parce que, grâce à leur section plus grande, ils sont moins facilement bouchés par les racines.

La plupart des départements les plus pauvres de la France ont beaucoup de moutons et de chèvres qui achèvent de les appauvrir en empêchant leur reboisement. Il n'en est pas de même en Bretagne. On n'y trouve que 522,000 moutons. La race, qu'on pourrait appeler *race celtique,* ressemble, comme la terre granitique qui la nourrit, à celle des montagnes de l'Écosse et elle n'est remarquable que par la qualité exquise de la viande qu'elle fournit lorsqu'elle a été engraissée sur les *prés salés* des bords de la mer. La Bretagne a encore moins de chèvres que de moutons. Elle n'en avait pas besoin. Les petites vaches noires ou blanches, de 1 mètre de hauteur, jouaient dans son économie rurale le même rôle que les moutons et les chèvres remplissent ailleurs. Ce sont de véritables biques, aussi agiles pour aller recueillir leur nourriture dans les landes, aussi laitières, malgré le pauvre régime dont elles doivent ordinairement se contenter. Elles donnent en moyenne 3 ou 4 litres de lait par jour, lait très riche en beurre, comme celui des vaches de Jersey.

La fabrication du beurre salé a déjà pris une certaine importance en Bretagne ; Morlaix et Rennes en exportent une assez grande quantité. Le développement de cette spécialité est tout indiqué comme un des buts principaux de la production du bétail en Bretagne. Les sources sont nombreuses et permettraient partout de bien laver le beurre; mais, si les Bretons ont beaucoup d'eau, ils n'ont pas encore appris à s'en servir aussi bien que les Normands. De là vient la qualité secondaire de leur marchandise. Ils n'ont qu'à prendre l'habitude de mieux laver pour faire du beurre aussi bon que celui d'Isigny.

A mesure que la production des fourrages augmente et que leur qualité s'améliore, les vaches lilliputiennes de l'ancienne race du Morbihan prennent plus de taille et d'ampleur[1]. Le poids des bêtes augmente en raison de la quantité de phosphate de chaux qui est mise en circulation dans le sol qui les nourrit.

Dès lors, les croisements avec d'autres races, déjà habituées à une nourriture plus substantielle, deviennent possibles. Mais valent-ils mieux que le perfectionnement par sélection de la race primitive? Et, parmi les croisements, lesquels faut-il préférer?

Un assez grand nombre d'éleveurs ont essayé avec succès le croisement avec la race d'Ayr qui provient du sud-ouest de l'Écosse, pays qui ressemble beaucoup à la Bretagne par sa constitution géologique et son climat. C'est une race spécialisée en vue de la production du lait, mais ce lait est moins riche en beurre que celui des bretonnes.

D'autres se sont servis du sang Durham pour perfectionner les formes et augmenter la précocité de la race bretonne.

M. Rieffel, à Grand-Jouan, a réuni les trois races, en commençant par le Durham-breton et y ajoutant ensuite l'Ayrshire, afin de conserver plus d'aptitude laitière, et il a ainsi créé ce qu'il appelle la sous-race Ayr-Durham-bretonne.

Les considérations économiques doivent avoir leur part d'influence

---

1. Sur les terres de Trévarez, chaulées et phosphatées, M. L. de Kerjégu amenait ses bœufs, sans autres farineux que ceux qu'il donnait aux veaux pendant la période du sevrage, à peser, à 44 mois, 650 à 700 kilogr., tandis que dans les fermes du pays où ces engrais minéraux ne sont pas employés, les bœufs n'atteignent ce poids qu'à 6 ou 7 ans.

A Trévarez, 30 kilogr. de foin suffisaient pour faire 1 kilogr. de viande, tandis que dans les fermes non amendées avec le calcaire et où l'on ne cultive pas de trèfle, il fallait au moins 35 kilogr. de leur meilleur foin pour obtenir la même augmentation de poids chez les bœufs. (*Enquête sur les engrais industriels*, p. 477.)

dans le choix de ces croisements. Si la production du beurre paie le mieux les fourrages, pourquoi n'aurait-on pas recours, comme on l'a, du reste, déjà fait dans les Côtes-du-Nord et dans les environs de Carhaix, à la race de Jersey si remarquable par la richesse de son lait? Lorsque des voisins, placés dans les mêmes conditions de sol et de climat, sont déjà plus avancés dans la voie du perfectionnement de l'agriculture et des races de bétail, il faut imiter les procédés qui leur ont réussi et se servir des races qu'ils ont formées.

Les croisements Durham n'ont leur raison d'être que dans les fermes qui visent surtout à faire de la viande.

Comme bêtes de travail, les cultivateurs bretons emploient souvent des bœufs nantais ou plutôt vendéens, plus grands, plus forts que ceux de la race du Morbihan. Peut-être y aurait-il lieu de faire dans certains cantons, l'élevage de cette race si remarquable comme race de boucherie et si précieuse pour le Bocage vendéen dont le sol ressemble à celui de la Bretagne.

Le cheval des landes de Bretagne est le pendant de la vache des landes ; comme elle, il est très petit (1^m,20 à 1^m,40) et très rustique. Dans la Cornouailles, aux environs de Brice et de Carhaix, on élève ou du moins on élevait le célèbre bidet dont l'allure *amble* était très appréciée aux temps où le mauvais état des routes rendait les voyages à cheval plus fréquents que de nos jours. Dans les terres plus fertiles des Côtes-du-Nord, depuis Saint-Malo jusqu'à Lannion, ce sont des chevaux de gros trait, généralement de robe gris pommelé ou gris moucheté, quelquefois baie. Ils sont achetés à l'âge de six mois à un an par les cultivateurs des environs de Rennes, du Perche et de la Normandie, qui les emploient jusqu'à quatre ou cinq ans à un travail modéré, de manière à leur permettre de bien développer leurs forces et leurs formes, tout en payant leur nourriture, et les revendent ensuite avec un bénéfice souvent considérable, pour le service dés omnibus, des diligences, du roulage, etc. Ces chevaux de gros trait, de plus en plus appréciés, ont beaucoup augmenté de valeur depuis une vingtaine d'années ; aussi leur production augmente-t-elle rapidement et elle s'étend, avec les progrès de la culture et l'emploi des amendements calcaires, vers les parties centrales de la Bretagne.

Enfin, le Léonnais, les environs de Morlaix et la Cornouailles produisent des carrossiers de demi-sang qui rivalisent avec ceux de Normandie.

Suivant leur qualité, suivant leur proximité des moyens de transport et des centres de population, les terres de landes se vendent de 80 à 200 fr. l'hectare. Leur défrichement coûte 200 à 300 fr. par hectare avec les amendements et les engrais qu'il faut y joindre. Il y a, de plus, à les pourvoir de bâtiments. Outre ces dépenses d'amélioration foncière, il faut, pour une culture intensive, 400 à 500 fr. de capital d'exploitation par hectare, tandis qu'avec l'ancien système celtique 150 à 200 fr. suffisaient.

Les terres arrivent ainsi à des produits nets de 60 à 80 fr. par hectare, pour les herbages de 160 à 200 fr. Ce sont des placements qui rapportent de 8 à 10 p. 100. N'y a-t-il pas là de quoi tenter les capitalistes ?

Peu à peu la valeur des terres, qui atteint plusieurs milliers de francs par hectare sur les côtes et particulièrement dans les terres d'alluvion des lais de mer, fera, comme les amendements calcaires, tache d'huile et grandira également dans les zones centrales autour des voies de transport qui les parcourent.

Pour achever l'aménagement rationnel de la Bretagne, il faudrait boiser une partie des landes, toutes celles qui n'ont pas un sol assez profond et ne peuvent pas devenir de bons champs ou de bons prés. On pourrait ainsi doubler les 155,000 hectares de bois et forêts que possèdent les cinq départements. Le chêne pédonculé, le chêne rouvre, le hêtre, le châtaignier, le bouleau, le pin sylvestre et le pin maritime et, dans les parties humides, le tremble, le frêne et le peuplier noir peuvent servir à cette reconstitution d'une partie des anciennes forêts de l'Armorique.

(Voir pour la suite de la Bretagne le chap. IV, *Terrains de transition.*)

§ 7. — La Vendée.

On trouve dans le bas Poitou, qui forme aujourd'hui les départements de la Vendée et des Deux-Sèvres, trois régions complètement différentes par leur agriculture comme par leur constitution géologique : ce sont le *Marais,* alluvions conquises sur la mer ; la *Plaine,* plateaux de calcaires jurassiques, et le *Bocage vendéen,* pays de collines granitiques dont la partie orientale, sur la rive droite de la Sèvre nantaise, s'appelle aussi la *Gâtine.*

Ce massif du Bocage vendéen et de la Gâtine appartient, ainsi que l'île de Noirmoutiers et l'Ile-Dieu, au même ensemble de soulèvements qui a formé la Bretagne, le Bocage normand et le Cotentin. Il se compose des mêmes roches : le groupe central, entre Parthenay, Clisson et Pouzauges, où se trouvent les points les plus élevés (270 à 285 mètres), est presque exclusivement granitique ; la partie occidentale, autour de la Roche-sur-Yon et des Sables-d'Olonne, contient, outre le granite, des gneiss, des micaschistes et des schistes talqueux. Ces roches anciennes ont été traversées en quelques points par des éruptions de porphyres quartzifères, d'amphibolites et de diorites.

Ce qui distingue le Bocage vendéen des parties granitiques de la Bretagne, c'est qu'il n'a pas de landes proprement dites : la statistique de 1873 n'indique pour la Vendée que 8,531 hectares de terres incultes et pour les Deux-Sèvres que 8,267. Les sommités les plus arides sont couvertes de forêts[1] et tout le reste du pays est *enclos,* dans le sens anglais du mot *inclosed,* qui signifie *défriché.* Toutes les terres, même les genêtières, où pâture le bétail, ont passé sous la charrue et y repassent successivement, après avoir porté pendant quelques années des céréales, des choux branchus, quelquefois du trèfle ; c'est le système semi-pastoral. Tous les champs divisés en pièces de 1 à 2 hectares sont entourés, comme les *masures* de la Normandie et les *terres chaudes* de la Bretagne, de talus en terre plantés de chênes, de hêtres, d'ormeaux, etc., qui s'élèvent au

---

1. Le département de la Vendée a 31,216 hectares de forêts, le département des Deux-Sèvres en a 36,485.

milieu d'un fouillis de houx, d'ajoncs et de fougères et couvrent la contrée d'un immense rideau de verdure ; de là, le nom de *Bocage* qui lui a été donné.

Comme dans tous les pays granitiques, les sources sont nombreuses et forment, en se réunissant, une multitude de ruisseaux qui arrosent les prés situés au fond des vallons.

Au lieu d'être groupées en villages, la plupart des métairies sont placées au milieu de leurs clos, et l'on ne reconnaît le point central de ces vastes communes qu'au clocher de l'église qui pointe au-dessus des arbres. Entre les remparts de terre qui entourent les champs, des chemins étroits, fangeux, souvent impraticables à cause des eaux qui les transforment en ruisseaux, achevaient autrefois de faire du Bocage vendéen un système naturel de fortifications presque imprenables. Malheureusement, les transports étaient difficiles au milieu de tous ces obstacles ; les amendements calcaires ne pouvaient pas pénétrer jusqu'au centre de la Gâtine et n'étaient employés que dans les régions les plus voisines des couches jurrassiques qui entourent le Bocage.

Les routes stratégiques qui ont été construites après les guerres de la Vendée ont été utiles en facilitant l'emploi des amendements calcaires ; les chemins vicinaux qui y aboutissent ont été améliorés et, sous cette influence, l'agriculture a fait de grands progrès depuis le commencement de notre siècle. Aujourd'hui, les voies ferrées qui traversent, dans plusieurs directions, les massifs du Bocage, complètent ce réseau de moyens de transport.

Voici l'assolement le plus en usage aujourd'hui : (1) jachère fumée, ordinairement chaulée, et semée en millet ou sarrasin que l'on emploie pour l'alimentation ; (2) froment; (3) seigle, fourrages, ou vesces, trèfle incarnat, navets; (4) froment; (5) après une fumure et un chaulage, si la première jachère n'en a pas reçu, on plante, au mois de mai ou de juin, des choux branchus ou des choux moelliers que l'on effeuille pendant l'automne et coupe par le pied dans le courant de l'hiver ; (6) orge ou avoine ; (7) autrefois, on se contentait d'abandonner la terre à elle-même et d'y laisser repousser l'herbe et les genêts ; quelquefois, lorsqu'il n'y avait pas assez de genêts (il s'agit ici du *Genista scoparia,* genêt à balai, qui ne vient que dans

les terres cultivées; on le trouve rarement dans la lande inculte), on
en semait à raison de 10 à 15 kilogr. de graines par hectare, au
mois de mars ou d'avril, dans la céréale de la 6ᵉ année. Aujourd'hui,
grâce à l'emploi de la chaux, on peut semer, dans l'orge ou l'avoine
de la 6ᵉ année, du trèfle rouge et du trèfle blanc avec quelques
graminées.

Ce pâturage, avec plus ou moins de genêt, occupe la terre pendant
la 8ᵉ, la 9ᵉ, la 10ᵉ et la 11ᵉ année.

A la fin de la 11ᵉ année, on défriche, après avoir coupé les genêts
qui servent de combustible, et l'on sème pour la 12ᵉ année du froment [1].

Les métairies de la Vendée ont presque toutes une certaine quantité de prairies naturelles, bien entretenues et souvent arrosées. Les
produits de ces prairies, joints aux quatre années de pâturages, au
sarrasin, fourrages annuels, choux, etc., de l'assolement permettent
d'élever et d'engraisser une grande quantité de bétail.

On compte aujourd'hui en moyenne, sur les métairies de 40 hectares, 10 à 14 bœufs de 5 à 6 ans que l'on engraisse après leur avoir
fait faire les labours de l'automne, 5 à 7 vaches dont le lait sert à
faire des élèves, 4 à 6 élèves de l'année, 4 à 6 élèves de un à deux
ans que l'on vend à la Saint-Jean aux cultivateurs de l'Anjou et
de la Bretagne, 30 à 50 bêtes à laine, 3 à 5 porcs et 1 cheval. C'est
l'équivalent de 25 à 35 têtes de gros bétail du poids moyen de
500 kilogr.

Sur 670,000 hectares de surface totale, le département de la
Vendée avait, en 1873, 454,000 bêtes à cornes. D'après la statistique
de la Vendée, publiée en 1808 par Cavoleau, on en tenait moitié
moins à cette époque.

Une culture pastorale mixte comme celle qui vient d'être décrite
pour une métairie de 40 hectares emploie environ 400 fr. de capital
d'exploitation par hectare.

La race bovine de la Vendée est une race bien nettement caractérisée, excellente race de boucherie et de travail, fournissant quelquefois des vaches très laitières. « Cette race, dit M. Ch. de Sour-

---

1. Heuzé, *les Assolements et les Systèmes de culture*, p. 319.

deval, est répandue sur tout le plateau géologique du Bocage compris entre le Marais, la Plaine et la Loire, d'où il suit qu'elle occupe non seulement tout le Bocage vendéen, mais celui des Deux-Sèvres, de Maine-et-Loire et de la Loire-Inférieure. Elle cesse partout avec les terrains de schiste et de granit, parce que, avec ces terrains, cesse le système de culture en clos pour celui de la culture en plaine.

« Cette race, si identique dans ses caractères généraux, diffère toutefois de taille et de qualité, suivant les lieux, c'est-à-dire suivant les ressources que lui offrent le sol, l'agriculture et surtout les soins. » Et pour se rendre compte des conditions dans lesquelles se sont formées les différentes variétés de la race vendéenne, il suffit de suivre sur la carte géologique la description que M. de Sourdeval en donne ensuite :

« Il semble que le foyer le plus pur de la race occupe le versant de ces deux petites Alpes vendéennes, aux sommets boisés, aux pentes verdoyantes et arrosées, aux fraîches vallées qui s'étendent de Vouvant à Tiffauges, passant par la Châtagneraie, Pouzauges, les Herbiers, encaissant, au midi, le bassin de la Sèvre nantaise. Nulle part, en effet, la race n'offre plus de distinction, de finesse, plus de sang, en un mot, que dans cette fertile et pittoresque contrée, nulle part elle n'est élevée avec plus de soin et plus d'amour.

« Toutefois, ce n'est pas dans cette riche contrée, dans ce foyer si pur, qu'il faut chercher le point le plus actif de la production et le centre du plus grand commerce d'élèves : c'est plutôt dans l'arrondissement de Parthenay des Deux-Sèvres. L'espèce de Parthenay n'est qu'une nuance de la précédente. Les habitants de cette contrée ont pour leur bétail le même dévouement et lui prodiguent les mêmes soins : mais, soit effet de croisements anciens, soit influence du terroir et des fourrages[1], le bœuf du Parthenay a des membres plus forts et un peu plus de poids que son émule, mais il a la peau moins fine, le poil moins soyeux ; sa corne plus grosse, plus courte et moins bien faite, a souvent besoin d'être corrigée par une direction orthopédique.

---

1. Dans les environs de Parthenay, les amendements calcaires sont employés et les trèfles cultivés depuis plus longtemps que dans le reste de la Gâtine.

« Le bétail de ces deux contrées priviligiées, comme celui des bons cantons du Bocage, est entouré de soins dès son jeune âge ; les veaux boivent souvent le lait de deux vaches, et toujours ils reçoivent une alimentation choisie. On pense avec raison que de ces premiers soins dépend tout leur avenir. Les formes bien développées dans l'enfance préparent une bonne et saine constitution qui se prête à toutes les aptitudes. Ces animaux sont faciles à élever et d'une douceur remarquable ; adultes, ils ont la démarche ferme et aisée, sont courageux au travail ; vieux, ils s'engraissent facilement. L'engraissement se fait à l'étable, pendant l'hiver généralement, et à l'aide de récoltes sarclées.

« De temps immémorial, le reste du Bocage élève une grande quantité de bétail appartenant à la même souche. C'est toujours même conformation et même robe, mais la nuance varie selon le territoire et le degré d'agriculture. C'est le soin, c'est la culture qui développent ces animaux dans leur perfection. Un sol négligé ou rebelle fait bientôt sentir sa triste influence. Les tribus de la race du Bocage qui vivent sur un terrain peu énergique, qui paissent sur la bruyère, perdent leur taille, l'ampleur de leurs muscles, le brillant de leur robe ; le duvet perlé qui borde le nez et les yeux ou double les cuisses, cachet si distinctif de la belle race, s'efface à mesure que l'espèce dégénère. Dans quelques localités très arides de l'arrondissement des Sables, la race est arrivée à une petitesse extrême, tout en conservant ses caractères principaux. Cependant, la plupart des cantons entretiennent leur tribu dans un état satisfaisant de pureté et de prospérité, soit par les soins qu'ils donnent, soit par des achats souvent répétés de veaux et de génisses provenant des meilleurs types.

« Le bétail du Bocage est l'objet d'un commerce très actif, tant à l'extérieur qu'à l'intérieur même de son territoire. Les veaux et génisses de Parthenay sont très recherchés par les éleveurs de tout le Bocage, et les attelages qui en proviennent émigrent en foule vers la Saintonge, le haut Poitou et la Touraine, où ils se vendent sous le nom de bœufs de Gâtine. Beaucoup vont aussi dans le pays de Retz, pour être employés aux travaux de l'agriculture et aux transports des vins ; le commerce de Nantes occupe même un certain nombre de ces animaux pour charrier des marchandises. Les habitants de l'arrondissement de Savenay ne voudraient pas, au contraire, importer dans leur faible culture des animaux d'une race aussi avancée ; ils aiment mieux s'adresser aux tribus moins développées qui s'élèvent entre la Sèvre et le lac de Grand-Lieu. Là, ils achètent des veaux de deux ans, qui s'acclimatent aisément sur leur sol peu fertile et qui fournissent aux besoins de leur agriculture ; car l'espèce du Bocage, importée à l'état viager seulement, remplit toute la péninsule comprise entre la Loire et la Vilaine ; cette dernière rivière est rarement franchie par la race bretonne proprement dite. Les cultivateurs de Clisson, Montaigu, Aizenay, la Mothe-Achard, après s'être ainsi défaits avantageusement de leurs médiocres élèves, mettent leur amour-propre à acquérir des veaux supérieurs, provenant directement des plateaux vendéens ou de Parthenay, et qui, sous le nom de veaux de cordes ou du pays haut, se vendent, à deux ans, de 450 à 600 fr. la paire. Les bons cultivateurs bénéficient sur l'échange : les jeunes animaux, bien soignés, bien nourris, prennent entre leurs mains de la taille et de l'étoffe : ils forment de bons et solides attelages pour le travail, et se revendent plus tard, avec avantage, aux foires de Napoléon, la Mothe-Achard, Aizenay, l'Hergement ; mais malheur au cultivateur négligent qui tente, à l'étourdie, cette spéculation ! Ces superbes élèves dépérissent entre ses mains, et il les revend à perte.

« Le principal mouvement du bétail vendéen s'opère à l'intérieur même du Bocage. Presque sur tous les points, on le fait naître, on l'élève, on l'emploie à l'agriculture, on l'engraisse ; mais, au-dessous de ce mouvement local, domine une sorte de courant supérieur qui prend sa source dans l'élevage immense des territoires des Herbiers, Pouzauges, Parthenay, qui fait circuler la race de ces localités dans tout le massif du Bocage, qui la dirige particulièrement du nord au midi pour le travail, et qui la ramène vers le nord pour l'engrais ; car c'est particulièrement sur la rive droite de la Sèvre, c'est dans le delta compris entre cette jolie rivière et la Loire, qu'est le grand atelier d'engraissement. Là, des milliers de bœufs, vétérans du travail, répartis en des étables obscures et chaudes, sont l'objet de soins assidus pour revêtir la parure de l'holocauste ; puis des marchés de Cholet, de Montrevault, ils s'envolent en chemin de fer vers Poissy, théâtre de leur dernier triomphe, et de là vers Paris, lieu du sacrifice inéluctable. »

La variété de la race vendéenne que l'on élève dans les marais de la Vendée et de la Charente-Inférieure fournit des animaux très grands, très pesants, mais très inférieurs comme finesse de membres et comme douceur de caractère aux bœufs du Bocage.

Enfin, d'après M. Sanson, la race des montagnes volcaniques d'Aubrac et du Mézenc ne serait elle-même qu'une variété de la race vendéenne. C'est possible. Nous verrons, dans un prochain chapitre, quelle influence la nature de ces terrains volcaniques a pu exercer sur la formation de cette variété.

§ 8. — Les Pyrénées et les Alpes.

Dans les Pyrénées, comme dans les Alpes, l'axe central du soulèvement est constitué par des granites, mais ces granites ne sont à découvert que dans les Pyrénées-Orientales et dans les parties les plus élevées des Hautes-Pyrénées. Dans les Basses-Pyrénées, les montagnes sont formées presque tout entières de roches calcaires; la terre y est plus profonde et plus riche. Grâce à cette composition chimique du sol et surtout grâce aux pluies abondantes que les vents d'ouest viennent condenser sur les bords de l'océan Atlantique, les plantes se développent avec vigueur, et il suffirait d'aider un peu la nature pour établir partout d'excellents pâturages ou de belles forêts, à la place des bruyères et des ajoncs qui couvrent encore trop de terrains.

Sur les côtes de la Méditerranée, il pleut beaucoup moins. Les falaises de granite qui s'avancent jusqu'au bord de la mer, portent près d'Ollioules, de Banyuls, etc., des vignes construites en terrasses superposées, qui donnent des vins de qualité supérieure. Au fond de quelques vallées, l'irrigation permet d'obtenir des fourrages abondants et de cultiver tous les fruits des climats méridionaux. A force de travail, la culture s'établit sur quelques pentes, partout où un peu de terre végétale s'est conservée. Mais sur les *aspres*, tout est aride et sec, et le roc se montre souvent à nu au milieu des broussailles et des rares herbes qui servent de pâture aux troupeaux.

Dans les vallées de l'Ariège et des Hautes-Pyrénées, on trouve, à la partie inférieure, des terrains tertiaires et crétacés; dans la partie moyenne, des schistes de transition ; les granites n'apparaissent que dans la partie supérieure, dans la région des pâturages. La flouve odorante, la fétuque ovine, des agrostis, le lotier, beaucoup de trèfle rampant, composent le gazon et, par-ci par-là, des chênes réduits à l'état de broussailles, des saules noirs, des roses des Alpes, etc. Quelques-uns de ces pâturages appartiennent à des particuliers ; la plupart à des communes ou à plusieurs communes réunies en syndicat.

« Les habitants, dit M. Calvet, en jouissent en échange d'une taxe variable, mais toujours très inférieure à la valeur de l'herbe consommée. Cette taxe est, en général, basée sur le nombre de *baccades* introduites au parcours. La baccade (qui, dans les plaines du Béarn, a le sens général de *troupeaux* de bêtes aumailles) est en montagne l'unité de bétail ; elle comprend *une* bête à cornes ou son équivalent en bétail de toutes espèces, ovine, chevaline ou porcine.

« Au printemps, les baccades de toute nature s'acheminent en files interminables vers les hauteurs, où elles séjournent de trois à cinq mois, suivant les lieux. Cette période de parcours à peu près gratuit serait aisément prolongée de un ou deux mois par quelques soins élémentaires d'installation (création d'abris vivants, — construction de hangars). »

Malheureusement, les pâtures communales sont surchargées de bêtes ; et, en hiver, la quantité de foin récolté sur les petits domaines dans la vallée est insuffisante pour le bétail conservé. De là, souffrance pour ce bétail; développement imparfait chez les jeunes, production médiocre chez les adultes.

Dans les vallées de l'Ariège et des Hautes-Pyrénées, la race est bonne laitière, mais petite de taille et moins propre au travail que la variété basque dans les Basses-Pyrénées. Dans certaines étables, on trouve en même temps des vaches de Lourdes pour la production du lait et des vaches gasconnes ou basques pour le travail.

D'après M. Hérisson, une vache de la variété de Lourdes bien nourrie donne de 1,100 à 1,300 litres de lait par an. Une partie de ce lait se consomme dans les ménages des campagnards et une autre partie se vend en nature, dans les villes, surtout dans les villes d'eaux, mais la consommation n'y prend une certaine importance qu'en été. La moitié environ du lait produit est employée à élever les veaux destinés à renouveler l'étable ou à engraisser les autres. Pour cet engraissement, on laisse teter le jeune animal jusqu'à six mois en moyenne, et l'on complète sa nourriture avec du regain et de la farine. S'il est vendu 100 à 200 fr., il paie le lait 5 à 10 centimes le litre. Dans quelques pays de montagnes, entre autres à Bagnères, Campan, etc., on fabrique du beurre qui paie le lait 8 à 10 centimes le litre et qui s'expédie à Bordeaux, Toulouse, etc.

Pendant qu'il était garde général des forêts dans les Hautes-Pyrénées, M. Calvet, aujourd'hui préfet de la Vendée, avait cherché à répandre des procédés de fabrication plus rationnels, à favoriser ainsi l'amélioration des bêtes à cornes et à augmenter leur quantité, en introduisant le système des fruitières du Jura. C'est le principe de l'association qui conserve et développe les avantages si grands de la petite propriété, tout en corrigeant ses inconvénients. Plus les habitants des hautes vallées des Pyrénées trouveront de profit à nourrir des vaches, moins ils enverront à la montagne de moutons et le reboisement des pentes dénudées deviendra plus facile.

« Dans les Pyrénées comme dans les Alpes, dit M. Calvet, le progrès économique, le reboisement et la conservation d'un sol *qui fuyait de toutes parts,* dépendent de la mise en valeur du lait de vache, et l'instrument le plus sûr de cette mise en valeur est l'association pastorale. »

Au sud-est de la France, les masses centrales et les pics les plus élevés des *Alpes* sont formés de roches cristallines. Mais elles sont à de telles hauteurs qu'elles ne peuvent avoir aucun intérêt pour l'agriculture : ce sont des *champs de glace* et de neiges éternelles.

Les chaînes principales des Alpes de la Savoie et du Dauphiné sont composées de calcaires jurassiques ou néocomiens dont nous parlerons plus loin. Il en est de même des Alpes maritimes, mais, à leur pied, abrités par elles contre les vents du nord, on trouve, au bord de la Méditerranée, deux petits massifs de roches primitives.

---

§ 9. — Les Maures et l'Estérel, la Corse et l'Algérie.

La flore des Maures et de l'Estérel a, au point de vue climatérique, le type méridional et presque africain de toute la Provence et, au point de vue géologique, les caractères granitiques qui forment un contraste frappant avec la végétation des terrains calcaires du voisinage.

Ces caractères ont été très bien décrits par Élie de Beaumont dans l'*Explication de la carte géologique de la France* :

« Au midi des rochers de Roquebrune, s'étend le massif monotone des montagnes des Maures, dont les croupes arrondies sont le plus généralement couvertes de bois de pins, de chènes communs, de chènes verts, de chènes-liéges, de cistes et de bruyères de trois espèces différentes. Des sangliers et quelques chevreuils bravent encore le fusil du chasseur dans les cantons les moins fréquentés. Les pins sont quelquefois exploités pour en retirer de la résine. Les cistes blancs sont ici moins fréquents que dans la bande calcaire qui entoure le massif des Maures et de l'Estérel. Les arbousiers, la lavande-stœchas, y sont abondants. Le lentisque, le myrte, le cytise, sont répandus de tous côtés. Quantité de vallons arrosés par des torrents, des coteaux plantés de vignes et d'oliviers, diversifient l'aspect de la contrée. Des bastides entourées de cultures, répandues au milieu de cantons sauvages, y présentent l'aspect le plus agréable.

« Les montagnes de la Garde-Freinet et celles de la Sauvette et de Pignans, qui dominent tout le reste du massif des Maures, ont leur base couverte de châtaigniers, surtout du côté du nord. Cet arbre, qui aime l'humidité, réussit à merveille dans les vallées, à la base des coteaux schisteux, dans le fonds léger et sablonneux de presque tout le terroir de la Garde-Freinet, ainsi que dans le bassin entouré de montagnes où se trouve le village de Collobrières, au pied méridional de la Sauvette ; il s'élève souvent assez haut sur les pentes et forme quelquefois des forêts épaisses. Il y en a de deux espèces : le sauvage, nommé proprement châtaignier, et celui que l'on cultive et que l'on greffe, appelé marronnier. C'est dans les vallées étroites, où la fraîcheur se soutient davantage, principalement le long des coteaux exposés au nord, qu'il prospère le plus. Les marrons sont une des productions les plus profitables au pays, où l'on en fait un commerce considérable. Ce sont les marrons de la Garde-Freinet qui se répandent dans la Provence sous le nom de marrons du Luc et qui sont connus dans une grande partie de la France sous le nom de marrons de Lyon. Les coteaux, d'une élévation moyenne, plantés de vignes et d'oliviers, donnent assez de vin, d'huile et de blé pour la consommation des habitants.

« Séparé du reste de la Provence par les Maures, le bassin de Grimaud jouit d'un climat privilégié. C'est, pour ainsi dire, la Provence de la Provence ; et les Arabes qui, dans les xe et xie siècles, ont occupé ce canton, ont pu s'y croire en Afrique. De beaux palmiers s'élèvent dans le village de Saint-Maxime, sur le bord même de la mer. Sur le territoire de Gassin, qui est très fertile quoique inégal et divisé par de petits coteaux plantés de pins, on trouve des palmiers qui donnent (quelquefois?) des dattes bonnes à manger, ainsi que des orangers, des citronniers de Valence, des poncires (ou *cédrats*), etc. Les lauriers-roses y sont répandus en abondance sur le bord des ruisseaux.

« Le plus célèbre et le plus digne de l'être parmi ces abris privilégiés que présente sur son flanc sud-est le rempart de roches cristallines des côtes de la Provence, c'est le bassin d'Hyères, où tant de personnes, dont la vie a été compromise par la rigueur de nos hivers septentrionaux, vont chercher la santé et la retrouvent quelquefois. Hyères est préservé des vents du nord-est par tout le massif des montagnes des Maures, et de l'influence trop directe de la mer par la montagne des Oiseaux, située au sud-ouest. C'est une espèce de serre naturelle. Ses beaux jardins d'orangers et de citronniers, semés de quelques palmiers, rappellent les environs de Syracuse ou les rivages de Majorque plus que les côtes de France.

« Les îles d'Hyères appartiennent à la même formation géologique ; mais le vent du nord-est et l'influence de la mer y reprennent leur empire, et les pins leur prépondérance. L'humidité de l'air y favorise la croissance des lichens, qui y sont très abondants sur tous les rochers. Dans les parties où les pins sont clairsemés, de nombreuses plantes aromatiques, telles que la lavande, se mêlent à la bruyère comme sur les croupes les moins abritées des collines des Maures. »

L'arète principale des montagnes de la *Corse* qui, s'étendant du nord au sud, forme en quelque sorte l'épine dorsale de l'île, est formée de roches primitives dont les ramifications couvrent toute la partie occidentale, tandis que la partie orientale et la pointe du cap Corse se composent de terrains secondaires dans lesquels l'élément calcaire prédomine et, sur le littoral, de lagunes marécageuses.

Malheureusement, il y a peu de routes en Corse, et la construction des chemins de fer y sera très difficile. La plupart des villages, perchés, comme des nids d'aigles, sur le haut des rochers, ne peuvent communiquer entre eux que par des sentiers étroits qui traversent les *mâquis* ou par les *scale*, chemins en échelle qui s'élèvent de plateau en plateau. Des forêts, qui couvraient autrefois la plus grande partie de l'île, il ne reste plus que 102,000 hectares dont le tiers en vides et rochers. « Quand du fond de la vallée, dit un de nos meilleurs forestiers, M. Jules Clavé, on s'élève vers le sommet des montagnes qui l'entourent, on rencontre d'abord les pins maritimes et les pins laricios, les premiers sur le versant méridional, les seconds sur la pente exposée au nord ; ils forment des massifs, tantôt purs, tantôt mélangés de chênes verts et de chênes-lièges. Au-dessus des pins se montrent les hêtres, puis viennent les sapins et les bouleaux, seuls arbres qui puissent supporter la froide température des grandes hauteurs et résister aux neiges qui les couvrent pendant l'hiver. Au delà, on n'aperçoit plus que quelques arbrisseaux, tels que l'aulne rampant et le genévrier des Alpes, qui eux-mêmes cèdent bientôt la place aux simples graminées. La crête est le plus souvent couronnée par les roches nues. »

Ailleurs, le *mâquis* a remplacé la forêt. Le *mâquis* est la lande des contrées méditerranéennes. Mais, au lieu d'être composée seulement de bruyères, genêts, etc., comme sur les bords de l'océan Atlantique, elle contient des lauriers, des myrtes, des lentisques, des cistes, etc., dont la végétation est plus ou moins active suivant la richesse du terrain, mais qui forment souvent des fourrés impénétrables de 8 ou 10 mètres de hauteur.

Le système de culture le plus habituel en Corse consiste à couper le *mâquis* et à le brûler sur place. La cendre qui en provient est l'unique fumure du pays. Quand les pluies le permettent, on l'enterre, en rompant le sol avec une araire sans versoir qui ressemble à celle des anciens Romains. En décembre, on sème le blé et l'enterre par un second labour. On cultive aussi l'orge, le maïs, un peu d'avoine, des haricots et des pommes de terre. Quand la terre est épuisée, on abandonne la place que le *mâquis* ne tarde pas à envahir de nouveau, et l'on recommence un peu plus loin la même opération.

Le châtaignier est la base principale de la nourriture du montagnard corse, et l'on a souvent attribué son indolence aux ressources qu'il y trouve sans se donner aucune peine. On évalue la richesse des familles au nombre de châtaigniers qu'elles possèdent.

L'éducation du bétail est fort négligée et repose sur la vaine pâture. La race bovine, qui, faute d'étables et de fourrages, vit en plein air et se nourrit de plantes sauvages, est petite et ne produit pas de lait. Le mouton et la chèvre donnent plus de profits, parce qu'ils se contentent de la nourriture peu substantielle qu'ils rencontrent dans les *mâquis* et les forêts. Leur lait fournit un fromage assez estimé dans le pays. Les chevaux, également très petits, sont robustes et sobres; c'est la race de montagnes par excellence[1].

La production agricole de la Corse pourrait beaucoup augmenter, si l'on utilisait ses eaux pour créer des prairies, si l'on développait la culture de l'olivier et de la vigne qui donne déjà dans la Balagne d'excellents résultats et sur les côtes, celles du cédratier, de l'oran-

---

1. Jules Clavé, *Études forestières.*

ger, etc. Elle a l'eau et le soleil; il ne lui manque que le travail pour utiliser ces richesses naturelles.

En *Algérie*, les terrains primitifs sont très rares. On ne trouve de granites et de gneiss que sur quelques sommités du Djurdjura dans la grande Kabylie et dans une partie des *sahels* ou collines qui s'étendent au bord de la Méditerranée. Cette bande de roches cristallines du littoral est plus large à l'est qu'à l'ouest, où elle disparaît peu à peu complètement. Dans le massif de Collo, près de Philippeville, les granites durs et compacts de la base sont presque partout surmontés de serpentines qui sont elles-mêmes recouvertes de roches trachytiques. On y rencontre des amas de calcaire saccharoïde, tantôt isolés, tantôt associés aux minerais de fer que l'on exploite sur quelques points [1].

§ 10. — Les îles anglaises de la Manche et les Highlands d'Écosse.

Les îles anglaises de la Manche, Guernesey, Jersey, etc., sont formées, comme les presqu'îles voisines de la Bretagne et du Cotentin, par des roches primitives recouvertes de terrains de transition. Une légende raconte même que jadis Jersey était si rapprochée de la côte française, qu'on pouvait passer de l'une à l'autre sur un pont.

Les granites de Guernesey sont remarquables par leur dureté. Employés comme macadam sur une des routes les plus fréquentées de Londres, ils n'ont perdu que 4 livres et demie à 5 livres et demie par pied carré, pendant que du granite de Dartmoor perdait 12 livres et demie et du granite d'Aberdeen (Écosse) 14 livres trois quarts.

A Jersey, les carrières du mont Mado fournissent un granite à petits grains qui est très recherché pour les constructions.

L'injure du temps, comme disent les gens de la campagne, n'en

1. J. Tissot, *Texte explicatif de la carte géologique provisoire du département de Constantine.*

finit pas moins par décomposer ce granite et former à sa surface une couche plus ou moins épaisse de terre végétale.

On peut voir sur les côtes de Jersey des coupes intéressantes : d'abord une couche de terre végétale ; puis une masse de fragments anguleux de granite plus ou moins altéré ; plus bas, ces fragments sont d'un plus grand volume ; plus bas encore, le roc est fissuré ; enfin, à 5 mètres de profondeur en moyenne, le granite est tout entier, n'offrant encore aucun signe d'altération.

Sur ces côtes, les marées ont des amplitudes considérables. La mer reste assez longtemps basse pour que les habitants des côtes puissent aller recueillir les varechs ou goémons qui abondent sur les pointes de rochers laissées à découvert par les eaux. La Chambre législative de l'île autorise à les enlever en deux saisons : pendant les dix jours qui suivent le 10 mars et pendant dix jours après le 20 juillet. De plus, on ramasse constamment ceux qui sont amenés sur la grève par la mer. Non seulement on les emploie directement comme engrais, mais on les sèche et les entasse pour s'en servir comme combustible. Autrefois, les cendres servaient à fabriquer la soude et aujourd'hui elles servent d'engrais.

Grâce à ces engrais de mer, la population intelligente et laborieuse qui cultive Jersey, a depuis longtemps transformé ses terres granitiques et siluriennes en champs aussi riches que la ceinture dorée qui entoure la Bretagne. Comme ceux des environs de Roscoff, les agriculteurs des îles anglaises de la Manche envoient sur le marché de Londres les primeurs que la douceur de leur climat leur permet de produire, principalement des pommes de terres. Leurs vaches, spécialisées en vue de la production d'un lait très riche en beurre, ont acquis une grande réputation et les sujets d'élite se vendent à des prix énormes pour l'Angleterre et pour l'Amérique.

Dans l'île de Jersey, il n'y a ni majorats, ni grandes fermes, c'est, au contraire, un pays de petite culture ; 6 à 8 hectares sont considérés comme la moyenne.

L'assolement le plus généralement suivi est :

Première année : turneps, betteraves ou panais.

Deuxième année : pommes de terre, quelquefois carottes ou panais.

Troisième année : blé avec semis de trèfle et rye-grass.

Quatrième année : pâturage.

Cinquième année : pâturage.

Quelquefois on intercale une autre sole de blé entre les deux soles de plantes sarclées.

Voici comment on prépare la terre pour les panais, les turneps et les betteraves :

Au commencement de l'hiver, on la couvre d'une couche de varechs frais que l'on enterre au moyen d'un labour léger. A la fin de février ou en mars, on amène 50 à 60 tonnes de fumier par hectare et, après l'avoir étendu, on défonce au moyen de 2 charrues qui se suivent, à peu près comme dans le système Bonnet, la première prenant une profondeur de 12 à 13 centimètres, la deuxième environ 30 à 33 centimètres.

Pour le blé on emploie des cendres de varechs.

Au moyen de cette riche culture, on a peu à peu formé sur toute la surface de l'île une épaisse couche de *loam* qui est un peu plus léger et moins favorable aux pâturages sur le granite que sur les schistes siluriens, mais qui donne partout de magnifiques récoltes de blé, de racines et de fourrages. Sur une ferme de 8 hectares qui représente à peu près la moyenne, on tient ordinairement : 2 chevaux, 6 vaches, 6 génisses, 8 porcs.

Même sol et même culture à Guernesey et Alderney (Aurigny) qu'à Jersey; mais à Guernesey on cultive plus de blé, d'avoine et d'orge. La race des îles de la Manche s'appelait d'abord race d'Alderney; mais c'est à Jersey qu'elle a été le plus perfectionnée. Les vaches de Guernesey sont en général plus grandes que celles de Jersey, celles d'Alderney plus petites.

En *Angleterre,* les granites forment l'ouest du Devonshire et la Cornouailles, presqu'île qui fait de l'autre côté de la Manche vis-à-vis à celles de la Bretagne et du Cotentin. Il est probable que tous ces massifs appartiennent à des soulèvements contemporains et ne faisaient qu'un même ensemble, comme les plateaux de craie qui, plus à l'est, montrent leurs falaises blanches des deux côtés du détroit; puis une révolution géologique a séparé la Grande-Bretagne de la France.

Dans le reste de l'Angleterre, les roches cristallines n'apparaissent que dans les comtés de Westmoreland et de Cumberland, près des frontières de l'Écosse, mais en Écosse elles prennent un grand développement.

L'*Écosse* se compose de trois parties qui diffèrent par leur agriculture comme par leur constitution géologique. La première, composée de terrains de transition, s'étend depuis le Border anglais jusqu'aux vallées de la Clyde et du Forth. C'est un pays de collines et de plateaux, entrecoupé de vallons bien arrosés, dans lequel règne la culture pastorale ou semi-pastorale, par exemple, l'assolement de cinq ans : (1) turneps avec fumure et chaulage ou phosphates ; (2) orge ou blé : (3) mélange de trèfle et de graminées que l'on fauche une fois et fait pâturer ensuite ; (4) pâturage ; (5) avoine. Un charretier avec deux chevaux suffit pour cultiver 28 à 36 hectares, en moyenne 32. Dans les grandes fermes, on a, de plus, un maître valet (*stewart*) et un berger avec un jeune homme pour l'aider. Une main-d'œuvre supplémentaire n'est nécessaire qu'au moment de la moisson et pour les divers travaux de la culture des turneps ; elle est d'ailleurs réduite au strict minimum par l'emploi des machines. L'ouest de cette région est le berceau de la race d'Ayrshire, la meilleure laitière de l'Écosse, et le sud-est celui des moutons de la race des Cheviots.

La deuxième région est celle qui a fait la réputation de l'agriculture écossaise. Ce sont les *Lowlands*, contrée plus basse que la première, où les grès et les schistes de la formation houillère sont recouverts de couches de diluvium quaternaire et traversés de loin en loin par des éruptions basaltiques. Le voisinage des grandes villes, comme Édimbourg et Glascow, l'exploitation des houillères, des manufactures florissantes et un commerce actif offrent à la production agricole des débouchés faciles, et, sous cette influence, les systèmes de culture ont atteint, dans les Lothians qui entourent la capitale et dans la vallée de la Clyde, un degré d'intensité et de perfection qui n'est surpassé dans aucun pays de l'Europe.

Ces progrès se sont propagés le long des côtes de la mer du Nord dans les terrains de *vieux grès rouge* des contrées de l'Est, dans le Fifershire, le Forfashire, dans les parties inférieures du Perthshire et de l'Aberdeenshire, où l'on élève la race célèbre des Angus. Mais ces zones de belle agriculture ressemblent, comme on l'a dit, à une bordure d'or autour d'un vêtement de bure.

Le vêtement de bure, c'est la région de granites et de gneiss qui occupe les deux tiers de l'Écosse, tout ce que l'on appelle les *Highlands* (*Pays hauts*), depuis le golfe de la Clyde jusqu'au comté de Caithness qui s'avance au nord sous une latitude égale à celle du sud de la Norvège.

Les Highlands ont des grandeurs sauvages qui ont été bien décrites par Walter Scott; mais, au point de vue économique, ils forment, comme l'Irlande, une triste exception au milieu de la civilisation prospère des autres parties de la Grande-Bretagne. Les forêts qui les couvraient autrefois ont disparu et l'on n'a fait que sur quelques points isolés des tentatives de reboisement. Les montagnes sont couvertes de bruyères. La seule race de moutons assez rustiques pour vivre sur ces pauvres pâtures, au milieu des tourmentes de neige qui les assaillent quelquefois, est celle des *blackfaced*, race à tête noire qui diffère des southdowns en ce qu'elle a des cornes, une laine plus longue et plus grossière et un tempérament encore plus robuste; ses formes sont moins parfaites et elle s'engraisse moins facilement, mais sa viande est de qualité supérieure.

Une partie de ces montagnes rapporte, d'ailleurs, beaucoup plus comme chasse que comme pâturage à moutons. C'est la grande mode pour toute la *gentry* anglaise d'aller en automne chasser le *grouse*, espèce de gelinotte que l'on trouve dans les bruyères de l'Écosse.

Le Ben-Nevis, la plus haute montagne de l'Écosse (elle a 1,440 mètres de hauteur et *embrasse le ciel*, suivant l'expression gaélique), est composé de trois zones qui se sont superposées par des éruptions successives toujours parties du point le plus central : d'abord, une base de gneiss et de schiste micacé, puis une zone de granite à gros grains, enfin, comme couronnement, du porphyre. Cette série de roches de plus en plus récentes se retrouve dans tous les Highlands, quelquefois accompagnée de quartzites qui sont tout à fait stériles ou de calcaires cristallins qui fertilisent au contraire les terrains auxquels viennent se mêler les débris de leur décomposition.

Les soulèvements qui ont formé l'Écosse étaient dirigés suivant des lignes parallèles qui vont du sud-ouest au nord-est et qui sont encore nettement marquées dans la structure générale de la contrée. Les *firths* ou golfes profonds qui dentellent les côtes, les grandes vallées qui y aboutissent et les lacs qui remplissent les dépressions sont tous allongés dans le même sens.

Au fond de ces vallées et souvent aussi sur les pentes des montagnes, partout où les eaux ne trouvent pas assez d'écoulement, on rencontre beaucoup de tourbières. Ailleurs, la terre qui s'est rassemblée peu à peu dans les parties basses est argileuse, mêlée de blocs de roches qui arrêtent la marche de la charrue, mais elle peut, au moyen de défoncements, de drainages, de chaulages et de phosphates ou de guanos, devenir fertile. C'est une dépense de 1,000 à 1,500 fr. par hectare pour le défrichement et la mise en culture, mais c'est une mise en culture très intensive.

De deux choses l'une : ou les Écossais laissent la terre à l'état de lande, ou ils la font passer immédiatement, sans aucune espèce de transition ou d'amélioration lente et progressive, aux plus hauts rendements, parce qu'un grand produit brut peut seul payer les frais de main-d'œuvre et laisser un produit net. A côté des bruyères qui représentent les époques les plus arriérées ou les plus extensives de l'agriculture, on trouve des terres qui représentent, au contraire, les périodes les plus intensives. Mais ces terres occupent encore dans les Highlands de bien faibles surfaces comparativement à celles qui sont laissées incultes. Peu à peu elles font tache d'huile dans les grandes vallées et montent autour d'elles dans les vallées latérales et sur les pentes les plus douces des montagnes, à mesure que les chemins de fer se construisent.

Le duc de Sutherland actuel, le descendant de celui qui, au commencement de notre siècle, avait acquis une triste célébrité, en chassant de ses terres de pauvres tenanciers pour les remplacer par des moutons qui *paient mieux*, donne l'exemple de tous les progrès : il fait de la culture intensive en grand, en s'aidant de toutes les ressources que la mécanique et la chimie moderne peuvent lui fournir : labourage à vapeur, chemins de fer Decauville, engrais chimiques. C'est une noble revanche !

Mais peut-être l'agriculture des terres granitiques des Highlands d'Écosse serait-elle déjà plus avancée, si les immenses majorats qui ont été conservés n'avaient pas empêché la division de la propriété. Nous en avons déjà eu la preuve dans les îles anglaises de la Manche et dans la ceinture dorée de notre Bretagne. Nous allons en trouver une nouvelle, en étudiant les productions des terrains de la même formation sous des latitudes encore plus hautes et, par conséquent, sous un climat encore plus ingrat que celui de l'Écosse, en Norvège et en Suède.

§ 11. — La Suède et la Norvège.

La Suède et la Norvège occupent une superficie d'environ 760,000 kilomètres carrés : c'est donc, après la Russie, le plus grand État de l'Europe et, comme les deux tiers du pays sont formés par des roches cristallines, c'est le plus vaste massif de granites et de gneiss de l'Europe. De là vient le rôle considérable qu'il a joué, à l'époque glaciaire, en répandant autour de lui, comme sur un immense éventail, ses blocs erratiques et ses boues argileuses sur le nord-ouest de la Russie et sur tout le nord de l'Allemagne.

L'arête principale des Alpes scandinaves, qui sépare la Suède de la Norvège, le *Kölen* ou la *quille du navire*, comme on l'appelle dans la langue du pays, est constituée par des granites de divers âges ; les gneiss forment les chaînes latérales qui s'en détachent en hautes saillies du côté de la mer Atlantique, autour des *fiords* ou golfes qui pénètrent dans leurs intervalles, tandis que, du côté de la Baltique, elles s'abaissent peu à peu, couvertes de vastes forêts et séparées par des vallées dont les eaux, constamment alimentées par la fonte des neiges, s'étendent en lacs pittoresques ou fournissent, par leurs chutes, des forces motrices aux scieries établies sur leurs rives.

Au milieu des gneiss, on trouve des filons de pegmatite dont le kaolin est exploité pour la fabrication de la porcelaine, surtout dans le Skärgärd ou archipel de Stockholm.

Sur ce massif de roches primitives s'appuient des couches siluriennes composées de schistes argileux, quelques-uns alunifères, de grès qui servent de matériaux de construction et de calcaires bitumineux qui fournissent de la chaux. En quelques endroits, ces dépôts de transition ont été traversés et recouverts par des éruptions de trapp.

Des couches peu étendues qui appartiennent au trias, à la formation jurassique ou à la craie complètent cette base géologique de la presqu'île scandinave, mais toutes les régions inférieures ont été recouvertes par les argiles glaciaires ou les graviers anguleux des moraines, tantôt purs, tantôt mélangés de manière à former des terres de consistance moyenne. Toute la culture s'est concentrée sur ces terrains d'origine glaciaire. En Suède, elle n'occupe pas 6,7 p. 100 de la superficie totale ; avec les prairies, 11,5 p. 100.

Sur les rochers de gneiss, la terre végétale est trop pauvre et trop rare pour la culture arable et, du reste, l'élévation au-dessus du niveau de la mer augmente la rigueur du climat et rend la maturation des céréales impossible. C'est le domaine des forêts qui occupent 40 p. 100 de la surface de la Suède, des pâturages ou *breuils* plus ou moins boisés de bouleaux, de trembles et d'aulnes, des lacs et des marais, ou des massifs nus et désolés des hautes régions de la Laponie.

Le hêtre et le charme ne se trouvent que dans les parties plus méridionales de la presqu'île scandinave. La région du chêne comprend la Suède moyenne et ne dépasse guère le 60° de latitude. Puis vient la région des sapins, celle qui occupe les plus grandes étendues. Dans les Alpes scandinaves, elle n'est pas immédiatement suivie, comme dans les Alpes suisses, par la zone des pâturages. Elle en est séparée par une couronne de bois de bouleaux. Le bouleau nain et le saule nain sont les arbrisseaux qui s'avancent le plus loin vers le pôle ; on les trouve de loin en loin, avec quelques buissons de myrtilles, etc., au milieu des pâturages ou *fjelds* qui confinent aux neiges éternelles. Quant à ces pâturages, ils sont loin d'avoir la qualité de ceux des Alpes de l'Europe centrale. Non seulement le sol manque de chaux et de phosphates, mais sa surface, au lieu d'avoir de fortes pentes, est le plus souvent ondulée. Les eaux froides que produit la fonte des neiges s'accumulent dans les dépressions et y forment des marais tourbeux sur lesquels ne poussent que des carex, des ériophores, des mousses et des lichens qui servent de nourriture aux rennes des Lapons.

CHAPITRE III

Les roches éruptives plus récentes, les trachytes, les basaltes et les laves des volcans modernes, diffèrent des roches à structure granitoïde que nous avons étudiées dans le second chapitre par une cristallisation moins complète et par l'adjonction fréquente d'un magma tout à fait amorphe. La chaux et les phosphates y sont plus abondants que dans les roches plus anciennes[1]. Il en résulte une composition chimique plus complète dans les roches volcaniques et une fertilité plus grande dans les terres qu'elles produisent.

Les *trachytes* se composent essentiellement d'une pâte rugueuse (de là leur nom, τραχύς, rugueux) de petits cristaux de feldspath vitreux (*sanidine*) enchevêtrés les uns dans les autres. Ordinairement cette pâte renferme aussi de l'amphibole ou du pyroxène, de la magnétite, de l'apatite, plus rarement du mica ou des grains de quartz. Dans certains trachytes, des cristaux plus gros de sanidine apparaissent au milieu de la masse rugueuse et leur donnent le caractère du porphyre. La couleur des trachytes varie du gris au jaune rougeâtre.

La *domite* est une variété de trachyte qui forme, entre autres, la masse entière du Puy-de-Dôme; elle est très friable et, dans certains endroits, on y enfonce comme dans du sable.

M. Truchot a trouvé :

	Chaux.	Potasse.	Acide phosphorique.
Dans un trachyte du Mont-Dore . .	2,400	4,110	0,217
Dans une domite du Puy-de-Dôme.	2,104	3,112	0,096
Autre domite du Puy-de-Dôme . .	1,000	3,104	0,109

---

1. Quelquefois le phosphate de chaux s'est séparé de la roche, soit sous forme de cristaux, comme à Jumilla, province de Murcie, en Espagne, où M. de Luna a proposé de l'exploiter, soit à l'état amorphe (ostéolithe), comme dans le duché de Nassau, etc.

D'après Lasaulx (*Pétrographie*, p. 280), les trachytes contiennent en moyenne :

Silice	62	à 64	p. 100
Alumine	16	à 19,5	—
Oxyde et protoxyde de fer	5	à 6	—
Chaux	1,5	à 2,5	—
Magnésie	0,7	à 0,8	—
Potasse	3,5	à 5,5	—
Soude	4,5	à 5	—
Eau	0,5	à 1	—

D'après Johnstone, des trachytes d'Écosse plus ou moins altérés contenaient :

0,08 à 8,2 de chaux à l'état de carbonate.

0,12 à 4,2 de chaux à l'état de silicate soluble.

0,91 à 6,8 de chaux à l'état de silicate insoluble.

Total. . 2,36 à 11,10 p. 100 de chaux.

Et. . . 0,05 à 1 p. 100 de phosphates.

Quand les cristaux de feldspath sont réunis par un ciment de zéolithe, silicate hydraté attaquable par les acides, c'est une masse compacte, le *phonolithe,* qui se divise facilement en plaques très sonores sous le marteau, ce qui lui a fait donner ce nom.

D'après Schill, un phonolithe d'Oberschaffhausen (grand-duché de Bade) se composait de :

Silice	51,46
Alumine	16,03
Protoxyde de fer	6,06
Chaux	5,91
Magnésie	2,26
Potasse	3,33
Soude	6,48
Eau	7,26
Total	98,79

Les phonolithes ne se décomposent pas facilement.

Le *basalte* est une roche de couleur grise ou noire, composée principalement de petits cristaux de labrador et d'augite (pyroxène noir), que l'on peut séparer les uns des autres, en pilant un fragment de basalte sans le broyer et le délayant dans l'eau : l'augite, plus lourd, tombe au fond et le labrador reste au-dessus. Ordinairement on trouve dans les basaltes, comme éléments accessoires, de la magnétite, de l'apatite (quelquefois, d'après Sprengel, jusqu'à 1 p. 100).

Ebelmen a pu étudier la décomposition du basalte, en comparant un basalte frais avec ce même basalte altéré. Il a trouvé :

	BASALTE altéré.	BASALTE non altéré.
Silice.	36,7	46,1
Alumine	30,5	13,2
Chaux	8,9	7,3
Magnésie	0,6	7,0
Peroxyde de fer	4,3	16,6 (protoxyde).
Potasse et soude	1,5	4,5
Eau	16,9	4,9
	99,4	99,6

Les roches de la famille basaltique, dit M. de Lapparent dans son *Traité de géologie*, qui contiennent des silicates basiques, tels que l'amphibole et le pyroxène, s'altèrent assez rapidement à l'air humide. Il se fait des carbonates, parmi lesquels du carbonate terreux, caractérisé par sa tendance à passer à l'état de limonite ou oxyde de fer hydraté. Cette limonite, jointe au résidu argileux de la décomposition des silicates, forme à la surface de la roche un enduit qui devient de plus en plus meuble avec le temps. Aussi sa partie extérieure est-elle constamment enlevée par le vent et la pluie, de telle sorte que l'épaisseur de la croûte altérée demeure constante, le gain en profondeur compensant la perte au dehors.

Du reste, il y a diverses sortes de basaltes; les uns contiennent de 2 à 4 p. 100 de potasse, les autres n'en contiennent que 1 p. 100 ou même moins, mais ils sont par contre plus riches en chaux. En général, les basaltes riches en chaux se décomposent plus rapidement que les autres et fournissent par conséquent plus de terre fine.

Voici un exemple de la décomposition d'un basalte des environs de Chlumcau en Bohême, formé d'augite, de magnétite avec un mélange de néphéline et d'anorthite, feldspath à base de CaO, le plus basique des feldspaths. On y trouve des cristaux d'apatite.

(Analyse de M. Hanamann.)

	ROCHE.	ÉCORCE.	TERRE.
	p. 100.	p. 100.	p. 100.
Eau.	3,560	10,500	19,280
Acide phosphorique	0,499	0,479	0,480
Acide sulfurique.	0,003	Traces.	Traces.
Silice.	41,840	39,699	39,169
Acide carbonique	0,880	2,674	0,607
Alumine.	17,509	16,937	16,576
Oxyde de fer.	12,770	15,054	14,217
Protoxyde de fer.	3,710	0	0
Chaux.	11,159	8,019	4,718
Magnésie	3,631	3,196	2,925
Soude.	3,449	2,508	1,035
Potasse	0,821	0,828	0,940
	99,831	99,894	99,947
Potasse soluble dans ClH.	0,308	0,317	0,317

C'est un basalte exceptionnel, parce qu'il est pauvre en potasse, mais riche en chaux. Il n'en est que plus facile à décomposer et fournir une terre fertile. On voit que la décomposition commence par l'oxydation du fer et la formation de silicates d'alumine hydratés; de là l'accroissement de la quantité d'eau combinée. La croûte du basalte devient couleur ocre. Elle contient beaucoup plus d'acide carbonique que l'intérieur de la roche. Les silicates de chaux se décomposent le plus vite, ceux de magnésie résistent plus longtemps. La quantité de potasse diminue moins rapidement que celle de soude, parce qu'elle est retenue par l'argile qui s'est formée. Quant à la quantité d'acide phosphorique, elle ne diminue guère.

D'après M. Paul de Gasparin, une terre basaltique de Pont-du-Château, dans la Limagne d'Auvergne, était ainsi composée :

Analyse physique. . . { Pierres . . . . . . 16,00 p. 100
Sable . . . . 69,70 —
Argile . . . . . . 14,30 —

100 p. 100

Analyse chimique . . {
Acide phosphorique . . . 0,416
Potasse 0,280
Soude. . . . . »
Chaux. 3,853
Magnésie 0,762
Sesquioxyde de fer . . . 12,290
Alumine. 3,040
Eau combinée 3,214
Acide carbonique 3,027
Matière organique. . . . 5,290

Les minéralogistes appellent *dolérite,* une variété de basalte dans laquelle les cristaux de labrador et d'augite sont nettement visibles. C'est un basalte à structure granitoïde ; quelquefois même cette structure devient porphyroïde. Sa constitution chimique reste toujours analogue à celle du basalte ; mais, comme il est moins compact, il se décompose plus facilement que lui. Les vignerons du Kaiserstuhl, dans le grand-duché de Bade, préfèrent les terres de dolérite à celles de basalte, précisément à cause de cela. Une dolérite porphyrique de cette contrée contenait, d'après M. de Babo :

Silice 47,50
Alumine 18,42
Protoxyde de fer et de manganèse 11,01
Chaux 10,38
Magnésie 0,57
Potasse. 1,83
Soude 0,78
Acide phosphorique 0,20
Acide sulfurique. 1,70
Eau 3,60

Quant aux terres formées par la décomposition de ces dolérites, elles contiennent :

Silice 48,21
Alumine 10,15
Oxyde de fer et de manganèse 13,62
Chaux 14,62
Magnésie 7,43
Potasse 3,66
Soude 1,02
Acide phosphorique 0,71
Acide sulfurique. 0,19

Les terres basaltiques sont, en général, perméables, parce que le sous-sol est formé de débris de roches et elles sont toujours chaudes, à cause de leur couleur foncée. Cette faculté d'absorber la chaleur du soleil a tant d'influence que les cultures atteignent, sur les montagnes basaltiques, des hauteurs plus grandes que sur les autres montagnes.

Les *laves* sont des basaltes de formation récente. Elles en diffèrent par leur structure, mais non par leur composition chimique qui est, du reste, variable comme celle des basaltes eux-mêmes.

D'après M. Fuchs, celles du Vésuve contiennent en moyenne :

Silice 48,29
Alumine 19,55
Oxyde de fer 10,94
Chaux 9,38
Magnésie 4,13
Potasse 5,26
Soude 3,27

Quelques laves contiennent plus de 1 p. 100 d'acide phosphorique.

D'après M. Truchot, directeur de la Station agronomique de Clermont-Ferrand :

	CHAUX.	POTASSE.	ACIDE phosphorique.
	p. 100	p. 100	p. 100
Lave de Gravenoire	10,70	1,28	0,860
Lave de Gravenoire en partie décomposée. .	9,870	1,050	1,100
Lave du Puy-de-Dôme	3,580	1,950	0,680

Des terres volcaniques de l'Auvergne, analysées par le même chimiste, contenaient :

	CHAUX.	POTASSE.	ACIDE phosphorique.
Terre de Beaumont	1,6	0,226	0,403
Terre d'Aubière.	2,6	0,160	0,301
Terre de Saint-Jacques, près Clermont . . .	2,3	0,269	0,208
Terre de Chalagnat	0,3	0,270	0,147
Terre de Theix	Traces.	0,336	0,203

M. P. de Gasparin a trouvé dans des terres volcaniques, l'une de la vigne Gemellara, à Nicolosi, route de Catane à l'Etna, l'autre de la célèbre vigne de Lacryma-Christi, descente de Renna, au pied du Vésuve :

		TERRE de l'Etna.	TERRE du Vésuve.
Analyse physique.	Pierres	3,40 p. 100	34,00 p. 100
	Sable	53,30 —	59,00 —
	Argile	43,30 —	7,00 —
		100	100
Analyse chimique.	Acide phosphorique	0,620	0,358
	Potasse	0,574	3,470
	Soude	0,142	0,625
	Chaux	5,762	2,106
	Magnésie	0,633	0,779
	Sesquioxyde de fer	8,370	7,620
	Alumine	5,410	9,190
	Eau combinée	3,253	»
	Acide carbonique	4,528	»
	Matières organiques	21,448	»
	Matières inattaquables par l'eau régale	49,560	73,370

Si l'on se rappelle que, dans son Traité de la détermination des terres arables dans le laboratoire, M. P. de Gasparin a montré qu'on peut considérer une terre comme riche en potasse et en acide phosphorique, lorsqu'elle en contient de 0,1 p. 100 à 0,15 p. 100, on voit que les terres volcaniques de la Sicile sont d'une richesse tout à fait exceptionnelle.

Le défaut de stratification, le désordre et l'extrême porosité qui régnent dans toutes les parties du terrain volcanique, dit l'abbé Paramelle, montrent assez qu'il ne peut s'y établir aucun cours d'eau souterrain, ni superficiel. Ce terrain recèle de nombreuses et souvent de grandes sources, qui coulent sur les terrains imperméables auxquels il est superposé et viennent sourdre à son pourtour; mais la grande épaisseur de ces dépôts, surtout aux environs des cratères qui les ont produits, ne laisse aucun espoir d'y découvrir des sources à une profondeur ordinaire. Ce n'est que vers les extrémités de ces dépôts, dans les lieux où ils ont une faible épaisseur, qu'on peut faire des tentatives fructueuses.

M. Truchot a dosé, par litre, dans des eaux sortant des terrains volcaniques du Puy-de-Dôme :

	SILICE.	CHAUX.	POTASSE.	ACIDE phosphor.
	Millig.	Millig.	Millig.	Millig.
Eau de Nohanent.	33	Traces.	1,4	0,873
Eau du lac Pavin.	25	Traces.	1,2	1,080
Eau de la Couze-d'Issoire	17	Traces.	1,5	0,850

On voit que ces eaux sont remarquablement riches en acide phosphorique et en potasse. Aussi sont-elles très estimées pour l'irrigation, surtout pour celle des terrains granitiques qui se trouvent souvent, en Auvergne et dans le Cantal, au-dessous des massifs volcaniques.

L'Auvergne est une des contrées de l'Europe les plus intéressantes pour l'étude des roches volcaniques. On y trouve toute la série de ces roches, depuis les trachytes et les basaltes, jusqu'aux laves des volcans plus modernes, couvrant des surfaces considérables au-dessus des granites, qui forment la base du plateau central, et des dépôts tertiaires qui les recouvrent sur quelques points.

Les éruptions ont traversé ce premier massif, pour s'étendre en larges coulées ou s'élever en cônes au sommet desquels on reconnaît les cuvettes des anciens cratères.

Généralement, le centre des coulées se compose de basalte compact, divisé en colonnes prismatiques; autour de cet amas de colonnes, on trouve du basalte sphéroïdal dont les globes superposés se décomposent par couches concentriques, comme des pelures d'oignon qui se détachent du centre; et à la surface de ces *orgues* prismatiques, le basalte est bulbeux.

Mais souvent les basaltes colomnaires restent isolés, formant des pitons coniques sur lesquels on a bâti autrefois des châteaux forts, qui semblent être des prolongements de la roche elle-même, par exemple celui de Polignac dans la Haute-Loire, ceux de Laguiole, de Roquelaure, de Calmont et la tour de Belvèse, si pittoresque au milieu de la vallée de Boralde, dans l'Aveyron.

George Sand a bien décrit les pâturages qui couvrent les hauts plateaux de ces régions volcaniques : « Ces plateaux, dit-elle, souvent soutenus par des colonnades de basaltes, sont les véritables sanctuaires de la vie pastorale. Le gazon inculte qui revêt ces régions fraîches s'accumule en croûtes profondes, sur lesquelles chaque printemps fait fleurir un herbage nouveau. Les troupeaux vivent là quatre mois de l'année en plein air. Leurs gardiens s'installent dans des chalets qu'on appelle *burons*. On marche sans danger, mais non sans fatigue, dans ces pâturages gras et mous, sous lesquels chuchotent au printemps des ruisselets perdus dans la tourbe. Ces énormes étendues sans abri, mais largement ondulées, quelquefois jetées en pente douce jusqu'au sommet des grandes montagnes, d'autres fois enfermées, comme des cirques irréguliers, dans une chaîne de cimes nues, ont un caractère particulier de mélancolie rêveuse. La présence de troupeaux n'ôte rien à leur grand air de solitude, et le bruit monotone de la lente mastication des ruminants semble faire partie du silence qui les enveloppe. »

On peut distinguer six groupes volcaniques dont les teintes orangées se détachent au milieu du fond rose qui indique, sur la grande carte d'Élie de Beaumont et Dufrénoy, les granites, les gneiss et les micaschistes du plateau central.

Au nord, c'est la chaîne des Puys (du mot latin *podium*, qui veut dire éminence) ; elle s'étend autour du Puy-de-Dôme, composée d'environ cinquante cônes volcaniques et de coulées de laves qui se sont déversées soit vers la vallée de l'Allier, comme la coulée de Gravenoire, soit vers celle de la Sioule. Le Puy-de-Dôme a 1,465 mètres de hauteur, celui de Pariou, 1,210 mètres.

Immédiatement au sud des monts Dôme et presque exactement sur une ligne droite qui joindrait le Puy-de-Dôme au Plomb-du-Cantal se trouve le *Puy-de-Sancy*, le plus élevé de tout le massif central (1,886 mètres), entouré du groupe des *monts Dore.*

On distingue, en Auvergne, les *montagnes à graisse* ou *du bâtier*, sur lesquelles des fermiers, connus sous le nom de *bâtiers*, engraissent des bœufs tirés du labour et des vaches non laitières ou qui cessent de donner du lait, et les *montagnes à lait* ou *du vacher* où les *vachers* font paître des vaches à lait et fabriquent avec ce lait du beurre et du fromage (*fourmes*). Quelquefois on joint à ces vaches laitières de jeunes animaux, mais, en général, on élève sur les parties les moins bonnes en pâturage et les plus escarpées des montagnes.

Sur les montagnes à graisse, chaque tête de bétail exige environ 5,400 mètres carrés d'étendue de pacage, mais cela varie avec la bonté du sol et la qualité des pâturages.

En général, les montagnes à graisse et les meilleures parmi les montagnes à lait sont volcaniques. Les pâturages des montagnes granitiques sont beaucoup moins estimés.

Sur une de ces montagnes à graisse, celle de la commune d'Orière, Yvart [1] cite, parmi les plantes qu'on trouve en plus grande quantité, le trèfle des prés, le trèfle rampant, le lotier corniculé, l'agrostis stolonifère, mélangés en diverses proportions avec la houque laineuse, dans les parties les plus sèches, et avec la fléole des prés, dans les plus humides.

Sur les pâturages les moins bons, ceux qui sont destinés aux élèves, l'herbe est plus rare et plus courte, mais très aromatique. On y remarque, parmi les légumineuses, le trèfle de montagne, le trèfle des Alpes, et, parmi les graminées, la fétuque duriuscule, la canche

---

1. *Excursion agronomique en Auvergne.*

des montagnes, la flouve odorante, l'agrostis des Alpes, la fléole, le paturin des Alpes, la fétuque dorée, etc.

Pour améliorer les pâturages, on fait parquer les bestiaux successivement sur les diverses parties, en changeant de place chaque année les *burons*, près desquels ils sont rassemblés au milieu du jour, et tous les soirs, renfermés dans des claies épaisses; c'est ce qu'on appelle la *fumade*. — Malheureusement, disait Yvart, la rareté du bois dans les montagnes de l'Auvergne force les habitants à ne cuire leur pain que deux fois seulement pendant tout l'hiver; ils emploient au chauffage des fours la fiente du bétail ou les bruyères; souvent même ils suppléent au manque total de combustible en vivant confinés dans les étables.

Le massif du Cantal est le plus grand des six groupes volcaniques qui s'élèvent au-dessus du plateau central de France. Il ressemble à une immense étoile dont le centre est occupé par le cône le plus élevé, le Plomb-du-Cantal, qui a 1,858 mètres de hauteur et dont les rayons divergents sont formés d'escarpements de trachytes et de coulées basaltiques qui couvrent la plus grande partie du département, d'Aurillac à Mauriac, du côté de l'ouest, et de Pierrefort à Saint-Flour, Murat et Allanche, du côté de l'est; plus de 300,000 hectares.

Sur les pentes des montagnes et sur les plateaux, les restes des forêts qui les couvraient autrefois (64,400 hectares, environ 1/10 du département), alternent avec les pâturages (140,000 hectares, 17 p. 100 de la surface du département). Dans les gorges profondes et les vallées plus larges, celle de la Cère, celle de la Dordogne, etc., de nombreux cours d'eau coulent, les uns vers l'Allier, les autres vers le Lot ou la Dordogne, et arrosent les prairies (78,000 hectares) qui fournissent la nourriture d'hiver au bétail.

Les céréales n'occupent que près de 100,000 hectares, et il y a peu d'autres cultures : 19,600 hectares de farineux, 4,000 hectares de cultures potagères, 1,433 de cultures industrielles, et seulement 2,389 hectares de prairies artificielles.

« Le manteau basaltique du Cantal, dit M. de Lapparent[1], forme, à l'ouest, le plateau de Salers et de Mauriac et, au sud, le plateau de

---

1. *Traité de géologie*, p. 1147.

la Planèze qui s'étend par Saint-Flour jusqu'aux massifs de la Margeride et que l'on a surnommé le *grenier du Cantal* à cause de sa fertilité. En certains points, la nappe de basalte est directement superposée au gneiss et au micaschiste, dont la sépare une couche d'argile colorée souvent en rouge vif. C'est un contraste remarquable, que celui de la fertilité des prairies auxquelles donne lieu l'altération superficielle du basalte, avec l'absolue stérilité des landes de bruyères assises sur les affleurements du micaschiste. »

Le Cantal est un pays essentiellement pastoral. Son éloignement des riches centres de population, le climat froid et humide de ses montagnes lui imposent ce mode d'exploitation du sol, et par les excellents fourrages qu'il produit, par la fertilité naturelle qu'il doit à sa constitution géologique, le sol convient parfaitement au bétail.

Les races de bétail se perfectionnent en quelque sorte par elles-mêmes, si le climat et la constitution géologique du sol permettent de les nourrir également bien toute l'année, sans qu'elles aient à souffrir de l'excès de sécheresse en été ou de la pénurie du fourrage en hiver.

La race de Salers ou plutôt la race d'Auvergne est une race de montagnes volcaniques. De là sa supériorité. L'augmentation du prix du bétail et de ses produits poussera de plus en plus les Cantaliens dans la voie de l'agriculture pastorale.

Par l'amélioration des pâturages, par la création et l'irrigation des prairies naturelles, on pourra nourrir plus de bétail. Voici un exemple encourageant des entreprises agricoles qui peuvent être ainsi faites :

Le domaine de Laroussière, commune de Saint-Clément, près de Vic-sur-Cère, qui a eu la prime d'honneur du Cantal en 1867, a été accepté pour 79,000 fr. dans un arrangement de famille en 1852, par M. Jean Peschaud. Il avait alors 109 hectares, donnait à peine 700 quintaux métriques de foin, ne produisait pas les grains nécessaires pour la nourriture des personnes qui l'habitaient; les pacages entretenaient 25 vaches, 12 jeunes béliers, 3 porcs et 1 cheval. Le produit des bois était presque nul. — Le produit net du domaine ne fut que de 1,306 fr. en 1853. M. Peschaud acheta encore une pièce de 4 hectares pour 2,500 fr., et, sur ce total de 113 hectares, il créa des pâturages et des prairies à la place de rocailles volcaniques presque improductives, rendit presque toutes ces prairies irrigables, porta ainsi le rendement annuel du foin à 1,600 quintaux et put augmenter beaucoup le cheptel. En 1866, il y avait sur le domaine 58 vaches de race auvergnate rendant en moyenne 220 fr. brut par an, moins 150 fr. de frais, net 70 fr., total = 4,060 fr. net. (Chaque vache rend 1500 litres de lait par an, dont 400 pour les veaux et 1100 litres pour 140 kilogr. de fromage à 1 fr. et 7 kilogr. de beurre à 1 fr. 50 c.)

En 1866, il y a eu :
- Produit brut . . . . 15,151^f
- Frais 5,033
- Produit net 10,118

Intérêts de . . . . :
- 79,000^f achat.
- 13,388 dépenses d'achat et d'amélioration.
- 92,388

Les améliorations de M. Peschaud représentent donc un placement de capital à plus de 10 p. 100.

Le reboisement des pentes trop rapides et des hauteurs trop rocailleuses pour être utilisées comme pâturages peut également être très profitable pour les propriétaires et, en même temps, très bienfaisant pour la contrée. Ainsi :

De 1862 à 1869, MM. de Falvelly, propriétaires de la terre de Gresse, située sur les communes de Saint-Étienne-Cantalès et de Glénat, ont reboisé 102 hectares qu'ils avaient achetés au prix de 90 fr. l'hectare.

Ils ont dépensé:

Prix d'achat	9,816^f
Graines achetées outre celles reçues de l'administration forestière	560
Frais divers	330
Clôtures et fossés	3,041
	13,741^f

En 1875, ces 102 hectares et les bois qu'ils portaient étaient déjà évalués 50,000 fr.

Le groupe le plus méridional des volcans d'Auvergne est peu considérable. C'est l'Aubrac. Il couronne de ses *orgues* et revêt de
ses nappes basaltiques un massif de granit déjà fort élevé. Vus du
midi, de la vallée du Lot, les escarpements de ce massif, rayés par
de nombreux torrents qui poussent devant eux les débris glaciaires,
et portent çà et là quelques restes de leurs anciennes forêts, surtout
des bouquets de hêtres pyramidaux, ont un aspect vraiment formidable ; à l'est, le plateau, parsemé de petits lacs, rejoint la Margeride
par un isthme de prairies, de bois et de cultures, qui sépare les
sources du Lot et de la Truyère, tandis qu'au nord il s'abaisse graduellement vers la base du Cantal. Le haut pays est trop froid pour
la culture : il forme un immense pâturage que parcourent en été
près de 30,000 vaches et 40,000 brebis [1].

M. le marquis de Dampierre considère la race bovine d'Aubrac
comme originaire des montagnes volcaniques qui lui ont donné
son nom. M. Sanson n'est pas du même avis ; il n'admet pas qu'elle
soit une race distincte et, s'appuyant sur ses caractères typiques, il
cherche à démontrer, c'est une de ses thèses favorites, dit-il, qu'elle
est tout simplement une branche de la race vendéenne. Je laisse à
de plus compétents que moi le soin de résoudre cette question d'histoire zootechnique et je me borne à constater l'influence des milieux
géologiques dans lesquels les diverses tribus de la race vendéenne
sont élevées. Sur les pâturages volcaniques d'Aubrac, les animaux
acquièrent plus de taille et de volume que dans les terres granitiques
de la Gâtine et de la Creuse, et cette influence du sol se fait sentir
dans la sous-race d'Aubrac elle-même. « Partout, dit M. de Dampierre, elle reflète la valeur même du sol qui la nourrit. Belle et forte
là où la végétation est active et vigoureuse, elle perd la plupart
de ses avantages du côté de Murat et dans la Lozère, où elle foule
un sol formé de sable, de débris de roches schisteuses ou granitiques, pauvres ou arides. Le même fait se reproduit partout sous
les mêmes influences : ce qui étonne à bon droit, c'est qu'il ait,
pendant si longtemps, échappé à l'observation, nous nous trompons, à l'attention de ceux qui aiment et qui recommandent les croi-

____

1. Elisée Reclus, *Géographie de la France.*

sements entre tous les systèmes d'amélioration ou de perfectionnement des races [1]. »

L'analogie du sol a conduit les éleveurs de la Haute-Loire à adopter la sous-race d'Aubrac. Ce qu'on appelle quelquefois la race du Mézenc n'en est qu'une variété.

D'un autre côté, à mesure que l'irrigation et les amendements calcaires améliorent les fourrages, ces précieux animaux à trois fins se répandent, comme les Salers, sur les plateaux qui entourent les sommités volcaniques de l'Auvergne, dans la Creuse, dans l'Aveyron, dans la Lozère, etc.

Le lait des vaches y sert à fabriquer les *fourmes* auvergnates, tandis que les jeunes bœufs s'en vont labourer les champs du Poitou et de la Saintonge, et finissent leur carrière dans les herbages maraîchins ou nantais qui les engraissent pour le marché de Paris.

A l'est du plateau central, on trouve, dans les départements de la Haute-Loire et de l'Ardèche, deux groupes de montagnes volcaniques : ce sont les *monts du Velay*, qui séparent la vallée supérieure de l'Allier de celle de la Loire, et les *monts du Vivarais*, qui s'élèvent de l'autre côté de la Loire, formant la partie septentrionale des Cévennes. On pourrait même y ajouter un dernier groupe, la *chaîne basaltique des Coyrons*, ramification des montagnes du Vivarais qui s'étend jusqu'aux bords du Rhône, à Rochemaure, vis-à-vis de Montélimart.

Le domaine de Chassagnon, commune de Mazeyrat-Chrispinhac (Haute-Loire), prime d'honneur du département de la Haute-Loire en 1868, est situé en partie sur un fonds volcanique, en partie sur des terres granitiques, et offre un exemple intéressant des améliorations que l'on peut réaliser avec grands bénéfices dans ces terres. Avant 1834, il était affermé moyennant 20 hectolitres de froment, 8 hectolitres de seigle, 4 hectolitres d'orge, 4 hectolitres d'avoine, 200 bottes de paille, 1 voiture de raves et 5 hectolitres de pommes de terre.

De 1834 à 1847, il était loué à des métayers et a rendu pendant

---

1. *Les Races bovines.*

cette période 2,800 fr. par an. De 1848 à 1867, son propriétaire,
M. Olivier, l'a fait valoir directement et en a tiré 7,291 fr. par an.
Les améliorations : drainages, mise à sec d'étang, épierrement des
terrains rocailleux, création de chemins et de 44 hectares de prés
irrigués, réparations de bâtiments, etc., ont coûté 35,839 fr., mais
ont été amorties. .

Il y avait, en 1868, 158ʰ,33. Deux assolements différents étaient
suivis ; l'un, sur les terres les plus rapprochées des bâtiments de
ferme :

    1) Plantes sarclées : racines, maïs, féveroles (64,000 kilogr.
       de fumier).
    2) Céréale d'automne ou orge.
    3) Trèfle.
    4) Froment.
    5) Avoine.

L'autre :

    1) Jachère parquée.
    2) Froment ou seigle.
    3) Vesce ou trèfle.
    4) Froment ou avoine.

Le bétail se composait de vaches d'Aubrac et de leurs élèves,
d'une certaine quantité de moutons à l'engrais, etc., en tout l'équivalent de 43 têtes de gros bétail.

Le mont Mézenc est le point le plus élevé de la chaîne du Vivarais (1,774 mètres). Il est formé de basaltes et de phonolithes. Sur
ses pentes, on produit encore des céréales jusqu'à 1,560 mètres.
L'assolement des parties hautes n'a pas varié depuis les Celtes ; c'est
toujours écobuage, épuisement par les céréales, puis longues années
de repos, qui sont utilisées par l'herbe qui couvre la terre dès qu'on
cesse de la tourmenter. Les fourrages du Mézenc, surtout ceux de la
haute montagne, jouissent d'une très grande réputation, et ils la
méritent ; car il serait difficile d'en trouver de plus fins, de plus suc-
culents, de plus aromatiques.

Écosse. — Les basaltes colomnaires des *giants-causeways* (chaus-
sée des Géants) dans le nord de l'Irlande et de la grotte de Fingal,

dans l'île de Staffa, près des côtes de l'Écosse, ont une grande réputation.

« Les collines basaltiques de Skye et des autres îles de l'ouest de l'Écosse sont couvertes, même sur leurs parois les plus abruptes, de pâturages admirablement verts. Sans doute le climat y est pour quelque chose : les habitants disent qu'il y pleut trois jours sur quatre ; c'est une irrigation perpétuelle. Mais le contraste n'en est pas moins très grand entre ces basaltes couverts de verdure et les pauvres bruyères qui seules végètent sur les granites du massif central de l'Écosse, et ce contraste ne peut s'expliquer que par la différence de composition chimique des uns et des autres[1]. »

La capitale de l'Écosse, Édimbourg, est bâtie sur des rochers de basaltes. Dans tous les comtés qui l'entourent, ceux des Lothians, Haddington, Linlithgow, Stirling, Lanark, comme dans ceux d'Ayr, à l'ouest, et dans les Cheviots au sud, des *dykes* basaltiques forment souvent la crête des collines, et les débris de leur décomposition, mêlés aux terres moins fertiles des formations houillères, etc., qui s'étendent au-dessous d'eux, leur servent d'amendement naturel.

Quelquefois même, les fermiers extraient le basalte altéré pour le transporter sur leurs champs.

---

1. Dr Jamieson, *Journal de la Société royale d'agriculture d'Angleterre.*

CHAPITRE IV

La première croûte solide qui s'est formée autour de notre globe est composée de gneiss et de schistes cristallins de toutes sortes : micaschistes, etc. On estime que ce *terrain primitif* doit avoir plus de 30,000 mètres d'épaisseur et on le trouve à découvert sur de vastes superficies en Russie, en Suède, en Écosse, dans l'Amérique du Nord, etc. Nous avons étudié les sols qui se forment par sa décomposition dans le chapitre II, avec ceux que fournissent les autres roches primitives, parce que toutes ces roches ont des caractères communs, et que, dans les mêmes massifs, elles passent souvent par des modifications de structure dans lesquelles il est difficile de tracer des limites exactes aux roches réellement éruptives, comme les granites, etc. C'est même pour cela que nous avons appelé l'ensemble de ces roches *primitives* et non *éruptives*. Dans leur grande Carte géologique de la France, Élie de Beaumont et Dufrénoy les nomment *terrains cristallisés* et les indiquent par une teinte commune rose dans les localités où ils n'ont pas pu les distinguer.

Après la consolidation de ce terrain primitif, des éruptions successives de granites, porphyres, et plus tard de trachytes, basaltes, etc., l'ont traversé suivant les lignes de soulèvement qui marquent les principales chaînes de montagnes, et tous les terrains sédimentaires, dont nous allons nous occuper maintenant, sont composés de matériaux qui avaient appartenu d'abord à ces roches cristallines.

Les géologues appellent formations *primaires* ou terrains *primaires* les formations sédimentaires qui se sont succédé depuis la consolidation de l'écorce primitive de notre terre jusqu'au moment où, l'atmosphère ayant été purifiée par le développement et l'enfouissement successifs d'une riche végétation terrestre, la surface du globe est devenue habitable pour les animaux à respiration aérienne.

Dans son *Traité de géologie*, M. de Lapparent a divisé ce groupe primaire en 4 périodes ou systèmes : *a*) le système *cambrien*[1]; *b*) le système *silurien; c*) le système *dévonien*, et *d*) le système *permo-carbonifère*.

Nous préférons réunir les trois premiers systèmes sous le nom de *terrains de transition*, comme l'ont fait MM. Élie de Beaumont et Dufrénoy qui les ont représentés au moyen d'une même teinte grise sur une partie de la grande Carte géologique de la France. Ces trois terrains se ressemblent beaucoup par leurs caractères agricoles. Nous allons les étudier successivement en Bretagne, dans les Ardennes, etc., etc....

§ 1. — La Bretagne.

Dans le chapitre II, nous avons décrit les terrains granitiques de la Bretagne. Nous avons à compléter cette description par celle des terrains de transition qui occupent tout le centre de la presqu'île et se divisent en deux bassins : celui du Finistère et celui d'Ille-et-Vilaine qui s'étend jusqu'à la Mayenne et à l'Anjou.

Nous verrons, du reste, que les terrains de transition sont, comme les terrains cristallins, pauvres en chaux et en acide phosphorique;

---

1. Quelques géologues, par exemple, en Allemagne, M. Credner, professeur à l'Université de Leipzig, auteur d'un *Traité de géologie* qui a été traduit en français, en France, M. Lebesconte auquel nous devons des études très intéressantes sur les fossiles des terrains de transition de la Bretagne, etc., suppriment le système cambrien. Ils rattachent son étage supérieur au silurien et son étage inférieur aux roches cristallines qui ont formé la première croûte de consolidation du globe, roches dans lesquelles on ne trouve aucun reste de vie organique. De l'ensemble de ces roches et du cambrien inférieur, ils font les formations *archaïques*, qu'ils divisent en formation *laurentienne*, composée de gneiss, schistes amphiboliques, quartzites et calcaires cristallins, et formation *huronienne*, composée de micaschistes, schistes chloriteux, talcschistes, schistes argileux, quelquefois aussi de conglomérats.

et ce que nous avons dit des seconds peut en grande partie s'appliquer aux premiers.

Dans le bassin du Finistère, les trois systèmes des terrains de transition sont représentés.

La série commence par le *cambrien* dont les couches, redressées presque verticalement, s'appuient sur les granites et gneiss de la côte méridionale. Elles se composent de schistes d'un vert noirâtre, talqueux, satinés, avec bancs de quartzites et nombreux filons de quartz (*Phyllades verts de Douarnenez*) ou de schistes argileux, à grains de quartz noyés dans une pâte de mica blanc; puis viennent 100 à 120 mètres de *poudingues et schistes rouges*, alternant avec des schistes verts.

Le *silurien* est constitué par le *grès armoricain* (*grès blanc des montagnes Noires*). Une couche très ferrugineuse les sépare des *schistes à calymènes* au-dessus desquels on trouve des schistes et quartzites (de Plougastel) qui reparaissent plus au nord dans les montagnes d'Arrez, au delà d'une zone *dévonienne* qui recouvre l'intervalle. Cette zone *dévonienne* comprend, d'après M. Barrois, le grès blanc de Landevennec, la grauwacke du Faou, le calcaire de la rade de Brest qui forme des lentilles de toutes dimensions, depuis de simples nodules jusqu'à des collines entières, et les schistes ou ardoises de Châteaulin.

Au nord du bassin d'Ille-et-Vilaine, le système *cambrien* forme les parties les plus élevées du pays. Il s'étend de Ploërmel à Pontivy et Uzel; de là, il se prolonge jusqu'au nord de Rennes, et on le retrouve en lambeaux généralement allongés de l'est à l'ouest sur la bande de granites qui, des Côtes-du-Nord, s'avance jusqu'à Mayenne. La base du système est constituée par les *schistes de Rennes* où l'on peut distinguer trois assises : 1° des schistes gris verdâtre, terreux, avec grauwackes, filons de quartz, bancs de poudingues et lits de calcaires siliceux ; 2° des schistes roses, contenant aussi des bancs de grès et de calcaires; 3° des schistes verts en grandes dalles, avec grauwackes, poudingues et calcaires siliceux[1].

Au-dessus des schistes de Rennes, on trouve des schistes gris

---

1. Lebesconte, *Bulletin de la Société géologique de France*, 1881 à 1882.

qui renferment des tubes désignés sous le nom de *tigillites*, avec des grès sombres d'un gris bleuâtre et des poudingues roses à gros éléments; enfin, des grauwackes et des schistes d'un rouge pourpre.

Ces dernières couches se rencontrent également dans le bassin de la Vilaine, aux environs de Redon, et dans la partie orientale du Morbihan, mais elles font défaut dans la Loire-Inférieure et dans l'Anjou où le grès armoricain repose directement sur les phyllades.

Au sud et à l'est de Rennes, jusqu'à la moitié des départements de Maine-et-Loire et de la Mayenne, c'est une vaste contrée silurienne, parsemée de quelques rares et très petits dépôts tertiaires. L'étage inférieur du système silurien est formé par le *grès armoricain*, grès qui conserve à sa base la couleur des schistes rouges, mais qui la perd peu à peu pour devenir blanc. A sa partie supérieure, il contient de plus en plus des couches schisteuses; quelquefois il est très ferrugineux et fournit un véritable minerai. Il y a un passage graduel aux *schistes ardoisiers*, second étage que M. Lebesconte subdivise en *schistes ardoisiers inférieurs*, qui passent insensiblement au *grès de May*. Le centre de ce grès est très dur et très quartzeux; mais, à sa partie supérieure, il devient sableux; il s'y développe quelques couches schisteuses qui finissent par devenir compactes et former les schistes ardoisiers supérieurs.

Les *grès supérieurs*, qui se trouvent au-dessus de ces schistes, appelés quelquefois *grès azoïques*, parce qu'ils ne contiennent pas de fossiles, sont généralement blancs, souvent bleu noirâtre, quelquefois chargés d'oxyde de fer.

Vers le sommet se trouvent des *schistes ampéliteux* qui constituent plutôt des lentilles que de véritables couches; leur épaisseur est très variable, comme leur position sur le grès.

A Erbray, dans la Loire-Inférieure, existe un massif de calcaire qui appartient au silurien supérieur (*calcaire ampéliteux*), mais c'est le seul de tout le système[1].

Pour trouver de la chaux, il faut aller jusqu'aux limites orienta-

---

1. MM. de Tromelin et Lebesconte, *Association pour l'avancement des sciences*, session de Nantes.

les du département de la Loire-Inférieure ou dans les départements de Maine-et-Loire et de la Mayenne.

Les phyllades inférieurs du système cambrien, qui sont en contact immédiat avec les gneiss et les micaschites forment, en se décomposant, des sols qui ressemblent beaucoup à ceux qui proviennent de ces roches cristallines. Quelques-uns sont très durs; on peut les employer pour les constructions; d'autres sont assez friables et se laissent entamer par la charrue, qui peut ainsi augmenter la profondeur de la couche arable, surtout quand les couches sont obliques ou verticales.

Les grès forment les sommets de la plupart des chaînes de collines qui sillonnent de l'est à l'ouest le centre de la Bretagne et s'élèvent dans le Finistère pour former les montagnes Noires et celles d'Arrez. Les uns résistent, comme les quartzites, à toute décomposition; ce sont des rocs nus qui font saillie au milieu des terres qui les entourent ou restent à l'état de landes stériles sur lesquelles il ne pousse que de la bruyère.

Les *grauwackes*, grès de couleur grise que l'on trouve en couches considérables dans le système silurien, sont constituées par des fragments de roches anciennes (quartz, granite, porphyre, schiste micacé, schiste argileux, etc.) que réunit un ciment d'argile ferrugineuse ou de schiste argileux. Le ciment forme environ un quart de la masse.

Les grauwackes ne forment pas, en se délitant, du vrai sable, mais un mélange d'argile et de fragments de grès, terre froide qui est assez tenace à l'état humide et qui se sépare en morceaux argileux, quand elle se dessèche.

Quelquefois les fragments de roches anciennes sont des galets au lieu d'être des petits grains, et la grauwacke passe au poudingue.

Souvent, au contraire, les fragments de mica sont dominants, et comme ces fragments sont toujours à l'état de lamelles, ils donnent naissance à de petits lits de mica qui communiquent à la roche la structure schisteuse.

Cette *grauwacke schisteuse* passe par degrés insensibles à des schistes argileux, *schistes ardoisiers* qui se présentent également en couches très puissantes dans le système silurien et sont avec les grauwackes les roches les plus caractéristiques des terrains de transition.

Les schistes siluriens sont loin d'avoir tous la solidité qui permet de les exploiter comme ardoises. Sous l'influence de l'eau qu'ils absorbent et du gel qui la dilate, leurs feuillets se séparent; ils perdent leur couleur bleuâtre et deviennent jaunes par suite de l'oxydation du fer qu'ils renferment, et finalement ils se résolvent en terre argileuse, plus ou moins tenace, plus ou moins froide, suivant qu'elle est plus pure ou plus mélangée de débris de roches.

Certains bancs de schistes en ont été appelés *pierres à boue* (*mudstone*) par les agriculteurs du pays de Galles. Nous avons aussi beaucoup de ces pierres dans le silurien de l'ouest de la France, et elles forment une terre qui devient une véritable boue quand elle est mouillée, et par contre un véritable roc quand elle se dessèche. Les moments propices pour la labourer et l'ensemencer sont souvent très difficiles à trouver; dans certaines situations, au fond des vallées, c'est impossible; il vaut mieux y renoncer et l'utiliser comme prairie ou pâturage.

La couche végétale a 10 à 15 centimètres de profondeur sur les pentes; 30 à 35 sur les plateaux et beaucoup plus dans les bas-fonds. Au-dessous, on trouve le roc, plus ou moins profondément décomposé et transformé en tuf pourri où les racines peuvent pénétrer; mais quelquefois il y a sur ce roc une couche de glaise qui rend le sous-sol complètement imperméable.

Quand les eaux se rassemblent dans les dépressions du terrain et ne trouvent pas d'écoulement, il se forme des tourbières marécageuses.

Comme composition chimique, les terrains siluriens du centre-Bretagne ressemblent aux terrains de granites et de gneiss des côtes. Ils ont, comme eux, besoin de chaux et d'acide phosphorique.

M. Rieffel, qui a fondé et dirigé pendant 50 ans l'École d'agriculture de Grandjouan, cite les chiffres suivants, qui donnent une idée exacte du rôle de l'engrais dans les landes de Bretagne :

Engrais employé.	Grain nettoyé obtenu.	Rapport de l'engrais au grain.	
	hectol.	kilog.	hectol.
12 hectol. de guano par hectare ont fourni. . .	30,55	100	2,82

Engrais employé.	Grain nettoyé obtenu.	Rapport de l'engrais au grain.	
	hectol.	kilog.	hectol.
12 hectol. de noir de raffinerie [1] ont fourni. . .	25,00	100	2,31
20,000 kilog. de fumier de ferme ont fourni. . .	13,88	100	0,07
24 hectol. d'engrais animal composé ont fourni .	1,38	100	0,28

D'autre part, l'*Annuaire de la Société des anciens élèves de Grand-jouan*, 1868, donne le compte rendu d'expériences récentes faites par M. Rieffel sur les terres de landes de l'École. Le sol complètement vierge avait été défoncé à la bêche à une profondeur de 0^m,65. La terre du fond fut apportée à la surface et réciproquement.

On fuma tout d'abord avec fumier, puis avec fumier et phosphate fossile. Voici les résultats :

Fumier de ferme . . . . . . 40,000 kilogr. { Paille. . 2,300 kil. / Grain. . 1,200 — 16 hectol.

Fumier. . . . . . 25,000 kil. } mélangés. { Paille. . 2,400 —
Phosphate fossile . 500 — } { Grain. . 1,200 —

Voici maintenant les résultats obtenus par M. Rieffel lorsqu'il a appliqué à la terre vierge des landes un *engrais complet*, — c'est-à-dire renfermant : chaux, potasse, acide phosphorique et matière azotée — puis comparativement : soit la terre sans engrais, soit la terre avec engrais sans phosphate de chaux.

Sarrasin. — *Rendement à l'hectare.*

Engrais complet. . . . . { Paille. . . 3,300 kilogr. / Grains . . 2,150 — 33 hectol.
———————
5,450 —

Phosphate de chaux seul . . . . . { Paille. . . 2,600 — / Grains . . 1,700 — 26 —
———————
4,300 —

	Produit.
Sulfate d'ammoniaque seul.	0
Terre sans engrais	0

———————

1. Probablement à 60 p. 100 de phosphate de chaux et 15 millièmes d'azote environ.

Froment. — *Rendement à l'hectare.*

Engrais complet	Paille . .	2,400 kilogr.	
	Grains . .	1,500 —	20 hectol.
		3,900 —	
Phosphate de chaux seul	Paille . .	1,440 —	
	Grains . .	900 —	12 —
		2,340 —	

	Produit.
Sulfate d'ammoniaque seul.	0
Terre sans engrais	0

Ainsi, dans les terrains siluriens de la Bretagne, les engrais azotés
sont complètement inutiles, s'ils ne sont pas accompagnés de phosphate de chaux.

Dans la montagne de Mescam, près de Rohan, M. de Roquefeuille
a réussi à transformer des landes en prairies, sans les défricher et
les cultiver pendant quelques années comme on le fait d'ordinaire
avant d'y semer des graines de trèfle et de ray-grass. Il s'est borné
à y répandre 1,500 à 2,000 kilogr. par hectare de poudre d'os ;
puis il y a fait circuler doucement, au moyen des rigoles de reprise tracées de 10 en 10 mètres, des eaux un peu acides, mais
qui, grâce à cette acidité, dissolvaient une partie du phosphate
de chaux des os et les faisaient agir très énergiquement. Dès la
deuxième année, un beau gazon, garni de légumineuses, remplaçait
la mousse, l'ajonc nain et la bruyère qui résistaient encore par places, mais qui disparurent complètement la troisième année, avec une
nouvelle dose de 1,000 à 1,500 kilogr. de poudre d'os.

Ared a-dreûz, ared a-hed
Tempzed kaër hag é pô éd.

dit un proverbe en langue celtique. Cela signifie : « *Labourez en travers, labourez en long ; mais plus vous donnerez d'engrais, plus
vous obtiendrez de récoltes* », et cela ferait croire que les cultivateurs
bretons comprennent depuis longtemps l'importance des engrais.

Sur le littoral, la mer fournissait à la fois les engrais et les moyens
de les transporter. Mais ces engrais ne pouvaient pas parvenir jus-

qu'au centre de la Bretagne, quand il n'y avait ni canaux, ni chemins
de fer, quand les routes elles-mêmes et les chemins vicinaux manquaient à beaucoup de cantons complètement isolés au milieu du
mouvement économique qui circulait ailleurs. Il n'y a donc rien d'é-
tonnant à ce que les terrains de transition de la zone centrale soient
restés en grande partie couverts de landes. Pour les grès stériles qui
affleurent sur un certain nombre de collines, on peut dire encore :
« *Lande tu fus; lande tu es; lande tu resteras.* Ailleurs on peut reboiser. Mais sur les schistes et les grauwackes, on trouve des fonds
excellents, quelques-uns supérieurs à tous ceux qu'offrent les terrains granitiques.

Le développement des voies de transport y appellera les capitaux
et le centre-Bretagne pourra devenir un jour une des plus riches
contrées pastorales de l'Europe.

L'École d'agriculture de Grandjouan, fondée il y a plus de 50 ans,
par M. Jules Rieffel, près de Nozay, dans la Loire-Inférieure, à la
limite sud-est des terrains de transition de la Bretagne, a donné un
excellent modèle pour l'amélioration de ces terrains [1].

A Grandjouan, des terres achetées autrefois à 100 fr. l'hectare
ont été, au moyen d'une dépense de 500 fr. par hectare, rendues
très productives.

Sur ces 500 fr. près du tiers a été consacré au drainage. Les
terres drainées donnent, en moyenne, des récoltes de blé qui valent
80 à 100 fr. de plus que dans les mêmes terres non drainées; quant
au trèfle, son rendement augmente d'un tiers.

Dans toutes les terres qui reposent sur les schistes argileux, le
drainage donne les meilleurs résultats; souvent il est indispensable.

A l'autre extrémité de la Bretagne, au Brohet-Beffou, canton de

---

1. Le domaine de Grandjouan fut acheté en 1814 pour le prix de 9,660 fr. En
1817, il fut revendu à 16,660 fr. Un négociant de Nantes le paya 44,660 fr. en
1822, y fit les premières améliorations et le céda, en 1830, à la Société en com-
mandite dont M. Rieffel était le directeur, pour 165,000 fr., qui se décomposent
ainsi :

54 hectares de terres arables et prairies à 600 fr. l'hectare. .		32,400 fr.
39 — de bois de pins maritimes à 500 fr. l'hectare. . .		19,500
407 — de landes et pâturages à 238 fr. 57 c. l'hectare. .		97,100
Bâtiments.		16,000
500 hectares, ensemble.		165,000 fr.

Plouaret, dans le sud-ouest du département des Côtes-du-Nord, M. le comte de Troguindy a transformé, par le drainage et les phosphates, des marais improductifs en herbages et champs excellents. On pourrait citer un assez grand nombre de résultats de ce genre.

Au lieu de tuyaux, on se sert de plaques de schistes pour faire les drains. Les labours profonds obligent à en extraire une grande quantité, et comme ils se trouvent sur place, l'assainissement ainsi fait ne coûte pas plus de 140 à 150 fr. par hectare.

L'assolement le plus habituellement suivi dans le centre-Bretagne se compose d'une rotation triennale : 1° sarrasin avec cendres ; 2° seigle avec fumure ; 3° avoine, rotation qui se répète deux ou trois fois de suite, après quoi le terrain cultivé retourne en herbe et y reste pendant 6 à 9 ans.

Chaque ferme a, en outre, près de ses bâtiments, des *courtils,* pièces de terre spécialement bien fumées dans lesquelles on récolte le chanvre, le lin, les choux, les pommes de terre, les navets et du seigle qui est coupé en vert pour la nourriture des bœufs d'engrais, quelques prés qui fournissent à ces bœufs le foin pour l'hiver, et une certaine étendue de landes d'où l'on tire la litière et sur lesquelles les bêtes d'élevage vont se nourrir comme elles peuvent.

Il vaudrait mieux, comme l'ont fait un certain nombre d'agriculteurs intelligents, commencer l'assolement par une plante sarclée, navets, rutabagas, pommes de terre ou choux branchus, puis faire en deuxième année un blé dans lequel on sème du trèfle qui dure 2 ans et s'enherbe peu à peu de manière à fournir encore pendant 2 ou 3 ans un bon pâturage ; quand le pâturage est rompu, on sème de l'avoine et l'on termine la rotation par un sarrasin.

Une forte fumure est donnée aux plantes sarclées, ensuite quelques tonnes de chaux en deuxième année et une tonne de poudre d'os ou de phosphate fossile au sarrasin.

Dans le centre de la presqu'île de Bretagne, le climat est encore plus humide que sur ses côtes ; souvent des brumes cachent le soleil pendant une partie de la journée ; la maturation et la récolte des céréales est difficile.

Il faut donc viser principalement à l'extension des herbages et des prairies.

§ 2. — L'Anjou et le Maine.

Les terrains de transition des départements de Maine-et-Loire, Mayenne et Sarthe peuvent être considérés comme appartenant au bassin de Rennes. Ils en sont le prolongement. Mais on y trouve peu de cambrien et par contre, au-dessus des assises siluriennes qui couvrent les plus grandes surfaces, on rencontre des dépôts dévoniens qui ont un grand intérêt pour l'agriculture de l'ouest de la France, parce qu'ils lui fournissent la chaux indispensable à l'amélioration de ses terres granitiques et schisteuses.

La contrée que forment ces terrains de transition s'appelle *Bocage* dans l'Anjou et le Maine, comme le Bocage granitique de la Vendée qui se trouve au sud et le Bocage normand qui s'étend au nord. Elle leur sert de trait d'union et a le même aspect : pays de collines couvertes de bois ou de *closeries* entourées d'arbres, vallées bien arrosées et riches en prairies, culture semi-pastorale.

Les ardoisières d'Angers, de Saint-Barthélemy et de Trélazé sont bien connues. Quelques-unes des carrières sont ouvertes dans le roc à 40 mètres de profondeur. Dans la commune de Trélazé, au sud-est d'Angers, 3,000 ouvriers, aidés par des machines à vapeur d'une force de 500 chevaux, livrent au commerce, chaque année, environ 200 millions d'ardoises, le triple de la production de 1830[1]. Les ardoisières appartiennent aux schistes à *Calymènes Tristani;* leurs fossiles les plus caractéristiques sont les trilobites. Les couches qui sont exploitées sont celles où le roc est le plus facile à diviser en feuillets minces et réguliers et, en même temps, où ces feuillets sont durs et résistent bien à la décomposition. D'après M. Ch. Mène, les ardoises d'Angers contiennent :

> 56 à 57   p. 100 de silice.
> 35 à 35,8   — d'alumine.
> 2,8 à 3   — de protoxyde de fer.
> 4,8 à 5   — d'eau.

---

1. Élisée Reclus, *Géographie de la France.*

Malheureusement M. Ch. Mène n'a pas dosé directement les autres matières, en sorte que ses analyses ne peuvent guère être utiles au point de vue agricole.

Les jardiniers et les vignerons des environs d'Angers savent très bien distinguer le sol *ardoisé,* c'est-à-dire celui qui se décompose difficilement, de celui qui est *fondant* et se transforme rapidement en terre.

La majeure partie des terrains de l'arrondissement d'Angers recouvrent ces roches schisteuses. Les faubourgs de la ville et les campagnes qui avoisinent ceux-ci du côté de l'est, reposent sur les bancs ardoisiers. Ceux-ci disparaissent momentanément, à l'ouest, sous des *schistes rouges,* qui appartiennent également au système silurien, mais ils reparaissent dans la direction de la Pouëze, et s'étendent, à partir de là, au nord comme à l'ouest, dans l'arrondissement de Segré. Les schistes de la rive gauche de la Loire sont à base d'argile plus ou moins ferrugineuse, d'une apparence homogène, facilement divisibles en feuillets parallèles, presque lamellaires et d'une assez prompte décomposition. Parfois ces roches sont entremêlées de minces filons de quartz divisé en fragments irréguliers peu volumineux, exerçant une influence marquée sur la qualité des couches labourables qui les contiennent; d'autres fois elles alternent irrégulièrement avec d'autres roches également schisteuses, auxquelles la matière siliceuse, plus finement et plus intimement mélangée, donne une assez grande cohésion.

Les schistes rougeâtres ou violacés, désignés dans le pays sous le nom de *roc,* après un certain temps de contact avec l'air et la lumière, se divisent en lamelles de plus en plus fines, qui disparaissent enfin complètement pour faire place à une argile très tenace.

Le roc, quoique inattaquable au soc de la charrue, se laisse entamer par le pic et devient assez promptement terreux, sous l'influence de labours multipliés, pour qu'on ait vu, à une époque où les terres de jardins étaient plus qu'à présent employées à l'amendement des champs, de petits propriétaires vendre et renouveler ainsi plusieurs fois celles de leurs potagers.

Les terrains de cette nature, comme tous ceux qui contiennent l'argile en excès, absorbent beaucoup d'eau et la retiennent avec force. Lorsqu'ils présentent une certaine épaisseur, ils sont humides et froids; ils ont plus que d'autres à souffrir des gelées dans les lieux bas; ils donnent des produits plus abondants que savoureux. En des positions plus élevées, ils conservent mieux que les sols sableux de même profondeur l'humidité nécessaire à la végétation; ils s'échauffent moins promptement; aussi n'est-il point rare de voir cultiver des champs qui ne présentent au-dessus du rocher que 12 à 16 centimètres de terre labourable.

En pareil cas, ces sortes de terrains, quoique peu favorables à la production des pailles, donnent des épis lourds et des blés généralement estimés; ils ont, au reste, l'inconvénient grave de se durcir outre mesure et de se fendiller sous l'influence de longues sécheresses. Dès qu'il tombe une pluie un peu forte, ils se prennent en masse à leur surface; ils nécessitent donc de nombreux labours, de fréquents binages, et exigent l'emploi de forces considérables. Trop secs ou trop humides, ils sont également inabordables à la charrue et à la herse.

Néanmoins, quand l'élément siliceux existe en proportions plus considérables et l'oxyde de fer en proportions moindres dans la roche schisteuse, le sol est moins tenace : il en est de même lorsqu'il est divisé par des cailloux quartzeux ou de simples fragments de roc non encore complètement décomposé. De là vient que les fermiers considèrent la présence des cailloux comme un indice de fécondité dans leurs champs[1].

Ce qu'il faut surtout aux terres froides formées par la décomposition des schistes siluriens, ce sont les amendements calcaires.

Au-dessus des schistes ardoisiens, on trouve dans les environs d'Angers, par exemple, à Saint-Gervais, des calcaires compacts noirs qui appartiennent encore au silurien supérieur (calcaire ampéliteux). « L'importance de la chaux pour engrais dans ce pays où le sol est argileux, dit Dufrénoy, a fait rechercher cette roche avec beaucoup de soin; tous les gisements sont mis à profit et sur chacun d'eux on a construit des fours à chaux qui, par leur ensemble, sont d'un haut intérêt pour le géologue. Constamment placés sur la lisière du ter-

---

1. O. Leclerc-Thouin, *Agriculture de l'ouest de la France.*

rain ardoisier, ces fours forment une ligne continue parallèle à la stratification générale du terrain et à celle du schiste en particulier, et fournissent autant de points de repère, qui guident dans l'étude du terrain silurien. »

Les schistes ardoisiers et les calcaires noirs sont recouverts, aux environs d'Angers et de Chalonnes-sur-Loire, par des schistes argileux verts et rouges; puis viennent, au-dessus de quelques couches de poudingues et de grès schisteux noirs, des dépôts d'anthracites qui ne sont pas d'assez bonne qualité pour être employés au travail du fer, mais qui fournissent un combustible excellent et très économique pour les fours à chaux.

On trouve des calcaires surtout dans le système *dévonien*. Ce système est représenté dans le département de Maine-et-Loire par une longue bande qui s'étend de Doué à Nort et dans les départements de la Sarthe et de la Mayenne par plusieurs bandes parallèles à la première qui vont de Sablé jusqu'aux environs de Laval. Elles se composent : 1° d'une assise de grès (Saint-Aubin-d'Aubigné, etc.); 2° des calcaires, souvent alternant avec des schistes argileux noirs; 3° des schistes (Montigné) et des grauwackes (la Lézaie et la Coudraie). Près de Chéméré et de Sablé, le calcaire forme la partie supérieure du terrain et prend un assez grand développement.

On a trouvé aussi dans la Sarthe et la Mayenne des couches d'anthracites, en amas lenticulaires intercalés entre des schistes argileux. Le calcaire n'est pas en contact immédiat avec le charbon; mais, dans quelques cas, il en est très-rapproché (15 à 20 mètres au plus) et, en général, peu éloigné. Cette réunion constante du calcaire et de l'anthracite est un fait très heureux pour l'agriculture, parce qu'elle permet de fabriquer la chaux à bon marché. L'exploitation du charbon près de Sablé, qui remonte seulement à 1816, a produit une véritable métamorphose; le capital représenté par la terre, dans les pays où la chaux peut arriver, a plus que triplé[1].

Il y a une cinquantaine d'années, on suivait encore dans la plus grande partie des terres schisteuses de l'Anjou et de la Mayenne un système de culture très primitif.

____

1. Dufrénoy.

On ne faisait de plantes sarclées, navets, choux, pommes de terre, etc., que dans une pièce de terre spéciale, espèce de jardin que l'on appelle *closeau* ou *bordage*, où l'on concentre beaucoup de fumier et que l'on cultive à la main avec un *croc* à deux branches. Dans le reste des terres, on faisait trois ou quatre fois du blé ou du seigle, mais toujours après une jachère. Puis on laissait la terre s'enherber naturellement et on s'en servait comme pâturage pendant 6 ou 8 ans.

A mesure que les bonnes routes se sont multipliées, l'emploi de la chaux s'est généralisé. On a obtenu de meilleures récoltes de blé, et au lieu de laisser le pâturage se former tout seul, on a semé du trèfle ou un mélange de trèfle et de graminées que l'on fauche une ou deux fois pour faire du foin et que l'on fait manger sur place les années suivantes. On a pu ainsi nourrir plus de bétail et surtout le nourrir mieux pendant l'hiver. Ayant plus de fumier, on a pu en mettre davantage sur les jachères et employer une partie de celles-ci à la production de plantes sarclées. De là nouvelle amélioration dans l'alimentation du bétail pendant l'hiver, amélioration qui a permis le croisement de l'ancienne race mancelle avec la race durham.

Déjà la race mancelle était remarquable par son aptitude à faire de la viande. Les bons éleveurs ménageaient leurs bœufs, et pour tous les travaux un peu rudes, quand le temps ne les pressait pas, ils en mettaient 8 à la charrue : ordinairement 2 bœufs de deux à trois ans, 2 de trois à quatre, 2 de quatre à cinq et 2 de cinq à six, de manière à régulariser la tirée sans trop fatiguer les plus jeunes. Puis, à six ou sept ans, une partie de ces bœufs étaient engraissés dans le pays pour être livrés directement au marché de Paris, tandis que les autres étaient vendus maigres à des herbagers normands. On employait alors peu de chevaux, parce qu'il y avait peu de routes empierrées dans le pays et peu de charrois à faire. Quand les communications nouvelles eurent ouvert de nouveaux débouchés aux produits, facilité l'apport des amendements calcaires et propagé leur emploi, la plupart des grandes exploitations eurent un attelage de chevaux, et dès lors qu'on les avait, on chercha à les utiliser dans les champs, quand ils n'étaient pas employés sur les routes. Les chevaux parurent çà et là à la charrue; les bœufs se trouvèrent soulagés d'autant et ils acquièrent une plus grande valeur en moins de temps.

Ainsi on avait de moins en moins de travail à demander aux animaux et ils étaient de plus en plus recherchés comme producteurs de viande. Toutes les conditions étaient réunies pour indiquer une spécialisation de plus en plus nette dans le sens de l'engraissement précoce. Aujourd'hui presque tous les troupeaux de bœufs que l'on voit pâturer dans les herbages de l'ouest de l'Anjou et du Maine ont du sang anglais et un certain nombre de grands propriétaires, par exemple M. le comte de Falloux, etc., font des élèves de pur sang durham.

Au lieu d'employer la chaux seule, l'usage à peu près général est de la mélanger avec de la terre plus ou moins engazonnée que l'on prend sur la lisière des champs, dans la portion non labourée qui avoisine les haies. On en fait des *tombes* que l'on recoupe pour y ajouter du fumier, en septembre ou octobre, peu de temps avant de répandre ce compost et de semer le froment.

Sur les grès, qui forment au milieu des schistes des collines plus ou moins arrondies suivant qu'ils se décomposent plus ou moins facilement, on trouve des forêts, et sur les quartzites, dont la roche plus résistante apparaît souvent sur les crêtes de ces collines, des landes.

Aux environs d'Angers, les schistes ardoisiers et les schistes rouges, depuis longtemps améliorés par les amendements calcaires, par les engrais que leur fournit la ville et par les défoncements qui transforment le roc du sous-sol en terre profonde, sont soumis à une culture beaucoup plus intensive que dans la région de l'Ouest. On y produit des graines renommées, des légumes, des fruits savoureux. Les pépinières établies par M. Leroy sont célèbres. C'est une vaste zone de culture jardinière et l'on abusait autrefois de sa fertilité pour vendre la terre comme engrais, sauf à la refaire par de nouveaux défoncements.

Les petits propriétaires des bourgs, dès qu'ils étaient un peu pressés par le besoin d'argent, faisaient publier, un beau dimanche, à la sortie de la messe, qu'ils vendraient à la charretée la terre de leur enclos, et si elle était de bonne nature, si surtout elle avait été jusque-là bien fumée et bien ameublie par de fréquentes façons, les fermiers la payaient jusqu'à 5 et 6 fr. le mètre et demi cube, à une époque où la même quantité de fumier d'écurie déjà consommé ne leur aurait coûté qu'un tiers en sus. Ils faisaient grand cas de ces terres, principalement pour les céréales, parce qu'ils avaient remarqué qu'elles contenaient peu de germes de mauvaises herbes, qu'elles ne donnaient pas lieu à un développement excessif des parties foliacées, et qu'elles favorisaient davantage le développement de l'épi et du grain. Les vendeurs, après avoir ainsi transformé toute la couche labourable en argent, défonçaient les schistes rouges et brisaient leurs fragments au pic; à force d'eau et d'engrais, ils obtenaient quelques gros légumes dès les premières années, et peu à peu ramenaient le terrain à son ancienne fécondité.

Toutes les fois que quelques terres sont ainsi à vendre, on vient encore les acheter, mais elles ne sont désormais recherchées que par les fermiers voisins ou par ceux qui s'en retourneraient à vide après avoir transporté leurs denrées dans le voisinage du lieu où l'occasion se présente. La concurrence étant moindre, les prix ont beaucoup baissé : de 5 et 6 fr., ils sont tombés à 2 et 3 fr. Les fermiers plus éloignés ont enfin reconnu qu'ils pouvaient former, chez eux-mêmes, des *terriers* propres à servir à la fois d'amendements et d'engrais à leurs champs, sans payer d'aussi énormes frais d'acquisition et de transport; ils ont remplacé ces terres, si chèrement obtenues, par celles des fossés, les boues animalisées des chemins, la vase des mares, etc. [1].

Sur les bords de la Loire, les argiles compactes produites par la décomposition des schistes rouges produisent, entre autres près de Chalonnes, de Savennières et de Serrans, des vins blancs qui sont d'assez bonne qualité, quelquefois très alcooliques, mais qui ont un goût particulier de terroir.

On y suit une pratique fort intéressante au point de vue de la géologie agricole. J'en emprunte la description à l'*Agriculture de l'Ouest* de Leclerc-Thouin :

« Pour ajouter à la production du vin sans recourir aux engrais, dont on est persuadé que l'emploi détériorerait la qualité, on fait usage

---

1. Leclerc-Thouin.

de la roche même qui forme le sous-sol, c'est-à-dire du schiste rouge désigné sous le nom de *roc*. Tantôt on le détache au pic partout où il se montre à nu, sur les bords des chemins, la pente des collines, etc.; tantôt on creuse dans la vigne même des trous que l'on remplit ensuite, pour les replanter, d'une partie des propres débris qu'on en a tirés, et qui occupent, comme bien on pense, à l'état de division dans lequel ils se trouvent, beaucoup plus de place que lorsqu'ils formaient une masse compacte. Ces schistes sont ensuite répandus en quantités très variables, mais toujours assez considérables, entre les rangs de ceps. J'en ai vu déposer autant de demi-charges de cheval, de 1 hectol. 50 à la charge entière, qu'il existait de souches dans chaque rangée. Par suite des façons subséquentes, le roc pénètre peu à peu dans la masse labourable. La première année, on prendrait celle-ci plutôt pour un débris de carrière que pour un sol cultivé; et cependant, dès lors, la vigne acquiert une nouvelle vigueur. Selon que les schistes sont plus ou moins durs, et conséquemment d'une décomposition plus ou moins lente, on les applique, autant que possible, à des terres de natures différentes. Les premiers conviennent aux argiles les plus tenaces, leurs effets sont très durables; les autres aux terrains de peu de profondeur, ils ajoutent plus promptement à l'épaisseur de la couche terreuse. Dans l'un et l'autre cas, j'ignore s'ils contiennent une quantité de potasse assez appréciable pour exercer une action chimique quelconque; mais il est évident que, par leurs fragments aplatis, irrégulièrement entremêlés, ils divisent l'argile, la rendent poreuse, permettent à l'air de pénétrer, et empêchent une trop rapide évaporation. L'expérience a complétement démontré que, les années suivantes, les sarments acquièrent plus de volume, plus de longueur, se couvrent de pampres d'une verdure plus intense, et donnent enfin des grappes plus volumineuses.

« Tous les végétaux ligneux se développent d'une manière remarquable en de semblables mélanges terreux et pierreux : aussi est-ce une coutume vulgaire chez les horticulteurs qui veulent planter des arbres, lorsque la couche labourable ne présente pas assez d'épaisseur, de défoncer le sous-sol et d'en mélanger les débris à la terre qui le recouvrait. Il en est qui font apporter, à grands frais, du roc

au moment de la plantation, même en des terrains assez profonds,
de bonne nature, mais trop compacts; et j'ai pu constater, maintes
fois, les bons résultats de cette pratique sur la végétation.

« L'emploi des schistes comme amendement est assez dispendieux.
Lorsque le sol est en pente, on ne peut les faire transporter que par
des *hotteurs* : or, ceux-ci sont le plus souvent des enfants de douze à
quinze ans, dont les hottes contiennent à peine ce qu'on ferait tenir
avec précaution sur une pelle un peu large; cependant ils exigent
un salaire de 75 cent. à 1 fr. Quand le terrain est accessible aux chevaux et la distance à parcourir un peu grande, il est plus économique de recourir à ces animaux, quoique leur passage dans les vignes
soit parfois marqué par des dégâts de plus d'une sorte. Si leur guide
n'est pas constamment attentif, ils brisent des ceps entiers, et, à
moins qu'on ne leur mette des muselières en osier ou en filets, ils
mangent avec avidité les sarments, lors même que l'hiver les a dé-
pouillés de leurs feuilles. Aussi est-il indispensable d'achever l'opération avant de tailler, afin de se ménager quelques ressources, si
les rameaux sur lesquels on comptait viennent à être détruits. Lors
même que le roc est facile à bêcher, on ne peut guère payer ce travail et le transport sur place à moins de 15 cent. la charge de cheval; on ne peut guère non plus, pour un hottage moyen, mettre
moins de trente charges à l'arc ou 3,000 à l'hectare, à raison de
450 fr., et ceci sera le plus souvent un minimum. Je dois insister sur
un tel fait pour mettre le lecteur à même de juger de l'importance
qu'on attache à cette opération fort peu connue ailleurs. »

§ 3. — Le Bocage normand et le Cotentin.

Les granites et les terrains de transition qui, à l'est des départements de l'Orne et du Calvados et dans celui de la Manche, forment
le Bocage normand et la plus grande partie du Cotentin appartiennent, par leur constitution géologique, au massif armoricain, et leur
agriculture va nous rappeler la plupart des caractères que nous

avons trouvés en Bretagne et dans les îles anglaises de la Manche, ainsi qu'en Vendée et dans l'ouest de l'Anjou et du Maine.

Le Bocage normand, « vaste mer de feuillage », ressemble au Bocage vendéen par les *troches* ou bouquets d'arbres qui couronnent ses collines, par ses *rousses* ou têtards ébranchés qui s'élèvent dans les *fossés* autour des champs, et par ses *vielles*, chemins boueux, mais pittoresques, qui passent au milieu de ces talus ombragés. Il a, de plus, une grande quantité de pommiers qui aident au cultivateur à payer son fermage, et au fond des vallons, les eaux qui arrosent les prairies ou font tourner les roues des usines ne sont pas moins abondantes.

La partie nord-ouest du Cotentin n'a pas mérité le nom de Bocage ; elle n'a pas autant d'arbres. C'est une petite Bretagne, mais, précisément parce qu'elle est plus petite, les engrais de mer ont pu y être employés plus facilement. Ses terres granitiques et siluriennes ont été améliorées dans les cantons les plus accessibles aux transports et elles commencent à ressembler beaucoup plus à celles de Jersey ou de la ceinture dorée qu'à celles du centre-Bretagne.

Du reste, ce qui a fait la réputation agricole du Cotentin et lui a permis de nous donner sa célèbre race de vaches laitières, c'est la partie sud-est de la presqu'île qui est d'une tout autre formation ; elle se compose, comme le Bessin, de marnes et de calcaires jurassiques sur lesquels sont épars quelques lambeaux de trias, et au-dessous de ces fertiles collines, s'étendent de vastes pâturages conquis sur les alluvions de la mer. Cette partie jurassique du Cotentin est le commencement de la grande bande de terrains calcaires qui entoure le massif armoricain à l'est, depuis le Calvados, à travers l'Orne, la Mayenne, la Sarthe et Maine-et-Loire, jusqu'aux Deux-Sèvres et à la Vendée, et que les habitants de ces pays, les Normands comme les Poitevins, désignent partout par le nom de *Plaine.*

Voici, d'après MM. de Tromelin et de Lapparent, la succession des terrains qui forment le Bocage normand et le Cotentin :

Terrains primitifs. — Granites autour desquels les gneiss et les micaschistes forment comme une auréole. On peut les étudier particulièrement dans le Passais normand, dans la contrée de Vire et dans la partie méridionale du département de la Manche.

Aux environs de Cherbourg, il y a des schistes chloriteux (talc-schistes, stéaschistes, etc.) verts, satinés, luisants, avec quartzites.

Terrains de transition. — A. *Système cambrien.* — *Phyllades de Saint-Lô,* phyllades durs, satinés, d'un gris d'ardoise bleuâtre, traversés par des veines de quartz et alternant avec des grauwackes.

Poudingues pourprés, très développés dans le Calvados et le Cotentin ; ils contiennent, notamment près de Granville et à Clécy, de gros noyaux de quartz laiteux blanc et de lydienne noire.

Ces poudingues alternent avec des *schistes* finement rubanés, à zones rouges et vertes entremêlées qui renferment, dans leur partie supérieure, des grès grossiers. Quelquefois des couches *calcaires* assez épaisses sont intercalées dans ces schistes rouges, par exemple, à Laize et à Vieux.

B. *Système silurien.* — *Grès armoricain,* grès généralement blanchâtre, le plus souvent dur et compact, comme un véritable quartzite, et fournissant un excellent caillou d'empierrement, rarement sableux, mais parfois, surtout à l'est, mélangé de veines argileuses ou micacées (vallée de la Cance, près de Mortain).

La partie supérieure de ce grès est colorée en rouge par de l'oxyde de fer, et à la base des schistes qui lui sont superposés, on trouve une zone ferrugineuse qui forme, en certains endroits, un minerai de fer exploitable, par exemple, à Bourberouge, près de Mortain.

Les *schistes à calymènes Tristani,* qui correspondent aux schistes ardoisiers d'Angers, suivent ; ils sont terreux, d'un gris bleuâtre, parfois presque noirs et fournissent les terres les plus fortes, mais aussi les plus productives, quand elles ont été améliorées par la chaux et le drainage.

Au-dessus de ces schistes, vient le *grès de May,* grès rougeâtre, ordinairement très dur, exploité pour faire des pavés ; cependant on y trouve aussi quelques couches à l'état de sable micacé. Partout où ce grès affleure, il est couvert de landes ou de bois.

Il est ordinairement suivi de couches alternatives de schistes et de grès qui sont couronnées par le *grès culminant.*

Enfin le silurien supérieur est représenté, près de Domfront, par des *schistes ampéliteux,* schistes argileux, violacés, se débitant en menus morceaux à surfaces très planes, souvent chargés de matières charbonneuses et, près de Feuguerolles, dans le Calvados, par des *schistes et psammites à fucoïdes* sur lesquels on trouve des lentilles de *calcaires ampéliteux.*

Mais ces calcaires sont rares. Il faudrait en importer.

La Vire, canalisée depuis 1839, porte la langue des Veys jusqu'aux environs de Saint-Lô. La rivière de Soulle, également canalisée, relie Coutances à Regnéville. Aujourd'hui le chemin de fer de Paris à Granville, avec ses embranchements sur Domfront, Falaise, Caen, Chaulieu, Saint-Lô et Avranches, sillonne toute la contrée et ouvre des débouchés à ses produits, après lui avoir porté les engrais qui servent à les faire.

Autrefois les transports de chaux étaient difficiles, sinon impossibles dans certains cantons du Bocage. C'était un article de luxe que l'on employait peu, même dans les constructions, à plus forte raison dans les champs. Les églises étaient faites en granite grossièrement sculpté, les bâtiments ruraux en pisé soutenu par des encadrements de bois. Les fermiers étaient obligés de se contenter des productions restreintes et peu nutritives que donnent les terrains pauvres en chaux et en phosphates : du *carabin* (sarrasin), de l'avoine, des pommes de terre, des choux, du cidre, etc.; le blé rendait à peine 4 pour 100. Aussi les habitants de ces cantons « où il y avait plus de pierres que de grain », comme dans celui de Mortain, par exemple, étaient-ils obligés d'aller chercher leur gagne-pain comme ouvriers dans les forges et les tissages du voisinage ou dans les fermes de la plaine de Caen.

Mais aujourd'hui tous les progrès agricoles se propagent autour des voies ferrées et des routes qui sillonnent le pays. Le Bocage avait conservé les caractères de la Bretagne et de la Vendée; les amendements calcaires en feront réellement une terre *normande.*

On entend quelquefois dire qu'il n'y a plus rien à faire en France pour les agriculteurs, et cependant voilà une contrée, tout près de Caen et de Rouen, peu éloignée de Paris, où les propriétés ne sont pas encore chères, où il suffit de copier les procédés d'amélioration qui ont réussi partout où l'on pouvait se procurer la chaux à bon marché, pour faire sûrement un placement de capitaux à 5, peut-être à 7 ou 8 p. 100.

Je ne décris pas en détail toutes les améliorations à faire. Elles ressemblent à celles que j'ai indiquées pour les terrains granitiques et schisteux de la Bretagne et elles ont été réalisées depuis longtemps, par exemple, par M. Lequesne, qui a importé aux environs de Saint-Lô la culture intensive de l'île de Jersey, son pays natal; par le comte de Kergorlay, à Canisy, dont il avait doublé la valeur locative; par M. de Torcy, à Durcet, dans l'Orne; par MM. Gévelot, Victor Châtel, etc.

Ordinairement, il est bon d'approfondir la couche arable par des défoncements, mais on peut se servir des roches que l'on extrait pour les nouvelles constructions et les drainages. Il faut supprimer une partie de ces remparts qui entourent les champs pour gagner de la surface et faciliter les travaux en agrandissant les pièces; mais la terre de ces fossés servira à améliorer les champs, et les baliveaux émondés qui y poussaient seront remplacés avec avantage par le boisement des landes improductives que l'on trouve encore sur les crêtes des collines de grès. Il faut surtout employer la chaux et les phosphates, mais ils permettront d'introduire le trèfle dans les assolements et doubleront le produit des céréales et des fourrages. Il faut assainir les vallons en facilitant l'écoulement des eaux par des fossés à ciel ouvert ou des drainages, mais on obtiendra ainsi des prés et des herbages excellents sur lesquels on pourra élever des chevaux comme ceux du Perche, ou des vaches cotentines qui donneront un beurre d'aussi fine qualité que celui d'Isigny.

Les eaux saines abondent; elles sont souvent un peu ferrugineuses, mais ce n'est pas un mal; il suffit de corriger celles qui sont devenues acides en traversant des parties tourbeuses.

----

§ 4. — Les Ardennes françaises et belges.

L'extrémité septentrionale du département des Ardennes s'étend en pointe, le long de la Meuse, sur un massif de terrains de transition qui forme une région naturelle bien distincte des contrées qui l'environnent, « si distincte, dit Élie de Beaumont, qu'elle n'a pu manquer de produire, dans l'esprit des habitants, une image à part, à laquelle un nom a été associé presque aussitôt qu'on en a adopté pour les rivières et les montagnes isolées. »

L'Ardenne, dont les forêts ont toujours été célèbres, faisait partie de la *Silva arduenna* des Romains, qui s'étendait jusqu'au Rhin. Elle forme, entre les plaines fertiles et basses de la Belgique et les plaines sèches et ondulées de la Champagne et du Luxembourg, un grand plateau qui ne s'élève pas en France à une hauteur de plus de 492 mètres au-dessus du niveau de la mer et qui est presque uni, entamé seulement par des vallées plus ou moins profondes, la plupart très étroites et bordées d'escarpements à pic, comme celle de la Meuse.

Les compartiments dans lesquels le massif général de l'Ardenne se trouve divisé par les vallées représentent autant de plateaux partiels. On y trouve de vastes forêts, mais la majeure partie du sol ne présente que des landes, de mauvaises pâtures ou des déserts marécageux, connus sous le nom de *fagnes* ou *fanges*. Ce caractère se développe de plus en plus à mesure que l'on avance en Belgique, vers le nord-est, et les fagnes les plus remarquables sont celles de Montjoie, entre cette ville, Malmedy et Spa.

Cette dernière contrée porte, en allemand, le nom de *Hohe-Veen*, expression qui correspond à celle de *Hautes-Fagnes* en patois français. C'est un plateau marécageux, couvert de tourbes, de bruyères et de quelques buissons, d'où se précipitent en cascades les sources des différentes rivières qui coulent dans toutes les directions vers la Meuse, la Moselle et le Rhin. L'*Ardenne* se termine à ces marécages élevés, à partir desquels commence l'Eifel qui s'avance vers les bords du Rhin et de la Moselle. De l'autre côté de la Moselle, c'est le Hundsrück.

La tranchée étroite et profonde dans laquelle coule la Meuse, depuis Charleville jusqu'à Givet, permet à l'œil de l'observateur de pénétrer dans la structure du sol de l'Ardenne et lui en ouvre, pour ainsi dire, les entrailles. Le système moyen des terrains de transition, le silurien, qui dans l'ouest de la France occupe la plus grande place n'est pas représenté du tout dans l'Ardenne: il n'existe que dans le Brabant et le Condroz. On ne trouve ici que les systèmes inférieur et supérieur, le *cambrien* et le *dévonien*.

De Charleville jusqu'à Fépin, le *cambrien* montre successivement, sur les bords de la vallée et sur les plateaux qui s'étendent des deux côtés :

1) Les *schistes de Bagny.*

2) Les *phyllades de Deville*, violacés ou verts, contenant parfois des cristaux de magnétite tous orientés dans le même sens et alternant avec des quartzites, tantôt blanchâtres, tantôt verdâtres (Monthermé). Ce sont les assises qui forment, près de Laifour, les *Dames de la Meuse*, croupes boisées au milieu desquelles le fleuve serpente et paraît former une série de lacs encadrés de verdure et de rochers.

3) Puis viennent les *schistes de Revin*, schistes gris-noir, pyritifères et charbonneux, souvent couverts d'efflorescences alumineuses; ils alternent, comme les précédents, avec des quartzites, etc.

4) Les *phyllades de Fumay*, schistes de couleur rouge-lie de vin ou verts qui sont depuis longtemps exploités comme ardoises et s'expédient en grandes quantités jusqu'en Hollande.

En certains endroits, on trouve des filons de porphyre ou de diorite intercalés au milieu des assises de schistes et de quartzites.

Près de Fépin commence le *système dévonien*. Il débute par un poudingue qui n'a qu'environ 10 mètres d'épaisseur et qui ne présente, par conséquent, aucun intérêt agricole proprement dit, mais qui a beaucoup excité l'attention des géologues, parce qu'il marque, dit M. de Lapparent, le rivage de la mer dévonienne, au début de la période, dans la région ardennaise où quelques îlots cambriens étaient émergés.

Le système dévonien se compose dans l'Ardenne, dans l'Eifel et dans le Hundsrück, d'une série de schistes, tantôt rouges ou verts, tantôt gris noirâtre, les uns plus argileux, les autres plus quartzeux et plus difficiles à décomposer, de grès plus ou moins durs, quartzites qui ne forment qu'un sol stérile ou grauwacke, grès noirs ou rouges plus tendres, passant quelquefois au poudingue, et de calcaires noirs, comme celui de Givet. M. Gosselet[1] a divisé cette série en 3 étages : l'étage *rhénan*, l'étage *eifelien* et l'étage *famennien*, étage

____

1. *Esquisse géologique du Nord de la France.*

supérieur qui est particulièrement développé en Belgique sur la pente septentrionale de l'Ardenne, entre la Lesse et l'Ourthe, dans la *Famenne*. Le nom de ce pauvre pays, « pays de la famine », indique assez combien les psammites durs qui y constituent le sol sont infertiles.

Les calcaires manquent encore dans l'étage rhénan, mais ils commencent à paraître dans les schistes à calcéoles qui forment la partie inférieure de l'étage eifelien, d'abord sous forme de nodules, puis sous forme de lentilles, parfois très épaisses et très étendues, de manière à constituer de grandes assises régulières ; à Couvin, le calcaire a déjà 550 mètres d'épaisseur.

Quant à la partie supérieure de l'étage eifelien, il est tout entier constitué par le *calcaire de Givet*, assise de marbre bleu foncé ou noir dont la puissance atteint 400 mètres, sur laquelle est assise la citadelle de Charlemont et où se trouvent les célèbres grottes de Han.

D'après M. Gosselet, le microscope montre dans les phyllades cambriens des Ardennes : 1° des éléments détritiques, particules de quartz, de feldspath, de mica ou d'une autre phyllite ; 2° des éléments cristallins, visibles seulement à un grossissement de 400 diamètres : aiguilles de staurotides, paillettes de phyllites (mica, damourite, séricite, chlorite), rutile, quartz en grains, calcite, oligiste, pyrite, magnétite ; 3° particules charbonneuses et apparences de coquilles de foraminifères. Tous ces éléments sont réunis par un ciment amorphe, sorte d'opale, et les cristaux semblent avoir dû se former avant le durcissement de la pâte encaissante.

M. E. Nivoit a trouvé :

	Acide phosphorique.
Dans les roches cristalisées des Ardennes. .	0,160 à 0,294 p. 100.
Dans les phyllades — . .	0,002 à 0,122 —
Dans les schistes — . .	Traces à 0,077 —
Dans les quartzites et grès — . .	Traces à 0,096 —
Dans certains calcaires — . .	0,047 à 0,128 —

Il n'a pu, du reste, constater, pour les phosphates des terrains de transition des Ardennes, aucun point important de concentration, comme ceux qu'on a trouvés dans le dévonien du duché de Nassau. Des nodules gris cendré, disséminés en très petit nombre dans les schistes à calcéoles, à la base de l'étage eifelien, lui ont fourni la teneur la plus élevée : 6,91 p. 100.

M. Grandeau a analysé une terre de forêts, sous-sol de schistes de transition, à Saint-Michel, département de l'Aisne :

Eau	3,85
Matières combustibles.	3,85
Alumine et oxyde de fer.	4,89
Chaux.	Traces.
Magnésie	0,20
Potasse.	0,17
Soude.	0
Acide phosphorique	0,16
Résidu insoluble dans les acides	88,00
Total	100,88

Presque toute la population s'est concentrée dans les vallées et dans leur voisinage. Elle y trouve, non seulement un sol plus profond et des eaux plus saines, mais le mouvement et les débouchés qu'amènent les voies de transport de toute sorte, le travail des usines et des ardoisières, comme aide et stimulant du travail agricole. Là, on fait une culture intensive : ordinairement un assolement triennal avec jachère bien fumée utilisée par les pommes de terre et le trèfle. Les prés y sont excellents et ont une valeur énorme, ce qui est un fait général dans tous les pays où il y a disproportion entre la quantité de fourrages récoltés pour l'hivernage du bétail et les pâturages où ce bétail passe la belle saison.

En effet, les vallées fertiles sont étroites dans les Ardennes, et les plateaux qui les séparent sont immenses. Au milieu des marais et des forêts de chênes et de bouleaux, « il y a, dit M. de Laveleye dans un livre fort intéressant sur l'Économie rurale de la Belgique, une vaste étendue de terres vagues et de biens communaux qui permettent aux cultivateurs d'entretenir un nombre de têtes de bétail beaucoup plus considérable que ne sembleraient le comporter la grandeur et l'étendue de leurs exploitations. Les hautes landes et les *pâtis* n'offrent point, sans doute, une nourriture très abondante, mais les races sobres du pays s'en contentent, et la seule difficulté est de les empêcher de mourir de faim pendant les longs mois d'un hiver prolongé. A l'automne, on vend une partie de ce bétail. Néanmoins, les fermiers en gardent encore trop pour la quantité de fourrages dont ils disposent. Aussi les animaux sont-ils mal nourris pendant toute la saison froide; ils maigrissent, ils perdent leurs forces; les vaches ne donnent presque plus de lait et les jeunes bêtes cessent de grandir. C'est probablement à ce dur régime que les races ardennaises doivent les caractères qui les distinguent. Au lieu de ces vaches énormes et lourdes qui paissent dans les grasses prairies des *polders,* on rencontre ici de petites vaches presque sans pis, la tête effilée, les cornes aiguës, les sabots droits et secs, la jambe fine et nerveuse, aussi agiles que les ruminants des montagnes. Le cheval ardennais est petit aussi, mais adroit et robuste; il a le pied sûr et résiste admirablement aux privations et à la fatigue. Le mouton lui-même a des formes réduites; il donne peu de laine et de viande, mais sa chair, d'un goût exquis, rappelle celle du chevreuil. »

Certaines parties de la Bretagne, de l'Anjou et du Cotentin, les îles de la Manche et le sud de l'Écosse nous montrent que les terrains de transition peuvent nourrir des vaches, sinon aussi lourdes que celles des polders, du moins excellentes laitières comme celles du Cotentin, de Jersey ou d'Ayr. Mais pour cela, il faut compléter la composition chimique de ces terrains par des amendements calcaires, il faut améliorer leurs propriétés physiques en les drainant, il faut approfondir leur couche arable en les défonçant; puis, quand ces *améliorations foncières* auront permis de faire « de bonnes récoltes de racines et de légumineuses », comme M. de Laveleye le conseille à la page 211 de son livre, il faudra construire des caves et des fenils pour conserver cet approvisionnement de fourrages; il faudra construire également des étables pour hiverner une plus grande quantité de bétail et faire plus de fumier. Mais toutes ces améliorations foncières et toutes ces constructions ne se feront jamais sur des biens communaux; elles ne se feront que si le sol est *approprié,* c'est-à-dire, si ceux qui les font sont sûrs, de par la loi, d'en avoir la jouissance assez longtemps pour couvrir leurs dépenses. L'homme est ainsi fait : il ne travaille que s'il a l'espoir de pouvoir jouir du fruit de son travail ou de pouvoir en faire jouir ses enfants !

Dans un livre plus récent que son *Économie rurale de la Belgique,* M. de Laveleye a fait l'apologie des biens communaux, du *mir* russe, etc. Comment concilier ses théories économiques avec les conseils qu'il donne aux agriculteurs des Ardennes ? Il n'y aurait, ce me semble, qu'un moyen de les concilier, ce serait de limiter partout la densité de la population à ce qu'elle est dans les Ardennes et en Sologne : 1 habitant par 3 hectares.

Le seul procédé de culture que l'on trouve dans les Ardennes au milieu des landes et des bois, sur les plateaux éloignés des habitations, rappelle, comme le régime des bestiaux qu'on y nourrit, les systèmes d'agriculture qui étaient suivis au moyen âge dans une grande partie de l'Europe et qui sont encore usités de nos jours dans les contrées où la population et les débouchés manquent, c'est l'*essartage,* agriculture semi-forestière que Bernard Palissy y a déjà trouvée au XVI⁰ siècle et qu'il décrivait ainsi :

« En certaines contrées des Ardennes, les laboureurs coupent du bois en grande quantité, le couchent et arrangent en sorte qu'il puisse avoir air par-dessous. Après, ils mettent grand nombre de mottes de terre par-dessus, puis ils font brûler le bois au-dessous desdites mottes, en telle sorte que les racines des herbes qui sont en ladite terre sont brûlées, et quand ladite terre et racines ont souffert grand feu, ils l'épandent par le champ comme fumier, puis labourent la terre et y sèment du seigle. Au lieu qu'auparavant n'était que bois, le seigle s'y trouve fort beau, et ils font cela de seize en seize ans, car ils la laissent reposer seize années, et en quelques endroits six années, et en d'autres que quatre ; durant lequel temps la terre n'étant point labourée, produit du bois aussi grand et épais comme il était auparavant. »

L'essartage est un mode de culture essentiellement extensif, qui économise les frais de toutes sortes. On brûle du bois pour obtenir des cendres qui servent à produire du seigle ou de l'avoine. Pour que cela soit profitable, il faut évidemment que le seigle ou l'avoine produits aient plus de valeur que le bois détruit et le travail employé. Or, depuis l'époque de Bernard Palissy, le prix du bois a déjà beaucoup augmenté et il augmentera de plus en plus. L'essartage ne peut donc plus s'appliquer avec avantage qu'aux broussailles et aux bruyères.

Aujourd'hui, il faut plutôt planter de nouveaux bois que brûler ou défricher les anciens. A côté des vallées mieux cultivées et des prairies mieux arrosées, les plateaux des Ardennes resteront et deviendront de plus en plus des pays de forêts ; et les chasseurs n'y perdront rien.

§ 5. — Le sud de la France, l'Algérie et l'Espagne.

Dans le reste de la France, on retrouve des terrains de transition sur divers points, mais ils y occupent des surfaces beaucoup moins considérables qu'en Bretagne et dans les Ardennes et, par conséquent, ils offrent beaucoup moins d'intérêt au point de vue agricole.

On en trouve des lambeaux sur la bordure du plateau central. Dufrénoy y rattachait les calcaires saccharoïdes de Sussac, Gioux, Savenne, Lavignac (dans le Cantal), etc.

« La présence du calcaire dans les roches anciennes, dit-il, n'a lieu ordinairement que vers la limite de ces formations et des terrains de transition. Elle est assez fréquente dans cette position. Il est, au contraire, rare de trouver du calcaire intercalé dans le gneiss associé aux contrées entièrement granitiques, comme les montagnes du centre de la France. »

Dans les départements de l'Hérault et du Tarn, la montagne Noire, extrémité sud du plateau central, est formée par un noyau de granite sur lequel reposent des couches de schistes et de calcaires qui appartiennent aux terrains de transition. Les schistes talqueux ou micacés, de couleur grise ou verdâtre, forment les parties élevées du pays ou plutôt une série de pitons de 500 à 600 mètres de hauteur qui n'ont qu'un sol stérile. On ne peut y cultiver que du seigle ou du sarrasin, et la plus grande partie des sommités est nue ou couverte de hêtres rabougris, de broussailles, etc.

Ces schistes alternent avec des calcaires, souvent marmoréens et passant à la dolomie, qui forment le fond des vallées, couverts d'une terre rouge où le froment et le maïs viennent très bien. On y trouve de beaux hêtres et des buis vigoureux, tandis que sur les schistes il n'y a pas de buis. Les calcaires sont pleins de fissures et de caves naturelles que l'on utilise comme caves à fromages. A Cannes, on les exploite comme marbre.

Sur la grande carte géologique de la France, Élie de Beaumont a représenté par la même teinte carmin (γ) les roches cristallines non stratifiées et les roches cristallines stratifiées du département du Var. Mais, dans son Explication, il remarque que ces dernières semblent avoir pour étoffe première un grand dépôt de schistes, de grauwacke à grains fins et de quartzites contenant des assises calcaires et des dépôts charbonneux.

M. de Villeneuve-Flayosc considère ces roches cristallines stratifiées comme appartenant au système cambrien. Dans le Var, dit-il, le cambrien renferme des quartzites, composés de grains de silice d'un blanc laiteux, réunis en masses compactes dont les bancs sont séparés ou divisés par des paillettes de micas. Ce sont des schistes siliceux. Près d'Hyères, les quartzites ont une épaisseur de 1,500 mètres.

Au-dessus de ces quartzites, on trouve des *phyllades* (appelés *lauvisses* dans le pays) micacés et talqueux, de couleur grise, en bancs feuilletés et contournés qui sont séparés par des veines de quartz et contiennent souvent des parties charbonneuses plus noires que le reste de la roche. On y trouve des sulfures de fer et quelquefois de petits cristaux de carbonate de chaux.

Par l'action de l'air, les parties charbonneuses se détruisent et les sulfures s'oxydent. Le schiste désagrégé forme une terre argileuse plus ou moins rougeâtre. Si cette terre est enlevée par les eaux, les parties quartzeuses apparaissent en arêtes proéminentes. Les eaux, chargées de sulfate de fer, s'écoulent en laissant sur leur passage une trace jaune. On peut observer cela sur les coteaux à pentes déboisées des environs d'Hyères, sur les bords de la mer. Les phyllades y ont une épaisseur d'environ 600 mètres et forment la plus grande partie des terrains du voisinage.

Dans les quartzites, c'est le quartz qui domine; dans les phyllades, l'argile. Dans les deux, il n'y a ni feldspath, ni chaux. Les roches cambriennes ont été formées au moyen des éléments désagrégés des roches primitives, mais après décomposition de leurs silicates et élimination de leurs bases solubles dans l'acide carbonique; de là la pauvreté chimique de ces terrains. Ils sont plus pauvres dans le Var que dans les Ardennes et en Bretagne.

Mais, au milieu de ces schistes, on trouve, par exemple dans la presqu'île de Giens, des couches intercalées de calcaires gris bleuâtre, avec veines de spath calcaire blanc mélangé de quartz.

Dans les *Pyrénées*, et notamment aux environs de Bagnères-de-Luchon, on trouve des schistes phylladiens dont l'épaisseur atteint 2,000 à 3,000 mètres et que MM. Leymerie et de Lapparent considèrent comme *cambriens*. Le plus souvent ils ont un aspect gneissique et sont traversés en tous sens par des filons de granite euritique[1].

Le *silurien* est représenté, aux environs de Luchon, par des schistes ampéliteux, des calcschistes et des calcaires noirs, et dans la vallée de l'Arboust, par des schistes gris. Quant au *dévonien*, il paraît occuper une grande place dans le massif pyrénéen. L'étage inférieur se compose de schistes, de grauwackes et de calcaires; l'étage supérieur, de schistes siliceux au milieu desquels on trouve des nodules plus ou moins arrondis de *marbre griotte* ou *marbre campan*.

Faut-il rattacher au cambrien les schistes argileux de l'Edough, près de Bône, en Algérie? Comme l'a observé M. Tissot, ils sont interposés entre deux masses de gneiss. C'est dans ces schistes que l'on exploite les riches minerais de fer oxydulé de Mokta-el-Hadid. On trouve dans les schistes, comme dans les gneiss, des calcaires saccharoïdes qui fournissent des marbres.

Le gneiss est aussi très développé dans les massifs situés entre Philippeville, Collo et El-Milia, mais le schiste argileux ne s'y présente que par lambeaux isolés.

On retrouve les gneiss et les schistes argileux dans le massif de la

---

1. Leymerie, *Description des Pyrénées et de la Haute-Garonne*, et de Lapparent, *Traité de géologie*.

grande Kabylie, au nord des crêtes du Djurdjura, et aux portes même d'Alger, dans la Bouzaréah, qui semble former le pendant exact de l'Edough de Bône[1].

MM. Pomel et Pouyanne ont décrit des schistes phylladiformes, souvent un peu talqueux et satinés, qui forment des îlots de grandeurs diverses, isolés au milieu des formations récentes, à l'ouest de la province d'Oran, dans les Traras, etc. Leur stratification est très nette, mais le plus souvent fort tourmentée. Leur puissance totale atteint au moins 1,500 mètres. A la base, les schistes sont bleu noirâtre, puis vient la masse principale qui se compose des schistes jaune rougeâtre, enfin des schistes à cassure grenue qui, sur certains points, passent à des grès blanchâtres ou jaunâtres. Ils contiennent quelques très rares couches ou lentilles de calcaire peu épaisses et un assez grand nombre de couches de quartzites gris[2].

Avant de quitter les contrées méridionales, signalons les terrains de transition de l'Espagne. Ils y occupent une large place dans les provinces de Ciudad Real, Séville, Asturies, Galice, Léon, Estramadure et se prolongent jusque dans le Portugal. Les trois systèmes y sont représentés.

Ils sont particulièrement intéressants au point de vue agricole par les gisements considérables de phosphorites que l'on trouve dans le silurien ou dans le granit qui y est intercalé, entre autres à Logrosan, près de Cacérès, dans l'Estramadure.

L'Estramadure portugaise a également des mines importantes de phosphorites.

Voici deux analyses de phosphorites de Logrosan, faites par Daubeny, professeur à l'Université d'Oxford, qui visita ces mines en 1844, et par M. de Luna, professeur à l'Université de Madrid :

Phosphate tribasique de chaux.	81,15	82,00
Phosphate de magnésie.	»	1,00
A reporter	81,15	83,00

1. Tissot, *Texte explicatif de la carte géologique provisoire du département de Constantine.*

2. A. Pomel et J. Pouyanne, *Texte explicatif de la carte géologique provisoire des provinces d'Alger et d'Oran.*

Report	81,15	83,00
Fluorure de calcium.	14,00	8,00
Peroxyde de fer.	3,14	»
Phosphate de fer	»	7,00
Silice	1,70	2,00
	99,99	100,00

En voici une de M. le Dr Vœlcker, chimiste de la Société royale d'agriculture de l'Angleterre :

Eau	3,59
Acide phosphorique	33,38
Chaux	47,16
Magnésie	Traces.
Acide carbonique.	4,10
Acide sulfurique.	0,57
Oxyde de fer	2,59
Alumine	0,89
Fluor et perte.	4,01
Matière siliceuse insoluble.	3,71
	100,00

Les chiffres d'acide phosphorique correspondent à 72,87 p. 100 de phosphate tribasique de chaux.

D'autres phosphorites d'Espagne, analysés par M. Vœlcker, ont donné des quantités d'acide phosphorique correspondant à 76 p. 100, 85 p. 100 et même 89 p. 100 de phosphate tribasique de chaux. La moyenne des cargaisons entières importées en Angleterre n'en a que 60 à 65 p. 100 ; les meilleures, 70 à 72 p. 100.

' Presque tous ces phosphorites contiennent fort peu d'oxyde de fer, d'alumine et de carbonate de chaux. C'est donc une excellente matière première pour fabriquer des superphosphates, en la traitant par l'acide sulfurique.

La couleur des phosphorites de Logrosan est blanche ou légèrement jaunâtre. Leur densité est de 2,03 à 2,83. Leur structure est fibreuse et rayonnée, et ordinairement ils sont plus ou moins entrelacés de veines de quartz. Ils sont assez difficiles à pulvériser et, lors-

qu'on projette la poudre qu'ils fournissent sur une pelle chauffée au
rouge, on aperçoit une lueur verdâtre persistante ; de là le nom
de *phosphorites* qui leur avait été donné depuis longtemps en Espagne.

Près de Logrosan, les filons-couches couvrent un espace de 30 à
50 kilomètres carrés et la plupart peuvent être exploités à ciel ouvert ou en tranchées à la base des collines qu'ils prennent en écharpe.
L'un d'eux, celui de Costanaza, qui a un développement mesuré de
3,700 mètres, présente une hauteur verticale de 25 à 50 mètres,
dans laquelle le pic du mineur peut agir sans craindre les eaux
d'infiltration. Le phosphorite ne revient qu'à 75 cent. à 1 fr. la
tonne sur le lieu d'extraction.

Malheureusement, les routes sont très mauvaises dans ces pays.
Les transports ne se font qu'à dos de mules, soit jusqu'au Tage, soit
jusqu'à la station la plus voisine du chemin de fer de Madrid à Lisbonne qui a été ouvert en 1867. Depuis que ce chemin est construit,
il s'est formé plusieurs compagnies pour l'exploitation des mines et
le transport des phosphorites en Angleterre, mais les premières ne
paraissent pas avoir eu beaucoup de succès ; après quelques années
d'existence, elles ont arrêté leurs travaux. Il paraît que, malgré la
facilité de l'exploitation sur place et la richesse des phosphorites,
les frais de transport jusqu'à Lisbonne, port d'embarquement pour
l'Angleterre, étaient encore si onéreux qu'il n'y avait marge pour
aucun bénéfice.

§ 6. — L'Allemagne et la Russie.

A l'Est de la Belgique, les terrains de transition se prolongent
jusqu'au delà du Rhin, formant, avec leurs schistes et leurs grauwackes traversés sur des points nombreux par des coulées volcaniques, une des contrées les plus pittoresques de l'Allemagne.

Les meilleurs vins du Rhin (le Johannisberger, le Rüdesheimer, etc.)
se récoltent, comme ceux de la Moselle, dans des vignes formées par

la décomposition des schistes et disposées en étages sur les bords de la vallée[1].

Au-dessus des vignes, les ruines des vieux châteaux couronnent les rochers siluriens ou dévoniens qui s'étendent au loin sur les deux rives du fleuve. A gauche, c'est le Hundsrück, depuis Bingen jusqu'à Coblence, et ensuite l'Eifel; à droite, c'est d'abord le Taunus, qui s'allonge de Rüdesheim jusqu'aux environs de Hombourg, puis le Westerwald, massif de basaltes et de diabases (*Grünstein*) qui s'élève au-dessus des terrains dévoniens qui l'entourent, et les Siebengebirge qui sont également dus à une éruption volcanique. Le Westerwald sépare les bassins des deux rivières qui se jettent dans le Rhin, la Lahn, vis-à-vis de Coblence, et la Sieg, vis-à-vis de Bonn. Au nord de la Sieg, le Rothhaargebirge et le Sauerland (*pays acide*) terminent ces terrains de transition et confinent au riche bassin houiller de la Ruhr au delà duquel se trouvent les plaines de la Westphalie.

Dans le pays de Siegen, le *Lenneschiefer*, schiste argileux qui appartient au système dévonien, forme par sa décomposition la plupart des terres. D'après M. König, ces terres sont très pauvres en chaux, mais contiennent 0,151 à 0,181 p. 100 d'acide phosphorique et 0,216 à 0,316 p. 100 de potasse soluble dans l'acide chlorhydrique. Ce sont, en général, des terres trop imperméables et la grande quantité de fer qu'elles renferment à l'état de protoxyde nuit à la végétation. Mais, en les aérant par le drainage et y ajoutant des amendements calcaires, on peut en faire des terres fertiles.

Les prairies irriguées du pays de Siegen ont une ancienne réputation.

Dans le bassin de la Lahn (grand-duché de Nassau), on exploite, depuis 1865, des phosphorites que l'on trouve à l'état de lentilles isolées ou de rognons, souvent agglomérés en grappes et accompagnés de fer oligiste, dans les *Schalsteine*, sortes de tufs de *diabase*

---

1. Plus le sol est pierreux, mieux il convient à la vigne. Quand il ne l'est pas assez, les vignerons des bords de la Moselle l'amendent, comme ceux des bords de la Loire, comme ceux du Valais, en Suisse, avec des débris de schistes. *Ils fument les vignes avec des pierres*, mais toutefois sans négliger le vrai fumier qui alterne tous les 5 ou 6 ans avec cet amendement minéral. Ils préfèrent les schistes ardoisés aux schistes argileux qui se décomposent trop vite.

écailleuse, qui traversent les couches de schistes et de calcaires du dévonien moyen. La première exploitation a été faite à Stoffel, village des environs de Limbourg, puis on a successivement ouvert de nombreuses mines de phosphates à Wetzlar, Weilburg, Dehren, Medingen, Weilbach, etc. La plupart de ces mines sont situées sur la rive gauche de la Lahn, au-dessous de Weilbach.

Tantôt les phosphorites de Nassau sont en masses compactes à cassure terreuse, tantôt ils sont en fragments réunis par un ciment d'argile ferrugineuse. Quelquefois ils ont une structure poreuse. Leur couleur varie également beaucoup. Les variétés les plus riches sont en général blanches, jaune pâle ou de couleur de chair rose. Les plus pauvres ont, au contraire, une couleur foncée, brune ou noire, et une structure schisteuse.

Mais on ne peut préjuger leur richesse, ni d'après leurs propriétés physiques, ni d'après leur couleur. L'analyse chimique peut seule l'indiquer avec certitude.

Les fabricants d'engrais en ont importé beaucoup en Angleterre, et M. Vœlcker en a fait de nombreuses analyses. Voici quelques-uns des résultats qu'il a trouvés :

	Nᵒ 1.	Nᵒ 2.	Nᵒ 3.	Nᵒ 4.
Humidité et eau combinée. . .	1,78	2,32	1,39	3,86
Acide phosphorique	35,73	33,49	26,67	26,02
Chaux	44,22	45,52	38,27	37,62
Magnésie.	0,42	»	»	»
Oxyde de fer	7,38	3,97	3,44	5,06
Acide carbonique	1,65	9,49	8,65	10,32
Alumine et fluor.	5,34			
Matière siliceuse insoluble . .	3,48	5,24	21,61	17,12
	100	100	100	100
Phosphate tribasique de chaux.	77,99	73,11	58,22	56,00

M. Vœlcker remarque que les cargaisons de phosphorites de Nassau qui sont importées en Angleterre deviennent d'année en année moins riches en acide phosphorique. Comme règle générale, dit-il, celles qui ne contiennent pas une quantité d'acide phosphorique correspondant à 65 p. 100 de phosphate tribasique de chaux ne peuvent pas être importées avec avantage.

Au Nord-Est, les terrains siluriens et dévoniens reparaissent, soulevés par un noyau central de granite et traversés par des éruptions volcaniques (diabase) dans les montagnes du Harz, entre Nordhausen et Goslar et près de Magdeburg (province de Saxe prussienne), dans l'Est de la Thuringe et la haute Franconie, qui sépare le royaume de Saxe de celui de Bavière et enfin, près de Prague, au centre de l'enceinte de roches cristallines (Erzgebirge, Bœhmerwald, Sudètes moraves et Riesengebirge) qui forme la Bohême.

En Russie, le système silurien occupe une surface considérable. Il s'étend depuis Saint-Pétersbourg à l'Ouest, par l'Esthonie et la Livonie, jusqu'aux îles de Dazoë et d'Œsel, et à l'Est jusqu'au lac Ladoga. Ce qu'il y a de remarquable, c'est que les couches y sont absolument horizontales et ne sont guère formées que d'argiles, de sables meubles, de schistes bitumineux et de calcaires argileux, en sorte que leur constitution pétrographique les fait ressembler aux sédiments les plus récents. Les couches dévoniennes se montrent également sur une aire énorme (7,000 milles carrés), disposées en deux zones, dont l'une s'étend en direction N.-E. de la Courlande jusqu'à Archangel, et l'autre en direction S.-E. de la Courlande jusqu'au delà de Tula.

§ 7. — L'Angleterre.

En Angleterre, le système *cambrien* couvre toute la Cornouailles, une partie du Devonshire, l'ouest du pays de Galles, le centre de l'île de Man et une grande partie des comtés de Westmoreland et de Cumberland. On le trouve également en Écosse, formant des bandes orientées du S.-O. au N.-E., au-dessus des gneiss et des micaschistes, et en Irlande, surtout dans le S.-O.

Les schistes argileux y prédominent et forment une terre froide, pauvre en chaux, sur laquelle on trouve encore, surtout dans les

pays de montagnes où le climat est rigoureux, beaucoup de landes
ou de marais tourbeux. Mais, quand les schistes sont entremêlés de
couches sablonneuses ou calcaires, il se forme un sol plus fertile.
Les parties basses du Devonshire et de la Cornouailles en montrent
des exemples.

Le système *silurien* constitue le reste du pays de Galles, toute sa
partie orientale, et c'est là que le géologue Murchison en a fait une
étude classique. Il se compose, en partant de sa base :

1° *Des schistes de Llandeilo* (400 mètres), schistes calcaires, quelquefois entremêlés de bancs sablonneux, qui fournissent une excellente terre, entre autres aux environs de Caermarthen[1];

2° *L'assise de Caradoc* (900 mètres), assise de grès stériles qui
ne portent le plus souvent que des bruyères. La partie inférieure, où
les grès alternent avec des lits de calcaires, est plus favorable à la
culture ;

3° *L'assise de Wenlock*, qui a 600 à 800 mètres de puissance;
la partie principale consiste en schistes argileux qui donnent des
terres froides et humides, mais ces terres peuvent être améliorées par
le drainage et par les calcaires que fournissent les couches inférieures et supérieures de cette assise (*calcaire de Woolhope* et *calcaire de Wenlock* ou de *Dudley*);

4° *Les schistes de Ludlow* (400 à 500 mètres), que les cultivateurs
du pays de Galles appellent *pierres à bouc* (*mudstones*), parce qu'ils
se décomposent en terres noires, humides et tenaces comme celles
que forment les schistes de Wenlock. La série géologique indique
comme superposé à ces schistes argileux :

5° *Le calcaire d'Aimestry*. Malheureusement, il y a de vastes étendues de terres à bouc qui auraient besoin de chaux pour être améliorées et qui n'en sont pas moins horizontalement très éloignées des
points où ce calcaire supérieur d'Aimestry ou le calcaire inférieur
de Wenlock affleurent; de plus, les transports sont souvent difficiles
dans les pays montagneux comme le pays de Galles. Enfin :

---

1. M. le D^r Vœlcker a constaté, dans l'étage de Llandeilo, l'existence de deux
couches assez riches en phosphate de chaux. L'une, calcaire, en contient 10 à
35 p. 100 et a 5 mètres d'épaisseur. L'autre, argileuse, n'a que 1 m. 50 c. d'é-
paisseur, mais contient 50 à 56 p. 100 de phosphate de chaux.

6° *Les grès de Ludlow* couronnent le système silurien et les sols qui les couvrent sont plus perméables et plus faciles à cultiver que les argiles; quand ils contiennent assez de chaux, ce sont des *loams* fertiles.

Dans les parties les plus hautes du pays de Galles, il y a encore beaucoup de terres *uninclosed* (*non closes*), terres vagues sur lesquelles on envoie pâturer le bétail pendant l'été. Quand la saison devient trop rigoureuse, on le fait redescendre dans des lieux plus abrités. Autrefois le pays de Galles était une contrée essentiellement pastorale et, sauf dans quelques vallées fertiles, la culture se bornait à un assolement semi-pastoral très primitif : après un écobuage, l'avoine succédait à l'avoine, jusqu'à ce *qu'elle ne puisse plus doubler la semence*. Alors on laissait le sol s'enherber tout seul et il servait de pâturage pendant un certain nombre d'années. La culture de la pomme de terre était seule adjointe à l'avoine dans les terres pauvres en chaux.

Mais, à mesure que l'exploitation des mines de fer et des houillères s'est développée dans le sud du comté, il s'est formé un marché, [des routes ont été construites et les débouchés que trouvaient les produits ont stimulé les améliorations agricoles.

Parmi ces améliorations, celle qui était le plus nécessaire était l'emploi de la chaux. Sur les côtes, un certain nombre de localités pouvaient s'en procurer par eau et elles avaient de plus la ressource des sables coquilliers et des varechs. Mais, à l'intérieur, il fallait la charrier; les fermiers ne craignaient pas d'aller la chercher quelquefois à 20 ou 30 milles, et l'on prétend que les droits de passage très élevés qu'ils avaient alors à payer sur les routes furent un des griefs principaux de la *Rebecca,* société secrète dont les violences inquiétèrent pendant assez longtemps les propriétaires du pays. On emploie plus ou moins de chaux, suivant que la terre est plus ou moins froide et surtout suivant ce qu'elle coûte, de 60 à 250 buschels par acre.

Aujourd'hui, l'assolement le plus habituellement suivi se compose de : 1) jachère, 2) blé, 3) orge, 4) avoine, 5) trèfle, 6) à 10) pâturage. Pour supprimer complètement la jachère et la remplacer par des turneps, il faut drainer les terres de schistes argileux.

C'est fait dans les meilleures fermes, mais ce n'est pas encore général.

Les champs sont ordinairement entourés de talus en terre, très élevés et très larges, plantés d'arbres, comme c'est l'usage en Bretagne et en Normandie. On considère ces clôtures élevées comme très utiles, parce qu'elles protègent le bétail qui pâture au milieu d'elles contre les vents souvent très froids et très violents du N.-O.

Du reste, les races de bétail du pays de Galles sont des races dont le caractère prédominant est la rusticité. Elles sont même plus que rustiques; elles sont encore à moitié sauvages. Sous les autres rapports, elles sont inférieures aux races perfectionnées de l'Angleterre et paraissent appelées à disparaître devant elles.

Les moutons sont très petits, à laine grossière, et célèbres sur le marché de Smithfield par la qualité exquise de leur viande. Ils vivent toute l'année en plein air, et c'est seulement quand la neige couvre le sol, qu'on leur donne un peu de foin. Dans les fermes où l'on cultive des turneps, on leur porte les racines sur leur pâturage.

Le pays de Galles a deux anciennes races de bêtes à cornes : celle de *Pembroke*, dont la couleur est noire, et celle de *Glamorgan*, dont la robe est brune avec bandes blanches sur le dos et sous le ventre. Toutes deux fournissent de bonnes laitières et des bœufs très aptes au travail. Mais les fermiers ne leur en préfèrent pas moins les chevaux. On ne les emploie aux charriages que dans les mines. Ils s'engraissent bien en boxes, mais sont, dit-on, trop turbulents et trop querelleurs pour bien faire en liberté.

On a découvert, il y a quelques années, dans le silurien du nord du pays de Galles, des schistes noirs et des calcaires assez riches en phosphates. Ils se trouvent sur une assez grande étendue, entre autres à Cwmgynen, environ 20 milles à l'ouest des Owestry, et appartiennent aux assises de Llandeilo. La couche de schiste noir phosphatique a environ 50 centimètres d'épaisseur; celle de chaux phosphatique, $2^m,70$ à 3 mètres; et ces deux dépôts sont séparés par une veine de 40 à 45 mètres d'argile qui contient passablement de pyrites de fer et de cuivre.

Les schistes noirs sont sur quelques points assez riches en acide phosphorique. M. Voelcker, chimiste de la Société royale d'agriculture, a trouvé dans un échantillon 29,67 p. 100 d'acide phosphorique, dans d'autres :

	N° 1.	N° 2.	N° 3.	N° 4.
Matière organique (surtout graphite) et perte.	6,16	4,87	6,25	3,67
Acide phosphorique	25,35	24,78	23,31	26,88
Chaux	33,58	35,98	28,19	35,36
Magnésie.	0,31	0,13	5,22	0,26
Oxyde de fer	0,01	1,08	0,58	1,89
Alumine, fluor.	1,06	1,08	1,21	5,38
Acide carbonique	0	0	12,01	0
Sulfure de fer.	7,52	7,84	2,79	3,62
Acide sulfurique.	0,17	0,21	0,16	0
Matière siliceuse insoluble. . .	24,84	25,11	20,28	22,04
	100	100	100	100

Si tous les bancs contenaient partout, comme dans ces échantillons, 23 à 26 p. 100 d'acide phosphorique, c'est-à-dire 51 à 58 p. 100 de phosphate de chaux tribasique, on pourrait les exploiter avec profit pour faire des superphosphates. Malheureusement, sur d'autres points, les schistes sont beaucoup moins riches en phosphate et il est pratiquement impossible de séparer les parties pauvres de celles qui vaudraient la peine d'être exploitées. En les prenant telles qu'elles sont et les pulvérisant ensemble, on obtient un produit qui ne contient que 28 à 40 p. 100 de phosphate tribasique de chaux avec plus de 20 p. 100 d'oxyde de fer et d'alumine. Ce n'est pas un produit commercial; sa transformation en superphosphate coûterait trop cher.

Comme son nom l'indique, le système supérieur des terrains de transition, le système *dévonien,* est très développé dans le Devonshire, comté du sud de l'Angleterre.

Les géologues anglais lui ont également donné le nom de *old red sandstone (vieux grès rouge),* à cause des grès colorés en rouge qui tendent à y prendre une place de plus en plus grande de l'autre côté de la Manche et surtout en Écosse.

Le système dévonien peut être partagé en trois étages :

1° L'*étage inférieur,* composé de marnes et de grès, tantôt calcaires, tantôt siliceux et faciles à diviser en plaques minces (*tilestones*) qui servent en Écosse à faire des toitures ou des clôtures;

2° *L'étage moyen*, composé de marnes argileuses de couleurs bigarrées, rouges ou vertes, alternant avec des bancs irréguliers de calcaires dolomitiques très durs que l'on appelle *cornstones ;*

3° *L'étage supérieur*, dans lequel dominent les grès rouges qui passent quelquefois aux poudingues par le grossissement de leurs éléments ou bien aux quartzites.

Les quartzites de cet étage supérieur et les *tilestones* les plus durs de l'étage inférieur ne donnent qu'une terre maigre qui « mange tout le fumier et boit toute l'eau », comme disent les gens du pays, et qu'on laisse en certains endroits sans culture, couverte de bruyères ou de tourbes. Mais ces sols pauvres sont rares dans le dévonien de l'Angleterre et de l'Écosse.

La plupart des grès ont un ciment calcaire et forment, en se décomposant et en se mélangeant aux lits de marnes qui y sont interposés, des *loams* très sains et très fertiles. Les plus légers conviennent admirablement à la culture de l'orge et du turneps, les plus marneux à celle du blé.

Le comté de Caithness qui forme la pointe la plus septentrionale de l'Écosse, est tout entier sur le grès rouge et il est renommé par les blés et les orges qu'il produit; le comté de Moray, qui se trouve dans les mêmes conditions géologiques, a été surnommé le grenier de l'Écosse; la belle vallée de Strathmore est également dans le vieux grès rouge.

Dans le comté anglais de Hereford, « les loams rouges du système dévonien, dit sir R. Murchison, donnent les meilleures récoltes de froment et de houblon et portent des pommiers, ainsi que des poiriers très productifs. Toute la région, et surtout sa partie la plus argileuse, est célèbre par ses magnifiques chênes, si nombreux qu'on les a nommés *les mauvaises herbes* (weeds) *du Herefordshire*[1]. »

Les terres les plus argileuses du dévonien s'appellent *rab* dans le sud du pays de Galles, et comme elles sont pleines de sources et difficiles à cultiver, on y fait généralement des herbages qui deviennent excellents lorsqu'on a soin de les drainer.

Dans le Devonshire, c'est l'étage moyen qui forme presque toutes

----

1. Murchison, *Silurian system*.

les terres, terres fertiles dans lesquelles on suit l'assolement de 5 ans : 1) turneps, 2) orge, 3) trèfle, 4) pâturage, 5) blé. Souvent on prolonge la durée du pâturage 3 ou 4 ans, avant de le rompre. Le fond des vallées est couvert de prés, et les fermiers savent fort bien tirer parti des nombreuses sources qui débouchent des coteaux et se réunissent en ruisseaux pour faire des irrigations. Quelquefois ces irrigations augmentent le produit des prairies de 100 p. 100, mais leur succès varie avec la qualité et surtout avec la température de l'eau employée.

Le climat du Devonshire est adouci par le voisinage de la mer qui baigne ses côtes méridionales et par les montagnes qui le protègent contre les vents du N.-O. Toutes ces conditions sont très favorables à la croissance rapide et régulière de l'herbe sur les prés qui y abondent. On pourrait dire que le Devonshire forme de l'autre côté de la Manche le pendant de notre Bessin normand. Ses beurres sont aussi renommés sur le marché de Londres que nos beurres d'Isigny. Les vaches qui le produisent ne sont nourries qu'à l'herbe et au foin ; on leur donne rarement des racines en hiver. Un certain nombre de fermiers louent leurs vaches à des entrepreneurs de laiterie, à raison de 225 à 250 fr. par tête et par an.

Avec les turneps, auxquels on ajoute 2 à 2 $^1/_2$ kilogr. de tourteaux par jour, on engraisse des bœufs. En outre, sur la plupart des fermes, on élève des agneaux que l'on engraisse pour les vendre à l'âge d'un an.

Le cidre forme également un produit important dans les fermes du Devonshire.

Les champs et les prés y sont entourés, comme dans le Bocage normand ou vendéen, de *fossés*, talus en terre garnis d'arbres. Les *lanes* du Devonshire, c'est-à-dire les chemins creux qui passent entre ces talus, au milieu des pervenches, du lierre, etc., qui les couvrent et des ormeaux qui les ombragent, ont été souvent décrits par les poètes anglais ou dessinés dans les *Keepsakes*. Autour des herbages, ces arbres peuvent compenser, par l'ombre et l'abri qu'ils offrent au bétail, le tort qu'ils font à l'herbe. Mais, autour des champs, ils sont beaucoup plus nuisibles qu'utiles, et, dans tous les cas, il y en a beaucoup trop.

CHAPITRE V.

TERRAINS HOUILLERS OU SYSTÈME CARBONIFÈRE.

A l'époque cambrienne, la vie organique existait à peine sur notre globe. A l'époque silurienne, elle était encore confinée au sein des mers. C'est à l'époque dévonienne que les premiers végétaux ont apparu, calamites, fougères, conifères, dont nous retrouvons les restes sous forme d'anthracite ou de pétrole. Mais l'atmosphère était encore trop chargée d'acide carbonique pour que les animaux à respiration aérienne pussent y vivre ; les seuls vertébrés de l'époque dévonienne étaient des poissons.

La végétation, qui avait commencé à paraître dans les lagunes autour de la mer dévonienne, prit à l'époque suivante un grand développement. Elle décomposa une partie de l'acide carbonique qui chargeait l'atmosphère, et les plantes de *l'époque carbonifère*, enfouies sous de nouveaux dépôts de sables et d'argiles, fournirent les houilles, immenses provisions de chaleur et de force, qui sont restées latentes pendant des milliers de siècles, mais que nous pouvons aujourd'hui extraire au fur et à mesure de nos besoins et qui, depuis l'invention des machines à vapeur et des chemins de fer, sont devenues les éléments de civilisation les plus puissants du xixe siècle.

Les bassins houillers les plus considérables de l'Europe forment une longue bande qui, après avoir fait le tour de l'Angleterre, depuis le sud-est de l'Écosse, les environs de Newcastle et le Lancashire, jusqu'au sud du pays de Galles, disparaît sous les terrains secondaires et tertiaires et se montre de nouveau, en France, dans les départements du Pas-de-Calais et du Nord, en Belgique, depuis Mons jusqu'à Liège, et au delà du Rhin, dans le bassin de la Ruhr, en Westphalie.

Sur toute cette bande, on trouve au-dessous de *l'étage houiller proprement dit* (*coalmeasures*) un étage de grès que les Anglais appellent *millstonegrit* (*grès à meulières*), et, à la base du système, un étage de calcaires (le *mountain limestone*).

En France, nous avons 3,500 kilomètres carrés de terrains houillers, mais ils sont divisés en 60 bassins disséminés sur notre territoire, et ils ont plus de valeur par le combustible que l'on extrait de leurs profondeurs et par les services indirects qu'ils rendent à l'agriculture que par les produits agricoles que l'on récolte à leur surface.

Les couches exploitables du Nord et du Pas-de-Calais sont cachées sous 80 à 150 mètres de terrains crétacés ou tertiaires que les mineurs appellent *morts-terrains* et qu'il a fallu traverser pour les atteindre. Les champs où les fermiers de Valenciennes, Douai et Béthune cultivent leurs betteraves et leur blé sont souvent au-dessus des galeries de mines, mais ils n'appartiennent pas au système houiller.

Il en est de même dans l'Autunois. Là, ce sont les grès du système permien ou du trias qui recouvrent les dépôts exploités à Épinay, à Blanzy et au Creusot.

Dans le département de la Loire, les terrains houillers affleurent sur des étendues assez considérables. Les terrains se composent, d'après M. Grüner, de trois étages :

1° Le plus ancien contient deux couches : l'une de grauwacke, de poudingues et surtout de schistes plus foncés, grès verdâtres ou noirs. Ces derniers renferment, surtout dans leur partie supérieure, des calcaires gris bleuâtre par bancs dont l'épaisseur moyenne est de 4 à 5 mètres. On les emploie pour fabriquer de la chaux ;

2° Un grès feldspathique anthracifère (correspondant au *millstonegrit* des Anglais) composé de lamelles feldspathiques, souvent d'un blanc laiteux, de paillettes de mica et de grains de quartz, réunis par un ciment argilo-siliceux, gris verdâtre ; à la base de ce grès on trouve un poudingue ;

3° Le terrain houiller proprement dit.

Un porphyre granitoïde, très pauvre en quartz, a surgi après le dépôt du calcaire et le sépare du grès anthracifère qui lui-même est séparé du terrain houiller par un porphyre quartzifère.

Ce porphyre quartzifère se décompose difficilement; on reconnaît facilement les massifs abrupts qu'il forme aux genêts et aux *pinées* ou pinières qui le recouvrent, au milieu des schistes et des grauwackes qui les entourent et qui sont généralement cultivés.

« La fertilité du sol, dit M. Grüner, varie, comme son humidité, avec la nature des roches. »

Les schistes et les grès tendres de la formation houillère se délitent rapidement et fournissent une terre profonde et forte, très propice aux prairies et aux pâturages. En l'amendant avec de la chaux, on peut y faire de bonnes récoltes de froment. Dans l'arrondissement de Roanne, on appelle ces terres *beluzes*.

Les poudingues, les grès lustrés et les schistes plus ou moins durcis se décomposent moins facilement et ne donnent qu'un sol rocailleux, de faible épaisseur, aride et sec. Grâce à la couleur foncée de ces terres, la vigne y réussit quand l'exposition est favorable. Mais là où l'élévation du sol ou sa mauvaise exposition s'opposent à la culture de la vigne, le seigle lui-même ne fournit que de pauvres récoltes. Ces terres rentrent alors dans la classe si variée des *varennes* de montagnes et restent, le plus souvent, abandonnées comme landes.

Entre ces deux extrêmes, on rencontre, en certains districts du système carbonifère, des sols moins froids que les beluzes et plus profonds que les varennes; ils correspondent aux grès tendres argilo-quartzeux. Le seigle y vient bien et, par le chaulage, on peut les transformer en terres à blé.

Le terrain houiller occupe une assez grande surface dans le département de l'Aveyron, où sont les mines du bassin d'Aubin et de Decazeville. On y trouve, outre la houille :

a) Des *grès* composés de grains quartzeux et feldspathiques, liés par un ciment plus ou moins argileux, avec de nombreuses paillettes de mica et des fragments de toutes les roches schisteuses et granitiques qui constituent le fond ou les limites du bassin. Géné-

---

1. Grüner, *Description géologique du département de la Loire.*

ralement le quartz et le mica sont plus abondants que le feldspath. La couleur de ces grès est grise ; quelques bancs sont gris-brun par suite des matières bitumineuses qui y sont mêlées. Ils sont, tantôt friables, tantôt durs et résistants. Quelquefois les galets schisteux ou granitiques atteignent de grandes dimensions et la roche passe au *poudingue*. Quelquefois le ciment est siliceux, au lieu d'être argileux : c'est une *arkose* ou une roche à noyaux quartzeux qui est connue dans le pays sous le nom de *grate* et qui rappelle le *millstonegrit* des Anglais ;

b) Des *schistes argileux*, en couches moins puissantes que celles des grès, surtout dans le voisinage des bancs de houille, tendres, fissiles, de couleur grise plus ou moins foncée, avec des empreintes végétales caractéristiques.

A l'exception de quelques vallées couvertes de riches dépôts alluviens, le sol des régions houillères est peu fertile ; le brisement des couches de grès qui, le plus souvent, forment la surface des collines, facilite beaucoup l'infiltration des eaux pluviales, et l'alternance de ces couches de grès fissurés avec des schistes et des argiles imperméables donne naissance à de nombreuses sources qui entretiennent la fraîcheur dans les terrains, mais qui produisent souvent des glissements ou éboulements considérables. Des bruyères, de vastes châtaigneraies entrecoupées de champs de seigle, couvrent le sommet et le flanc nord des collines ; des prairies occupent le fond des vallons et les parties basses des coteaux. Enfin, les versants exposés au sud sont généralement consacrés à la culture de la vigne.

Le chaulage est très efficace dans ces terres. Mais ce qu'il y a de mieux à faire sur les terrains en pente, c'est de les boiser ou de les gazonner[1].

En *Angleterre* et en *Écosse*, les terrains de la formation houillère occupent d'assez vastes étendues pour former des districts agricoles d'une certaine importance.

A la base de la formation et reposant immédiatement sur le dévonien (*old red sandstone*) on trouve :

1° Le *calcaire carbonifère*, d'origine marine (*mountain limestone*).

---

1. Ad. Boisse, *Esquisse géologique du département de l'Aveyron.*

Dans ses parties inférieures, ce calcaire est schisteux. Plus haut, il forme de grandes masses cristallines et compactes qui sont exploitées comme marbre ou comme pierre à bâtir. C'est un calcaire bleuâtre qui, dans certaines localités (Derby, Yorkshire et dans tout le centre de l'Irlande), forme des masses d'une grande puissance (200 à 300 mètres), tandis qu'ailleurs il est divisé en un grand nombre de couches minces interposées dans les couches de grès ou de schistes (Northumberland).

Un calcaire d'Ashford, près Bakewell, dans le Derbyshire, contenait :

Carbonate de chaux.	98,60
Carbonate de magnésie	Traces.
Silicates, avec un peu de potasse	0,20
Alumine, oxyde de fer et de manganèse	0,14
Phosphate de chaux.	0,46
Matière bitumineuse	0,21
	99,61

Dans le Derbyshire, la plus grande partie du *mountain limestone* est couverte de pâtures que l'on rompt de loin en loin pour les rafraîchir. On cultive : 1) turneps, ou jachère, avec fumure; 2) avoine; 3) semis de trèfle avec fenasse du pays; alors se forme un pâturage qui se maintient de 14 à 16 ans. Quand on vient à le rompre, on fait une avoine avant les turneps. On nourrit sur ces pâturages principalement des bêtes à cornes.

Plus souvent encore, le pâturage dure indéfiniment. Grâce à l'humidité du climat, il se maintient, malgré le peu d'épaisseur du sol pierreux qui couvre le roc; il est même d'excellente qualité.

La célèbre race des *Shorthorns* a été formée sur les herbages qui couvrent le *mountain limestone* dans le comté de Durham; aujourd'hui, son principal centre d'élevage est l'ouest du Yorkshire, qui a des terrains de la même origine.

Dans les endroits où les bancs de calcaire sont entremêlés de schistes ou de grès, et particulièrement dans les dépressions du terrain et dans les vallées, on trouve une terre plus profonde qui est de nature froide et raide, mais qui, drainée et bien cultivée, comme sur les frontières de l'Écosse, etc., peut devenir très productive.

Dans sa partie supérieure, le calcaire carbonifère passe, par transition insensible, au *millstonegrit*.

2° Le *millstonegrit* est un grès micacé et feldspathique qui forme, dans une grande partie de l'Irlande, dans le Devonshire, dans l'Yorkshire, etc., un sol léger et pierreux, souvent inculte et couvert de bruyères.

3° Les *couches carbonifères* sont composées d'une alternance de schistes argileux de couleur foncée et de grès au milieu desquels se trouvent les bancs de houille que l'on exploite.

Les argiles de la formation houillère donnent lieu à des terres humides, froides et stériles, à moins qu'elles n'aient été améliorées par des chaulages, des labours profonds et des drainages.

Voici, d'après M. Haywood, la composition d'une terre argileuse de la série carbonifère, prise dans les environs de Chesterfield et récemment chaulée :

Pierre et gravier	5,250	
Humus et matières végétales	8,660	
Eau	7,790	
Silicates	70,400	(Avec 0,640 de potasse et 0,280 de soude.)
Alumine, oxydes de fer et de manganèse .	6,840	
Carbonate de chaux et de magnésie . . .	0,970	
Acide phosphorique	0,012	
Acide sulfurique	0,008	
Chlore	0,018	
Potasse et soude solubles	0,037	
Silice soluble	0,003	
Perte	0,012	
	100	

Ailleurs, la décomposition du grès riche en mica (*gritstone*) forme, comme le *millstonegrit*, des terres légères et friables. Grâce au climat humide de l'Angleterre, elles peuvent devenir, par une bonne culture, assez favorables à la production des turneps et à leur consommation sur place par les moutons. Mais souvent on trouve que cette culture *ne paie pas* et, sur de vastes espaces, elles restent abandonnées à la bruyère.

Quand les argiles voisines viennent se mêler aux terres sablonneuses du *millstonegrit*, elles leur donnent plus de qualité et l'on peut, à l'aide de chaulages et de fortes fumures, en faire de bonnes terres à blé.

En Angleterre, on trouve souvent le vieux ou le nouveau grès rouge à côté du terrain houiller. Rien de plus frappant que le contraste des paysages qui les couvrent. Par exemple, près d'Exeter, dans le nord du Devonshire, le *new red sandstone* est couvert de riches cultures, mais, dès que l'on passe sur l'argile du système carbonifère, on ne voit plus qu'une série de tourbières qui se succèdent dans une triste monotonie.

Dans le Lancashire, où l'industrie cotonnière la plus florissante du monde est venue s'établir à côté des mines de houille qui alimentent ses machines à vapeur et des ports qui lui fournissent ses matières premières, où des villes, comme Manchester, Liverpool, Wigan, Boston, Blackburn, Rochdale, et beaucoup d'autres, offrent à l'agriculture un débouché magnifique pour ses produits et en retour des quantités énormes d'engrais, les fermes sont beaucoup moins bien tenues que dans beaucoup de comtés purement agricoles. Les manufactures paraissent absorber tous les capitaux et toute l'activité de la partie la plus intelligente de la population. Les terres sont entre les mains de petits fermiers, qui n'ont ni des ressources pécuniaires assez solides pour améliorer les argiles humides de la formation houillère, ni des baux assez longs pour leur assurer la jouissance de ces améliorations. Trop souvent, la jachère est encore en usage. Tant que ces terres froides et tenaces ne sont pas drainées, la jachère est indispensable comme préparation aux semailles du froment. Après le froment, vient ordinairement une avoine ; puis un mélange de trèfle et de graminées que l'on conserve pendant deux ans.

Si *les Indes noires* ont enrichi les fermiers anglais et provoqué les améliorations agricoles en fournissant des débouchés à leurs produits, c'est dans leur voisinage immédiat que cette influence se montre le moins. De plus, elles n'ont pas embelli la contrée. De tous côtés, de grandes cheminées vomissent des flots de fumée qui font des dépôts sur toutes les surfaces humides. Les maisons sont noires, les routes sont noires. Les arbres ont perdu leur verdure sous la poussière de houille qui encroûte leurs feuilles, et les moutons eux-mêmes, qui pâturent dans les prés, ont une toison toute noire.

Dans le *West-Riding* du *Yorkshire*, où l'industrie de la laine et du lin n'est pas moins prospère que l'industrie cotonnière du Lancashire, mais où elle est moins centralisée en colossales manufactures, les progrès de l'agriculture ont mieux suivi ceux de la filature et du tissage. Beaucoup de tisserands, de *clothiers,* comme on les appelle, ont leur métier chez eux et sont en même temps fermiers d'un petit domaine de 6 à 7 hectares sur lequel ils nourrissent quelques vaches et un cheval pour conduire à la ville le lait produit sur leur ferme et les étoffes fabriquées sur leur métier.

En Écosse, les comtés les plus célèbres par leur belle agriculture, les Lothians, qui entourent Édimbourg, sont assis sur la formation houillère, recouverte, en certains endroits, de dépôts diluviens. Il est vrai qu'en beaucoup de points, des *dykes* (murs) ou des collines de basalte ont traversé les couches houillères et que les débris de leur décomposition ont contribué à améliorer les terres, en y introduisant de la chaux, de la potasse et des phosphates. Mais cette amélioration n'en est pas moins en majeure partie l'œuvre du travail intelligent des fermiers écossais. Au milieu des plus beaux champs de turneps, de blé ou de trèfle, on voit par-ci par-là des ouvertures de puits couvertes d'un simple hangar de planches.

A Burdie-House, près d'Édimbourg, on a trouvé dans le terrain houiller des coprolithes et autres débris phosphatés d'animaux.

En 1825, Berthier avait déjà signalé des rognons de chaux phosphatée dans le terrain houiller de Fins (Allier). Cette phosphorite occupe exactement la même position que le fer carbonaté lithoïde qui appartient au même terrain et qui renferme lui-même de l'acide phosphorique en grande quantité.

C'est ce même gisement de phosphorite qui a été découvert, en 1861, par M. Fr. Sack, à Sprockövel, dans le bassin houiller de la Ruhr, en Allemagne. Elle y est exploitée et convertie en superphosphate dans une fabrique, établie à Hörde, qui est dirigée par M. Drevermann.

La phosphorite est disséminée dans les argiles schisteuses, mélangée à de la pyrite et à du carbonate de fer et intimement associée à du phosphate de fer, d'alumine de magnésie, ainsi qu'à une matière charbonneuse. Sa coloration en noir, sa forme en rognons lui ont valu de la part des mineurs le nom de *Nierenpocken.*

Enfin, M. de Thier a découvert à Baelen, arrondissement de Verviers, en Belgique, un gisement considérable de phosphorite qui affleure sur la limite du calcaire carbonifère, au milieu des argiles qui accompagnent ordinairement la limonite, dont il semble avoir pris la place. En 1868, on commençait à l'exploiter pour en vendre les produits en Angleterre[1].

---

1. Daubrée, *Notice sur la découverte de nouveaux gisements de chaux phosphatée.* 1868.

CHAPITRE VI

Au-dessus du système carbonifère, on trouve un système de terrains que certains géologues appellent *dyas*, parce qu'il se subdivise en deux étages : le *grès rouge* et le *Zechstein*. Plus habituellement, on le désigne par le nom de *permien*, parce qu'il est bien développé aux environs de la ville de Perm, en Russie, ou de *pénéen*, parce qu'il est très pauvre en fossiles.

En France, le permien n'occupe pas des étendues bien considérables. Ce n'est guère que dans les Vosges qu'il apparaît sur des surfaces assez grandes pour qu'on puisse y étudier la nature des terres arables ou forestières qu'il forme par sa décomposition.

On le rencontre sur 5 points différents dans la chaîne des Vosges :

D'abord, au sud, près des houillères de Ronchamp. Le chemin de fer de Mulhouse à Paris le traverse près de la station de Champagney, entre Belfort et Ronchamp, et de là il s'étend dans la direction de Giromagny. Le sol y est formé par des couches alternatives et peu cohérentes de grès grossier et d'argile rouge qui sont couvertes de forêts et, de loin en loin, ravinées par les cours d'eau qui les traversent.

Dans le Val-d'Ajol, près d'Hérival, on retrouve le grès rouge, composé de grains de quartz arrondis, de grosseur variable, et de fragments de feldspath altérés, le tout réuni par un ciment argilosiliceux coloré par de l'oxyde de fer en rouge plus ou moins foncé. Dans certains bancs, le grès passe au conglomérat, dans d'autres, les parties argileuses deviennent prédominantes. Elles se sont vitrifiées et transformées en *argilolithes* au contact des porphyres qui les ont soulevées.

Plus au nord, le grès rouge reparaît près de Bruyères et dans la vallée de la Mortagne, puis aux environs de Saint-Dié, dans le Val-de-Villé, et enfin sur les deux pentes du Donon, près de Schirmeck et de Raon-l'Étape. Il repose directement sur les roches cristallines dans des dépressions dont il semble avoir comblé le fond. Quelquefois il est accompagné du porphyre quartzifère auquel il se rattache par une série de conglomérats où les fragments de ce porphyre sont de plus en plus abondants. C'est un grès en général plus grossier que le grès des Vosges, peu cohérent, composé de fragments de roches anciennes, gneiss, granites, porphyres, etc., réunis par un ciment rouge, quelquefois bariolé de blanc bleuâtre ou de noir. Il alterne toujours avec des bancs d'argilolithes rouges ou bleu verdâtre, et, dans sa partie supérieure, il contient des amas de dolomies, souvent mélangées de grains de quartz, généralement grisâtres, quelquefois rougeâtres.

D'après les analyses de M. Braconnier, les grès des environs de Raon-les-l'Eau (Meurthe-et-Moselle) contiennent de 1 à 4 p. 1000 d'acide phosphorique, 5 à 10 de chaux, 1 à 3 de magnésie, etc. Ils alternent avec des lits d'argile sableuse qui contiennent à peu près les mêmes proportions d'acide phosphorique et de chaux et qui sont probablement assez bien pourvus de potasse, car ils contiennent des grains de feldspath décomposé. Les couches où apparaît la dolomie sont encore plus riches en chaux et quelquefois en acide phosphorique [1].

Cet ensemble d'assises forme des terres à la fois moins sablonneuses et moins pauvres en chaux et en acide phosphorique que celles qui proviennent de la décomposition du grès des Vosges. M. Grandeau a analysé une terre de grès rouge d'Hérival et y a trouvé : 5,11 p. 100 d'alumine et oxyde de fer; traces de chaux; 0,21 de magnésie; 0,35 de potasse; 0,16 d'acide phosphorique. « Le grès des Vosges est boisé, dit M. Braconnier, tandis que le grès rouge est réservé pour la culture. » Les cultures principales sont le seigle, les pommes de terre; mais, avec de bonnes fumures, on réussit à obtenir des récoltes satisfaisantes de froment.

---

1. *Description géologique et agronomique des terrains de Meurthe-et-Moselle.*

Aux environs de Saint-Dié, on trouve sur le grès rouge, comme dans la plupart des vallées des Vosges, des prairies très bien irriguées. Celle des *Grands-Moulins* a fait partie des études si intéressantes de M. Hervé-Mangon sur les irrigations. Cette prairie, arrosée par les eaux de la Meurthe, avait donné, en 1860, 6,440 kilogr. de foin et regain à l'hectare.

On trouve encore le système permien, par lambeaux de peu d'étendue, dans le bassin houiller des environs d'Autun, dans la Corrèze, près de Brives, dans l'Aveyron, par exemple à Gages, où l'on distingue les deux étages suivants :

1° L'étage inférieur, composé de conglomérats et de grès presque exclusivement quartzeux, qui forment une terre aride et le plus souvent laissée inculte (puissance, 10 mètres);

2° L'étage moyen, composé de schistes bitumineux gris bleu ou bruns, avec quelques couches de grès friables et des boules de fer carbonaté ocracées; ils donnent une terre forte (16 mètres);

3° Puis des calcaires noirs ou gris foncé, à surface jaunâtre, associés à des dolomies brunes ou jaunes. Terre argilo-calcaire.

Le sol, habituellement peu fertile, dit M. Ad. Boisse, varie d'aspect et de produits suivant la nature de l'élément prédominant : dans les lieux où le grès abonde, le sol léger, arénacé, le plus souvent inculte, donne des produits identiques à ceux des grès houillers; dans l'étage marneux, le sol est plus fertile, mais généralement un peu gras et d'un travail difficile; dans les parties calcaires, la terre végétale rappelle, par ses caractères et par ses produits, les sols appartenant à la formation du calcaire liasique inférieur.

Dans le département de l'Hérault, près de Lodève, les conglomérats et grès ont 24 mètres de puissance, puis viennent les dolomies et les schistes ardoisiers de Lodève, dont la flore fossile est très remarquable.

Enfin, dans le Var, où presque toutes les formations géologiques sont représentées, le permien l'est également par des poudingues et grès avec fragments porphyriques qui permettent de le distinguer du trias.

En Allemagne, le dyas ou système permien se montre, par bandes étroites, autour de l'Odenwald et du Taunus, du Harz et de l'Erzgebirg, du Riesengebirg et du Bœhmerwald. Il se compose de deux groupes :

1° Le *grès rouge*, semblable à celui que nous avons décrit en France. Les mineurs l'appellent *rothe Todtliegende* ou *mort-terrain rouge*, parce qu'ils n'y trouvent rien ;

2° Le *Zechstein* qui est, au contraire, remarquable par sa richesse en minéraux.

A sa base, on trouve des *schistes noirs* et bitumineux, très riches en cuivre que l'on exploite sur des points nombreux : à Mansfeld, à Saalfeld, à Zaundorf, etc.

Puis viennent successivement le *Zechstein*, calcaire argileux, de couleur grise, en couches dont la puissance varie de 5 à 30 mètres ; la *cargneule* ou *Rauhwacke*, dolomie caverneuse, également grise et très rude au toucher ; les *cendres* (*Asche*), dolomie meuble, et enfin des *calcaires fétides,* gris ou jaunes, ou des *argiles rouges* qui alternent, dans les parties supérieures, avec des *gypses* très crevassés, des *sels gemmes* et des *sels de potasse.* Ces sels de potasse ont pour nous un intérêt tout particulier, parce qu'ils fournissent un des éléments les plus importants des engrais chimiques.

Leur existence a été reconnue, il y a environ 30 ans, dans les *Abraumsalze* (*sels de déblai*), couches de sels impurs qu'il fallait traverser et déblayer avant d'arriver aux bancs de sel gemme exploitables dans les mines de Stassfurt (qui sont situées au sud-ouest de Magdebourg, province de Saxe prussienne) et dans les mines de Léopoldshalle (duché d'Anhalt-Bernbourg).

Jusqu'alors, les sources de production de la potasse se réduisaient au salpêtre, aux cendres de bois, de varechs ou de mélasses de betteraves et aux salins du Midi ; et comme, pour la plupart de ces matières premières, l'agriculture était en concurrence avec l'industrie, le prix de la potasse tendait à s'élever de plus en plus.

Aujourd'hui, grâce aux quantités nouvelles que les usines établies autour des mines de Stassfurt et de Léopoldshalle livrent sur le marché européen, le prix de la potasse se maintient entre 60 cent. et 1 fr. le kilogramme.

Il est probable que les gisements salins de Stassfurt se sont formés à l'époque permienne par suite de l'évaporation des eaux de la mer dans des marais analogues à ceux de nos salines actuelles des bords de la Méditerranée. Les sels s'y sont déposés dans un ordre déterminé par leur solubilité respective.

D'après M. Ed. Fuchs, ingénieur en chef des mines, qui a publié sur les gisements salins de Stassfurt et d'Anhalt, un mémoire très intéressant, on y trouve quatre zones :

a) Une zone de sel gemme pur dont la profondeur est encore inconnue ; elle est partagée en bancs de $0^m,08$ à $0^m,16$ d'épaisseur par de minces lits d'anhydrite ;

b) Une zone de sel impur de 66 mètres de puissance. Le sel gemme contient du chlorure de magnésie, et à mesure que l'on s'élève dans le gisement, le sulfate de chaux simple est accompagné, puis remplacé par la *polyhalite,* sulfate multiple de chaux, de potasse et de magnésie ;

c) Une troisième zone de 60 mètres, dans laquelle prédomine la *kieserite,* sulfate de magnésie monohydraté, qui est encore sans emploi;

d) Enfin la couche supérieure qui a 45 mètres de puissance. Son élément principal est la *carnallite,* chlorure double de potassium et de magnésium hydraté, qui forme des assises parfaitement stratifiées, alternant avec des couches de sel gemme et de kieserite.

Comme produits accessoires, on trouve intercalées, sous forme de rognons épars dans la carnallite, de la *sylvine,* chlorure de potassium pur, et de la *stassfurtite,* sel double de borate de soude et de chlorure de magnésium. A ces minéraux, il faut ajouter la *kainite,* qui n'a été découverte qu'en 1865, mais qui est très abondante, surtout à Léopoldshalle. D'après le Dr Franck, elle se compose de 35,06 à 36,34 p. 100 de sulfate de potasse, 24,51 à 25,24 p. 100 de sulfate de magnésie, 19,09 à 18,95 p. 100 de chlorure de magnésium et 21,71 à 19,47 p. 100 d'eau.

Dès 1867, les usines de Stassfurt produisirent 7,500,000 kilogr. de sels bruts de potasse ; celles de Léopoldshalle, 8 millions de kilogr. et 80,000 kilogr. de kainite. Ces nouvelles sources de potasse, ajoutées aux 4 millions de kilogrammes de chlorure de potasse, 20 millions de salpêtre et 32 millions et demi de potasse qui alimentaient auparavant l'industrie européenne, firent baisser considérablement les prix. En 1863, les 100 kilogr. de chlorure de potassium coûtaient

encore, à Stassfurt, 46 à 48 fr.; en 1866, ils étaient tombés à 18 fr.
En 1862, ils étaient cotés 46 à 50 fr. à Paris; aujourd'hui ils valent 20 à 21 fr., à 80 p. 100 de pureté, ce qui porte le prix de revient du kilogramme de potasse à 43 centimes.

L'Autriche est venue également fournir son contingent sur le marché des sels de potasse. Les usines de Kalucz produisent de la sylvine
presque pure.

Mais, comme engrais, le chlorure de potassium est moins recherché que le sulfate de potasse. Il s'est établi, autour des usines de
Stassfurt et de Léopoldshalle, une vingtaine d'usines, dont les principales sont celle de MM. Vorster et Grüneberg, celle du Dr Franck,
celle de M. Douglas, etc., usines qui, outre les produits destinés à
l'industrie, fabriquent, pour les besoins de l'agriculture, divers engrais plus ou moins riches en sulfate de potasse, mais dans lesquels
le kilogramme de potasse revient plus cher que sous forme de chlorure (60 à 70 cent.).

En Russie, l'étage inférieur du système permien est composé de
grès, avec conglomérats, marnes et calcaires. Quelques-uns de ces
bancs de grès sont très riches en cuivre. L'étage supérieur est constitué par des marnes, des calcaires et des argiles au milieu desquels
on trouve du gypse et du sel gemme.

En Angleterre, le système permien se compose de grès bariolé
(*Lower new red sandstone*) avec conglomérats de fragments de roches anciennes et marnes rouges. Au-dessus de ce grès, se trouve un
schiste marneux rouge (*marl slate*), puis le *calcaire magnésien,* calcaire de couleur jaune ou grise. Tantôt ce dernier est formé de bancs
peu épais qui, exposés à l'air, se décomposent facilement, mais le plus
souvent il est en roches massives qui fournissent des matériaux de
construction et qui sont traversées par des fissures profondes, en sorte
que les fermes établies à la surface manquent d'eau. Le sol, léger et
rougeâtre, produit un assez bon herbage, ou peut donner, en culture
arable, des récoltes satisfaisantes d'orge et de turneps.

La roche contient de 1 à 45 p. 100 de carbonate de magnésie
qui disparaît peu à peu pendant sa décomposition et sa transformation en terre arable, en sorte que cette terre n'en contient souvent
plus que de faibles quantités.

CHAPITRE VII

———

Les *terrains secondaires* se composent de trois systèmes : le *trias*, le *système jurassique* et le *système crétacé*.

Le *trias*, comme son nom l'indique, comprend trois étages :

A. Le *grès des Vosges* et le *grès bigarré*, que M. de Lapparent réunit, tandis qu'autrefois on les avait séparés, laissant le premier au système permien et ne réunissant que le deuxième au trias ;

B. Le *calcaire coquillier* ou *muschelkalk* ;

C. Les *marnes irisées* ou *keuper*.

§ 1. — La Lorraine.

En France, la Lorraine est le pays type du trias.

A l'Est, le grès des Vosges et le grès bigarré s'appuient sur les granites et les porphyres qui ont formé, entre Massevaux, Remiremont et Schirmeck, le point central du soulèvement des Vosges, et se continuent, au nord de Saverne, jusqu'au pied du Mont-Tonnerre. Ce sont des montagnes aplaties et carrées dont les profils se distinguent bien autour des sommets arrondis des ballons.

La *plaine* qui s'étend à leurs pieds, se compose d'une bande de *muschelkalk*, à laquelle succèdent les *marnes irisées*, puis les marnes du *lias*. A l'Ouest, elle est limitée par les trois étages des *calcaires jurassiques* qui la séparent de la Champagne.

A. — *Grès des Vosges et grès bigarré (étage vosgien de M. de Lapparent).*

Le *grès des Vosges* se compose de grains de quartz, souvent cristallisés et offrant des facettes qui miroitent au soleil, réunis par un ciment ferrugineux qui donne à la masse une couleur rouge. Il contient, comme parties accessoires, du mica, du sulfate de baryte, des grains de feldspath, de l'argile blanche, jaune ou rouge, en plaques ou en nodules.

Quelquefois les grains de quartz sont remplacés par des galets arrondis et *impressionnés* les uns dans les autres ; ainsi la roche passe au poudingue.

Les bancs, plus ou moins épais (ordinairement de $0^m,50$ à 1 mètre) et plus ou moins compacts, sont traversés par des fissures verticales. Après les pluies, ce réseau de fissures est rempli d'eau et les sources remontent dans les collines : mais, après la belle saison, les sources ne se rencontrent plus guère que dans les vallées les plus profondes. Quant aux poudingues, ils sont à peu près imperméables.

La décomposition du grès forme un sol sablonneux et d'une mobilité extraordinaire. Partout où la pente dépasse 30 mètres, il *coule* sous l'action des eaux ; ce qu'il y a de mieux à faire, c'est de boiser toutes les hauteurs et les fortes pentes.

Le *grès bigarré* est composé, comme le grès des Vosges, de grains de quartz, mais ces grains y sont, en général, moins grossiers et ils sont réunis par un ciment argileux. De plus, le grès bigarré contient souvent des paillettes de mica qui donnent à certaines assises la structure schisteuse. Il est tantôt rouge ou jaune brun, tantôt gris verdâtre. Le grès de nuance pâle est fréquemment traversé par de nombreuses veines ferrugineuses jaunes ou brunes, de là son nom de *grès bigarré*.

Ordinairement ces grès contiennent par-ci par-là des noyaux d'argile rouge ou verdâtre qui sont très caractéristiques. On peut distinguer trois assises dans le grès bigarré :

1° L'assise inférieure, appelée *haute masse* par les ouvriers carriers, dont les couches sont peu fissurées et rarement interrompues par des lits d'argile. On en tire de magnifiques blocs de pierre de taille[1].

2° L'assise moyenne, composée de bancs de grès plus argileux et beaucoup plus minces, séparés par de nombreuses couches d'argile bariolée. Elle fournit des dalles que l'on appelle *laves* et que l'on emploie souvent pour la couverture des maisons. On y exploite également des pavés qui, depuis la construction des chemins de fer, sont venus jusqu'à Paris faire concurrence au grès de Fontainebleau, des moellons, des pierres à aiguiser, etc... Les argiles servent à faire des briques et des tuiles.

Enfin 3° l'assise supérieure, formée de marnes schisteuses et bariolées et contenant quelquefois des dolomies et des dépôts de gypse qui préparent la transition au calcaire coquillier.

« Malgré sa porosité assez sensible, dit M. Braconnier, dans son excellente description des terrains de Meurthe-et-Moselle, le grès bigarré ne laisse passer les eaux qu'avec une extrême lenteur. Les lits irréguliers de schistes argileux qu'il renferme contribuent à son imperméabilité ; aussi les étangs sont-ils nombreux à sa surface. Les eaux ne s'infiltrent guère que grâce aux fissures verticales, dont le grès est plus ou moins sillonné et qui s'arrêtent le plus souvent sur les lits d'argile. En raison de l'irrégularité de ces lits qui retiennent les eaux, la situation des nappes aquifères est très variable ; mais, en général, on les trouve à de faibles profondeurs sous les plateaux. »

Élie de Beaumont décrit ainsi les paysages vosgiens :

« Ces vallées étroites et profondes, et toujours remarquablement pittoresques, sont flanquées de pentes très abruptes, qui montrent souvent des escarpements sur une partie de leur hauteur. Lorsque ces vallées sont entièrement creusées dans le grès, on ne voit ja-

---

1. Le grès des Vosges, plus grossier de grain et plus friable que le grès bigarré, ne peut pas être employé pour des sculptures aussi délicates que ce dernier. M. Daubrée a remarqué que les parties les plus anciennes de la cathédrale de Strasbourg, la crypte et la partie byzantine de l'aile septentrionale sont en grès des Vosges, tandis que la nef et les riches sculptures de la façade et de la tour sont en grès bigarré. (*Description géologique du Bas-Rhin.*)

mais, au fond, de rochers isolés, et on y trouve rarement des
blocs épais. Le sol y est composé de sable formé par la désagrégation du grès. Les courants d'eau attaquant aisément cette roche, le
creusement des vallées a pu atteindre une limite telle que leur fonds
est très peu incliné. Le ruisseau y serpente au milieu d'une prairie
très unie ; jamais son lit n'est jonché de cailloux roulés, comme dans
les terrains cristallisés ; ses eaux glissent sans bruit sur un sable
très fin.

« A la base du flanc des vallées se trouve ordinairement un talus de
sable et de fragments de grès, couronné par un escarpement taillé
à pic, mais dont le plan n'est cependant pas vertical. Les diverses
couches du grès, résistant plus ou moins à l'action de l'air, se sont
plus ou moins dégradées, et se dessinent par une saillie ou par une
rentrée plus ou moins grandes. On est frappé, à l'aspect de ces escarpements, de l'horizontalité des couches et du peu de fissures
verticales qu'elles paraissent présenter. Souvent la couche la plus
élevée est plus saillante que toutes les autres, et semble les avoir
protégées par sa solidité. Cette espèce de corniche renferme fréquemment assez de galets de quartz pour être un véritable poudingue.

« Lorsqu'une vallée présente des escarpements sur les deux flancs,
on remarque presque toujours que les couches qui s'y dessinent par
leur plus ou moins de saillie se correspondent à peu près pour la
hauteur. On ne peut douter qu'elles n'aient formé continuité autrefois ; l'ouverture de la vallée les a séparées.

« Très souvent, à côté des escarpements, on voit des rochers
minces et d'aplomb, semblables à des colonnes grossièrement taillées, qu'on dirait avoir été laissés comme témoins de l'ancienne
étendue des couches de la montagne. Ces couches se dessinent sur
la surface du rocher par leur plus ou moins de saillie, de sorte qu'il
semble composé de blocs inégaux placés horizontalement les uns
au-dessus des autres ; mais la correspondance de ces couches avec
celles de l'escarpement montre qu'il est encore en place, et n'est
séparé de la montagne que par une fissure graduellement agrandie.

« Quelquefois les escarpements s'étendent jusqu'au sommet de la
montagne et forment un angle droit avec le plateau qui la cou-

ronne ; mais, en général, on trouve au-dessus de la partie escarpée un talus plus ou moins incliné qui a probablement remplacé la partie supérieure de l'escarpement autrefois plus élevée. Le sol de ces talus est généralement formé des débris du grès désagrégé ; on y voit percer çà et là les couches horizontales qui constituent la masse de la montagne.

« Au-dessus de ce nouveau talus s'observe parfois un second escarpement. Une même montagne peut présenter ainsi plusieurs talus et plusieurs escarpements successifs.

« Le sommet de la montagne est souvent tout à fait arrondi. D'autres fois, il est couvert de blocs amoncelés formés des parties les plus solides du grès, qui atteignait antérieurement au niveau supérieur et dont les parties les moins solidement agglutinées ont été entraînées par les eaux.

« Très souvent aussi, les agents destructeurs, en arrondissant et en abaissant le sommet, y ont laissé, comme un témoin de sa première hauteur, un rocher stable et taillé à pic, qui peut être comparé à ceux qui s'élèvent le long des escarpements. Les formes carrées de ces rochers, les lignes horizontales qui s'y dessinent, leur donnent un aspect de ruines qui s'allie assez heureusement avec celui des restes de vieux châteaux dont plusieurs sont, en effet, couronnés.

« Leur position dominante et leurs flancs taillés à pic les rendaient faciles à fortifier.

« Quelques-uns de ces rochers ont, en effet, fourni les fondements et, pour ainsi dire, l'esquisse d'un château qu'on a taillé en grande partie dans sa masse et qui semble être associé à sa durée. D'une portion détachée et plus élevée que le reste, on a fait une tour, dans l'intérieur de laquelle on a taillé un escalier tournant.

« Dans une portion plus massive, on a ouvert des salles et des chambres. Avec les pierres qu'on en a extraites, on a construit l'étage supérieur et formé les créneaux de la plate-forme. Un certain nombre de petites fenêtres, entourées d'ornements contournés et délicats, percent les flancs du rocher, qui conserve quelquefois entre elles sa surface brute, et allie aux décorations légères et maniérées de l'architecture gothique des lignes horizontales et des corniches naturelles d'un style plus élevé.

« Le grès des Vosges est si durable, que ces monuments des siècles de la chevalerie sont souvent très bien conservés, et semblent n'être abandonnés que depuis peu de temps. Ils forment un des traits marquants du paysage de ces contrées pittoresques. On les aperçoit surtout en grand nombre, sur les promontoires escarpés que forment les montagnes de grès tout le long de la plaine du Rhin. Lorsque, d'un point découvert, l'œil embrasse dans son ensemble cette longue file d'antiques résidences, l'imagination se reporte toujours avec un certain plaisir aux temps où, toutes habitées, bien entretenues, entourées des attributs de la richesse, brillantes du luxe d'alors, pavoisées, dans un jour de fête, des bannières et des écussons de leurs seigneurs, on voyait ces fleurs de la civilisation du moyen âge s'élever et s'épanouir au milieu de la verdure des forêts[1]. »

D'après les analyses de M. Braconnier, les grès et poudingues, qui composent la partie inférieure du grès des Vosges, dans la carrière de Châtillon, contiennent de 0,3 à 0,9 pour 1000 d'acide phosphorique, 0 à 6 de chaux, 0 à 1 de magnésie. Le peroxyde de fer y varie de 7 à 50 pour 1000 et plus, l'alumine de 5 à 80, la silice en forme les 900 à 950 millièmes. Les bancs de la partie supérieure de la carrière ont à peu près la même teneur en acide phosphorique, chaux et magnésie, mais la quantité d'alumine augmente et celle de la silice diminue à mesure qu'on s'élève vers le grès bigarré.

« Dans les vallées étroites, dit M. Braconnier, le sol est, comme sur les plateaux et sur les pentes, encore plus siliceux que la roche qui lui a donné naissance... Ce n'est que dans les vallées un peu élargies et dans les coudes où des remous pouvaient se produire, que l'on trouve des sols un peu argileux. »

Une de ces terres de vallées, analysée par M. Braconnier, contenait 4 pour 1000 d'acide phosphorique, 6 de chaux, 1 de magnésie, 46 de peroxyde de fer, 110 d'alumine et 737 de silice.

Voici, d'après M. Grandeau, la composition chimique de deux terres formées par le grès vosgien, la première, terre de forêts du Mossigthal (Alsace), la deuxième, terre cultivée et fumée d'Angomont (Moselle) :

---

1. Élie de Beaumont, *Explication de la carte géologique de la France.*

	N° 1.	N° 2.
Eau	1,80	1,62
Matières combustibles.	3,20	4,12
Alumine et oxyde de fer.	0,46	1,48
Chaux	0,02	»
Magnésie	0,02	0,27
Potasse.	0,03	0,09
Soude	0,06	0,06
Acide phosphorique.	0,02	0,09
Résidu insoluble dans les acides.	94,42	93,00
	100,04	100,74

La terre n° 1 peut représenter l'état primitif des sols formés par
la décomposition du grès des Vosges, avec une provision d'humus
laissée par la forêt. Quelle pauvreté en chaux, en potasse et en acide
phosphorique! Le cinquième environ de ce qu'il faudrait pour une
fertilité moyenne! — Mais nous ne devons pas nous en étonner, car
nous avons vu que le grès des Vosges est presque entièrement composé de quartz et d'oxyde de fer; s'il contient un peu de feldspath et
d'argile ocreuse, c'est comme éléments accessoires. Comment une
telle roche pourrait-elle fournir, par sa décomposition, une terre
fertile? Sa destination la plus naturelle est la production du bois,
surtout dans la montagne où le climat est aussi froid que la terre
est pauvre. L'épicéa et le sapin argenté y sont les essences dominantes. Le hêtre est rare, mais devient plus abondant à mesure
que l'on descend vers la plaine. Le chêne ne vient que dans les fonds
à sol profond. Depuis une cinquantaine d'années, on a fait un assez
grand nombre de plantations de pin sylvestre.

La production du bois est elle-même moins grande dans les grès des
Vosges que dans les granites et surtout dans les calcaires jurassiques.

C'est dans le grès des Vosges que Chevandier de Valdrôme avait
fait ses intéressantes expériences sur la production des bois. Il avait
trouvé que, pour des sapins, l'accroissement moyen annuel, sur 80
à 100 ans, était :

Dans les terrains fangeux, de.	1ᵏ,89 par arbre.
Dans les terrains secs, de	3 ,40 —
Dans les terrains arrosés par l'accumulation des	
eaux pluviales, de	8 ,20 —
Dans les terrains arrosés par des eaux courantes, de.	11 ,60 —

D'après cela, il avait établi des séries de fossés horizontaux à 12 à 15 mètres de distance pour retenir les eaux de pluie et les forcer à arroser ses arbres, au lieu de s'écouler immédiatement le long des pentes.

Mais les eaux courantes se sont montrées supérieures aux eaux de pluie à cause des matières azotées et minérales qu'elles tiennent en dissolution. Pour les jeunes arbres, l'oxysulfure de calcium a augmenté l'accroissement annuel de 33 p. 100.

Ces expériences n'ont qu'un intérêt théorique. Évidemment, le prix des engrais chimiques est hors de proportion avec celui des bois. La production forestière ne peut pas se servir de ces moyens coûteux [1]; il faut qu'elle se borne à utiliser les aptitudes naturelles du sol, mais des recherches, comme celles de Chevandier de Valdrôme, peuvent lui apprendre à connaître ces aptitudes naturelles et à s'y adapter le mieux possible.

Au milieu des forêts qui couvrent la plus grande partie des Vosges, la production agricole n'occupe que les fonds de vallées où la terre fine, plus ou moins mêlée d'argile, s'est accumulée et donne quelque espoir de payer ses travaux.

Elle a utilisé tous les filets d'eau pour irriguer ses prés, mais les sources qui sortent du grès des Vosges sont pauvres en matières fertilisantes comme les roches qu'elles ont traversées. D'après M. Braconnier, leur teneur en principes fixes n'atteint pas 100 milligrammes par litre. Les eaux de deux fontaines qu'il a analysées contenaient :

	Fontaine au pied du Grand-Roughmont.	Fontaine de Bienville.	
Silice	3	1	milligrammes par litre.
Chlorure de sodium . .	4	7	—
Sulfate de chaux. . . .	4	0	—
Carbonate de chaux . .	68	31	—
— de magnésie.	traces	8	—
— de fer. . . .	13	23	—

Néanmoins, l'irrigation, en remplaçant la qualité des eaux par

1. Sauf peut-être pour les pépinières, comme M. Chambrelent l'a fait avec succès dans les landes de Gascogne.

leur quantité, double souvent le produit des prés et porte le rendement à 6 ou 7,000 kilogr. de foin et regain par hectare. Mais ce sont des fourrages peu nourrissants. Ils ne contiennent presque pas de légumineuses.

Autour des prairies, sur les pentes douces qui les séparent de la ceinture de bois qui entoure les vallons, s'étendent les champs. Dans la région montagneuse, on suit en général un système semi-pastoral. Après une période de culture de 3, 6 ou 9 ans, plus ou moins prolongée, suivant que l'on dispose de plus ou moins de fumier, vient une période à peu près égale de repos pendant laquelle le sol s'enherbe.

Grâce aux matières azotées et minérales qui s'accumulent ainsi pendant la période de repos et que l'on s'efforce d'augmenter par celles que le foin des prés irrigués et les litières ramassées dans les bois ont introduites dans le fumier, on réussit à obtenir des pommes de terre, du seigle, de l'avoine, du sarrasin et à nourrir, tant bien que mal, le bétail. Mais les récoltes restent médiocres et le bétail reste petit. On ne pourrait faire ni blé, ni trèfle, si l'on ne trouvait pas moyen d'augmenter les ressources naturelles des grès des Vosges par une importation d'engrais chimiques.

Les industrieux cultivateurs des environs de Saint-Dié, d'Épinal et de Remiremont ont trouvé ce moyen. L'engrais chimique qu'ils importent, ce sont les cendres lessivées. Autrefois ils allaient avec leurs chars en chercher de tous côtés, en Lorraine, en Alsace, en Franche-Comté, jusqu'à 80 ou 100 kilomètres de distance. L'hectolitre leur revenait ainsi de 3 à 5 fr. Quand on les emploie seules, on en met 45 à 50 hectolitres à l'hectare ; quand on y joint une demi-fumure d'engrais d'étable, on se contente de 30 à 32 hectolitres. On estime qu'un terrain qui n'a pas été cendré depuis longtemps donne plus avec cette quantité de cendres et une demi-fumure qu'avec une fumure complète. Ordinairement, on fume en tête de l'assolement et cendre vers le milieu, ou l'inverse. Les cendres sont d'abord séchées, puis réparties seules ou avec le fumier et enterrées par un léger labour. Les cendres augmentent, dit-on, le rendement du seigle de 3 semences; le grain gagne en brillant, en netteté ; la paille est plus forte et résiste mieux à la verse. On peut semer, au lieu de seigle, du méteil, ou même essayer du froment pur. Leur effet dure 5 à 6 ans, et toutes les autres récoltes s'en ressentent. Elles sont tout particulièrement favorables aux légumineuses et c'est seulement, par suite de leur emploi, que la culture du trèfle est devenue possible dans le grès des Vosges.

On emploie également les cendres sur les prairies; elles y développent le trèfle blanc et le trèfle jaune et améliorent la valeur nutritive du fourrage, à tel point que, partout où elles sont entrées en usage habituel, la taille des bêtes à cornes et celle des chevaux a augmenté peu à peu. Des croisements avec les races suisse et comtoise ont contribué à cette augmentation de taille, mais ces croisements eux-mêmes auraient été inutiles, s'ils n'avaient pas été précédés par l'amélioration du régime alimentaire.

Tout cela s'explique par l'acide phosphorique et la chaux que contiennent les cendres lessivées. Il est probable, que souvent il y reste aussi un peu de potasse que le lessivage n'avait pas complètement dissoute.

Aujourd'hui, les chemins de fer peuvent amener plus facilement les cendres dans les vallées des Vosges. Il n'est plus nécessaire d'avoir constamment un char sur les routes pour aller les recueillir au loin. Mais peut-être leur offre ne suffit-elle plus à la demande; peut-être sont-elles quelquefois falsifiées par des additions de matières pauvres en phosphates? On prétend que les récoltes diminuent dans les Vosges, que les pommes de terre sont moins riches en fécule qu'autrefois, etc. Où trouver le remède à cet appauvrissement? — Il est probable qu'il faudrait avoir recours aux superphosphates de chaux, qui ont fait tant de bien aux terres analogues du Cheshire, en Angleterre.

La chimie pourra éclairer les cultivateurs sur la valeur des cendres lessivées qu'ils achètent. Si elles ne contiennent que 3 p. 100 d'acide phosphorique, ce qui arrive souvent, et pèsent 70 kilogr. au plus par hectolitre, ces cultivateurs paient 3 kilogr. d'acide phosphorique 6 fr., c'est-à-dire, 1 kilogr. leur revient à 2 fr., tandis qu'ils pourraient l'acheter à 90 cent., sous forme de superphosphate de chaux, et à 40 cent. ou 50 cent. sous forme de coprolithes pulvérisés.

Faudrait-il ajouter à ces phosphates une certaine quantité de potasse ou d'autres matières? — Des champs d'expérience, placés dans des conditions de sol qui caractérisent bien le grès des Vosges et dirigés par un homme qui connaisse la chimie aussi bien que la pratique agricole, pourront seuls répondre.

L'agriculture des Vosges achète, dit-on, environ un million d'hectolitres de cendres par an. Une station agronomique, qui coûterait 8,000 ou 10,000 fr., économiserait peut-être au département des Vosges quelques centaines de mille francs par an.

Le seigle n'en restera pas moins la céréale d'hiver qui convient le mieux dans les terres sablonneuses du grès des Vosges et du grès bigarré. Comme céréale d'été, l'avoine, dont la qualité est renommée ; les agriculteurs de la plaine aiment à chercher leur semence dans la Vôge.

Souvent on sème la carotte, surtout la variété blanche dite des Vosges, dans le seigle en croissance. Quand le seigle a été moissonné, on sarcle et récolte les carottes en automne. D'autres fois, on fait du sarrasin ou des navets en récolte dérobée après le seigle.

Mais la plante sarclée la plus usuelle, celle qui remplace la jachère, est la pomme de terre, véritable plante industrielle qui alimente les nombreuses féculeries adjointes aux fermes et laisse dans leurs résidus une excellente nourriture pour le bétail.

On dit que les bénéfices donnés pendant une trentaine d'années, de 1835 à 1865, par la culture des pommes de terre et la fabrication de la fécule avaient suffi pour rembourser presque toute la dette hypothécaire du département des Vosges. Malheureusement cette prospérité n'a pas duré.

Dans la région moyenne, par exemple près de Xertigny, on trouve un assolement triennal : 1° pommes de terre, avec fumier ; 2° seigle ou méteil avec 20 à 30 hectolitres de cendres lessivées ; 3° avoine ou sarrasin.

Dans les vallées de la Moselle et de la Meurthe, où le climat permet les cultures dérobées, on sème des carottes dans le seigle, mais on augmente alors la fumure.

Les petits propriétaires, les manouvriers qui n'ont qu'un coin de terre, mais qui y mettent tous leurs soins, ont cet assolement biennal très intensif : 1° pommes de terre avec demi-fumure; 2° seigle avec demi-fumure, et carottes en récolte dérobée.

Avec l'introduction du trèfle, la rotation devient quadriennale : 1° pommes de terre avec fumures et cendres; 2° seigle; 3° trèfle; 4° seigle avec carottes, navets ou sarrasin en récolte dérobée, ou avoine.

Évidemment toutes ces rotations supposent l'existence, à côté des terres arables, d'une surface au moins équivalente de prés qui leur fournissent les fourrages et les fumiers.

Le sol formé par la décomposition du grès bigarré est assez bien représenté par l'analyse (*a*) du tableau suivant que j'emprunte à la

	a	b	c	d
Silice.	801	692	796	746
Alumine	83	172	80	181
Peroxyde de fer.	39	63	36	43
Peroxyde de manganèse.	*	traces.	*	*
Chaux	63	4	6	5
Magnésie.	traces.	*	traces.	1
Acide phosphorique.	0,1	0,6	traces.	0,3
Acide sulfurique	1	0,5	0,1	1
Pertes au feu.	23	42	79	25
	1000	1000	100	1000

description des terrains de Meurthe-et-Moselle de M. Braconnier. « Mais, sur un grand nombre de points, dit l'auteur de cette description, la terre se compose d'alluvions anciennes formées par la destruction du grès des Vosges. Quelquefois ces alluvions sont formées, sur 2 à 3 mètres de hauteur, par une glaise jaunâtre panachée de blanc (*b*), renfermant de très rares cailloux roulés et présentant des taches noires de manganèse. Ailleurs cette même glaise est recouverte par une argile jaunâtre, déjà plus sableuse (*c*). Ailleurs encore, l'alluvion superficielle se compose d'argile (*d*) alternant avec des lits de sable et de cailloux, et, sur beaucoup de points enfin, ce sont sur plusieurs mètres de hauteur, des cailloux quartzeux presque sans argile, au milieu desquels on distingue des galets de grès vosgien. En moyenne, le sol présente 1/15 de terres fortes à 30 p. 100 d'argile, 3/15 de terres moyennes à 28 p. 100 d'argile et 11/15 de terres légères à 15 ou 18 p. 100 d'argile au plus.

« Ces terres contiennent beaucoup plus de chaux que celles qui reposent sur le grès des Vosges.

« Aussi, ajoute M. Braconnier, le grès bigarré contraste immédiatement avec le grès vosgien, car il est complètement couvert de cultures. Les forêts y sont rares et morcelées. On n'y rencontre plus d'essences résineuses comme sur le grès des Vosges, mais le charme, le hêtre et le bouleau dont le rendement moyen annuel varie de 2 à 3 1/2 mètres cubes à l'hectare. »

Ces remarques s'appliquent seulement à la faible surface que le grès bigarré couvre dans le département de Meurthe-et-Moselle. Mais, dans le département des Vosges, dans le Bas-Rhin et en Allemagne, où il occupe des étendues plus considérables, la production forestière prédomine sur le grès bigarré comme sur le grès vosgien.

M. Chevandier de Valdrôme avait obtenu en 1877 la prime d'honneur du département de Meurthe-et-Moselle pour les importantes améliorations agricoles qu'il avait faites dans ses domaines de Circy (118 hectares), de la Ladrerie (24^h,5) et de Labrcheux (35 hectares).

Ce dernier appartient géologiquement au *grès vosgien*. Il se compose presque tout entier de prairies que le père de M. Chevandier avait créées sur un défrichement de forêts basses et marécageuses, forêts que l'on appelle *fanges* dans le pays. Ces prairies étaient en partie arrosées les unes par déversement, mais avec des rigoles trop longues, les autres par ados, mais avec des sillons également trop larges. Il en résultait peu de fourrage (1500 à 2000 kilogr. par hectare) et du mauvais fourrage.

M. Chevandier de Valdrôme corrigea d'abord les défauts de ces irrigations, puis il fit des essais d'engrais d'où il résulta :

1° Que, dans les parties sèches, le sel de potasse de Stassfurt en mélange avec les cendres donne les meilleures récoltes (3,500 kilogr.) ;

2° Que, dans les parties humides, les cendres valent le mieux (5,600 kilogr.) ; quand on emploie des cendres, on interrompt l'irrigation pendant trois ans ;

3° Que l'irrigation, comparée au sel de Stassfurt, donne plus : l'irrigation 4300 kilogr., le sel de Stassfurt 4000 kilogr.

Mais, comme il était impossible de se procurer assez de cendres, M. Chevandier a employé comme litière pour son bétail un mélange d'argile et de sciure de bois, ce qui fait une sorte de compost qu'on laisse mûrir pendant 9 mois environ sous un hangar. On emploie ce compost (contenant 0,229 p. 100 d'azote) à raison de 56 mètres cubes par hectare et l'on obtient ainsi 3000 à 3300 kilogr. de foin.

Le domaine avait rendu en 1867, 1063 kilogr. de foin par hectare ; en 1868, 1407 ; en 1875, 2073 ; en 1876, 2500.

En outre, M. Chevandier de Valdrôme exploitait 625 hectares de forêts.

Le domaine de Cirey est sur le *grès bigarré*, ou du moins son sol, composé de sable quartzeux, mêlé d'argile et d'humus (diluvium des plateaux) et profond de 15 à 25 centimètres, repose sur un sous-sol d'argile figuline, mélangée de débris de grès, qui appartient à la formation du grès bigarré.

M. Chevandier de Valdrôme a approfondi peu à peu ses labours, d'abord jusqu'à 25 centimètres et ensuite, au moyen d'une défonceuse double Brabant, jusqu'à 35 centimètres, ce qui a donné de très bons résultats, surtout pour la culture des racines et de la luzerne. Il a drainé la plus grande partie de ses terres, à 12 mètres de distance et 1^m,15 de profondeur (drainage qui a coûté 310 fr. par hectare). Il a réuni toutes les eaux de sources qu'il a pu se procurer pour arroser ses prés et il avait ainsi, en 1876 :

25	hectares	en terres labourables.
3	—	en luzerne.
30,50	—	en prés et pâtures.
2,20	—	en jardins et pépinières.
3,30	—	en bâtiments et cours.
54	—	en bois.
Total. . . 118		

Il avait commencé par adopter l'assolement de 4 ans de Norfolk. Mais, comme il avait beaucoup de chevaux pour son usage personnel et les travaux de la ferme, et qu'il avait ainsi besoin de beaucoup d'avoine, il a dérogé aux règles de l'alternance stricte en y ajoutant une deuxième sole d'avoine, ce qui est compensé par l'adjonction des prés et de la luzernière pour la production des engrais et par des déchaumages faits à propos pour la propreté des champs.

On a ainsi :

1° Pommes de terre ou betteraves, avec 60,000 kilogr. fumures et 8 mètres cubes de chaux ;

2° Avoine ;

3° Trèfle ;

4° Blé ;

5° Avoine ;

et l'on obtient comme récoltes moyennes :

Betteraves.	38,186^k
Pommes de terre	24,600^k
Avoine	26 ½ hectol.
Blé.	23 hectol.

L'exploitation entretient 20 chevaux, 65 à 70 bêtes à cornes, 10 porcs.

Les bêtes à cornes sont de la race du pays, croisée avec la race du Glane et celle de Schwitz.

Le domaine de la Ladrerie est dans la zone de transition du grès bigarré au muschelkalk. Son sol argilo-siliceux de 15 à 20 centimètres d'épaisseur repose sur un sous-sol argileux, ce qui a nécessité le drainage. L'assolement est :

1° Plantes sarclées avec fumure et chaux ;

2° Avoine ;

3° Fourrages annuels, avec demi-fumure ;

4° Seigle.

Les terres sont trop pauvres pour y suivre l'assolement de 5 ans, comme à Cirey. Successivement les terres sont mises en luzerne, mais celle-ci ne dure pas longtemps.

Au sud-ouest des Vosges, dans le Val-d'Ajol, à Feugerolles et dans les environs, le *kirsch* est un des produits principaux du grès des Vosges et du grès bigarré. Celui de la Forêt-Noire, également renommé, vient de terrains analogues, mais il est vrai qu'on fait du bon kirsch dans toutes sortes de terrains, et l'on en fait même d'autant

plus que ces terrains sont plus arides et moins convenables pour
d'autres cultures. En effet, les cerisiers épars au milieu des champs
rendent ces cultures à peu près impossibles ; ils leur nuisent, non
seulement en leur enlevant les engrais et le soleil, mais par le piétine-
ment inévitable qui se fait autour d'eux pendant la cueillette des
fruits. Quelques fermes du pays payent leur canon uniquement avec
le produit des cerisiers. Certaines années, chaque arbre rapporte
7 ou 8 hectolitres, ce qui fait un joli revenu, quand il y en a 30 ou
40 par hectare.

On prétend, du reste, que les distillateurs de Feugerolles vendent
10 fois plus de kirsch que les cerisiers de la commune pourraient
en produire. L'industrie multiplie les produits de la culture.

B. — *Calcaire coquillier ou muschelkalk.*

Le deuxième étage du trias, le calcaire coquillier, forme en Lorraine, autour du grès bigarré et du grès des Vosges, une bande
de 10 à 40 kilomètres de largeur qui commence, au sud, entre
Saint-Loup et Bourbonne-les-Bains et tourne ensuite au nord, en
passant près de La Marche, Rambervillers, Lunéville, Sarrebourg,
etc.....

Avec lui, la scène agricole change. La plaine succède à la montagne. Ce sont des plateaux fertiles, couverts de nombreux villages ;
la densité de la population augmente en raison de la fertilité du
territoire.

Le *muschelkalk inférieur* est argileux et contient, sur certains
points, des rognons de gypse et même des lentilles de sel gemme
(ainsi à Sarralbe). Voici, d'après M. Braconnier, la coupe qu'il présente aux environs de Frémonville (Meurthe-et-Moselle) et la composition chimique des assises qui s'y succèdent :

a) 5^m,00 d'argiles vertes panachées de violet ;

b) 16^m,00 de schistes argileux verdâtres avec quelques lits rougeâtres ;

c) 15^m,00 d'argile grise, renfermant des lits minces de silex ou
de calcaire siliceux ;

d) 1^m,80 gypse blanc en filets et rognons dans une argile verdâtre.

c) 2^m,50 marne feuilletée blanchâtre, micacée.

	a	b	c
Silice	674	639	595
Alumine.	198	230	277
Peroxyde de fer	58	25	9
Chaux.	15	11	13
Magnésie	2	3	traces
Acide phosphorique	0,8	0,9	1,2
Acide sulfurique.	0,1	5	2
Pertes au feu	39	66	93
	1000	1000	1000

Ces argiles forment, dit M. Braconnier, la base des collines couronnées par les calcaires supérieurs. En s'éloignant du grès bigarré, l'on monte en pente très douce jusqu'au-dessus des argiles bariolées, puis la pente s'accentue jusqu'aux marnes feuilletées où elle est sur le point d'atteindre son maximum. En certains points cependant, les argiles grises forment, sans doute par suite de la disparition des calcaires supérieurs enlevés par les érosions, des plateaux assez étendus.

Sur ces plateaux et dans toutes les parties basses, la terre est argileuse, mais elle est souvent mélangée avec les éboulis calcaires qui sont descendus des coteaux voisins, ou recouverte, en certains endroits, par des graviers quartzeux ou des sables très fins, alluvions qui proviennent du grès bigarré ou du grès vosgien.

Quelques sources proviennent des eaux de pluie qui, après s'être infiltrées au-dessus du calcaire coquillier à son point de contact avec le grès bigarré, ont passé sous les argiles gypseuses et ensuite ont remonté à la surface du calcaire coquillier par les cassures qu'elles y ont trouvées. Elles se sont ainsi chargées d'une grande quantité de sulfate et de carbonate de chaux, de carbonate de magnésie et de fer, et fournissent des eaux minérales, comme celle de Contrexéville. Mais les sources ordinaires débouchent au point de contact des argiles et des calcaires qui les dominent. Elles résultent des eaux de pluie qui ont traversé ces calcaires; elles y ont dissous du carbonate de chaux et souvent elles en contiennent trop.

Le *muschelkalk supérieur* a été divisé, sur la feuille de Mirecourt de la carte géologique détaillée, en deux sous-étages :

Le *sous-étage inférieur*, qui comprend des bancs puissants de calcaires dolomitiques jaunâtres, grenus et parfois pulvérulents, généralement remplis de débris d'encrines, dans lesquels on exploite quelques assises de calcaires lithographiques et de calcaires à chaux hydraulique ; puis des alternances de marnes grises et de lits ou de bancs de calcaires gris bleuâtre, compacts ou saccharoïdes, qui sont très durs et fournissent de bons matériaux d'empierrement. Ces calcaires présentent à plusieurs niveaux des lumachelles de *Terebratula vulgaris ;* les assises inférieures sont caractérisées par le *Ceratites nodosus*, les supérieures par le *Ceratites semipartitus*. Quand les eaux de pluie dissolvent le carbonate de chaux, elles mettent ces fossiles en saillie à la surface de la roche. La couleur de ces calcaires provient de petites quantités de bitume, de fer et de manganèse qui y sont contenues. D'après les analyses de M. Braconnier, ils contiennent de 1 à 2 p. 1000 d'acide phosphorique.

Près de Mirecourt, ce sous-étage a 100 mètres de puissance, mais son épaisseur diminue dans la direction du nord.

Le *sous-étage supérieur* (40 mètres) débute par de gros bancs de calcaires dolomitiques blanchâtres, grenus et tendres, qui sont aussi très fossilifères ; ils renferment de gros ossements de sauriens, des dents de poissons, des crustacés, etc., ainsi que des troncs d'arbres. Au-dessus se trouvent des marnes feuilletées, généralement grises, avec plaquettes et bancs de dolomies souvent caverneuses. Elles préparent la transition aux marnes irisées.

Ces calcaires coquilliers constituent, en général, des plateaux élevés qui sont inclinés vers l'Ouest, suivant une pente d'autant plus raide que la roche sous-jacente est plus dure. Le sol qui les couvre est pierreux, mais ordinairement mélangé d'une proportion plus ou moins grande d'argile et, en certains points, recouvert par des alluvions sablonneuses, débris de grès bigarré ou de grès vosgien.

M. Grandeau a fait l'analyse d'une terre formée par la décomposition du muschelkalk à Hablainville (Meurthe). Il y a trouvé :

Eau	4,77
Matières combustibles	4,88
Alumine et oxyde de fer	10,88
Chaux	0,48
Magnésie	0,36
Potasse	0,82
Soude	0,06
Acide phosphorique	0,74
Résidu insoluble dans les acides	77,66
Total	100,65

On voit que c'est une terre exceptionnellement riche en acide phosphorique et en potasse. Les eaux de pluie, en la lavant, ne lui ont laissé que 0,48 p. 100 de chaux, mais c'est suffisant et, du reste, les pierres calcaires qui y sont mêlées peuvent lui en rendre, à mesure qu'elles se délitent sous l'influence des gelées de l'hiver.

Les terres argileuses des vallons sont très favorables aux prairies permanentes. Dans les autres, tous les fourrages artificiels, le trèfle, la luzerne et le sainfoin réussissent à merveille. L'introduction de la luzerne, qui date du commencement de notre siècle, a triplé le revenu de certaines communes du muschelkalk lorrain.

L'assolement triennal y est encore assez général, mais rarement avec jachère et toujours associé à une certaine quantité de luzerne ou de prés. Presque toujours la sole des jachères est employée par les pommes de terre, les pois, le colza ou le trèfle. Le blé donne souvent des récoltes de 20 à 25 hectolitres à l'hectare.

Quelquefois on trouve un assolement de 5 ans : 1° pommes de terre avec fumure; 2° froment; 3° avoine; 4° trèfle; 5° froment; ou un assolement de 12 ans, dans lequel la luzerne a sa place, par exemple, aux environs de Mirecourt : 1° pommes de terre avec fumure; 2° froment, orge ou avoine avec semis de luzerne; 3° à 9° luzerne; 10° froment; 11° avoine; 12° orge.

Avec ces trois céréales successives, on pourrait craindre que cet assolement abuse de la fertilité accumulée par les 6 années de luzerne, mais l'analyse de M. Grandeau a montré que la terre est assez riche pour soutenir une telle production.

Tandis que le plâtre ne produit, dit-on, aucun effet utile dans le grès bigarré et dans le grès des Vosges, il est employé avec avantage sur les prairies artificielles du muschelkalk.

Les bois sont rares sur le calcaire coquillier. On n'en trouve, dit M. Braconnier, que dans les endroits où les alluvions sablonneuses qui le couvrent ont une grande épaisseur; elles sont alors dans les mêmes conditions que celles du grès bigarré. Partout ailleurs la terre est trop fertile pour qu'on ne la cultive pas; d'ailleurs la région boisée du grès bigarré et du grès des Vosges n'est pas loin de cette zone de calcaires, et, de l'autre côté, dans les marnes irisées, nous allons retrouver des terres pauvres dont les forêts peuvent également fournir aux agriculteurs du voisinage les bois dont ils ont besoin.

C. — *Marnes irisées* ou *keuper*.

Les marnes irisées forment, à l'ouest du muschelkalk, une zone parallèle qui, d'abord très étroite près de Mirecourt, commence à s'élargir entre Lunéville et Nancy et occupe ensuite, entre Château-Salins et Saarunion, et jusqu'à Sarreguemines, la plus grande partie de la plaine lorraine.

Le nom de *marnes irisées* provient des couleurs bariolées que leur ont données des substances métalliques (fer, manganèse, et, en certains endroits, cuivre) amenées sans doute par des sources thermales. Au-dessus de la dolomie, dite *de Sainte-Anne*, qui sépare cet étage de celui du muschelkalk, on trouve d'après M. de Lapparent :

a) Des marnes bariolées;

b) 180 mètres de marnes au milieu desquelles sont, en lentilles allongées, les couches de sel gemme que l'on exploite à Dieuze et à Vic. Ce sel est mélangé d'argile bitumineuse, de sulfate de chaux et de soude et d'un peu de sulfate de magnésie. Des couches de marnes et d'argile, avec anhydrite et gypse en gros tubercules, séparent les couches de sel;

c) Le grès moyen de la Lorraine ou grès keupérien; on trouve au-dessus de ce grès une couche de lignite qui est exploitée en certains endroits;

d) Des marnes bariolées alternant avec des dolomies ou des grès;

e) La dolomie de Beaumont, série d'assises de dolomies jaune clair, parfois rougeâtres, compactes et assez dures, d'où l'on tire des pierres de taille et des moellons;

f) Des marnes bariolées, avec intercalation de lits de dolomies ou de grès[1].

En France, les grès ont pris beaucoup moins de développement qu'en Allemagne où ils constituent un étage puissant auquel on a donné le nom de *keuper*.

Voici, d'après M. Braconnier, la composition d'une terre forte appartenant à la partie inférieure (*a*) à Gerbéviller, d'une terre forte appartenant aux argiles gypseuses (*b*) à Coincourt, d'une terre moyenne de Barbonville appartenant au grès keupérien (*c*), d'une terre moyenne formée par les marnes dolomitiques (*f*) mélangées avec les débris du grès infraliasique qui les dominent à Einville.

	a	b	c	f
Silice.	514	718	870	815
Alumine	326	90	41	105
Peroxyde de fer	30	23	69	33
Chaux	21	20	15	33
Magnésie	2	8	1	2
Acide phosphorique.	1,2	4	0,3	0,5
Acide sulfurique	2	2	Traces.	2
Pertes au feu	21	129	18	30
	1000	1000	1000	1000

M. Grandeau a fait l'analyse d'une terre végétale du keuper, à Saint-Louis (Moselle) :

Eau	5,40
Matières combustibles	9,40
Alumine et oxyde de fer	3,55
Chaux	0,18
Magnésie	0,21
Potasse	0,19
Soude	0,09
Acide phosphorique	0,07
Résidu insoluble dans les acides	81,58
Total	100,67

1. Sur la feuille de Mirecourt de la carte géologique détaillée, qui vient de paraître, les marnes irisées sont divisées en *marnes irisées inférieures* qui comprennent à la fois *a* et *b*, *marnes irisées moyennes* qui comprennent *c*, *d* et *e*, et *marnes irisées supérieures* qui correspondent à *f*.

On voit que la composition chimique de la plupart de ces terres est assez bonne. Quelques-unes seulement contiennent trop peu d'acide phosphorique.

Mais les propriétés physiques des argiles bariolées, qui couvrent de grandes surfaces en Lorraine, font souvent le désespoir des cultivateurs.

« En temps de sécheresse, dit M. Burat dans sa *Géologie de la France*, ces marnes argileuses se dessèchent et présentent un sol incohérent, formé de petits fragments polyédriques, fendillés par une multitude de fissures de retrait. Leurs surfaces, à moins qu'elles n'aient été modifiées par des amendements, forment des steppes secs dont les couleurs grisâtres, bariolées de veines d'un rouge sale, attristent la vue. Les vents violents mettent en mouvement les petits fragments marneux; de sorte que la mobilité du sol, renouvelant les surfaces, ajoute un nouvel obstacle à la végétation. Il semblerait que la saison des pluies va ramener le sol à des conditions normales; mais ces marnes sont trop argileuses, elles se renflent en absorbant l'eau, tous les fragments se soudent et constituent bientôt des surfaces imperméables sur lesquelles les eaux restent en flaques stagnantes. »

L'ensemble de la contrée se compose de plaines faiblement ondulées. Les bancs de dolomie forment seuls quelques escarpements plus prononcés sur les pentes des coteaux.

En beaucoup d'endroits, les argiles du trias sont recouvertes par des alluvions vosgiennes, qui modifient la couche superficielle en y mêlant des graviers ou des sables. Mais le sous-sol n'en est pas moins imperméable.

On a utilisé autrefois cette imperméabilité naturelle pour faire des étangs où l'on élève du poisson. De temps en temps, on les vide pour faire la pêche, et cultiver pendant quelques années le fond; puis on ferme de nouveau les écluses des barrages qui arrêtent les eaux.

Au-dessous des étangs, les ruisseaux et les rivières coulent lentement, faisant de nombreux contours dans les vallons à faible pente que forment les dépressions des plateaux. La plupart de ces larges vallées sont couvertes de prés, quelques-uns marécageux et montrant pendant les sécheresses des efflorescences, au milieu desquelles croissent des plantes salicoles, telles que le *Salicornia herbacea*. Des rectifications de cours d'eau, des drainages pourraient améliorer considérablement les produits de ces prairies. On devrait également en augmenter l'étendue aux dépens des terres les plus fortes, dont la culture est très dispendieuse. La jachère est presque toujours indispensable pour obtenir des récoltes de blé, qui restent médiocres et ne peuvent que rarement payer au fermier un produit net. Il vaut mieux profiter de l'aptitude naturelle que les terres ont à s'enherber pour en faire des prés et concentrer toutes les forces de la culture sur les terres hautes, et, même parmi les terres hautes, sur les meilleures et les plus rapprochées des fermes, en réservant toutes les autres pour la production du bois.

La célèbre ferme de Roville, où Mathieu de Dombasle fonda, en 1822, notre première école d'agriculture, se trouvait située sur la limite des marnes irisées et du lias, mais la plus grande partie de ses terres appartenait aux alluvions de la vallée de la Moselle.

Voici comment Mathieu de Dombasle lui-même a décrit ces terres dans le 1er volume des *Annales de Roville :*

« Roville, village du département de la Meurthe, est situé dans la vallée qu'arrose la Moselle, entre Nancy et Épinal, à la distance de six lieues de la première de ces villes. Le marché aux grains le plus voisin est celui de Charmes, petite ville située à trois lieues de Roville, sur la route d'Épinal.

« La Moselle coule ici dans un vallon d'une demi-lieue de largeur, bordé par deux chaînes de coteaux peu élevés. Le village se trouve placé au pied des coteaux, sur la rive gauche de la rivière, qui en est éloignée d'environ un quart de lieue.

« Les terres qui composent l'exploitation sont situées, pour environ deux tiers (127 hectares), dans la plaine, entre le village et la rivière : les habitants appellent ces terrains *les terres du bas;* l'autre tiers (53 hectares) est situé sur le penchant et sur le sommet des coteaux et on les appelle communément *les terres du haut.* Cette division des terres du finage établit une distinction très marquée, relativement à la nature du sol.

« Les terres de la plaine ou *du bas* sont entièrement formées d'alluvions assez récentes de la rivière. On peut les subdiviser en trois genres : terres blanches, composées d'argile et de sable très fin, terres sablonneuses et terres graveleuses. Dans toutes ces terres, on ne rencontre aucune trace de substance calcaire ; tout y est formé de débris que la rivière amène des montagnes granitiques et siliceuses des Vosges.

« Les terres *du haut* ou des coteaux sont d'une nature entièrement différente de celles de la plaine. Autant la culture est facile dans ces dernières, autant elle présente de difficultés dans les autres. Celles-ci sont en général très compactes et sont toutes formées d'une argile très tenace ou de marnes argileuses qui offrent encore plus de difficultés pour les labours, puisqu'elles s'attachent obstinément aux instruments lorsqu'on les cultive dans un état d'humidité. Il arrive souvent, après une ou deux semaines de sécheresse, que la surface de la terre est assez durcie pour que le soc ait peine à pénétrer, tandis qu'à la profondeur de quatre ou cinq pouces seulement, la terre est encore tellement humide et tenace qu'elle se roule sous le sep de la charrue et qu'elle adhère avec force à toutes les parties de l'instrument. Beaucoup de ces terrains sont d'ailleurs encombrés de pierres plus ou moins grosses, qui gênent considérablement la culture, et embarrassés de roches souterraines qui arrêtent fréquemment les instruments. Plusieurs pièces situées sur le penchant des coteaux, sont placées, dans certaines parties, en pente tellement rapide, qu'on a peine à y marcher, et qu'il est absolument impossible d'y exécuter un labour passable, avec quelque charrue que ce soit, en jetant la terre en haut. Il est cependant nécessaire de labourer horizontalement, car autrement les eaux de pluie y causeraient des dommages considérables, par les ravins qu'elles y formeraient.

« Les terres de cette division sont en général plus fertiles que celles de la plaine ; du moins, la réussite des céréales y est plus assurée, parce que les récoltes y souffrent moins des effets de la sécheresse. Le froment, l'avoine, le trèfle, le sainfoin, les vesces, les fèves y réussissent bien ; je ne doute pas qu'on puisse également y cultiver avec succès la betterave, le rutabaga, le colza, etc.... »

Voilà comment Mathieu de Dombasle décrivait en 1822 les terres de Roville. Les argiles dont il parle sont les argiles bariolées qui forment les couches supérieures du trias. Quelques-unes de ces argiles contiennent une forte proportion de particules dolomitiques, débris des lits de dolomie que l'on y trouve toujours, et ce sont les plus infertiles.

Au-dessus de ces argiles qui affleurent au bas des coteaux, on trouve le grès infraliasique ; c'est lui qui forme ces pentes rapides *où l'on a peine à marcher.* Il a une dizaine de mètres d'épaisseur. Puis on retrouve, dans le haut des coteaux, une couche de marnes rouges qui ressemblent encore à celles du trias, et les bancs de calcaires bleu foncé, plus ou moins décomposés et entremêlés de marnes schisteuses du lias (étage *sinémurien*). Ces calcaires sont sans doute les *pierres plus ou moins grosses et les roches souterraines qui fréquemment arrêtent les instruments, lorsqu'on laboure dans le haut des coteaux.*

Mathieu de Dombrasle avait envoyé au comte de Gasparin des échantillons de ses terres. M. Paul de Gasparin a retrouvé ces échantillons dans la collection de son père ; il en a fait l'analyse et leur a trouvé la composition suivante :

		N° 1. Bas de la côte amé-lioré.	N° 2. Vallée.	N° 3. Vallée près de la côte amé-liorée.	N° 4. Terrain dolo-mitique.	N° 5. Terre de la côte.
Analyse physique.	Pierres.	0,20	48,50	3,10	9,70	19,50
	Sable.	52,10	43,40	87,10	24,20	43,60
	Argile	47,70	8,10	9,79	66,10	36,90
		100,00	100,00	100,00	100,00	100,00
Analyse chimique.	Acide phosphorique.	0,134	0,102	0,087	0,087	0,057
	Potasse.	0,340	0,081	0,067	0,975	0,179
	Soude	0,114	0,105	0,114	0,119	0,137
	Chaux	3,397	0,127	0,006	7,616	0,059
	Magnésie.	2,175	0,526	0,380	3,510	0,525
	Sesquioxyde de fer.	5,020	1,810	1,830	9,800	4,760
	Alumine.	2,130	0,750	0,233	4,130	2,360
	Eau combinée	1,903	0,579	0,402	3,176	1,649
	Acide carbonique.	5,028	0,099	0,075	9,847	0,621
	Matières organiques.	11,115	4,716	2,226	4,850	3,421
	Partie inattaquable par l'eau régale.	67,840	91,060	94,430	55,870	84,170

Parmi ces terrains, le nº 1 seul est fertile. C'est celui du bas de la côte, où la terre fine s'est accumulée sur un sous-sol de gravier qui lui fournit un drainage naturel. Mathieu de Dombasle le qualifie d'*amélioré*. Sa richesse en matières organiques, en chaux, en acide phosphorique et en potasse justifie cette qualification.

Par contre, les terres nº 2 et nº 3, terres de vallée qui formaient les deux tiers du total, sont d'une pauvreté déplorable. Cette pauvreté est particulièrement grande pour le nº 2, parce qu'il contient 48,50 p. 100 de pierres et que, par conséquent, il faudrait multiplier par le coefficient 0,515, c'est-à-dire diminuer de moitié les chiffres donnés par l'analyse chimique pour l'acide phosphorique, la potasse attaquable, la chaux, etc. M. Paul de Gasparin dit qu'un sol pareil, s'il a du fond, doit être abandonné à l'exploitation forestière.

Le nº 3 est moins mauvais, parce qu'il est moins pierreux.

Dans les terres de la vallée, Mathieu de Dombasle suivait un assolement de 6 ans, suivi de 4 ou 5 années de pâturage destiné à ses moutons. Cet assolement se composait de : 1º betteraves fumées à raison de 25 voitures de 600 à 700 kilogr. par hectare ; 2º froment ou seigle ; 3º prairie artificielle, composée de trèfle blanc avec un peu de trèfle commun et de ray-grass pour une partie de la côte, et sarrasin pour le reste ; 4º seigle ou escourgeon et une petite partie en froment ; 5º colza, fumier à raison de 15,000 kilogr. à l'hectare ; 6º froment. Pour établir le pâturage, on semait dans le froment un mélange de trèfle blanc, de ray-grass, de pimprenelle et d'un peu de trèfle commun. Mais il paraît que les sécheresses nuisaient souvent à ce pâturage, et dans le dernier volume des *Annales de Roville*, qui ont paru en 1837, Dombasle parlait de le supprimer. Il y avait, de plus, dans la vallée, 12 hectares de prairies arrosables au moyen d'un petit ruisseau descendant des coteaux qui bordent la vallée de la Moselle. Mais ce ruisseau n'avait d'eau qu'à l'époque des grandes pluies.

Le terrain dolomitique nº 4, terrain de la côte, était très infertile, et l'on attribuait cette infertilité à la grande quantité de magnésie qu'il contenait. C'est une marne très tenace, pauvre en acide phosphorique, mais remarquablement riche en potasse attaquable. Quant au terrain nº 5, également terrain de la côte, il est moins argileux que le n° 4, mais encore plus pauvre en acide phosphorique.

Certes, il eût été difficile de trouver un choix de terres plus mauvaises, les unes par excès de sécheresse, les autres par excès de ténacité, toutes par une composition chimique incomplète.

Il y avait là de quoi faire toutes sortes d'expériences, et Mathieu de Dombasle en a largement profité, ou plutôt il en a largement fait profiter les autres, soit en recueillant, sur les cultures les plus variées, les observations qu'il a réunies dans le *Calendrier du bon cultivateur*, notre meilleur livre de pratique, soit en perfectionnant son araire et la plupart de nos instruments d'agriculture. Mais, dans des conditions de sols aussi déplorables, l'entreprise de l'illustre agronome devait fatalement se terminer par un échec financier. Si la société d'actionnaires dont Mathieu de Dombasle était le représentant avait été propriétaire du domaine de Roville, elle aurait pu se servir de la Moselle pour irriguer les terres de la vallée, comme l'ont fait plus tard MM. Dutacq et Naville, tout près de là, entre Chamagne et Épinal, ou bien elle aurait pu boiser les parties les plus ingrates. Mais la société n'était que fermière pour 20 ans, et elle n'avait pour 190 hectares qu'un capital de 45,000 fr., soit 237 fr. par hectare. Mathieu de Dombasle lutta avec courage contre les difficultés de cette situation. Il finit par succomber, mais, comme un médecin qui analyse lui-même la maladie dont il meurt, il a raconté ses revers et avoué franchement ses erreurs dans les rapports qui remplissent les 9 volumes des *Annales de Roville*, et il a su ainsi les transformer en enseignement utile pour les autres. Notre grand agronome est resté pauvre, mais ses livres, ses machines et ses nombreux élèves ont enrichi la France.

Les terres froides des coteaux, dont la moitié inférieure se composait de marnes irisées, mêlées de calcaire dolomitique, et la moitié supérieure des grès et marnes inférieures du lias, étaient très épuisées et pleines de mauvaises herbes, quand Mathieu de Dombasle en entreprit la culture. En 1823, année généralement très fertile, le blé n'y donna, à la suite d'une jachère nue, que 10 ½ hectolitres par hectare. Après les avoir nettoyées et leur avoir donné force fumier, chiffons de laine et touraillons, ce qui coûta très cher, car les charrois et les façons étaient difficiles, Dombasle crut pouvoir y faire réussir la luzerne; mais le rhyzoctone vint la détruire, et dès 1825, dit-il, il reconnut qu'il devait renoncer *aux châteaux en Espagne qu'il avait fondés sur la culture de la luzerne.*

En 1837, il suivait dans ces terres du haut un assolement de 5 ans qui débutait par une jachère nue, car il trouvait que, sans cette jachère, il serait à peu près impossible d'entretenir un sol de cette nature dans un état satisfaisant de propreté. Il la fumait à raison de 23,000 kilogr. de fumier à l'hectare, ce qui est une fumure bien faible pour une terre forte. Puis venait un froment dont il espérait obtenir 18 à 20 hectolitres, idéal bien modeste pour une culture *exemplaire.* Dans ce froment il semait du trèfle dont la *seconde coupe au moins était enfouie comme engrais* [1] et, sur cette espèce de fumure verte, il faisait une avoine et un froment.

Que cet assolement était loin de l'assolement alterne, avec suppression complète de la jachère, que Mathieu de Dombasle s'était flatté d'introduire à Roville, lorsqu'il en avait pris la direction!

---

§ 2. — Le trias dans les autres parties de la France et en Algérie.

On retrouve le trias, plus ou moins complet, sur un assez grand nombre de points dans le reste de la France, mais il y couvre des surfaces beaucoup moins considérables qu'en Lorraine.

Au pied du Jura, près de Salins, il offre un certain intérêt par le sel qu'il fournit. Il n'est représenté que par son étage supérieur, le keuper, qui se compose, d'après M. Marcou, de 3 assises : l'assise inférieure, de plus de 100 mètres de puissance, qui fournit les eaux mères des salines; l'assise moyenne qui a 50 mètres d'épaisseur et contient du gypse régulièrement stratifié, et l'assise supérieure qui est schisteuse et calcaire.

---

1. Annales de Roville. *Supplément* 1837.

Dans l'Auxois, les sondages forés pour la recherche du terrain houiller ont traversé plus de 500 mètres de grès, d'arkoses et d'argiles bariolées qui appartiennent au trias. Près de Santenay, il y a une source salée. Dans la vallée de la Dheune, on exploite du gypse qui est employé pour les constructions et pour l'amendement des terres.

Sur le périmètre du plateau central, le trias ou du moins une partie du trias apparaît dans l'Allier, dans la Corrèze, dans l'Aveyron et dans l'Hérault, près·de Lodève.

Dans le département de l'Allier, aux environs de Bourbon-l'Archambault, le keuper, reposant directement sur les gneiss et micaschistes, les sépare des terrains jurassiques. Il se compose, dans sa partie inférieure, de poudingues ou de grès blancs, puis de marnes feuilletées vertes ou couleur lie de vin, et, en haut, de quelques bancs de calcaires dolomitiques, mélangés avec l'argile et colorés en roug e

Dans le département de l'Aveyron, le trias repose, tantôt sur les gneiss et les micaschistes qui forment les flancs de la chaîne d'Aubrac (bassin de Saint-Christophe), tantôt sur les terrains de transition (bassin de Camarès). Il n'est représenté que par le grès bigarré et les marnes irisées. Le muschelkalk manque.

Dans sa partie inférieure, le grès est généralement rouge-brique ; on l'appelle *rougier* dans le pays. Mais on y trouve des couches grises ou blanchâtres, bariolées de brun ou de noir, quelquefois de vert (carbonate de cuivre). Puis viennent des marnes rouge violacé ou lie de vin, souvent maculées de vert ou de blanc, et contenant quelques lits de calcaire.

A la partie supérieure, les grès redeviennent prédominants. Quelques-uns de ces bancs de grès sont assez solides pour fournir des pierres de taille, des dalles et des pierres à aiguiser. Ils forment les arêtes des collines. D'autres se décomposent plus facilement et forment une terre sablonneuse et peu fertile, sur laquelle on ne voit qu'un petit nombre de champs et de vignes, clairsemés au milieu de châtaigneraies, de bois et de pâturages, ou de landes incultes couvertes de bruyères.

Les marnes constituent des collines à formes arrondies ou des talus à pentes raides, sillonnés de profonds ravins. Mais, dans le fond des vallées, la terre qui résulte du mélange de tous ces matériaux est très fertile.

Tandis que les grès sont généralement inclinés de 20 à 25 centimètres, les couches de marnes irisées qui les surmontent sont à peu près horizontales : ainsi, à la montagne de la Loubière, près de Saint-Affrique, elles se composent :

1° De grès quartzeux blancs qui fournissent de bons matériaux de construction ;

2° De grès, plus tendres et plus terreux, nuancés de jaune, de vert et de rouge, en assises peu épaisses, alternant avec des marnes rouges ;

3° De marnes grises, violettes ou vertes, contenant des lentilles de gypse que l'on exploite à Lagrange, Montaigut, Gissac, etc. ;

Enfin, 4° de marnes calcaires qui passent dans leur partie supérieure à un calcaire dolomitique, jaune et caverneux. C'est le niveau habituel des sources [1].

En Normandie, on trouve un îlot de trias aux environs de Carentan et d'Isigny, sur les deux côtés de la vallée de la Vire. Il est formé de graviers, de poudingues, de sables, de grès et de marnes rouges ou bariolées. En général, les graviers et poudingues sont séparés des marnes par un conglomérat calcaire qui devient souvent magnésien. Les terres rouges du trias sont loin de faire d'aussi bons herbages que les alluvions et les marnes du lias. Il faut beaucoup de fumier et des chaulages pour les améliorer. Mais les graviers du trias forment un bon sous-sol, quand ils sont recouverts d'une certaine épaisseur d'alluvion.

Dans le sud de la France, le trias est représenté d'une manière assez complète, mais sur un petit espace, dans les Corbières, dans les Pyrénées, près de Bayonne, dans les Alpes, et en Provence, depuis les environs de Toulon jusque près Antibes. Au-dessus des grès rouges permiens, qui s'appuient sur les massifs cristallins des Maures et de l'Esterel, se trouve un poudingue à galets de quartz blanc et de quartz rose que recouvrent des grès blancs, à ciment

---

1. Ad. Boisse, *Esquisse géologique du département de l'Aveyron.*

siliceux. Puis viennent des marnes bariolées et les calcaires gris jaunâtre du muschelkalk, en bancs compacts, alternant avec des lits marneux. Sur les pentes disposées en terrasses s'étagent des plantations d'oliviers, tandis que le sommet des collines est couvert de pins.

En Algérie, MM. A. Pomel et P. Pouyanne ont constaté l'existence du trias dans le massif du littoral de la province d'Oran, d'Arzew au Rio-Salado. Il a environ 1000 de puissance entre le dernier ravin des Planteurs et le fort Lamoune.

Le substratum, disent-ils dans leur texte explicatif de la carte géologique provisoire des provinces d'Alger et d'Oran, est un grès argileux, ou une argile gréseuse, à délit plus ou moins schistoïde, avec intercalation de quartzite, en plaquettes, bancs ou nodules souvent volumineux; la stratification y est fréquemment très diffuse. En dessus et sur une grande épaisseur se superposent des schistes siliceux, assez fissiles, mais se divisant en fragments par leur exposition à l'air. Assez brusquement et en concordance de stratification, on trouve au-dessus des bancs peu épais, ou plutôt des lits nombreux de calcaires le plus souvent devenus cristallins, plus ou moins mêlés de lits argileux, très fissiles, que l'on a essayé d'exploiter pour ardoises et qui ont à la fois une grande puissance et beaucoup d'homogénéité. Un énorme banc de quartzite les sépare d'une série de couches moins homogènes, plus siliceuses, se terminant par quelques bancs plus calcaires et même dolomitiques. Ce terrain contient quelques lits de mauvais anthracite.

A la montagne des Lions, dans le Djebel-Kahar, on trouve, reposant en stratification discordante sur cette formation triasique, des couches puissantes de poudingues, à cailloux plus ou moins volumineux, quelquefois réduits à un sable très grossier. Sur un autre point, au cap Falcon, ce sont des couches argileuses conglomérées dont les éléments ont été empruntés aux schistes et calcschistes de la formation précédente.

Dans les Traras, sur le territoire de la tribu des Beni-Menir, MM. Pomel et Pouyanne ont retrouvé le même terrain par lambeaux et supportant les calcaires du lias moyen et supérieur. Peut-être appartient-il au lias inférieur, peut-être au keuper.

§ 3. — L'Allemagne.

Au nord de l'Alsace et de la Lorraine, le grès des Vosges s'étend jusque dans la Bavière rhénane et forme, entre autres, par sa décomposition les terres du village de Gerhardsbrunn, où vécut Adam Müller, un des agronomes les plus distingués de l'Allemagne. Félix Villeroy, dont la propriété était située non loin de cette intéressante commune, a donné une description de son agriculture qui mérite d'être conservée et dont je crois devoir reproduire la plus grande partie :

Le village de Gerhardsbrunn est situé à 16 kilomètres nord-est de Deux-Ponts et 5 kilomètres sud du relai de poste de Bruch-Mühlbach, route de Paris à Mayence. Il faisait, avant la Révolution de 1789, partie du comté de Sickingen, fief de l'empire. Les habitants étaient, comme tant d'autres, taillables et corvéables à merci, soumis à la dîme et à toutes les vexations du régime féodal, dans la dépendance absolue d'un seigneur qui dépensait à Vienne ses revenus.

Les terres étaient communes et se partageaient tous les sept ans. Cette communauté des terres, un des plus grands obstacles aux progrès de l'agriculture, existait encore il y a peu d'années dans beaucoup de villages du pays qu'arrose la Sarre, entre la Moselle et le Rhin.

À Gerhardsbrunn, les terres près du village, jardins, chènevières, étaient propriété assurée et non sujette à changer : toutes les autres terres étaient communes. Ces terres communes étaient pourtant susceptibles d'être aliénées par ventes ou divisées par héritage, avec cette différence qu'au lieu d'acquérir tel champ ou telle pièce de terre, on acquérait le droit de prendre part au partage des terres communes dans une certaine proportion. La totalité était divisée en lots de 100 jours chacun (de 29 ares), et la propriété de chacun se composait de lots ou de fractions de lots.

L'étendue totale du ban était de 2,250 jours (652 hectares). Tous les sept ans un nouveau partage avait lieu.

L'assolement suivi était :

1° Jachère.

2° Seigle d'hiver.

3° Seigle d'été et pommes de terre.

4° Avoine.

5° Avoine.

6° Pâturage.

7° Pâturage.

Si l'on considère qu'avec un tel assolement on ne plantait alors . que très peu de pommes de terre, que le trèfle était tout à fait inconnu, les prés peu étendus, le bétail à la pâture pendant une grande partie de l'année; que pour le pâturage des deux dernières années on ne semait aucune plante fourragère, et qu'on se contentait de laisser la terre inculte, on sentira combien était déplorable l'état de ce comté de Sickingen.

Telle était la situation, lorsqu'y pénétra la Révolution française. Nulle part elle ne fut mieux accueillie; nulle part les idées de liberté et d'égalité n'excitèrent plus d'enthousiasme; aucun Français ne porta avec plus d'orgueil la cocarde tricolore que l'habitant des hauteurs de Sickingen, qui se voyait tout à coup délivré de l'esclavage et de tous les maux qui avaient si longtemps pesé sur lui.

L'émancipation coûta cependant bien des sacrifices; on eut à supporter la guerre dont ce pays fut le théâtre, et tous les maux qu'elle entraîne après elle, le désordre, les réquisitions, le pillage, etc. Dix années s'écoulèrent jusqu'à ce que le calme et l'ordre fussent entièrement rétablis.

Pendant tout ce temps, l'agriculture n'était pas restée stationnaire. Déjà, au moment où éclata la Révolution, on avait commencé à faire usage de la chaux, à cultiver la navette d'été, et le trèfle commençait à être connu. Après la Révolution, l'agriculture, entièrement délivrée de ses entraves, marcha rapidement dans la voie du progrès.

La communauté des terres était le premier obstacle à une amélioration réelle et durable. On procéda à un partage définitif de tout le ban. On s'appliqua à faire les pièces de terre aussi grandes que le permettait l'égalité du partage et à conserver tout ce que pouvait avoir de bon l'ancien système. Cette opération présentait de grandes difficultés d'exécution, et en 1811 seulement elle fut accomplie.

Les communes environnantes suivirent successivement l'exemple de Gerhardsbrunn, et il n'existe plus de terres communes dans tout l'ancien comté de Sickingen.

En partageant les terres, on s'accorda pour adopter un même assolement, le ban resta divisé en sept parties, et à l'ancienne rotation on substitua :

1° Jachère fumée.
2° Colza.
3° Seigle.
4° Pommes de terre.
5° Avoine.
6° Trèfle.
7° Avoine.

Les terres les plus éloignées, les pentes rapides furent soumises à un autre assolement de huit ans :

1° Jachère ordinairement parquée.
2° Colza.
3° Seigle.
4° Pommes de terre.
5° Avoine.
6° 7° 8° Trèfle et pâturage pour les bêtes à laine.

Si ces deux assolements laissent encore à désirer, on voit cependant que le progrès fut immense, et que, sortant de la barbarie, on arriva d'un seul pas à un système de culture qui n'est pas parfait, mais qui est cependant bon et susceptible de recevoir les améliorations indiquées par l'expérience et les progrès de la science agricole.

Les terres immédiatement autour du village, et qui déjà avant le partage étaient non communes, sont restées en dehors de ces deux assolements et sont soumises à une culture libre, déterminée par les besoins de chaque exploitation ; c'est là qu'on sème l'orge, qu'on cultive plus de pommes de terre et de fourrage. Ces terres sont sur le plateau où est bâti le village, et d'une culture facile; pour les autres, situées généralement sur des pentes plus ou moins rapides, elles sont d'un abord et d'une culture difficiles; elles sont surtout, et ceci est le plus grand mal, sujettes à être ravinées et entraînées par les eaux.

Le sol est en général sablonneux, reposant sur un sous-sol d'argile nuisible dans beaucoup d'endroits par son imperméabilité.

Sur les plateaux, le mélange de sable et d'argile a formé une couche arable plus consistante et de meilleure qualité.

En général, on peut dire que l'agriculture de Gerhardsbrunn est ingrate et difficile.

La position est très élevée et par suite froide. La végétation y est d'environ quinze jours en retard sur la plaine du Palatinat; la qualité des terres est médiocre, la configuration du sol défavorable; elle occasionne des pertes de temps, exige beaucoup de travail et plus d'attelages; les champs se commandent les uns aux autres, enfin les dégâts causés par les pluies, surtout par la fonte des neiges et les orages, tendent continuellement à appauvrir la terre, et nécessitent l'emploi d'une grande quantité d'engrais si l'on veut obtenir de belles récoltes. Malgré ces conditions défavorables, auxquelles, à la vérité, on était dès longtemps habitué, le partage définitif des terres donna à la culture une nouvelle vie. Chacun travailla avec ardeur à améliorer sa propriété; les amas de pierres, les ronces, les buissons, les arbres inutiles disparurent des champs; des conduits couverts éloignèrent les eaux des endroits où elles étaient stagnantes par l'imperméabilité du sous-sol.

Par suite de ces dessèchements, ces terres sont devenues les meilleures du ban.

On travailla surtout à améliorer les prés et à augmenter leur étendue. Ils sont situés dans d'étroits vallons, au-dessous des terres cultivées. Ils furent agrandis avec des travaux considérables aux dépens des revers pour la plupart incultes des montagnes; ils furent nivelés et disposés de manière à pouvoir être arrosés, en utilisant l'eau des sources qui se trouvent dans tous ces vallons. Leur étendue, qui était d'environ 250 jours, fut portée à 450. Ils sont l'objet de soins assidus que paie largement leur produit, et à la récolte de l'herbe se joint celle des fruits obtenus des bordures d'arbres dont on a entouré ces vallons.

Les arbres qui bordent les prés sont des quetschiers, et quoiqu'ils ne soient pas encore arrivés à leur plus grand rapport, la commune peut, dans un bonne année, distiller environ 5,000 litres d'eau-de-vie de quetsches valant environ 60 fr. l'hectolitre. Les vergers près des habitations produisent en abondance des poires et des pommes qui fournissent dans les ménages d'agréables et utiles provisions d'hiver. On a aussi planté des noyers et des châtaigniers.

Ici, comme dans l'agriculture du Glane, je crois la jachère complète parfaitement à sa place. Les cultivateurs de Gerhardsbrunn n'ont pas à leur disposition une grande quantité de fumier, ils doivent tendre à diminuer le plus possible les frais de culture, et beaucoup de leurs terres sont d'un abord si difficile qu'il ne serait pas possible de les préparer convenablement sans une jachère complète.

Sur la jachère, on sème en juillet le colza, à la volée; on ne bine pas. En général, et c'est une remarque qui se présente souvent dans l'agriculture de Gerhardsbrunn, les plantes, pendant leur végétation, ne reçoivent pas les cultures qui assureraient leur complète réussite, et la première cause en est dans le manque de manœuvres.

Tous les habitants de Gerhardsbrunn sont propriétaires. Il n'y a pas chez eux une seule famille de prolétaires, ils sont donc obligés de faire venir leurs manœuvres des villages environnants. Il faut alors les nourrir, les coucher, les payer plus cher; les frais et l'embarras se trouvent ainsi augmentés et on ménage la main-d'œuvre le plus possible. En outre, les instruments mus par un cheval, houe à cheval et autres, fonctionnent mal dans des terres qui ont une forte pente et beaucoup de pierres.

Avec le colza on sème des navets dans une forte proportion. Ces navets sont arrachés jour par jour et fournissent une bonne nourriture pour les vaches en octobre et novembre.

Cette culture du colza est la principale, celle à laquelle on attache le plus d'importance. On y consacre la presque totalité du fumier, et en outre tous les engrais qu'on peut se procurer et que souvent on va chercher fort loin, chaux, cendres lessivées, cendres de savonniers, os pulvérisés, résidus des fabriques d'ammoniaque et aussi des composts[1].

Après le colza, les habitants de Gerhardsbrunn fument encore à l'automne pour du seigle ou de l'épeautre; au printemps pour des pommes de terre, de l'orge, etc.; mais ils sont trop disposés à ménager toutes leurs ressources pour la récolte du colza, et par suite à laisser s'accumuler le fumier. Il est évident, et ils le savent très bien, qu'ils n'ont pas assez de fumier; le produit moyen de leurs récoltes n'est pas ce qu'il devrait être. Ils ont une bête pour 7 jours de terre, en comptant 2 chevaux et 10 bêtes à laine pour une bête à cornes; leur assolement étant de 7 années, chaque bête fume par année 1 jour de terre (29 ares), et en théorie cette proportion serait suffisante, mais ici par le fait elle ne l'est pas[2].

De l'autre côté du Rhin, on retrouve les grès de l'étage vosgien dans les montagnes de la Forêt-Noire. En général, le pays de Bade et le Wurtemberg représentent à peu près l'Alsace et la Lorraine transportées sur la rive droite du Rhin. Des deux côtés du fleuve tout est symétrique : même latitude géographique, surfaces presque égales, reliefs semblables dus à des soulèvements contemporains et parallèles, mêmes formations géologiques, avec les mêmes roches et, par conséquent, avec les mêmes sols.

Si du groupe des ballons des Vosges, on tire une ligne perpendiculaire sur la ligne du Rhin et qu'on la prolonge d'une longueur à peu près égale, on trouve à l'autre extrémité les sommités les plus élevées de la Forêt-Noire. Ce sont des granites porphyroïdes semblables,

---

1. Il sort annuellement de Gerhardsbrunn environ 1,200 fl. pour achat d'engrais, un quart de cette somme pour la chaux et trois quarts pour les os. Les cendres sont devenues trop chères et leur qualité est altérée par des mélanges frauduleux.

Si l'on emploie les os seuls, on en met 15 quint. par hectare, mais on préfère les employer simultanément avec le fumier d'étable. La chaux ne s'emploie jamais seule.

On a remarqué que la chaux, les cendres et les os agissent moins sur les premières récoltes, colza et seigle, que sur les dernières, avoine, trèfle et pommes de terre. On a également reconnu que l'action des os est moindre dans des terres précédemment amendées avec la chaux.

2. F. Villeroy, *Notice sur le village de Gerhardsbrunn* (Bavière rhénane).

recouverts de pâturages. Les grès de la Forêt-Noire sont des grès vosgiens; des deux côtés, ce sont les mêmes paysages, les mêmes lacs entourés de sombres forêts de sapins, les mêmes vallées couvertes de prairies et, dans le nord du Wurtemberg, on retrouve les marnes irisées et le muschelkalk de la Lorraine; enfin, dans le sud-est, les plateaux jurassiques de l'Alb séparent le royaume du Wurtemberg de celui de Bavière, comme les trois étages de la formation jurassique, qui s'échelonnent de Nancy à Bar-le-Duc, séparent la Lorraine de la Champagne et des terrains tertiaires du bassin de la Seine.

Le trias occupe en Allemagne des surfaces beaucoup plus grandes qu'en France. De la Souabe, il s'étend, à travers la Franconie, jusqu'aux montagnes du Harz, remplissant tout l'intervalle compris entre les terrains de transition des bords du Rhin et le Thüringerwald. Les villes de Stuttgard, Heidelberg, Nuremberg, Würzburg, Iéna, Weimar, Erfurt et Gotha sont bâties sur le trias de cette partie de l'Allemagne.

On le retrouve, de l'autre côté de la Bohême, dans la Haute-Silésie et jusqu'en Pologne.

Dans le sud-ouest de l'Allemagne, le grès qui se trouve à la base du grès bigarré ressemble à celui des Vosges. C'est un grès rouge, grossier, à facettes brillantes, qui est presque partout couvert de forêts, dans la Forêt-Noire et dans l'Odenwald. Le grès bigarré proprement dit est d'un grain plus fin et entrecoupé de lits plus nombreux d'argile. Le mélange du sable avec l'argile forme, au fond des vallées, des terres de consistance moyenne qui sont productives, mais, sur les hauteurs, on ne peut faire que du bois. La terre ne nourrirait pas son homme (Spessart et bords du Main jusqu'à Aschaffenburg).

Mais, à la partie supérieure du grès bigarré, les argiles et les marnes deviennent prédominantes. Ce sont des marnes schisteuses, de couleur rouge ou brune, que les agriculteurs allemands appellent *Röth*, et qui forment, soit par elles-mêmes, soit par leur mélange avec les sables qui se trouvent au-dessous d'eux, des terres fertiles et surtout des vignobles très estimés, par exemple, à Durlach, dans le grand-duché de Bade, dans les vallées du Main et de la Saale, en Basse-Franconie. Pour entretenir la fertilité de ces vignobles, on y répand tous les trois ans une certaine quantité de *Röth*.

Un grès bigarré du grand-duché de Bade contenait, d'après les analyses de M. le Dr Nessler :

	Soluble dans l'acide chlorhydrique.	Insoluble dans l'acide chlorhydrique.
Silice	0,08 p. 100	69,28 p. 100
Oxyde de fer	4,24	1,81
Alumine	3,27	10,26
Chaux	0,26	0,25
Magnésie	0,19	0,12
Potasse	0,64	5,81
Soude	0,38	2,31
Acide phosphorique . .	0,06	0,04

Une terre formée par la décomposition du grès bigarré de l'Oden-wald contenait, d'après le même chimiste, à l'état soluble dans l'acide chlorhydrique :

Potasse	0,05 p. 100
Chaux	0,24
Acide phosphorique	0,12

Du *Röth* de la partie supérieure du grès bigarré du grand-duché de Bade contenait d'après M. le Dr Nessler :

	Soluble dans l'acide.	Insoluble dans l'acide.
Silice	0,05 p. 100	62,03 p. 100
Oxyde de fer	6,08	1,84
Alumine	4,29	15,44
Chaux	0,25	0,07
Magnésie	0,13	0,09
Potasse	0,84	5,10
Soude	0,39	2,70
Acide phosphorique . .	0,08	0,06

D'après les analyses de M. Hilger, du *Röth* employé comme amendement dans les vignes de Callmuth, près de Hombourg (Hesse), était beaucoup plus riche en acide phosphorique que le précédent. Il en renfermait plus de 2 p. 100 avec 1/2 p. 100 de potasse.

En Allemagne, le muschelkalk est plus développé qu'en Lorraine, et il peut être divisé en :

a) *Muschelkalk inférieur*, composé de dolomie ondulée, puis de calcaire ondulé (*Wellenkalk*) dont les couches alternent avec des lits de marnes et, dans la partie supérieure, avec des calcaires à térébratules et à encrines, ou avec du calcaire spongieux (*Schaumkalk*). Il a 50 à 150 mètres de puissance.

b) *Muschelkalk moyen* (*groupe de l'anhydrite*), composé de dolomie poreuse, d'anhydrite, de gypse et de sel gemme que l'on exploite à Rheinfelden, près de Bâle, en Suisse, à Wilhelmsglück, dans le Wurtemberg, à Erfurt, en Thuringe, etc. Son épaisseur est de 30 à 100 mètres.

c) *Muschelkalk supérieur* ou *calcaire de Friedrichshall*, qui a 60 à 120 mètres de puissance. Il est formé de calcaires très riches en fossiles, en bancs épais qui alternent avec des lits de marnes ou d'argiles. A la limite des marnes irisées, ces calcaires deviennent dolomitiques.

Dans le Wurtemberg, le muschelkalk forme, au pied des montagnes de la Forêt-Noire, des plateaux fertiles où règne l'assolement triennal amélioré (*Strohgau*).

D'après M. le Dr Hilger, des terres formées par la décomposition des couches inférieures du muschelkalk (*Wellenkalk*) contenaient pour cent :

58,437 à 54,21 parties insolubles à froid dans l'acide chlorhydrique concentré.

7,15 à 6,42 d'alumine. . . . .
4,67 à 5,14 d'oxydes fer et de mangan.
27,43 à 26,14 de carbonate de chaux.
2,08 à 3,15 de carbonate de magnésie
0,62 à 0,44 de potasse. . . . . . .
0,08 à 0,56 de soude . . . .
0,52 à 0,71 d'acide sulfurique . . .
0,44 à 0,32 d'acide phosphorique. .

} parties solubles à froid dans l'acide chlorhydrique concentré.

0,20 p. 100 de potasse dont 0,18 p. 100 se dissolvaient dans l'eau chargée d'acide carbonique.

Ce sont donc des terres très fertiles.

Dans certaines parties de l'Allemagne, par exemple dans la Franconie, on emploie les débris du *Wellenkalk* comme amendement pour les terres voisines, surtout pour les vignes.

M. Émile Wolf, professeur à l'École d'agriculture de Hohenheim, a fait un travail fort intéressant sur le *muschelkalk* du Wurtemberg.

En voici les résultats principaux :

Matières solubles à froid dans l'acide chlorhydrique concentré.

	A) Roche peu altérée p. 100.	B) Roche en décomposition p. 100.	C) Terre formée p. 100.
Eau évaporée à 125°.	0,285	0,673	.1,218
Perte par combustion au rouge	0,128	0,673	1,414
Carbonate de chaux.	77,907	47,752	35,200
Carbonate de magnésie	16,593	34,949	22,767
Oxyde de fer	0,613	1,551	1,951
Alumine . ,	0,064	0,087	0,354
Acide phosphorique.	0,0771	0,1624	0,4187
Acide sulfurique	0,0320	0,0128	0,0330
Silice	0,0227	0,0120	0,0230
Potasse.	0,0137	0,0263	0,0531
Soude	0,0145	0,0209	0,0160
Résidu insoluble	4,270	14,434	37,882
	100,0200	100,3531	101,360

Ce sont *les couches supérieures et dolomitiques du muschelkalk* (A) qui ont fourni, en se décomposant, d'abord la roche en décomposition (B), puis de la terre proprement dite (C).

D'après M. Wolf, on peut juger, d'après la quantité de résidu insoluble que contiennent ces trois échantillons, de la quantité de roche peu altérée (A) qu'il a fallu pour former la roche en décomposition (B) ou la terre (C). Il a fallu à peu près 3 kilogr. de A pour former 1 kilogr. de B et à peu près 9 kilogr. pour former 1 kilogr. de C.

D'après les analyses, ce sont les carbonates qui disparaissent en plus grande proportion, dissous par les eaux de pluie chargées d'acide carbonique; le carbonate de chaux d'abord, puis le carbonate de magnésie.

Il se dissout également de l'acide phosphorique, mais de moins en moins à mesure que les carbonates ont disparu et que l'alumine, le fer et la silice prédominent davantage. En réalité, la terre C est plus riche en acide phosphorique que les roches B et A.

Après avoir traité par l'acide acétique quatre terres marneuses provenant de la décomposition du muschelkalk des environs d'Iéna, M. le Dr Weise a examiné au microscope et analysé plus complètement les résidus insolubles qu'il avait obtenus. Il a trouvé qu'ils étaient composés de quartz, de mica, de feldspath orthose, de kaolin, de zéolithes ou silicates hydratés d'alumine et de potasse et de grains d'oxyde de fer.

Il conclut de là que le calcaire coquillier doit avoir été formé, comme certains dépôts calcaires de la série jurassique, par la précipitation du carbonate de chaux dissous dans des eaux qui tenaient en même temps en suspension des particules de feldspath, de mica, etc., produits de la décomposition de granites ou d'autres roches cristallines. Le carbonate de chaux a recouvert ces grains de sable granitique, s'est déposé avec eux au fond des mers et puis a achevé de les cimenter entre eux pour en faire une roche compacte.

Aujourd'hui, dans les terres formées par la décomposition de cette roche, les eaux chargées d'acide carbonique dépouillent peu à peu ces particules de feldspath et de mica de l'enveloppe calcaire qui les avait recouvertes et amènent la décomposition de ces silicates eux-mêmes; tandis que la proportion de chaux diminue dans la terre de la surface, celle de la potasse augmente et celle de l'acide phosphorique ne paraît pas diminuer. Ainsi, la culture, loin d'épuiser ces terres privilégiées, semble au contraire augmenter de plus en plus leur fertilité.

Les trois étages forment, près de Francfort-sur-le-Main, de bons sols pour la vigne, mais surtout le premier et le dernier.

Voici des analyses de terres de vignes. Les numéros 1, 2, 3, 4 et

5 sont formés par un mélange de produits de la décomposition des trois étages. Le numéro 6 provient surtout du *Wellenkalk*.

La terre fine seule a été analysée.

	1	2	3	4	5	6
ANALYSE TOTALE						
Perte par incinération	3,502	4,893	3,465	3,451	3,781	3,912
Silice	55,432	55,482	53,460	12,111	52,489	58,779
Alumine.	7,264	3,322	5,264	4,621	4,784	4,039
Oxyde de fer et de manganèse . . .	4,651	4,205	4,618	3,011	4,976	9,852
Carbonate de chaux	24,430	27,617	26,247	69,681	29,012	17,861
Carbonate de manganèse.	2,031	3,206	3,984	5,130	2,963	4,010
Potasse	0,603	0,472	0,811	1,211	0,426	0,826
Soude.	0,126	0,211	0,315	0,215	0,562	0,314
Acide sulfurique	0,323	0,050	0,040	0,006	0,462	0,091
Chlore.	0,016	0,052	0,042	0,014	0,012	0,021
Acide phosphorique	0,324	0,212	0,281	0,815	0,096	0,512
Chaux. . . . ⎰ à l'état de silicates . .	0,421	0,314	0,521	0,026	0,142	0,168
Magnésie . ⎱	0,012	0,021	0,014	0,015	0,091	0,064
DONT MATIÈRES SOLUBLES DANS ClH.						
Silice	2,142	3,142	2,987	1,965	2,684	3,461
Alumine.	1,625	1,964	2,014	1,016	2,015	2,165
Oxyde de fer	0,956	1,026	0,896	0,628	2,451	4,615
Carbonate de chaux	24,430	27,617	26,247	69,681	29,012	17,861
Carbonate de magnésie.	2,031	3,206	3,984	5,130	2,963	4,010
Potasse	0,401	0,216	0,326	0,641	0,124	0,467
Soude.	0,071	0,081	0,104	0,098	0,215	0,167
Acide sulfurique.	0,323	0,050	0,040	0,006	0,462	0,091
Chlore.	0,016	0,052	0,042	0,014	0,012	0,021
Acide phosphorique	0,324	0,212	0,281	0,815	0,096	0,512
	32,322	37,566	36,921	80,041	40,034	33,370

Le *keuper* se divise, comme le muschelkalk, en trois parties :

La partie inférieure (*argiles ligniteuses* ou *Lettenkohle*) commence par des couches riches en glauconies. Puis viennent des argiles schisteuses de couleur grise ou noire, souvent très bitumineuses, alternant avec des couches de lignites qui fournissent un combustible de qualité très inférieure et sont surmontés de grès noirs, remplis d'empreintes végétales et souvent de coprolithes, de dents et d'écailles de poissons et de sauriens, sortes de brèches osseuses qui contiennent une assez grande quantité d'acide phosphorique. L'horizon supérieur du keuper inférieur est marqué par une dolomie compacte et très riche en fossiles.

Le keuper moyen, dont la puissance varie de 100 à 300 mètres, se compose de *marnes irisées* au milieu desquelles se trouvent des lentilles de gypse. Elles sont entremêlées de bancs d'argile et de dolomie. Ces marnes schisteuses se séparent en minces feuillets et se transforment en terre argileuse qui renferme de 50 à 80 p. 100 de parties fines. A l'état humide, c'est une pâte molle ; quand elle se dessèche, elle se fendille en morceaux anguleux. Sa couleur rouge foncée lui permet de s'échauffer assez facilement. Ces marnes conviennent particulièrement bien à la vigne. Sur les bords du Neckar, près de Heilbronn, Türckheim, et sur les parois de la cuvette au fond de laquelle est bâtie Stuttgard, la capitale du Wurtemberg, ces marnes sont disposées en étages qui portent tous des vignobles. Les grès du keuper proprement dit, dont les carrières se trouvent au-dessus d'elles, ont servi à faire les murs de soutènement et leurs débris ont ameubli les terres.

Voici l'analyse d'une terre de vigne formée principalement par les marnes irisées et les grès du keuper qui se trouvent au-dessus. Elle est due à M. A. Hilger.

Eau et matières organiques.	6,842
Silice.	62,857
Alumine.	5,627
Oxyde de fer et de manganèse	11,879
Carbonate de chaux.	7,454
Carbonate de magnésie	4,362
Potasse.	0,846
Soude.	0,204
Acide sulfurique	0,203
Chlore	0,105
Acide phosphorique.	0,461
Chaux à l'état de silicates.	0,126
Magnésie — —	»
	100

Les matières solubles dans ClH sont :

Carbonate de chaux	7,454
Carbonate de magnésie	4,362
Potasse.	0,217
Soude	0,098
Silice	4,671
Alumine	3,167
Oxyde de fer	6,416
Acide sulfurique.	0,203
Chlore.	0,105
Acide phosphorique	0,461
Total	27,154

La partie supérieure du keuper, le *Keupersandstein* proprement
dit (*grès à roseaux, Schilfsandstein*), est composée de grès dont les
bancs se mêlent peu à peu aux lits de marnes irisées et finissent
par prédominer. Ce sont d'abord des grès fins, à ciment argilo-
ferrugineux jaunâtre, qui sont couverts de nombreuses taches brunes
et d'empreintes d'équisétacées, de roseaux, etc., et qui fournissent
d'excellents matériaux pour les constructions. Puis le grain devient
de plus en plus grossier.

Les grès sont formés de grains de quartz, avec un peu de feldspath et de mica. Ils ne renferment que de faibles quantités de chaux
et de magnésie, et donnent, en se décomposant, des terres assez maigres qui ne contiennent que 20 à 30 p. 100 de parties fines, mêlées
à du sable et à des fragments de grès. Près de Nuremberg, les terres
sablonneuses du keuper n'ont même que 7 p. 100 de parties fines et
ne sont capables de nourrir autre chose que des pins plus ou moins
chétifs.

On trouve également le trias de l'autre côté du Rhin, en Suisse,
par lambeaux plus ou moins grands, au pied du Jura, dans les cantons de Bâle, Argovie, etc... Il y est représenté par les calcaires
compacts de la partie supérieure du muschelkalk, par les marnes
irisées et les grès du keuper. Ce dernier contient des dolomies, des
gypses et du sel gemme qui est exploité à Schweizerhall, sur les
bords du Rhin.

Le trias est très développé dans les Alpes autrichiennes ; au nord du Tyrol, il fournit les salines du Salzkammergut. Les trois étages sont représentés, mais avec des caractères spéciaux qui se reproduisent au sud, dans l'Engadine et dans la vallée de l'Adige.

§ 4. — L'Angleterre.

A l'ouest de l'Europe, il ne reste du trias que son étage inférieur, le grès bigarré, et son étage supérieur, le keuper. Le muschelkalk disparaît ou du moins il n'est représenté que par des marnes et des conglomérats dolomitiques qui n'ont pas une grande épaisseur.

Par contre, l'ensemble du grès bigarré et du keuper a une puissance qui atteint plus de 900 mètres dans le centre de l'Angleterre. On lui a donné le nom de *New red sandstone* (*nouveau grès rouge*). On le trouve très développé dans les comtés de Cheshire, Shropshire, Staffordshire, Worcester et Warwick au centre, York et Nottingham à l'est, et Devon au sud ; et, dans tous ces comtés, il prend une part considérable à la formation des terres arables.

Le *grès bigarré* se compose de grès rouges, entrecoupés de lits d'argiles rouges ou vertes.

Puis vient le *conglomérat dolomitique de Bristol* qui correspond au muschelkalk et, au-dessus, le *keuper*, représenté par des marnes rouges, qui contiennent des lentilles de gypse et de sel gemme, et par des grès blancs à *Avicula contorta*.

Le comté de Chester presque tout entier appartient au trias. Les marnes irisées y sont très développées (*new red marl*) et couvrent toute la partie occidentale, vaste plaine dont la hauteur est de 30 à 40 mètres au-dessus du niveau de la mer. C'est le district des laiteries où se fabrique le fromage de Chester.

Les terres, froides et compactes, sont cultivées en billons fortement bombés que l'on appelle *butts* et que l'on a conservés malgré le drainage régulier en tuyaux, drainage qui a commencé à se répandre vers 1850 et qui est assez général aujourd'hui. On y suit un assolement semi-pastoral : sur le pâturage rompu, on sème de l'avoine, puis vient une jachère, nue dans les sols les plus froids, employée à faire des turneps ou des pommes de terre dans ceux qui sont plus légers ou mieux drainés ; ensuite deux céréales de suite : blé et avoine, dans laquelle on sème de la graine de foin avec un peu de trèfle. On fauche pendant un ou deux ans et puis on conserve le pâturage encore 10 à 12 ans. De plus, il y a près de la ferme une pièce qui reste constamment en pâturage et où l'on met les vaches pendant la nuit. En somme, il a environ 1/4 à 1/3 de la surface en culture. Tout le reste est en pâturage.

Pour 60 hectares, dimension assez fréquente des fermes, il y a 40 vaches, les élèves destinées à les remplacer et les chevaux nécessaires pour la culture. Suivant sa qualité et surtout suivant celle de l'herbage qui la nourrit, chaque vache rend de 120 à 200 kilogrammes de fromage et un peu de beurre fait avec le petit-lait. On estime qu'en moyenne, la vente du fromage paie le fermage, qui est assez élevé (90 à 110 fr. par hectare), tandis que les autres produits de la laiterie et le grain couvrent les frais de culture et les intérêts du capital d'exploitation, laissant un bénéfice qui a beaucoup grandi depuis que les fermiers ont drainé, et surtout depuis qu'ils ont largement employé la poudre d'os comme complément de leur fumier.

Il paraît que l'exportation continuelle de phosphates sous forme de fromage et de bétail avait épuisé les faibles provisions que les terres en renfermaient. Dans certaines fermes, on a trouvé que le drainage et l'emploi de la poudre d'os doublent la production du fromage, tout en améliorant sa qualité. On emploie par hectare de 2 $^1/_2$ à 4 tonnes d'os, en général des os dégélatinisés qui sont plus faciles à pulvériser. On les répand en automne, assez tôt pour que l'herbe puisse encore les recouvrir avant l'hiver. Leur effet principal est le développement du trèfle dans les pâturages ; la qualité des graminées s'améliore d'ailleurs également. Cette influence dure 10, 15, quelquefois 20 ans ; on peut même dire qu'une terre qui a reçu un bon *dressing* de poudre d'os s'en ressent à tout jamais.

CHAPITRE VIII.

§ 1. — Caractères généraux.

Les formations secondaires se distinguent par un caractère qui a
une grande importance au point de vue agricole. Tandis que les terrains sédimentaires que nous avons étudiés jusqu'à présent se com-
posaient principalement de grès, de sables et d'argiles et contenaient
très peu de calcaire, le carbonate de chaux prédomine dans la série
jurassique tout entière et dans la plus grande partie de la série
crétacée.

Parmi ces dépôts, les uns sont dus à des organismes comme les
coraux et les foraminifères, mais les autres sont purement chimiques.
Pourrait-on expliquer l'abondance de cette précipitation de carbonate de chaux au sein des mers jurassiques par la diminution de
l'acide carbonique qui a dû se produire dans les eaux, comme dans
l'atmosphère, à la suite de l'époque houillère dont la puissante végétation avait condensé des quantités considérables de carbone?
M. Schlœsing a montré qu'il y a toujours équilibre entre la tension
de l'acide carbonique qui existe dans l'air et celle de l'acide carbonique qui est dissous dans les eaux de la mer et qui y maintient en
dissolution les carbonates terreux. Tant que l'atmosphère était très
chargée d'acide carbonique, les eaux devaient donc contenir beaucoup
plus de carbonate de chaux que de nos jours; mais, dès que la végétation houillère eut enlevé à l'atmosphère une portion de son acide
carbonique, le carbonate de chaux dissous dans les mers dut diminuer également et se déposer dans leurs profondeurs avec les sables,

les vases, les débris de coraux, etc. Ainsi, l'époque houillère aurait, non seulement mis en réserve les provisions de combustible qu'utilise notre industrie moderne, mais elle aurait préparé pour notre agriculture des terres où toutes ses récoltes peuvent trouver assez de chaux et qui peuvent même en fournir, comme amendement, aux sols moins complets d'origine granitique, silurienne, etc.

Si ce n'est qu'une hypothèse, elle a du moins l'avantage de bien marquer, dans la série des formations géologiques, la limite au-dessous de laquelle les mineurs peuvent trouver des houilles et au-dessus de laquelle les agriculteurs peuvent trouver de la chaux.

A l'époque jurassique, le bassin de Paris formait, avec le sud-est de l'Angleterre, une sorte de mer intérieure dont les rivages étaient : les Ardennes, les Vosges, le Morvan, le Plateau central, la Bretagne et le Cotentin, la presqu'île de Cornouailles, le pays de Galles et les montagnes du Westmoreland. Cette mer communiquait par deux détroits, l'un entre le Morvan et les Vosges, l'autre entre le Plateau central et la Vendée, avec la Méditerranée jurassique qui avait une étendue beaucoup plus grande que la Méditerranée actuelle. Il n'y avait alors ni Pyrénées, ni Alpes, ni montagnes du Jura.

Les dépôts formés au fond de ces mers ont atteint sur certains points une épaisseur de plus de 1,500 mètres. Quoique toutes calcaires, leurs couches successives diffèrent entre elles, non seulement par les organismes qui ont pris part à leur construction, mais par des mélanges plus ou moins abondants d'argile, de sable, d'oxyde de fer, de débris de coquilles qui sont venus se mêler au carbonate de chaux, et par la manière dont tous ces éléments se sont agrégés, suivant qu'ils se réunissaient dans de grandes profondeurs, ou près des rivages, dans des flots agités par les marées et les courants.

L'origine de ces différents dépôts peut nous donner une idée approximative de la composition chimique des roches et des terres que celles-ci ont formées, lorsque, devenues des plateaux ou des montagnes, après avoir émergé du fond des mers, elles subirent de nouvelles transformations.

Par exemple, du mode de formation des calcaires coralliens qui prédominent dans les étages les moins anciens de la série jurassique, nous pouvons conclure que les sols qui sont produits par leur décomposition doivent contenir une assez grande quantité d'acide phosphorique. D'après les analyses de Rose, les madrépores renferment près de 1 p. 100 de phosphate de chaux.

Mais les coraux n'existent que par zones isolées et, dans le même étage, on peut trouver, immédiatement à côté d'eux, des oolithes qui sont moins riches en acide phosphorique.

Ces oolithes sont assez abondantes dans la série jurassique pour qu'on ait pu donner leur nom à l'ensemble de tous les étages supérieurs de la formation. Elles sont formées par des particules de sable quartzeux, feldspathique ou coquillier autour desquelles se sont déposées, en couches concentriques, des incrustations de carbonate de chaux. Ces globules ressemblent à des œufs de poissons, de là leur nom, et leur grosseur varie depuis celle d'une tête d'épingle jusqu'à celle d'un grain de millet. Le carbonate de chaux, en continuant à se précipiter, les cimente entre eux en une masse plus ou moins dure. Quelquefois du limon argileux se dépose en même temps que les oolithes et se mêle avec elles. Ainsi se produisent diverses variétés d'oolithes, les unes très compactes et difficiles à désagréger; les autres, au contraire, tombant facilement en poussière. Quelques-uns de ces dépôts sont blancs, d'autres sont colorés en jaune ou rouge brun par de l'oxyde de fer.

Les calcaires jurassiques des Alpes sont souvent d'une couleur noir bleuâtre qui rappelle celle des tangues que l'on recueille sur les côtes du Cotentin. Leur teinte foncée est due au carbone qui provient sans doute des débris d'algues mêlés au carbonate de chaux à l'époque de leur formation.

Au milieu de ces assises de roches calcaires, on trouve des couches de marnes qui ont une grande importance, parce qu'elles ont servi à la classification de ces terrains et surtout parce que, dans toutes les contrées jurassiques, le régime des eaux dépend de leur présence et de leur situation. Elles divisent la série jurassique en trois groupes dont chacun est composé d'une base argileuse que surmonte une masse plus ou moins considérable de calcaires perméables aux eaux. Les argiles du *lias* forment la base de l'*oolithe inférieure*, les *marnes d'Oxford* celle de l'*oolithe moyenne*, et les *marnes de Kimmeridge* celle de l'*oolithe supérieure* ou *portlandien*. On pourrait y ajouter

les *marnes à foulon* qui font une sous-division dans l'oolithe inférieure.

Outre ces couches principales de marnes et d'argiles, il y en a de
moins importantes dont les lits, plus minces, sont épars au milieu des
bancs de calcaires. Elles ne constituent pas des niveaux d'eau considérables, mais, en se mélangeant avec les débris de roches, elles
modifient les terres qui se forment par leur décomposition et les
rendent à la fois moins sèches et plus fertiles.

Quand tous ces dépôts furent soulevés au-dessus du niveau des
mers, ils se resserrèrent en se desséchant. Il se forma des fractures
et des fissures nombreuses qui traversent en tous les sens les masses
de calcaires jurassiques. Les eaux de pluie qui tombent sur ces plateaux crevassés disparaissent rapidement; elles s'engouffrent dans
les fissures, entraînent avec elles les marnes qu'elles rencontrent sur
leur passage et agrandissent de plus en plus ces conduits souterrains.
Elles produisent ainsi, à la surface des plateaux, des sortes d'entonnoirs, appelés *emposieux* dans les montagnes du Jura, *béloirs* dans
le département du Lot, *Katavothres* en Grèce, et, à l'intérieur du
massif, des réservoirs. Toutes les montagnes jurassiques ont des
grottes célèbres. L'eau, chargée de bicarbonate de chaux qui suinte
à travers les roches, produit des stalactites dont on va admirer les
formes bizarres ou grandioses à la lueur des flambeaux.

Une des choses qui nous frappent le plus, lorsque nous parcourons
des contrées jurassiques, ce sont des vallons complètement secs où
l'on cherche en vain la trace d'un ruisseau au milieu des champs
pierreux qui les couvrent. Quelquefois le ruisseau réussit à se former, grâce aux longues pentes couvertes de gazon ou grâce à
quelques lambeaux de marnes qui affleurent au milieu des calcaires.
On le suit pendant quelque temps. Mais, tout à coup, on ne le voit
plus; il s'est perdu dans un abîme. Quelquefois les ruisseaux per-
sistent pendant la saison des neiges et des pluies, quelquefois même
ils réussissent à former des étangs où des lacs pendant cette saison,
mais ils sont à sec en été. J'ai vu dans les Alpes Juliennes, près de
la fameuse grotte d'Adelsberg, au-dessus de Trieste, un fond de vallée
où l'on récolte de l'avoine et du foin en été, des poissons en hiver.
Ailleurs, le lac tient toute l'année, mais on n'en voit sortir aucune

rivière. Il a son débouché dans les crevasses de la montagne, comme, par exemple, le lac de Joux dans le Jura.

Toutes ces eaux traversent les fissures des roches calcaires et viennent se rassembler sur les couches d'argiles ou de marnes dont nous avons parlé. Là elles produisent les plus belles sources du monde. Ces sources sont souvent très abondantes, assez pour faire tourner les roues d'un moulin ou d'une usine au moment où elles viennent d'apparaître au jour[1]. Elles sont assez régulières dans leur débit. Leur température n'est pas très variable, parce qu'elles ont pris celle des profondeurs qu'elles ont traversées. Leur seul défaut, c'est d'être quelquefois trop tuffeuses; mais souvent elles sont de bonne qualité à leur point de naissance et elles deviennent de plus en plus tuffeuses en traversant les tourbières qu'elles ont formées elles-mêmes, lorsqu'elles n'ont pas trouvé un écoulement facile.

Nous venons de voir comment les roches jurassiques ont été formées. Comment ces roches se décomposent-elles de nouveau pour faire de la terre arable?

Ce n'est pas difficile à comprendre pour les marnes. C'est assez facile également pour les roches friables, comme certaines oolithes. Mais c'est moins facile pour les calcaires compacts. Ils nous fournissent des pierres à bâtir et même d'excellentes pierres de taille. Ces pierres proviennent des bancs les plus durs et, par conséquent, les moins faciles à transformer en terre arable. Mais on les tire généralement d'une certaine profondeur et, en examinant les carrières d'où on les extrait, on voit qu'elles-mêmes ne résistent pas à l'influence prolongée des agents destructeurs, du moins d'agents qui sont considérés comme destructeurs par les architectes et qui sont pour nous autres agriculteurs des agents producteurs.

Le soleil, en frappant les parois des rochers, dilate inégalement leurs particules, quand celles-ci ne sont pas tout à fait homogènes. Il en résulte des craquements et une multitude de petites fissures qui pénètrent jusqu'à la profondeur où va la chaleur elle-même. Pendant les pluies, pendant les temps humides, les fissures se remplis-

---

1. La source de Vaucluse, celle de Champdamoy, près de Vesoul; la *font* de Lure, au pied des Vosges; les sources de l'Orbe et de la Divonne, à l'est du Jura; etc.

sent d'eau. Puis viennent les grands froids de l'hiver; l'eau se congèle, se dilate et fait sauter les fragments de roche, qui se détachent au moment du dégel. Si la surface du roc est assez plane, ces fragments de roc, ces pierres restent sur place. Si elle est fortement inclinée, ils vont rouler au bas de la pente et s'y accumulent. Lorsqu'on traverse le Jura en chemin de fer de Culoz à Ambérieu, on voit, des deux côtés de la vallée étroite que l'on parcourt, des rochers à pic. Au haut de ces rochers, on peut apercevoir, si l'on y fait attention, des bandes tantôt blanches, tantôt jaunes, tantôt noires, qui descendent en lignes verticales. Les bandes blanches sont celles d'où il est tombé récemment des fragments, les bandes jaunes sont le roc vieilli et couvert plus ou moins de lichens bruns, les bandes noires sont celles où coulent souvent des eaux qui colorent en noir les lichens ou en font pousser qui ont cette couleur. Au bas de ces rochers, les pierrailles entassées forment une pente de près de 45° sur laquelle les habitants ont établi des vignes, quand son exposition était favorable, et qui se couvre ailleurs très lentement, d'abord de broussailles, puis peu à peu de bois. De là cet aspect caractéristique des pays jurassiques : une vallée plus ou moins fertile, quelquefois très vaste, couverte de prés et parsemée de villages ; au bord de la vallée, une ceinture de bois qui est dominée par des rochers qu'on est tenté de prendre de loin pour les bastions d'une forteresse et puis, au-dessus de ces rochers, des plateaux arides et desséchés.

Ces lichens, que nous avons signalés au haut des rochers, jouent également un rôle dans leur décomposition. Dans les endroits où ils se sont desséchés, on remarque, si on les enlève avec les ongles, une multitude de petits trous. Ces trous ont été faits par les racines des lichens; ces dernières ont dissous le calcaire, soit au moyen d'un acide qu'elles sécrètent, soit tout simplement par l'humus et l'acide carbonique qui résultent de leur propre décomposition. Bientôt les mousses peuvent s'établir dans les débris des lichens, et quelques sédums, quelques potentilles fixent leurs racines dans les fentes du rocher. Puis viennent les fétuques, et ainsi de suite. Les pierres elles-mêmes, celles qui ne sont pas fendillées, absorbent plus ou moins d'humidité, suivant qu'elles sont plus ou moins poreuses. Cette eau, en se congelant, détruit jusqu'à une certaine profondeur la cohésion de leurs particules et forme ainsi une poussière terreuse qu'il est facile d'observer au printemps. C'est *la terre proprement dite* qui, mêlée à des fragments de toutes grosseurs, depuis ceux qui sont à peine visibles à l'œil nu jusqu'aux pierres, constitue *le sol* du calcaire jurassique. Ce sol est plus ou moins profond, suivant la nature du calcaire qui l'a produit, suivant le degré de la pente sur laquelle il s'est formé et suivant que cette pente est labourée ou garnie de bois et de prés. Il ne dépasse 30 centimètres que dans les dépressions des plateaux et dans les vallées. La proportion des parties fines et des pierres varie également. La terre devient brune ou noire par le mélange des détritus de végétaux. Quand elle est humide, elle empâte les pierres blanches qui s'y trouvent mêlées ; mais elle est toujours très facile à travailler, c'est toujours une terre légère, quelquefois beaucoup trop. Il n'y a d'exception que dans les localités où des lits de marnes affleurent à la surface et se mêlent aux débris des calcaires compacts.

On a essayé quelquefois de ramasser les pierres. Cela coûtait beaucoup de peine et ne servait pas à grand'chose. On a même affirmé, je ne sais jusqu'à quel point c'est vrai, qu'une certaine proportion de pierres est utile. Du reste, on a beau enlever ces pierres, il y en a toujours. Les paysans disent qu'elles repoussent à mesure qu'on les enlève. Est-ce la pluie qui, en lavant celles qui étaient recouvertes de terre, les fait distinguer plus facilement? Cela peut être vrai sur les pentes, mais sur les plateaux horizontaux, il est probable que c'est le vent qui peu à peu enlève la terre fine.

Là où les pierres sont trop abondantes pour entraver la culture, il faut y renoncer et planter du bois.

Sous ce sol léger, d'environ 30 centimètres de profondeur, on trouve un sous-sol pierreux où les eaux ont entraîné quelques particules de terre rouge. Puis vient, à une profondeur variable, le roc, d'abord très fissuré, parce qu'il subit encore l'influence des alternatives de sécheresse et d'humidité, de chaleur et de froid, et parce que les racines des arbres ont élargi les fentes, en s'y introduisant et y grossissant peu à peu. Plus bas encore, c'est le roc calcaire dans son état naturel.

Dans les terres formées par la décomposition des calcaires oolithiques, les eaux de pluie dissolvent peu à peu le carbonate de chaux dans la couche supérieure qui est remplie d'humus et qui leur fournit beaucoup d'acide carbonique. Les noyaux des grains se découvrent, et il finit par rester une terre fine de couleur rougeâtre, ocreuse et souvent pauvre en chaux. Mais les pierres auxquelles cette terre fine se trouve mêlée, lui rendent constamment, en se décomposant sous l'influence des gelées de l'hiver, la chaux qui tendait à disparaître, et les labours profonds peuvent contribuer à cette restitution, en ramenant à la surface des débris de roches oolithiques encore garnies de leurs pellicules calcaires.

Sur la grande carte géologique de la France, Élie de Beaumont et Dufrénoy ont représenté les divers étages de la formation jurassique par des teintes, hachures ou pointillages de couleur bleue et par les lettres j, j', j^2 et j^3.

« Les bandes réunies du terrain jurassique, disent-ils, forment comme une large écharpe qui traverse obliquement la partie centrale de la carte, des environs de Poitiers aux environs de Metz et de Longwy.

« Cette écharpe se recourbe, d'une part, vers le haut, du côté de Mézières et de Hirson, et, de l'autre, vers le bas, du côté de Cahors et de Millau; mais, en même temps, il s'en détache deux branches, dont l'une, se repliant au Nord-Ouest, se dirige sur Alençon et Caen, tandis que l'autre, descendant au Midi, suit d'abord la Saône et ensuite le Rhône, depuis Lyon jusqu'au delà de Privas, et tourne autour des Cévennes jusqu'au delà de Montpellier, pour aller rejoindre la première branche dans le département de l'Aveyron.

« Ces bandes, recourbées, projettent en outre, dans différentes directions, des appendices irréguliers; mais ce qu'elles présentent de plus remarquable, c'est qu'en faisant abstraction de ces irrégularités et en les réduisant par la pensée à leur plus simple expression, on voit ces bandes former deux espèces de boucles qui dessinent, sur la surface de la France, une figure qui approche de celle d'un x placé sur le côté (✕); et même, si l'on observe que la boucle inférieure est presque fermée et ne présente que des lacunes apparentes, dues à des dépôts superficiels qui cachent le terrain jurassique, on pourra comparer la disposition de ces bandes à la forme générale d'un 8 ouvert par en haut.

« Au dehors du 8 que nous venons d'indiquer, le calcaire jurassique constitue deux massifs isolés, l'un dans les Alpes, l'autre dans les Pyrénées.

« Les différentes assises jurassiques forment une succession de petites chaînes à peu près parallèles, s'appuyant sur les régions anciennes, et se recouvrant successivement en avançant vers le centre des deux bassins secondaires qui existent en France. Souvent une partie des assises jurassiques manquent; mais, si l'on rétablit, par la pensée, les choses dans l'état où elles étaient avant le creusement des vallées, les chaînes qu'elles constituent deviennent à peu près régulières, et l'on remarque que, lorsqu'elles n'existent pas, cela tient tantôt à la forme du rivage de la mer jurassique, qui n'a pas permis aux couches inférieures du terrain de se déposer, tantôt à la dénudation qui a enlevé les couches supérieures.

« Les chaînes du calcaire jurassique se succèdent en s'imbriquant comme les tuiles d'un toit ou plutôt comme des feuilles de papier dont les plus petites ne couvrent qu'en partie les plus grandes. La base des collines est, en général, marquée par une couche puissante d'argile d'où sortent des sources nombreuses et quelquefois très abondantes. Les beaux pâturages de la Normandie, particulièrement ceux du pays d'Auge, et les espèces d'oasis que l'on trouve sur la pente des Cévennes, sont presque tous placés sur les couches marneuses : le hêtre et le chêne y acquièrent des dimensions ordinairement inconnues aux pays calcaires. Ces marnes, si précieuses pour l'agriculture, le sont également pour l'industrie, et le pied des collines jurassiques est partout marqué par l'existence d'un grand nombre de briqueteries et de fours à chaux hydraulique [1]. »

Les terrains jurassiques couvrent en France une surface de plus de dix millions d'hectares, c'est-à-dire à peu près le cinquième de la surface totale. Ils occupent également une large place en Angleterre, en Allemagne, en Suisse et dans les contrées qui entourent la Médi-

---

1. *Explication de la carte géologique de la France*, tome II, page 156.

terranée, l'Espagne, l'Italie, la Grèce et l'Algérie. Ils ont donc une grande importance pour nous.

Nous commencerons par étudier le lias dans un paragraphe spécial, parce qu'il a des caractères agricoles qui le distinguent du système oolithique.

---

§ 2. — Le lias.

On a divisé le système liasique en cinq étages :

1° *L'étage rhétien,* ainsi nommé parce qu'il est très bien caractérisé dans les Alpes Rhétiques; c'est le *grès infraliasique* de MM. Élie de Beaumont et Dufrénoy, le *bonebed* des Anglais, la *zone à Avicula contorta* de quelques géologues.

Aux environs de Couches-les-Mines, en Bourgogne, il a 13 à 14 mètres d'épaisseur et se compose de grès, de calcaires siliceux et de marnes, avec 3 *bonebeds* distincts; mais, dans la plus grande partie de la France, il n'a que quelques mètres d'épaisseur et offre peu d'intérêt au point de vue agricole. Il n'a d'importance que comme horizon géologique, marquant bien la limite inférieure du système liasique.

Sa constitution minéralogique ressemble encore à celle du keuper. En Lorraine, ce sont des grès jaunes micacés, manganésifères, puis vient une marne grise sableuse, un grès grossier verdâtre et enfin un poudingue avec débris de vertébrés, le tout surmonté d'une couche de 5 à 6 mètres de marnes rouges, dites de Levallois.

Sur les bords de la vallée de la Moselle, le grès infraliasique forme, comme nous l'avons vu à Roville, un escarpement de 9 à 10 mètres d'épaisseur entre les marnes irisées qui affleurent en pente douce au bas des coteaux et les calcaires bleus du sinémurien qui le couronnent. Il y est ordinairement occupé par des vignes ou des bois.

2° *L'étage hettangien* (d'Hettange, dans le grand-duché de Luxembourg) ou *infralias.* Dans le Luxembourg, il comprend d'abord 3 à 12 mètres de marnes noires bitumineuses, puis le grès proprement dit, mélangé de couches vaseuses.

En Lorraine, il est peu développé.

En Bourgogne, on y distingue : à sa base, la *lumachelle de Bourgogne* ou *pierre bise des carriers*, zone à *Ammonites planorbis*, puis un banc de calcaire marneux jaunâtre que les carriers appellent *foie de veau*. Le tout n'a que 3 à 4 mètres d'épaisseur et renferme des minerais de fer que l'on exploite à Thoste et Beauregard, près de Semur, et à Mazenay, près du Creusot.

En Franche-Comté, ce sont des calcaires bleus; dans le Berry, un calcaire dur (le *calcaire pavé de Saint-Amand*).

Dans le Cotentin, l'infralias se compose de deux assises : à la base, 7 à 8 mètres de marnes (à *Mytilus minutus*) et 10 à 15 mètres de *calcaire gréseux à cardinies* (dit *calcaire de Valognes* ou *d'Osmanville*).

Le véritable lias, celui qui nous intéresse au point de vue agricole, parce qu'il a 100 à 200 mètres de puissance et couvre près d'un million d'hectares de terres très fertiles, se compose des trois étages suivants :

3° *L'étage sinémurien* (de Semur, dans l'Auxois) ou *lias inférieur, lias bleu, calcaire à gryphées.*

Dans les environs de Semur, il n'a que 7 à 8 mètres d'épaisseur, mais il forme des plateaux d'une assez grande étendue qui s'appuient sur le granite du Morvan, séparés de lui seulement par quelques mètres d'arkoses triasiques. Il est composé de bancs irréguliers et noduleux de calcaires bleu noirâtre (*pierre noire des carriers*), remplis de fossiles, principalement de gryphées arquées et d'ammonites, quelquefois marneux et toujours entremêlés de lits de marnes schisteuses.

M. de Lapparent y distingue trois zones :

    a) La zone à *Ammonites rotiformis*;

    b) La zone à *Ammonites Bucklandi*, avec quelques nodules phosphatés;

    c) La zone à ammonites stellaires, avec nodules phosphatés.

Ces nodules phosphatés, que signale le savant géologue, contiennent 60 à 65 p. 100 de phosphate tribasique et sont devenus l'objet d'une active exploitation. Ce sont des nodules irréguliers, quelquefois blanchâtres et le plus souvent jaunâtres, à cassure mouchetée de gris, avec quelques veines noirâtres, très tendres et, par conséquent, très faciles à pulvériser pour la fabrication des engrais, d'une densité qui ne dépasse guère celle de l'eau. Les plus gros sont de la grosseur du poing, les plus petits de celle d'une noisette.

D'après M. Collenot[1], on trouve ces nodules phosphatés, non seulement en place dans le calcaire à gryphées, mais dans un limon argileux, de couleur jaune foncé, assez souvent noirâtre, avec grains de fer, connu dans le pays sous le nom de *mâchefer* ou de *cran*, qui recouvre les bancs sinémuriens sur une épaisseur variant de quelques centimètres à 2 ou 3 mètres.

Sur les plateaux des environs de Semur, l'extraction de ces phosphates est très facile et peu coûteuse. Le lit de nodules, qui a souvent l'apparence d'un vieil empierrement de route entamé par la pioche des ouvriers, se trouve à une profondeur qui ne dépasse jamais 2 mètres et qui est en moyenne de 1^m,50. Quelquefois même le dépôt est assez superficiel pour être retourné par la charrue.

M. Masson, élève à l'Institut agronomique, m'a signalé l'existence des mêmes nodules phosphatés dans le calcaire à gryphées près des villages de Chassenay et de Chevannes, arrondissement de Clamecy, département de la Nièvre. Des négociants de Nevers avaient commencé à les exploiter en 1880, mais l'entreprise a échoué, parce qu'elle était mal dirigée. C'est une affaire à reprendre, et il est probable qu'on retrouvera ces dépôts de phosphates sur d'autres points de la Bourgogne et du Nivernais.

On les a trouvés également près de Chalindrey dans la Haute-Marne et près de Sandaucourt, Damblain, etc., dans la partie septentrionale du département des Vosges. Là aussi, on voit des nodules grisâtres empâtés dans le calcaire et des nodules blanchâtres, plus légers, formant une couche dans une argile ferrugineuse. Voici quelle est, d'après M. Braconnier, la composition de deux échantillons re-

---

1. *Bulletin de la Société géologique de France*, 1877.

cueillis à Sandaucourt et provenant, le premier du calcaire, le second
de l'argile :

	1	2
Silice.	6,80	7,00
Alumine	4,70	4,70
Oxyde de fer	5,10	5,80
Chaux	44,30	43,80
Magnésie	0,30	0,20
Acide phosphorique.	26,50	36,30
Perte au feu	11,80	2,10
	99,50	99,50

M. Braconnier conclut de ces analyses et de l'étude géologique du
terrain que, en Lorraine comme dans les environs de Semur, l'iso-
lement des nodules enchâssés dans le calcaire à gryphées est dû à l'action des eaux qui ont dissous le carbonate de chaux, en respectant
le phosphate de chaux moins soluble que lui, et que ces nodules
ont été ensuite transportés à une certaine distance et accumulés en
couches dans les argiles d'alluvion.

Quant aux fossiles du sinémurien, ils sont souvent si abondants
que les champs en sont jonchés. La pierre calcaire qui sert à bâtir
les murs est pétrie de gryphées, d'ammonites, etc., et les tas de cailloux, préparés le long des routes pour les charger, en sont composés presque tout entiers. On a eu souvent l'idée d'employer à la fabrication des superphosphates ces fossiles qu'il serait si facile de
ramasser. Malheureusement, ils contiennent peu d'acide phosphorique; cet acide phosphorique est uni à du protoxyde ou à de l'oxyde de
fer et, par conséquent, il est difficile à attaquer par les acides. De
plus, les fossiles sont très durs et leur pulvérisation coûterait très
cher. C'est une mauvaise matière première pour la fabrication des
engrais.

Par contre, les calcaires à gryphées servent à fabriquer une chaux
grasse qui est tout spécialement appréciée comme amendement pour
les terres granitiques. Les carrières des environs de Genelard en
expédient, par le canal du Centre, des quantités énormes. Il est

probable que la qualité supérieure de cette chaux provient en grande partie de l'acide phosphorique qu'elle contient. La meilleure manière de rendre assimilable l'acide phosphorique des fossiles ferrugineux est, en effet, de les calciner pêle-mêle avec le carbonate de chaux qui les entoure et de répandre le tout sur les champs.

Le calcaire bleu lui-même contient plus ou moins de carbonate de chaux pur, mêlé à de l'argile, du fer à l'état de protoxyde qui se transforme en oxyde dans les parties exposées à l'air, quelquefois à l'état de sulfure, etc. Dans un calcaire à gryphées de la vallée de Germiny, département du Cher, MM. Boulanger et Bertera ont trouvé jusqu'à 38 p. 100 d'argile, avec 41 p. 100 de carbonate de chaux, 4 p. 100 d'oxyde de fer.

Quelques bancs sont assez résistants pour fournir des moellons de petite hauteur qui prennent très bien le mortier à cause de l'inégalité de leur surface. Mais la plupart se délitent sous l'influence de l'humidité et du gel et il se forme à leur surface une argile ocreuse. C'est ce qui a lieu lorsque les fragments de lias bleu se transforment peu à peu en terre dans les champs cultivés.

Du reste, les bancs de calcaire n'ont ordinairement que 0,15 à 0,40 d'épaisseur et alternent avec des lits de marnes ou d'argiles qui en ont beaucoup plus, en sorte que l'ensemble forme des terres marneuses, souvent trop tenaces et trop imperméables, mais d'une composition chimique très heureuse. La potasse elle-même paraît s'y trouver presque toujours en quantité suffisante.

4° *L'étage liasien* ou *lias moyen*[1], *calcaire à bélemnites (Amalthecnthon* des géologues allemands), a, près de Nancy, 70 à 80 mètres de puissance et se compose de :

a) 20 à 25 mètres de calcaires à *Ammonites Davaei*, avec marnes.

b) Marnes noires, à calcaires noduleux et ovoïdes, ferrugineux, de carbonate de fer argileux, se débitant en plaquettes concentriques.

c) Grès médialiasique ou calcaire gréseux, en couche peu épaisse.

Dans l'ouest du département des Ardennes, aux environs de Signy-

---

1. Un certain nombre de géologues réunissent le liasien et le toarcien sous le nom de *marnes supraliasiques*. Sur leur grande carte de France, Élie de Beaumont et Dufrénoy les désignent par la même hachure bleue horizontale que l'étage inférieur du système oolithique; c'est une confusion très regrettable.

l'Abbaye, ainsi qu'auprès d'Hirson, dans l'Aisne, le liasien devient presque tout entier marneux.

Dans l'Auxois et l'Avallonais, il est formé par :

a) 12 mètres de *calcaire à bélemnites* ou calcaires à ciment de Venarey.

b) 60 mètres de marnes micacées, souvent pyriteuses qui ne renferment guère d'autres fossiles que des foraminifères microscopiques.

c) 15 mètres de *calcaire noduleux* ou à *gryphées géantes*.

Dans le Jura, le liasien ressemble à celui de la Bourgogne. Dans le bassin du Rhône, il se compose de 68 à 94 mètres de marnes et de calcaires marneux; en Provence, il a 165 mètres de puissance et ce sont également les marnes qui y prédominent. Mais dans le Calvados et dans l'Orne, son épaisseur ne dépasse pas 20 mètres : ce sont principalement des calcaires alternant avec des argiles schisteuses.

5° *L'étage toarcien* (de Thouars où il est bien caractérisé) ou *lias supérieur, marnes à posidonies*.

En Lorraine, il a 100 à 110 mètres de puissance et la série des couches est la suivante, d'après M. de Lapparent :

a) 80 à 90 mètres de marnes très riches en posidonies.

b) Grès supraliasique, couche de peu d'épaisseur.

c) Oolithe ferrugineuse, formée de petits grains bruns d'oxyde de fer, agglutinés par un ciment ferrugineux et argileux. On l'appelle *minette* et on l'exploite sur une zone très étendue depuis l'Ardèche jusqu'au Luxembourg.

d) Marnes micacées.

Les argiles sableuses, dit M. Braconnier, et les schistes bitumineux de la base recouvrent souvent les plateaux formés par les calcaires noduleux du liasien. C'est ce qui a lieu, par exemple, dans la région nord-ouest de Nancy où ils sont eux-mêmes recouverts par une alluvion caillouteuse. Dans son ensemble, l'étage toarcien forme la moitié ou les deux tiers de la grande ligne de falaises couronnées par les calcaires de l'oolithe inférieure. On y cultive beaucoup de vignes.

Dans la région de Pont-à-Mousson, entre les vallées de la Moselle et de la Seille, cet étage présente une série de collines tuberculeuses au sommet desquelles on trouve des restes d'oolithe inférieure. Les éboulis de cette oolithe recouvrent une grande partie des pentes marneuses. C'est sans doute aux dépens de ces éboulis, remaniés et triturés sur place par les eaux courantes, que se sont formés les dépôts de *grouine* ou sable calcaire que l'on rencontre souvent sur plus de 10 mètres d'épaisseur au-dessus de ces marnes. Les constructions sur les pentes marneuses exigent des précautions spéciales. Il faut d'abord capter et détourner les eaux qui glissent entre les éboulis superficiels et les marnes en place, ensuite pousser les fondations jusque dans les marnes en place et non détrempées. Avec des fondations insuffisantes, les constructions descendent d'une façon continue et très sensible, suivant la pente des terrains.

MM. Levallois et Braconnier ont signalé dans l'étage toarcien près de Thélod, des bancs nettement stratifiés d'une roche dure, verdâtre ou rougeâtre, qui contient des proportions considérables d'acide phosphorique et de fer. Ils les considèrent comme des marnes modifiées postérieurement à leur dépôt par des sources à une température élevée, chargées de fer et d'acide phosphorique. En voici la composition, d'après M. Braconnier :

Silice	29,10
Alumine	17,80
Oxyde de fer	18,30
Chaux	19,20
Magnésie	0,30
Acide phosphorique	2,00
Perte au feu	14,00
	100,70 [1]

Dans le centre et le sud du département de Meurthe-et-Moselle, la zone à minerais de fer, souvent recouverte d'éboulis, forme simplement le raccordement des pentes douces des argiles toarciennes avec les pentes raides de l'oolithe inférieure. Dans le canton de Longwy, au contraire, la zone ferrugineuse et la couche d'argile

---

1. Braconnier, *Description géologique et agricole des terrains de Meurthe-et-Moselle.*

bleuâtre qui se trouve au-dessus constituent une sorte de plateau au pied des escarpements du calcaire oolithique, circonstance qui facilite beaucoup l'exploitation à ciel ouvert du minerai de fer.

Ce minerai se présente le plus souvent sous forme de petits grains ronds ou oolithes à surface brillante dont la grosseur est ordinairement celle d'un grain de millet ou d'une tête d'épingle. Ces grains, examinés au microscope, paraissent composés de couches concentriques entourant un petit grain central. Très souvent leur grosseur diminue beaucoup et ils sont difficiles à percevoir à l'œil nu.

La gangue du minerai est variable : siliceuse, argileuse ou calcaire. Sa couleur l'est également, suivant les diverses régions du gisement : jaune mat, jaune brun, brillant, jaune rougeâtre, quelquefois rouge-brique, verdâtre ou bleuâtre.

Dans l'Auxois et l'Avallonais, le toarcien se compose de :

a) 10 mètres de marnes bitumineuses noires au milieu desquelles se trouvent les bancs de pierre à ciment de Vassy.

b) 8 mètres de marnes avec bancs solides à *Ammonites complanatus.*

c) 12 à 16 mètres de marnes.

En Provence et dans le Languedoc, les marnes sont remplacées par des schistes bitumineux que l'on appelle *schistes-carton* dans la Lozère et qui forment, au pied des escarpements de l'oolithe inférieure, des terres argileuses couvertes de fertiles prairies.

C'est à la surface des marnes toarciennes que débouchent les sources nombreuses formées au milieu des calcaires perméables qui les couronnent.

Le lias lui-même est tout entier imperméable. On y trouve beaucoup de petits cours d'eau torrentiels qui s'enflent subitement après chaque pluie, et partout où l'on fait des fossés ou des passages pour ces fossés sous les routes et les chemins de fer, il faut tenir compte de cette circonstance et leur donner une large ouverture.

Autrefois on avait profité de cette imperméabilité pour faire ou du moins laisser se faire, dans les parties basses, des étangs qui donnaient quelques revenus, mais qui répandaient la fièvre autour d'eux. La plupart de ces étangs sont aujourd'hui convertis en riches herbages, mais ils n'en sont pas moins encore portés comme étangs sur les cadastres de certains départements.

Sauf quelques bancs de calcaires à gryphées que l'on reconnaît de loin à la saillie prononcée du palier qu'ils forment au milieu des coteaux, les contrées liasiques sont composées de plaines ou de coteaux à pentes douces et arrondies. Les pluies, en ravinant les parties supérieures, tendent constamment à diminuer les pentes, en entraînant dans le fond des vallées la terre meuble et les détritus de roches calcaires qui les recouvrent.

« Point de contraste plus frappant, dit M. Belgrand, que celui que présente le passage des roches dures du granit et du grès aux terrains mous des deux étages supérieurs du lias. Les vallées resserrées et contournées s'élargissent brusquement. Leurs pentes abruptes, hérissées de roches à pic, font place à des plateaux faiblement inclinés, et les torrents remplis d'énormes cailloux roulés et encaissés dans des lits profonds, à des ruisseaux dont les rives, légèrement concaves vont se raccorder, par une courbure régulière, au pied des coteaux voisins. Les eaux limpides, mais colorées en bistre par le granite, font place à des eaux boueuses après les crues, toujours d'un ton louche, même après le beau temps. Les bois deviennent rares et sont remplacés par de riches cultures. La bruyère, la digitale, le genêt ont complètement disparu. Les sommets des coteaux s'arrondissent et s'éloignent du fond de la vallée ; la culture de la vigne s'y développe. Les plateaux tourmentés du granite font place à des plaines ondulées ; les terres légères et arénacées à un sol argileux et compact[1]. »

D'après M. Grandeau, une terre du lias des environs de Serres (Meurthe-et-Moselle) contient :

Eau	5,70
Matières combustibles	44,00
Alumine et oxyde de fer	1,30
Chaux	0,09
Magnésie	0,44
Potasse	1,13
Soude	0,40
Acide phosphorique	0,21
Résidu insoluble dans les acides	30,00
	100,24

____

1. *Annuaire du département de l'Yonne.* 1850.

Toutes ces analyses montrent qu'excepté les grès des étages inférieurs qui n'ont qu'une très faible épaisseur (6 à 10 mètres), les marnes et les calcaires qui forment presque toutes les terres du lias (200 à 250 mètres) sont riches en chaux, en acide phosphorique et en potasse et contiennent, par conséquent, tous les éléments d'une grande fertilité.

D'après M. Belgrand, l'hectare de terre labourable était amodié, dans l'Yonne, en 1850, de 40 à 75 fr. dans le lias, tandis que le fermage n'était que de 10 à 15 fr. dans les granites, de 15 à 30 fr. dans les grès infraliasiques.

Avec l'assolement triennal, ces terres rendaient en moyenne 20 hectolitres de blé à l'hectare et l'avoine autant.

A cette époque, il y avait sur le lias environ $\frac{1}{5}$ de la surface en prés. Mais les prés laissaient souvent à désirer comme soins et surtout comme assainissement. Beaucoup de ces prés ne donnaient que 2,000 à 2,500 kilogr. de foin à la première coupe. La plupart étaient fauchés; quelques-uns seulement servaient d'embouches. Ils se louaient de 100 à 110 fr. l'hectare.

Le trèfle réussit bien dans tout le lias et la plupart des agriculteurs remplaçaient alors une année de jachère sur deux par une récolte de trèfle.

La luzerne vient bien dans les marnes des étages supérieurs; mais, dans le sinémurien, le développement de ses racines risque d'être arrêté, quand elles rencontrent un banc de calcaire à gryphées.

Quelques vins assez estimés, les Côtes du Vault, d'Aunay, de Rouvres, etc., se récoltent sur les argiles supraliasiques de l'Yonne; mais, en général, ils ne valent pas ceux des terrains oolithiques. Pour empêcher le ravinement des terres, on emploie dans ces vignes une méthode très simple qui consiste à y ouvrir, de distance en distance, un fossé à très faible pente qui reçoit, en même temps, les eaux pluviales et les terres qu'elles entraînent. On appelle ces fossés des *gardes*.

Le lias est éminemment favorable à la petite culture, disait Belgrand en 1850; avec trois hectares de terrain, un tiers d'hectare de prés, quelques ares de jardin ou de chènevière qu'on louerait à peine ensemble 200 fr., une famille vit à l'aise et trouve le moyen de faire des économies.

La culture arable s'est, en effet, maintenue jusqu'à présent dans quelques pays de lias où la propriété est très divisée. Il faut beaucoup de travail pour ces terres fortes, mais le petit propriétaire ne compte pas sa main-d'œuvre; le produit brut est pour lui du produit net. Grâce à la qualité supérieure du sol, ce produit brut est très grand. De plus, il se compose de récoltes variées dont les unes servent à la consommation du ménage, tandis que les autres peuvent se vendre facilement, comme le froment et le colza, sans exiger un fort capital, comme le bétail. Mais depuis 1850, les prix de vente du blé et du colza ont baissé. Dans les années humides, les terres fortes ne donnent pas beaucoup de grain et la petite propriété elle-même cherche à y laisser plus de place aux fourrages et à la production du bétail.

Quant aux fermes plus importantes, qui ont à couvrir des frais de main-d'œuvre doubles de ceux qu'elles payaient en 1850, elles doivent renoncer à faire des céréales dans ces terres humides et tenaces. La jachère y est souvent indispensable pour que le froment puisse y être semé dans de bonnes conditions. Il faut donner à cette jachère trois labours et employer pour cela des attelages de six, quelquefois de huit bœufs, conduits par deux hommes. Quelle dépense! Évidemment, du blé obtenu avec tant de peine ne peut pas soutenir la concurrence des Américains. Pourquoi employer tant de travail à empêcher de pousser l'herbe? Il faudrait au contraire en semer davantage et couvrir de prés ces terres si disposées à en produire. On économiserait ainsi beaucoup de main-d'œuvre, et au lieu de faire du blé qui baisse de valeur, on élèverait ou engraisserait du bétail qui, au contraire, se vendra de plus en plus cher, parce que l'accroissement de la consommation de la viande sera la conséquence de l'augmentation des salaires.

Tout le monde connaît le beau tableau où Rosa Bonheur a représenté six bœufs labourant dans un vallon du Nivernais. Ce tableau est devenu un anachronisme agricole. Dans ce vallon, autour duquel s'élèvent des collines couvertes de bois, le peintre trouverait aujourd'hui de verts herbages, et au lieu de six bœufs occupés à les détruire, il en verrait une douzaine s'engraissant paisiblement au milieu de ces plantureux *herbages*. Ce nouveau tableau serait digne d'être reproduit par son habile pinceau. C'est le tableau de l'agriculture moderne dans les marnes du lias.

Le lias est la terre par excellence des riches herbages. Déjà, dans le Charolais, c'est sur le lias que se trouvent les pâturages. C'est là qu'on a formé cette belle race de bêtes à cornes que l'on appelle la *race charolaise* et qui se répand peu à peu dans tout le centre de la France, en suivant en quelque sorte la même formation géologique et se répandant sur les autres à mesure que les amendements calcaires y transforment les fourrages. Je pourrais presque dire que la race charolaise est la race du lias, et pour qu'on me pardonne ce rapprochement insolite de la formation d'une race de bétail avec la formation du sol qui la nourrit, je vais reproduire, d'après un auteur aussi compétent en zootechnie que désintéressé en géologie, M. H. Chamard[1], l'historique de la formation de la race charolaise et de son extension dans le Nivernais :

« C'est dans le département de Saône-et-Loire, dit-il, et particulièrement dans les communes de Briant, Saint-Christophe, Oyé, Sarry, Saint-Didier, Varennes-l'Arconce, Saint-Julien-de-Civry, Amanze et la Clayette (toutes ces communes sont sur lias), parties de l'ancien Brionnais, qu'ont existé les premières et les meilleures vacheries ; de là elles se sont répandues dans l'ancienne province du Charolais et jusque sur les rives de la Saône. Du reste, la nature des herbages et le climat de Saône-et-Loire ont tout fait pour la race charolaise, et personne, parmi les anciens, n'a conservé le souvenir de la moindre tentative faite dans un but d'amélioration.

« Le Brionnais et le Charolais reposent sous un climat doux, plutôt humide que sec, et sur un sol fertile, généralement argilo-calcaire, mais néanmoins perméable, et particulièrement favorable à la végétation des trèfles et des graminées de premier ordre; les ondulations du terrain, l'abondance et la richesse des eaux ont permis d'établir jusque sur le sommet des coteaux des herbages qui ne le cèdent à ceux de Normandie que sous le rapport de la quantité.

1. *Encyclopédie agricole* de MM. Moll et Gayot.

C'est dans ces conditions extrêmement avantageuses que la race charolaise a acquis depuis des siècles les caractères et la finesse des tissus qui l'ont de tout temps fait préférer à toute autre par la boucherie de Lyon.

« L'impulsion donnée par les premiers éleveurs à la production en grand du bétail développa bientôt cette industrie sur une très large échelle, et quelques esprits actifs, secondés du reste par la fertilité des herbages et la facilité extrême de la race à se bourrer de chair et de graisse, se lancèrent dans la spéculation des embouches, qui n'avait point jusque-là reçu un très grand développement, mais qui ne pouvait manquer de devenir profitable en présence de la consommation toujours croissante de Lyon et des environs. En quelques années, cette nouvelle manière d'exploiter devint générale et fut appliquée à tous les meilleurs fonds ; l'élevage en grand dut, pour rester avantageux, s'éloigner de plus en plus des centres qu'il avait primitivement occupés. Cependant les bénéfices réalisés à court terme dans la nouvelle industrie devinrent tellement considérables, qu'on vit affermer certains herbages à raison de 140 fr. par bœuf, soit environ de 280 fr. par hectare net pour le propriétaire, l'hectare pouvant, dans un grand nombre de cas, engraisser jusqu'à deux têtes. C'est aussi vers la même époque qu'on vit s'enrichir un grand nombre de fermiers dont les descendants, malgré la division des fortunes, ont conservé une grande position dans le pays. Mais cet état de choses ne pouvait durer longtemps. La diminution de l'élevage et la concurrence entre les engraisseurs, dans les foires de bœufs maigres, amena une hausse soutenue dans les prix ; d'autre part, la location des herbages allant toujours croissant, les profits s'amoindrirent et quelques fermiers pensèrent à porter plus loin leur industrie.

« Vers cette époque, en 1770, autant qu'il est permis de préciser, un des Mathieu, de la famille des Mathieu d'Oyé, dont le fils, Mathieu (Antoine), fut connu plus tard en Nivernais sous le nom de Mathieu d'Aulnay, vint s'établir dans la terre d'Anlezy, magnifique ferme située près du village du même nom, à 24 kilomètres environ de la ville de Decize, amenant avec lui son bétail charolais et le mode d'exploitation par herbages. Le sol frais et fertile d'Anlezy le servit à merveille dans ses combinaisons, et bientôt, à la place de terrains dont la culture dispendieuse ne laissait aux détenteurs qu'un bénéfice illusoire, on vit s'étendre d'immenses prairies couvertes de bêtes blanches, dont l'exploitation dans sa plus grande simplicité n'occupait plus que quelques domestiques.

« Les résultats financiers de cette entreprise furent si satisfaisants que de nouveaux fermiers charolais vinrent occuper successivement dans la Nièvre les positions les plus fertiles. M. Lorthon se fixa à Savigny, près Cercy-la-Tour; M. Massin à Limanhon et aux environs de Montigny; enfin M. Ducret prit la ferme d'Anlezy, précédemment occupée par l'importateur Mathieu, et MM. Mathieu aîné et Camille, l'un et l'autre fils de Mathieu d'Oyé, qui fut l'un des meilleurs éleveurs du Charolais, vinrent s'établir, le premier à Montat, dans le voisinage de Limanton, le second à Espeuilles, commune de Montapas, et plus tard à Aulnay, ferme précédemment occupée par Mathieu (Antoine), fils de l'importateur; les Monussin se fixèrent à Montigny, etc. (Toutes ces terres font partie du lias.)

« Mais pendant que ces faits s'accomplissaient, et que le sol frais et fertile de la Nièvre se convertissait en herbages sous la main des nouveaux venus, les agriculteurs nivernais ne restaient point inactifs. Doués généralement d'un esprit entreprenant et hardi, ils eurent bientôt compris l'excellence d'un système qui s'appliquait si bien au pays et les avantages d'une race aussi apte au travail que la race locale, mais infiniment plus propre à l'engraissement : ce fut comme une traînée de poudre. »

Ainsi, les premiers éleveurs du Charolais étaient établis sur le lias, et quand les herbages qu'ils avaient créés dans le département de Saône-et-Loire devinrent ou insuffisants ou trop chers, quelques-uns d'entre eux allèrent se fixer dans le département de la Nièvre. Sur quels terrains? — Sur les marnes du lias. Quand même ils n'étaient pas géologues, leur instinct agricole ne les trompa pas. Ils reconnurent à Anlezy, à Cercy-la-Tour, à Montigny, etc., les marnes fertiles qui les avaient enrichis à Oyé, Saint-Christophe, etc.

Plus tard, quand l'élevage du Charolais prit plus d'extension, il déborda des marnes du lias sur les calcaires voisins de la formation jurassique et sur les terrains tertiaires du Cher et de l'Allier (vallée de Germiny, etc.). Mais les deux premières étapes de la race charolaise dans son extension au centre de la France furent le lias de Saône-et-Loire et celui de la Nièvre, et l'on peut en conclure que cette belle race et les herbages qui la nourrissent réussiront encore dans toutes les localités où se trouvent ces marnes liasiques.

Les marnes de la formation jurassique couvrent en France environ deux millions d'hectares. Elles sont destinées à être transformées en herbages ou prairies. Cette transformation est faite sur une partie d'entre elles et elle se continue, mais elle est ralentie ou souvent arrêtée chez les fermiers par le manque de capitaux et, chez les propriétaires, par le manque d'intelligence de leurs intérêts. Avec l'assolement triennal et la culture des céréales, il suffisait d'un faible capital d'exploitation; la récolte se vendait chaque année, et si elle ne couvrait pas tous les frais, elle fournissait du moins de quoi payer le fermage. Mais pour convertir les terres arables en herbages, il faut, après les avoir bien préparées et avoir fait le semis, attendre la deuxième année pour obtenir un produit satisfaisant, et ce n'est qu'au bout de plusieurs autres années que ce produit est complet. Puis il faut acheter du bétail qui ne peut se vendre qu'au bout de quelques mois, si on fait de l'engraissement, et au bout de quelques années, si on fait de l'élevage. Enfin il faut avoir plus de bâtiments pour loger ce bétail et les provisions de foin qui doivent le nourrir en hiver. Quelque riche qu'il soit, un fermier ne fera pas ces transformations s'il n'a pas un bail de plus de neuf ans ou, comme en Angleterre, la certitude d'être dédommagé, à fin de bail, pour les améliorations non réalisées. C'est donc avant tout une question de fermage. Or, la plupart des baux sont passés par des notaires qui n'entendent rien à l'agriculture et qui se contentent de copier des formulaires inventés au commencement du siècle. Pour les fermiers pauvres, c'est de plus une question de crédit agricole. Leur propriétaire devrait être leur banquier et les aider dans ces améliorations, parce qu'il y gagnerait sans doute autant, si ce n'est plus qu'eux. Mais beaucoup de propriétaires n'ont, hélas! pas plus d'instruction agricole que leurs notaires ou leurs hommes d'affaires. D'ailleurs ils sont peut-être aussi pauvres que leurs fermiers. Dans ce cas, c'est pour eux une question de crédit foncier.

En Angleterre, il y a des sociétés d'améliorations agricoles (*land improvement societies*) dont les prêts remboursables par annuités, comme celles du crédit foncier, ont de plus un privilège hypothécaire, à condition qu'ils soient employés en améliorations définies par une loi et sous la surveillance de commissaires nommés par le Gouvernement. Voilà une loi que nous devrions imiter. On l'a fait, il y a 30 ans, pour le drainage, mais le drainage est moins utile en France que sous le climat humide de la Grande-Bretagne. Il aurait fallu prendre le principe de la loi, mais l'adapter aux besoins spéciaux de notre agriculture : création d'herbages, irrigations, reconstitution des vignobles, reboisements. Copions, mais copions avec intelligence.

La zone liasique du Nivernais, où s'est faite la première immigration des charolais, s'appelle le Bazois. Les plantes qui sont les plus abondantes dans les herbages, par exemple, dans ceux de la vallée de la Canche, sont le trèfle blanc et la crételle. On y trouve également beaucoup de fléole, de dactyle gloméré, de la houlque laineuse, etc.

Dans ces prés d'embouche, qui sont loués de 100 à 160 fr. l'hectare, on engraisse en moyenne trois bœufs sur deux hectares. L'herbe coûte donc environ 80 fr. par bœuf, et comme la différence entre le prix d'achat et le prix de vente atteint ordinairement 150 fr. par tête, il reste 70 fr. de bénéfice net à l'engraisseur.

La nature imperméable du terrain permet de construire à peu de frais des abreuvoirs. Ces abreuvoirs, appelés *pêcheries*, ont la forme d'un trapèze dont la grande base, qui a 15 ou 20 mètres, se trouve au haut de la pente. La largeur est ordinairement de 6 mètres et la profondeur la plus grande de 2 mètres à 2^m,50. De chaque côté, on fait un mur de soutènement en pierres sèches.

Les prés sont divisés en clos de 3 à 5 hectares, entourés de haies vives ou de clôtures en fils de fer, souvent garnis d'épines.

On trouve dans ces haies des chênes magnifiques, mais les bois de quelque étendue sont rares dans le lias, et presque partout on défriche ceux qui restent. Ce n'est pas un mal, si les terres rapportent plus en herbages qu'en bois et si l'on remplace les forêts disparues par de nouvelles plantations sur les terrains qui ne peuvent pas produire autre chose, comme certaines crêtes arides des étages oolithiques.

M. le comte de Bouillé est aujourd'hui un des éleveurs les plus renommés de la race charolaise-nivernaise. Le domaine de Villars qu'il exploite est situé au sud de la Loire, sur la commune de Saint-Parize-le-Châtel, à un kilomètre de la station de Mars. Une partie des terres est argileuse, à sous-sol imperméable; il a fallu en drainer 40 hectares. Ces terres sont consacrées aux prairies et aux herbages. Une autre partie du domaine se compose de terrains calcaires et secs qui ont permis à M. de Bouillé de joindre l'élevage du mouton à celui des bêtes à cornes. Son troupeau de moutons southdowns a encore plus de réputation que ses charolais et fournit aux éleveurs des plateaux oolithiques, qui s'étendent au-dessus des marnes du lias, des reproducteurs qui servent à améliorer l'ancienne race berrichonne. En 1863, année où il a obtenu la prime d'honneur du département, il y avait, sur les 124 hectares de la ferme de Villars, 63 hectares d'herbages et prairies naturelles, 30 hectares de racines et fourrages artificiels et 26 hectares de céréales. Le reste était occupé par une vigne, le jardin et les bâtiments d'exploitation. Avec ces ressources fourragères, on nourrissait 3 taureaux, 30 vaches, 12 génisses et 22 veaux; de plus, 629 béliers, brebis et agneaux ou antenais.

En 1854, quand M. le comte de Bouillé devint propriétaire de la ferme de Villars, elle était estimée 178,000 fr., et rendait 5,330 fr. par an en moyenne. Peu à peu ce revenu s'était élevé à 25,000 et même 30,000 fr. Il est vrai que cette augmentation considérable provient en grande partie des hauts prix auxquels se vendent les reproducteurs. C'est un revenu exceptionnel qui dépasse de beaucoup la moyenne des terres analogues du centre de la France. Mais partout cette moyenne a doublé, quelquefois triplé, dans le lias du Nivernais et du Cher, depuis que les herbages y ont pris de l'extension, depuis qu'on y a introduit la race charolaise et surtout depuis que les chemins de fer ont facilité la vente des produits.

Au sud du plateau central, on trouve le lias occupant d'assez grandes surfaces dans les Basses-Cévennes, depuis la Voulte et Privas jusqu'à l'Ardèche et Alais et le Vigan, départements de l'Ardèche et du Gard. Il y a 450 à 500 mètres de puissance et se compose, d'après M. Dumas [1], de :

1° *L'infralias* (20 mètres) ressemble au *choin-bâtard* du mont d'Or lyonnais. C'est un calcaire compact, généralement gris foncé, à cassure conchoïdale, en bancs nettement stratifiés de 0^m,10 à 0^m,15 d'épaisseur. Dans la partie inférieure, les calcaires sont marneux ; dans la partie supérieure, ils se divisent en plaques très minces.

2° La *dolomie infraliasique* (80 à 100 mètres), série d'assises de calcaire plus ou moins dolomitique, formant des bancs de 0^m,50 à 1 mètre d'épaisseur, nettement stratifiés, en général, de couleur grise assez foncée, quelquefois jaune clair. Un de ces calcaires dolomitiques, analysé par MM. Frémy et Terreil, contenait :

Acide carbonique	31,70
Chaux	18,21
Magnésie.	15,70
Alumine	13,40
Peroxyde de fer	1,29
Alcalis.	Traces.
Silice	18,20
Eau et matières organiques	1,60
	100,00

On trouve dans cet étage de nombreuses grottes, et quand l'exposition est favorable, ses pentes conviennent bien à la vigne.

3° Le *sinémurien* ou *calcaire à gryphées arquées* (50 mètres), calcaire compact, de couleur grisâtre, très dur, à pâte fine. On l'exploite comme pierre à chaux et il forme des terres fertiles, mais peu profondes et craignant la sécheresse. Tout y pousse avec vigueur, surtout la vigne qui y trouve, comme le remarque M. Destremx, dans une note qu'il a eu l'obligeance de me communiquer, le principe ferrugineux qu'elle aime tant.

4° Le *liasien* ou *calcaire à gryphées obliques et gryphées cymbium* (150 à 200 mètres), série de bancs de calcaires ordinairement gris de fumée, à cassure largement conchoïdale, rude au toucher. Sous

1. E. Dumas. *Géologie du Gard.*

l'influence de l'air, la surface de ces calcaires devient jaunâtre. De plus, on y rencontre en abondance des nodules siliceux jaunâtres. Souvent les couches silicifiées, sans doute, par des sources d'eau chaude chargée de silice qui surgirent pendant la période où elles se déposèrent, sont très puissantes, toujours plus ou moins terreuses et jaunâtres, et elles alternent avec des bancs calcaires. Ces bandes de terrains siliceux ne conviennent qu'au châtaignier, tandis que le chêne blanc réussit bien dans les calcaires.

5° Le *toarcien* qui a 100 mètres environ de puissance et se divise en deux sous-étages :

a) Le sous-étage inférieur ou *marnes à Ammonites margaritus*, marnes noires, bitumineuses, schisteuses et très solides, se divisant quelquefois en feuillets minces comme des ardoises. On voit souvent entre les feuillets du fer sulfuré, des plaquettes de lignites ou des masses arrondies (septarias) de calcaire marno-compact qui contiennent des ammonites ou des bélemnites.

b) Le sous-étage supérieur ou *marnes supraliasiques*, marnes de couleur gris clair, souvent un peu jaunâtres, friables, contenant quelques couches de calcaire grisâtre plus ou moins schisteux. Suivant M. Destremx, ces marnes sont infertiles par elles-mêmes, mais deviennent bonnes pour la végétation quand elles sont mélangées de calcaire ou de sable siliceux.

Dans l'Hérault, on trouve le lias aux environs de Lodève. Le rhétien y est composé, d'après M. de Lapparent, par 4 mètres de grès blanc, supportant 5 mètres d'une arkose à grain fin, dans laquelle se trouve un banc calcaire de 0^m,30 à *Avicula contorta*. Puis vient la zone à *Ammonites planorbis* représentée par 20 mètres de calcaires blanchâtres dolomitiques et compacts, superposés à 2 mètres de calcaires blancs dolomitiques à cardinies. Les couches à gryphées arquées paraissent manquer. Le liasien à *Ammonites margaritus* est directement superposé à l'hettangien.

Dans les départements de la Lozère et de l'Aveyron, le lias, en certains endroits appuyé sur le trias ou sur la formation houillère, forme entre les roches cristallines du plateau central et les calcaires compacts des causses, des bandes plus ou moins larges de terrains argilo-calcaires, dont la fertilité contraste généralement avec les plateaux arides qui les entourent. Cette fertilité provient en partie des eaux abondantes qui y arrivent de ces plateaux et qui servent à les arroser, mais aussi de la composition des terrains liasiques eux-mêmes, fertilité qui est, du reste, variable avec les diverses couches.

Le *rhétien* se compose tantôt d'arkoses, tantôt de grès à éléments quartzeux et feldspathiques qui se désagrègent très facilement.

Des marnes de couleur verte ou lie de vin alternent avec les grès et les recouvrent. Dans leur partie supérieure, on y trouve des blocs irréguliers de calcaire marneux, tuberculeux, jaunâtre, souvent magnésien, qui peu à peu deviennent plus abondants et se montrent en bancs réguliers, formant ainsi la transition à l'étage calcaire qui leur succède.

Cet étage de calcaires bleuâtres, en bancs de $0^m,60$ à 1 mètre d'épaisseur, quelquefois plus, a des caractères pétrographiques qui ressemblent à ceux du calcaire à gryphées arquées, mais cette gryphée, si abondante dans d'autres régions, y manque, et, en général, tous les fossiles y sont très rares[1].

Quant au toarcien, il est, au contraire, très riche en fossiles, entre autres en ammonites pyriteuses *bifrons;* près de Mende, il a 13 mètres d'épaisseur et se compose de schistes bitumineux, dits *schistes carton,* dont les couches sont mélangées de quelques bancs calcaires.

Dans la Corrèze et la Charente, le lias n'est visible que sur de faibles étendues.

Le grès infraliasique y est essentiellement composé d'éléments remaniés, provenant du granite sous-jacent. Il est régulièrement recouvert par un calcaire dolomitique jaunâtre, nettement stratifié et d'aspect terreux qui représente le calcaire à gryphées arquées (10 mètres). Ces bancs de calcaire dolomitique alternent avec des argiles ou avec des marnes bleues.

Le calcaire à bélemnites (*liasien*) qui se présente ensuite est presque toujours grisâtre ou jaunâtre, plus ou moins sableux; il contient de nombreux rognons siliceux et beaucoup de fossiles. Il a 18 à 20 mètres de puissance.

------

1. Ad. Boisse, *Esquisse géologique du département de l'Aveyron.*

Le *toarcien* est formé par des marnes bleuâtres, très feuilletées. Son épaisseur varie de 8 à 10 mètres.

Il devient très fossilifère dans le département de la Vendée, aux environs de Thouars; de là le nom que les géologues ont donné à cette partie supérieure du lias.

Dans le sud-est de la presqu'île du Cotentin, le lias forme, aux environs de Valognes, Sainte-Marie-du-Mont, etc., les fertiles collines qui dominent les *grèves* conquises sur la mer.

Le *rhétien* s'y trouve sous la forme d'un grès dolomitique de 3 mètres au plus d'épaisseur. L'*hettangien* comprend deux assises : d'abord, les *marnes à Mytilus minutus*, puissantes de 7 à 8 mètres, puis le *calcaire gréseux à cardinies*, dit *calcaire de Valognes* (10 à 15 mètres). Ce calcaire est constitué par des couches successives de calcaires sableux, variant du blanc jaunâtre au gris, quelquefois séparées par des lits minces d'argile. Les bancs inférieurs, plus cristallins, contiennent des galets et des polypiers roulés et passent souvent à un vrai poudingue à cailloux quartzeux ou granitiques.

Le *sinémurien* ou *calcaire à gryphées arquées* a 30 à 35 mètres d'épaisseur; il se compose de bancs de calcaires marneux et d'argiles grises qui prédominent dans la partie inférieure. A Saint-Côme-du-Mont, entre autres, la plus grande partie des terres argilo-calcaires du sinémurien sont en herbages. Le reste est cultivé pour les besoins des exploitations d'une manière qui serait très épuisante, si l'on n'y employait pas beaucoup de fumier et de tangue.

L'assolement consiste en : 1° blé, avec fumure; 2° orge; 3° sarrasin, trèfle, fèves ou pommes de terre, avec fumure; 4° avoine. Quelques cultivateurs font : 1° sarrasin avec fumure; 2° blé; 3° orge, avec demi-fumure; 4° avoine, et avant de recommencer la rotation, hivernage avant le sarrasin, ce qui fait deux récoltes en un an.

Ces assolements n'ont leur raison d'être que comme annexes des herbages qui couvrent la plus grande partie des terres, soit sur les coteaux, soit dans la belle vallée du Pesnème, petite Hollande où l'on élève un nombreux bétail.

Les étages supérieurs du lias se développent dans le Bessin, contrée d'herbages célèbres qui s'étend depuis Isigny jusqu'au delà de Bayeux. Une partie de ces herbages sont situés sur des terrains qui appartiennent au trias, mais la plupart sont sur le lias, recouvert en certains points par des dépôts d'alluvion.

Le *liasien* ou *calcaire à bélemnites et à Ammonites margaritus* a, dans cette partie de la Normandie, 15 à 20 mètres d'épaisseur. Les argiles prédominent à sa base, puis viennent les calcaires.

Le *toarcien* se compose de 4 à 5 mètres d'argiles ou de marnes et d'un mètre de calcaires. Au-dessus d'eux se développent, vers l'est, les calcaires oolithiques de la plaine de Caen, et une riche culture à blé, sainfoin et colza succède aux vertes prairies du Bessin.

La Drôme, l'Aure et la Soule, rivières qui prennent naissance dans les terrains de transition au sud du Calvados, traversent le Bessin, en coulant vers le nord sur les marnes du lias, puis, avant d'arriver à la mer, elles rencontrent les plateaux de calcaire oolithique et disparaissent en grande partie dans leurs fissures.

Nous parlerons du lias des Alpes, de l'Angleterre et de l'Allemagne aux paragraphes 8, 10 et 11, avec l'ensemble de leurs terrains jurassiques.

---

§ 3. — Le système oolithique dans l'ouest de la France.

Sur leur grande carte géologique de la France, Élie de Beaumont et Dufrénoy n'ont représenté que les trois grandes divisions du système oolithique : 1° l'étage inférieur, avec lequel ils ont confondu les marnes supraliasiques, par des hachures bleues horizontales et la lettre j^1 ; 2° l'étage moyen par des points bleus, et 3° l'étage supérieur par une teinte bleu clair unie.

Les géologues anglais qui, les premiers, ont étudié la formation jurassique, ont classé ses divers étages d'après leur composition minéralogique. Pour nous, cette classification conserve une grande valeur, parce qu'elle nous donne immédiatement une idée des caractères agricoles de ces terrains. Je la reproduis donc dans le tableau ci-après.

Plus tard, Alcide d'Orbigny et les géologues modernes ont basé la classification des couches oolithiques sur leurs caractères paléontologiques et ils sont arrivés à partager les étages en sous-étages

dont quelques noms rappellent encore les termes anglais primitivement employés, mais dont les autres indiquent les fossiles qui y
prédominent.

Je donne cette nouvelle classification d'après le *Traité de géologie*
de M. de Lapparent. Malgré la constance du type jurassique dans
toute l'Europe, nous trouverons, en parcourant ses différentes régions, des variations locales que j'aurai soin d'indiquer. Comme le
dit M. de Lapparent, un même étage peut avoir un facies corallien,
caractérisé par les coraux et les oolithes, un facies marneux à phola-
domies ou à spongiaires, ou encore un facies pélagique à cépha-
lopodes, sans compter le facies côtier, représenté par des sédiments
argileux ou sableux.

Commençons notre voyage à travers les régions jurassiques de
la France par l'ouest et, pour nous servir de guide, voici le tableau
des divers étages et sous-étages du système oolithique, tel qu'ils
existent en Normandie :

ÉTAGES.		SOUS-ÉTAGES		
		d'après M. de Lapparent.	en Angleterre.	en Normandie
Oolithe supérieure.	Portlandien. . .	Purbeckien. .	Purbeck-beds	'
		Portlandien. .	Portland stone	Couches à *Trig. gibbosa.*
			Portland sand.	Argiles à *O. expansa.*
	Kimmeridgien .	Bolonien . . .	Schistes à *Discina latis-sima*	Grès calcaires et marnes du Bray.
		Virgulien. . .	Argiles à *Ex. virgula* . .	Argiles à *Ex. virgula* d'Honfleur.
		Ptérocérien. .	Argiles à *Ex. virgula.* .	Marnes à ptérocères.
		Séquanien . .	Upper calcareous grit. .	Marnes à *Ostrea delloï-dea.*
Oolithe moyenne.	Corallien	Dicératien . .	Coral-rag.	Coral-rag de Trouville.
		Glypticien . .	Coralline oolithe	Oolithe de Trouville.
		Argovien . . .		
	Oxfordien. . . .	Oxfordien . .	Lower calcareous grit. .	Argile à *Am. cordatus.*
			Oxford-clay	Marnes de Villers et de Dives.
		Callovien. . .	Kelloway-rocks.	Callovien ferrugineux. Callovien calcaire.
Oolithe inférieure.	Bathonien . . .	Bradfordien. .	Cornbrash	Calcaire à briozoaires.
			Forest marble et Brad-ford-clay	Calcaire spathique de Ranville.
			Great oolithe.	
		Vésulien . . .	Stonesfield slates	Calcaire de Caen.
			Fullers-earth	Marnes de Port-en-Bes-sin.
	Bajocien	Bajocien . . .	Inferior oolithe.	Oolithe blanche. Oolithe ferrugineuse.
		Aalénien . . .	Dogger.	Mallère.

« Le terrain jurassique, disent Élie de Beaumont et Dufrénoy, constitue en Normandie une région naturelle distincte, dont les limites sont nettement tranchées. La nature du sol, ses productions, son relief sont des circonstances qui le signalent, au premier abord, à l'observateur, et, lorsque, d'un point élevé, il en embrasse l'ensemble, il peut facilement en dessiner les contours. Ce terrain forme une vaste plaine dont l'uniformité n'est interrompue que par de légères éminences et quelques vallées.

« Le contact immédiat des calcaires jurassiques avec les terrains de transition du Cotentin et de la Bretagne, dont le sol montueux est sillonné de petits ruisseaux, apporte une opposition qui rend les caractères que nous venons de signaler encore plus frappants : aussi, de tout temps, a-t-on distingué ce pays en deux régions naturelles : le *Bocage* et la *Plaine*. »

Ce sont principalement les étages inférieurs de la série oolithique qui se montrent en Normandie.

Près de Bayeux, on trouve immédiatement au-dessus des calcaires du lias, un cordon de silex tuberculeux, puis la *malière*, calcaire noduleux gris bleuâtre qui forme un banc d'environ 1 mètre d'épaisseur. Au-dessus de ce banc, M. de Molon, le chercheur infatigable, et M. Guillier ont trouvé deux couches de phosphate de chaux.

Il y a d'abord un banc tuberculeux de 15 à 25 centimètres d'épaisseur, puis un poudingue de 15 centimètres qui tous deux contiennent des nodules. MM. de Molon et Guiller ont constaté que ces dépôts ont beaucoup d'affleurements sur une ligne de 40 kilomètres qui va de Formigny à Bretteville-sur-Odon, en passant près de Bayeux, où ils ont le plus d'importance. Mais les nodules contiennent rarement plus de 35 p. 100 de phosphate de chaux tribasique. C'est trop peu pour que leur transformation en superphosphate de chaux soit avantageuse.

Au-dessus de ces bancs, l'*oolithe ferrugineuse* (*calcaire de Bayeux*), très riche en fossiles, a une épaisseur de 1 mètre et est séparée, par une mince couche marneuse de couleur blanc verdâtre, de l'*oolithe blanche*, calcaire à oolithes marneuses avec de nombreux spongiaires.

Les *marnes à foulon* sont représentées en Normandie par les *argiles de Port-en-Bessin,* assise considérable d'argiles et de calcaires marneux qui atteint, en certains endroits, jusqu'à 30 mètres de puissance et donne partout naissance à des sources, et par le *calcaire de Caen,* assise de 30 à 55 mètres d'épaisseur qui se compose d'une alternance de couches terreuses et de bancs calcaires de couleur blanche, légèrement jaunâtres, assez tendres pour se laisser diviser à la scie, mais durcissant à l'air et fournissant les magnifiques pierres de taille qui s'exploitent dans de nombreuses carrières aux environs de Caen.

C'est ce calcaire qui forme à l'ouest de la ville la *plaine de Caen,* célèbre par ses riches cultures de froment, de colza et d'esparcette. Sa surface est presque entièrement unie; elle ne s'élève légèrement, en collines douces et allongées, que dans les endroits où le *calcaire spathique de Ranville* la recouvre.

Autrefois, on suivait sur la plaine de Caen un assolement qui avait conservé le cadre triennal, mais qui n'en était pas moins un des assolements alternes les plus intensifs que l'on puisse imaginer. La 1re sole était toujours consacrée au colza et la 2e au blé, mais la 3e offrait une grande variété: tantôt avoine, ou pommes de terre, ou betteraves, ou trèfle, tantôt sainfoin conservé 2 ou 3 ans. Quelquefois on suivait une rotation encore plus épuisante: 1) colza, 2) blé, 3) colza, 4) sainfoin, 5) sainfoin, 6) blé, 7) colza, 8) blé. On ne pouvait maintenir de tels assolements qu'à force d'achats d'engrais artificiels et surtout de tourteaux de colza.

Mais, depuis un certain nombre d'années, la concurrence des graines oléagineuses de toutes sortes et du pétrole que l'on amène en France a fait baisser le prix du colza. D'un autre côté, la main-d'œuvre renchérit: au moment de la moisson, il est difficile de trouver tous les ouvriers nécessaires pour couper à temps une grande surface de colza et il est impossible de remplacer ces ouvriers par des machines, comme pour le blé. Sa culture tend donc à devenir de moins en moins lucrative et elle diminue sensiblement. C'est une grande perte pour les fermiers, et le prix de location des terres s'en ressent.

Il faudra un jour en venir à imiter les fermiers anglais qui ne cultivent pas de colza, quoiqu'ils achètent, pour nourrir leur bétail, beaucoup de tourteaux de provenance allemande, belge ou même française, et quoique la Grande-Bretagne importe aussi beaucoup d'huile de colza pour le graissage de ses machines. Grâce aux prix élevés qu'ils obtiennent de leurs animaux, ils trouvent plus de profit à ne faire, outre les céréales, que des racines et des fourrages qui occupent au moins la moitié de la surface qu'ils cultivent.

Pourquoi ne pas faire comme eux? — Les fermiers normands vendent très cher les jeunes chevaux qu'ils développent et habituent au travail, tout en s'en servant pour leurs cultures. Outre ces chevaux de trait, ils achètent ordinairement une certaine quantité de poulains de plus grand prix dans les pays d'herbage qui les ont fait naître ; ils les font pâturer au piquet, ils les dressent et les revendent, à l'âge de 4 ou 5 ans, avec un grand bénéfice. Or, la valeur des chevaux augmente beaucoup et celle des autres animaux également.

Les excellents fourrages du Merlerault, si favorables à l'élevage du cheval fin, se produisent en partie sur l'*oolithe miliaire* (équivalent du calcaire spathique de Ranville) qui en occupe les collines les plus élevées, en partie sur le *callovien supérieur*, composé de calcaires ferrugineux, qui s'étend en couches presque horizontales de Sées à Argentan, formant une plaine fertile qui continue vers le sud-est celle de Caen.

A l'est du département du Calvados, ce sont les *marnes d'Oxford* ou *argiles de Dives* qui prédominent. Les riches pâturages du pays d'Auge lui appartiennent. Au lieu de la plaine uniforme qui s'étend à l'ouest de Caen, on trouve des vallées larges et profondes, séparées par des plateaux qui s'élèvent à une centaine de mètres au-dessus du niveau de la mer. Cette zone argileuse s'étend depuis l'embouchure de la Dives, par la vallée d'Auge, le Merlerault, jusqu'à Beaumont. Elle est surtout très développée aux environs de Mortagne, de Mamers et de Bellesme. Presque partout, elle est couverte des mêmes pâturages humides et fertiles. De loin en loin, on y voit des carrières d'où l'on extrait de l'argile pour la fabrication des briques.

Sur la côte du Calvados, entre Dives, Trouville et Honfleur, on peut étudier facilement dans les falaises qui dominent l'embouchure de la Seine, la succession des couches qui constituent la partie moyenne de la série oolithique. Au-dessus des argiles de Dives, on trouve celles *de Villers*, puis l'*oolithe de Trouville*, assise de 15 à 18 mètres d'épaisseur, composée d'un calcaire marneux gris, de 1^m,50, que surmontent 7 mètres de calcaire rempli d'oolithes rouges et blanches, ensuite 5 mètres d'argiles noires avec nodules calcaires et oolithiques blancs, et enfin 5 mètres de calcaire jaunâtre oolithique.

Dans quelques localités, cette oolithe atteint une beaucoup plus grande puissance. En avançant dans les terres, on la rencontre dans plusieurs vallées, affleurant le sol.

Le *coral-rag*, que l'on trouve également à Trouville, est séparé de l'oolithe sous-jacente par une marne noire et offre la structure caverneuse et irrégulière qui lui est habituelle.

Près de Lisieux, on trouve 33 à 40 mètres de sable jaune, avec rognons de grès calcarifères (*calcareous grit*). Le *séquanien* et le *ptérocérien* sont en Normandie argileux et offrent, par conséquent, les mêmes caractères agricoles que le *virgulien* ou les *argiles d'Honfleur* qui les surmontent et qui correspondent aux *argiles de Kimmeridge* des Anglais.

Dans les parties les plus élevées et les plus étroites des vallées de la Dives et de la Touque, au-dessus de Livarot et de Lisieux, les terrains oolithiques ne forment que le fond et sont en partie recouverts par les débris de la craie qui affleure sur les deux côtés et de l'argile à silex qui couvre les plateaux voisins. Il résulte de ce mélange des herbages encore plus nourrissants et surtout plus sains que ceux des argiles et des alluvions de la partie la plus rapprochée de la mer. La végétation y est plus active au printemps, et cependant ils conservent leur fraîcheur en été.

La même disposition de terrains se retrouve, au nord de la Seine, dans le *pays de Bray*, îlot jurassique qui s'est soulevé en forme d'ovale ou de boutonnière au milieu des plateaux de craie et d'argiles tertiaires du pays de Caux. Ses herbages, aussi riches que ceux de la Basse-Normandie, la reproduisent en quelque sorte sur les mêmes terrains, avec ses sources nombreuses, ses magnifiques arbres, ses troupeaux d'engraissement et les produits délicats de ses vaches laitières (fromage de Neufchâtel et beurre de Gournay). Ils présentent un contraste frappant avec les cultures de céréales des plaines dénudées d'eaux et de calcaire qui les entourent.

Dans le pays de Bray, la série oolithique est représentée par ses assises supérieures. Le *kimmeridgien* forme la clef de voûte du soulèvement. Il a 120 mètres d'épaisseur et est composé d'argiles bleues ou noires avec lumachelles argilo-sableuses où pullulent les *Ostrea virgula*. Cette marne argileuse est divisée en deux parties presque égales par un banc de 4 mètres de calcaire blanc lithographique[1].

Le *portlandien* y a été divisé par M. J. Gosselet en trois zones :

1° La zone à *Ammonites gigas*, épaisse de 35 à 50 mètres. Calcaire dans le sud de la région, elle passe au grès et poudingue dans le nord, du côté de Gaillefontaine ;

2° 10 à 12 mètres d'argiles à *Ostrea expansa* ;

3° La zone à *Trigonia gibbosa*, qui n'a pas plus de 10 mètres d'épaisseur. Elle est arénacée, mais son aspect varie beaucoup avec les localités. Près de Forges, elle contient à sa base une couche de 3 mètres d'argile bariolée qui est exploitée pour les tuileries. Près de Gournay, on voit, sur l'argile à *O. expansa*, 12 mètres de sable fin, argileux, surmonté de quelques mètres de grès ferrugineux en plaquettes. Au-dessus se trouve le terrain crétacé.

Cet ensemble de marnes et de grès calcaires forme les meilleurs herbages du pays de Bray. Leur sous-sol a plus de perméabilité et leur surface une composition chimique plus complète que les argiles froides du gault et les sables pauvres en chaux du grès vert.

Du côté du nord-ouest, sur les bords de la Manche et au delà des plaines crétacées et tertiaires de la Picardie, la formation jurassique reparaît dans le *bas Boulonais*, avec des couches de grès et de sables plus nombreuses que dans la Basse-Normandie et le pays de Bray, mais avec les mêmes caractères agricoles.

Les marins ont donné le nom de *Grisnez* au cap situé entre Équihen et Wissant, qui est composé de roches jurassiques dont les teintes assez sombres contrastent avec les falaises blanches de la craie du cap *Blancnez*. Sur la formation jurassique, on re-

---

1. J. Gosselet, *Esquisse géologique du Nord de la France.*

trouve dans le Boulonais les herbages et l'élevage du cheval, comme dans les contrées analogues de la Normandie. Quand les jeunes bêtes peuvent commencer à travailler, les éleveurs les vendent aux cultivateurs des plateaux tertiaires ou crétacés qui s'étendent en Picardie autour de l'amphithéâtre jurassique que les environs de Boulogne forment au bord de la mer.

La *plaine* de terrains jurassiques qui, dans le Calvados et dans l'Orne, entoure les *bocages* schisteux et granitiques, traverse le département de la Sarthe ; les gens du pays la désignent par le nom de *Champagne de la Sarthe.*

Les marnes et calcaires du bathonien et du callovien y portent des terres fertiles où la luzerne et le sainfoin réussissent aussi bien que le trèfle et les prairies de graminées. Avec de telles ressources, une agriculture ne peut que prospérer.

M. L'Aigle des Masures, entre autres, qui a eu la prime d'honneur du département en 1865, a montré que son domaine de la Chamfortière, commune de Saint-Pierre-des-Ormes, lui a rendu en 1863 près de 12 p. 100 de l'ensemble de ses capitaux (prix d'achat, 52,000 fr.; améliorations : drainages, défoncements, etc., 60,000 fr. ; capital d'exploitation, 57,700 fr. ; total : 170,000 fr.). Le domaine se composait de 64 hectares, dont 23 hectares de prés et pâtures et 41 hectares de terres labourables soumises à l'assolement suivant : 1) betteraves, pommes de terres, carottes, choux, avec forte fumure et 100 hectolitres de chaux à l'hectare ; 2) orge ; 3) 4) 5) 6) luzerne et sainfoin ; 7) blé; 8) choux, vesces, trèfle ; 9) blé; 10) avoine d'hiver.

Les fourrages produits servent à nourrir 14 juments poulinières de race percheronne, 44 vaches et génisses de race normande et quelques porcs.

A l'ouest de cette bande calcaire qui forme la Champagne de la Sarthe, les sables du *grès vert* s'étendent autour du Mans, maigres, arides, couverts de landes et de sapinières que les gelées de l'hiver de 1868-1869 ont en grande partie détruites.

Si, du Mans, le voyageur prend le chemin de fer de Tours, dit M. Guillier [1], il parcourt pendant quelque temps cette sorte de désert,

---

1. *Notice géologique sur le Belinois.*

mais tout à coup, au delà de la station d'Arnage, vers Moncé-en-Belin, la scène se transforme comme par enchantement : à la pauvreté succède la richesse ; la végétation devient très belle, on traverse une oasis, puis, après Écommoy, le désert recommence.

L'oasis, c'est le *Belinois*. C'est, comme le bas Boulonais et le pays de Bray au milieu des plaines tertiaires de la Picardie et de la haute Normandie, une oasis jurassique au milieu du grès vert, une sorte de boutonnière de 20 kilomètres de longueur et de 10 kilomètres dans sa plus grande largeur, dont les bords, en forme de falaises, sont composés de sables ferrugineux portant des sapinières et des landes. Il est probable que les sables formaient jadis une couche non interrompue ; mais les grands courants de l'époque quaternaire qui, en creusant nos vallées, se sont répandus bien au delà du lit des cours d'eau actuels, en ont entraîné des masses énormes : or, un mouvement intérieur du globe ayant produit, antérieurement, un bombement considérable, il est résulté du double phénomène d'exhaussement du fond et d'enlèvement du dessus, l'arrivée au jour de couches inférieures : le calcaire blanc oolithique du bajocien et du bathonien, le calcaire argileux et ferrugineux du callovien et surtout les alternances de calcaires bleuâtres et d'argiles sableuses de l'oxfordien qui occupent presque toute la surface du Belinois, formant un sol argilo-calcaire demi-perméable qui produit d'abondantes récoltes de céréales, de plantes sarclées et de fourrages et qui est particulièrement propre à la culture du chanvre.

Aux environs d'Outillé et d'Écommoy, l'étage corallien apparaît, mais il n'a pas d'affleurements à surfaces bien grandes et il se fait plus remarquer par les carrières de chaux grasse qu'on y trouve que par les terres arables qui le couvrent.

Passons la Loire et, autour du massif granitique de la Vendée, nous retrouvons dans les *départements des Deux-Sèvres, de la Vienne, de la Charente et de la Charente-Inférieure*, une bande étroite de lias et puis les plateaux calcaires de la série oolithique.

La Charente prend sa source dans les terrains granitiques du Confolennais, puis elle circule à travers les plateaux de calcaire jurassique qui forment les *terres chaudes* de l'Angoumois.

A une petite distance en amont d'Angoulême, dit M. Élisée Reclus, la Charente se double du flot de la Touvre, rivière d'une dizaine de kilomètres de longueur, non moins curieuse, par son apparition soudaine, que la Sorgues de Vaucluse ou le Timavo de l'Istrie. Comme ces rivières du bassin de la Méditerranée, la Touvre est formée d'eaux qui s'engouffrent dans les fissures des plateaux supérieurs de calcaires jurassiques : ces eaux sont celles de la Tardoire et du Bandiat.

La Tardoire, qui naît sur les hauteurs granitiques bien au delà des sources mêmes de la Charente, est un de ces cours d'eau qui disparaissent pour surgir de nouveau par les énormes jaillissements de la Touvre. Lorsque la Tardoire arrive à la zone des terrains calcaires, elle roule une masse liquide à peine inférieure à celle de la Charente même ; mais de fissure en fissure, de crible en crible, elle s'affaiblit de plus en plus, se change en ruisseau, puis en simple filet, et au-dessous de la Rochefoucauld, il n'en reste plus que le lit rocheux, empli seulement pendant les pluies exceptionnelles. Le Bandiat, autre rivière issue des roches cristallines, grossit également dans son cours jusqu'aux calcaires fendillés des formations jurassiques ; puis, à son tour, il diminue peu à peu : des puisards ouverts dans les falaises de ses bords, des fentes qui traversent les assises de son lit, des cavités cachées sous les herbes traînantes emportent vers l'ouest par des galeries souterraines toute la masse de ses eaux ; rarement le Bandiat, quand il est gonflé par les fortes pluies, roule un flot suffisant pour rejoindre la Tardoire dans la plaine d'Agris, jadis lacustre, et porter un filet d'eau dans la Charente, au-dessus de Mansle. Il serait possible, comme on l'a fait pour le Doubs, de rétablir en entier la portée primitive de la Tardoire et du Bandiat en entourant de maçonneries tous les gouffres de leur lit ; du reste, un meunier a déjà barré l'un des bras du Bandiat où s'engouffraient les eaux nécessaires à son moulin ; mais avant que l'œuvre de restauration puisse être entreprise avec méthode, il faut que le régime hydrologique souterrain du pays soit parfaitement connu et qu'on sache exactement quelle part il faut faire dans la distribution des eaux, d'un côté aux riverains de la Tardoire et du Bandiat et de l'autre aux usines de la Touvre.

Cette rivière, qui reçoit non seulement les apports souterrains des deux cours d'eau supérieurs, mais aussi le surplus des pluies que boivent les *fosses* ou *entonnoirs* de la forêt de Braconne, sur les plateaux de l'est, est l'émissaire naturel d'un bassin d'environ 1,000 kilomètres carrés. Les pluies dépassent une moyenne de 80 centimètres par an dans cette partie de la France ; on peut donc évaluer à 20 mètres cubes par seconde la quantité d'eau qui jaillit des galeries profondes, où l'évaporation a été presque nulle à cause du manque de soleil et de vent.

Cette masse liquide considérable ne s'élance point d'une seule bouche souterraine : à la base d'un rocher qui porte les ruines d'un château fort, la source principale, le Dormant, sort d'un antre noir, et son flot, bouillonnant avec lenteur, s'épanche sous la lumière en larges rides concentriques ; une autre source, le Bouillant, s'échappe en grondant d'une cavité circulaire en forme de vasque ; une troisième, la Lèche, suinte partiellement des prairies et va rejoindre les fontaines sœurs par un canal qu'elle se fraye entre les joncs. Unies en un seul fleuve aux bords ombragés de saules, elles commencent presque aussitôt leur œuvre en animant des papeteries, puis elles mettent en branle les turbines et les roues de la fonderie de canons de Ruelle [1].

L'oolithe inférieure (le bajocien et le bathonien), presque exclusivement composée de calcaires durs et solides [2], sans interposition

---

1. Élisée Reclus, *Géographie de la France.*

2. Deux calcaires appartenant à l'oolithe inférieure du département de la Charente, l'un de Chasseneuil, l'autre de Taponnat, ont été analysés à l'École des ponts et chaussées. Ils contenaient :

Chaux.	Magnésie.	Oxyde de fer et alumine.	Résidu argileux insoluble.	Acide phospho-rique.	Acide carbonique et perte au feu.	Somme.
53,90	0,80	0,30	0,30	0,04	45,26	100
53,97	0,90	0,10	0,73	0,01	44,89	100

Ce sont des calcaires presque purs. Ils sont exploités pour fabriquer de la chaux grasse qui est avantageusement employée par les agriculteurs et sert spécialement à l'amélioration des terres granitiques. La proportion d'acide phosphorique qu'ils contiennent est, du reste, très faible.

de bancs argileux ou marneux, se fait remarquer, dans la Charente, par sa grande sécheresse et sa végétation languissante. Ses terres rougeâtres, mélangées de petits fragments calcaires, sur un sous-sol de tuf jaune ou blanc, ne portent guère que des bois et des pâturages à moutons, maigres, mais sains et de bonne qualité. Ils sont, d'ailleurs, en beaucoup d'endroits, recouverts de sables tertiaires qui sont encore plus infertiles (*varennes*).

Par contre, les assises marneuses du callovien et de l'oxfordien fournissent des *groies*, terres argilo-calcaires, plus ou moins mêlées de pierres, qui sont très propres à la culture des céréales et des prairies artificielles. La vigne y donnait des produits magnifiques, et ses *cognacs* étaient de qualité supérieure. Malheureusement, le phylloxera est venu détruire cette source de richesse.

Avec le corallien reparaissent les *varennes* pierreuses. La zone corallienne est la moins peuplée du département. Elle est d'une sécheresse absolue, pas traces de sources. C'est dans les entonnoirs du corallien que viennent se perdre les eaux du Bandiat et de la Tardoire.

En 1860, la prime d'honneur de la Charente a été décernée à M. de Thiac pour son domaine de Puyréaux, à 3 kilomètres ouest de Mansle. Le domaine se compose de 105 hectares dont la plus grande partie se trouve sur un coteau calcaire et le reste (19 hectares) se compose de prairies situées au bord d'une rivière qui sert à les arroser. L'assolement de 4 ans : 1) cultures sarclées fumées; 2) froment ; 3) fourrages annuels ; 4) avoine, fournit, avec les luzernes et les prés, par an, 316,000 kilogr. de fourrages qui servent à nourrir un poids vivant de 30,000 kilogr.; soit l'équivalent de 75 têtes de gros bétail : moutons croisés southdowns, bœufs de Salers, etc. En 1859, le produit net du domaine avait été de 8,850 fr.

Tandis que les calcaires de l'oolithe inférieure et du corallien se présentent généralement sous forme de plateaux, le *kimmeridgien*, composé de calcaires plus argileux entremêlés de marnes, s'arrondit en collines couvertes de terrains argilo-calcaires, ameublis par le mélange de fragments anguleux (*groies*), terrains qui sont propres à toutes les cultures et particulièrement à celle de la vigne; cet étage a 70 mètres environ de puissance dans les départements de la Charente et de la Charente-Inférieure et y forme une large bande qui, commençant à peu de distance au nord d'Angoulême, s'étend vers le nord-ouest, autour de Saint-Amand, Aigre et Saint-Jean-d'Angély.

Le *portlandien*, qui lui est superposé, se compose de deux assises distinctes : à sa base, une série de bancs sableux, et à sa partie supérieure, des calcaires qui se subdivisent eux-mêmes en bancs oolithiques, en calcaires jaunes marneux et en calcaires lithographiques. Sa puissance totale peut être évaluée à 60 mètres environ. Les terrains qui recouvrent les coteaux portlandiens sont généralement pierreux, surtout dans les régions occupées par les calcaires oolithiques, comme dans la commune de Vaux-Ravaillac, et par les calcaires lithographiques, comme dans la forêt de Marange, au-dessus d'Hiersac. Les calcaires jaunes marneux font exception à cette règle. On remarque que les terres qui l'ont pour sous-sol sont d'excellente qualité et sont très favorables à la culture de la vigne. Ainsi, les coteaux de Vibrac, de Saint-Simeux, de Champinillon et d'Hiersac étaient couverts, avant l'invasion du phylloxera, de superbes vignobles dont les produits luttaient avec ceux des terrains crétacés de Cognac et de Jarnac.

Le comité central du département de la Charente-Inférieure qui étudie, avec beaucoup de méthode et d'activité, les moyens de reconstituer les vignobles détruits par le phylloxera, constate dans son Bulletin n° 16 (de décembre 1883) que les plants américains souffrent de la chlorose dans les groies calcaires de l'Aunis, comme dans la craie de la Champagne saintongeoise, quand ces terrains n'ont pas la couleur ocre qui signale la présence de l'oxyde de fer. La richesse en fer paraît donc être une condition essentielle de l'adaptation des plants américains. On en viendra peut-être soit à employer des amendements ferrugineux au moment où l'on défonce le sol pour l'établissement de nouvelles vignes, soit à mêler du sulfate de fer aux engrais qu'on leur donne.

Malheureusement, le sulfure de carbone a également peu de succès dans les terres calcaires peu profondes.

Faudra-t-il renoncer définitivement à la culture de la vigne sur tous les coteaux de calcaires légers auxquels elle avait donné tant de valeur dans l'Aunis et la Saintonge? Faudra-t-il en refaire des pâtures pour les moutons ou les reboiser? — Quelle perte !

Dans la plupart des terres profondes et ferrugineuses les plants américains (le *Jacquez,* le *Riparia,* l'*Herbemont, le Cuningham,* le *Solonis,* qui est le moins sujet à la chlorose, etc.) réussissent bien comme porte-greffes. Dans ces terres, les vignes françaises peuvent aussi être défendues avec assez de succès, si elles sont traitées tous les ans à raison de 80 à 90 kilogr. de sulfure de carbone par hectare et en même temps soutenues par d'abondantes fumures.

Les vignobles tendent à se déplacer. Ils abandonnent les calcaires pierreux de la formation jurassique, dont ils avaient fait la fortune, pour se concentrer dans les sols profonds ou se reconstituer dans les sables et dans les terres submersibles des vallées. On ne dira plus que « la vigne aime les collines ». Elle finira peut-être par devenir une culture *maraîchère* ou du moins une *aquiculture.* Mais, en attendant, où trouverons-nous du *cognac?*

Entre Saint-Jean-d'Angély, Cognac et Jarnac, s'étend une vaste plaine qui est figurée comme terre d'alluvion dans la grande carte géologique de la France, mais qui appartient à l'étage lacustre et gypsifère, l'étage de *Purbeck,* que les géologues ont placé au haut de la série oolithique. Cette plaine s'appelle *le Pays-Bas ;* elle a une superficie de 330 kilomètres carrés et sa hauteur moyenne au-dessus du niveau de la mer n'est que de 20 mètres, tandis que celle des coteaux jurassiques et crétacés qui l'encaissent est de 41 à 79 mètres. « Le Pays-Bas, dit M. Coquand, occupe, en effet, une dépression qui, à la fin de la période jurassique, a été remplie par un lac, puis successivement comblée par des sédiments argileux. Depuis le soulèvement de la chaîne jurassique, les agents extérieurs ont opéré la désagrégation de ces éléments friables jusqu'à une certaine profondeur, en les réduisant en une boue d'une consistance variable. L'agriculture ensuite les a façonnés, en les modifiant avec intelligence et les convertissant, suivant l'exigence de ses besoins, en terres arables, en prairies artificielles et en vignobles [1]. »

---

1. Coquand, *Description géologique du département de la Charente.*

L'étage purbeckien a 50 à 58 mètres dans sa plus grande épaisseur, mais, sur les bords du dépôt, ses argiles vont en s'amincissant peu à peu ; au-dessous de Vibrac, elles ne forment plus, entre les calcaires de Portland et les argiles lignitifères de la craie, qu'une bande mince que quelques rognons de gypse servent à reconnaître. Mais, au-dessus des Courades, les argiles ont disparu, et le second étage de la craie inférieure repose directement sur l'étage portlandien, couronnement de la formation jurassique.

D'après M. H. Coquand, l'étage de Purbeck renferme à sa base 1 à 2 mètres de calcaire carié, véritable cargneule, dont les vides sont remplis d'une marne grise ou verdâtre.

Puis viennent 35 à 40 mètres de marnes dont les couleurs, variant du gris noirâtre ou du vert au jaune rougeâtre, rappellent l'aspect bariolé des marnes irisées. Cette ressemblance est complétée par la présence du gypse qu'on exploite au milieu des argiles et qui s'y trouve engagé sous forme d'amas lenticulaires interrompus, d'un volume variable. Mais on est obligé de creuser assez profond avant d'atteindre les gisements les plus importants, et la plaine n'a qu'une faible élévation au-dessus des cours d'eau, de telle sorte que les chantiers sont souvent inondés ; on ne peut guère y travailler activement que pendant les mois les plus chauds de l'année. Les argiles purbeckiennes sont estimées pour la fabrication des tuiles.

Au-dessus des gypses et complétement noyé dans les argiles, M. H. Coquand signale un petit système de couches minces et régulières de calcaire jaunâtre ou grisâtre, tantôt oolithique, tantôt compact, quelquefois concrétionné ou travertineux, quelquefois aussi formant une vraie lumachelle par suite des nombreuses coquilles bivalves qu'il contient. Ce dépôt a une épaisseur de 1 pied et demi à 2 pieds ; de là le nom de *calcaires de deux pieds* qui lui a été donné. Partout où l'on peut l'atteindre sans trop de frais, il devient l'objet d'une exploitation active, le Pays-Bas n'offrant pas d'autres matériaux solides qu'on puisse utiliser comme moellons.

Enfin, au-dessus de ce calcaire de deux pieds, on retrouve 12 à 15 mètres d'argiles analogues à celles qui sont au-dessous.

§ 4. — Le système oolithique dans le Berry, le Nivernais et la Bourgogne.

A l'est du Poitou, dans le Berry, la formation jurassique tourne autour des schistes et des granites du plateau central et s'avance dans les vallées des rivières (le Langlin, la Creuse, l'Indre) qui coulent vers la Loire. Elle fournit, comme la craie qui la remplace plus loin, aux plateaux tertiaires qui séparent ces vallées, les amendements calcaires indispensables pour améliorer leurs terres, amendements qui n'ont pas été beaucoup employés autrefois à cause du défaut de routes et de capitaux, mais qui commencent à l'être de plus en plus.

Autour de Châteauroux et dans la direction du nord-est jusqu'au delà d'Issoudun, les calcaires lithographiques (corallien) s'élargissent et forment la plaine *de la Champagne du Berry*, dont les terres sèches et rocailleuses, partagées en grandes fermes, sont cultivées en assolement triennal, mais avec adjonction de plus en plus grande de sainfoin. Le sainfoin, avec les parcours des jachères et des chaumes, nourrit les moutons de race berrichonne, si renommés pour la qualité de leur viande. Autrefois, on avait cherché à améliorer leur laine par le croisement mérinos, mais aujourd'hui on a plus de tendance à les croiser avec les southdowns, afin d'obtenir des animaux plus pesants et plus précoces. On se conforme ainsi aux besoins du marché français où le prix de la viande augmente, par suite de l'accroissement de sa consommation, tandis que le prix des laines ne peut pas s'élever, à cause de la concurrence que leur font celles de l'Australie et de la Plata. Pour le moment, on s'en tient aux demi-sangs berrichons-southdowns, et plus tard on arrivera peut-être, comme le remarque M. Sanson, à la substitution de la race anglaise à la race française. Mais il ne faut y arriver que progressivement, à mesure que la culture elle-même s'améliore et devient capable de fournir l'alimentation plus riche à laquelle les southdowns sont habitués.

Dans les départements du Cher et de la Nièvre, la formation jurassique, traversée du sud au nord par le Cher et la Loire, se développe presque tout entière, avec des caractères géologiques et agricoles qui marquent nettement ses divers étages.

Après les terrains primitifs du plateau central et la bande de terrain houillier et de trias qui les borde de Bourbon-l'Archambault à Aignay, on trouve, entre Saint-Armand, Charenton, Sancoins et la Guerche, comme sur la rive droite de l'Allier aux environs de Saint-Pierre-le-Moutier, une zone de riches herbages qui ressemble à la Normandie. Ce sont les *marnes du lias*. Elles étaient autrefois marécageuses en certains endroits, et l'on y voit encore de loin en loin des étangs, comme sur les argiles tertiaires qui les dominent près de Sancoins. Mais aujourd'hui le pays est parfaitement assaini. Au milieu de ces magnifiques prairies et des vieux chênes qui ont été conservés dans leurs clôtures, pâturent des bœufs blancs de race charolaise. C'est sur la limite du lias, près de la Guerche, que se trouvait la propriété de Macé, le célèbre éleveur de charolais ; son fils, qui l'exploite aujourd'hui, a abandonné cette race pour élever, comme M. Tiersonnier, des durhams qui servent à lui infuser un peu de sang anglais et à former ainsi ce que l'on appelle la sous-race du Nivernais.

A cette zone d'herbages succède l'*oolithe inférieure* dont les alternances de marnes et de calcaires permettent aussi l'alternance ou plutôt la juxtaposition des prairies et des terres arables dans les mêmes fermes. On y trouve d'abord le *calcaire à entroques,* calcaire jaune grisâtre qui est exploité pour pierres de taille dans un grand nombre de localités; à sa partie supérieure, il devient plus ou moins marneux et se charge d'oolithes ferrugineuses. Puis viennent des calcaires bleuâtres. L'ensemble du bajocien a environ 50 mètres d'épaisseur.

Dans l'ouest du Berry, le *bathonien* est tout entier calcaire; sa partie supérieure fournit les belles pierres oolithiques que l'on exploite à la Celle-Bruères, Lignières, etc. Dans l'est, il devient plus marneux. Le *callovien* est représenté par une lumachelle siliceuse, l'*oxfordien* par 10 mètres de marnes pyriteuses et l'*argovien* par une assise marneuse dans laquelle abondent les spongiaires. A la Guerche, ces marnes à spongiaires, couche de passage entre l'oxfordien et le corallien, ont une dizaine de mètres d'épaisseur[1].

Quant au *corallien*, il prend un grand développement dans le Berry. Il y a 100 mètres d'épaisseur et forme, à l'est de Bourges, une seconde *Champagne du Berry* analogue à celle des environs de Châteauroux. Ce sont des calcaires lithographiques, plateaux arides et secs partout où ils ne sont pas recouverts par des dépôts limoneux. Les eaux de pluie se perdent dans leurs fissures et vont former des sources dans les rares vallées qui traversent ces plateaux.

Le *séquanien* ou *calcaire à astartes* se développe, en large bande, à l'ouest de ces calcaires coralliens et particulièrement aux environs de Bourges. La *pierre blanche de Bourges* est un calcaire crayeux à oursins coralliens qui a 12 mètres d'épaisseur; il est recouvert par des calcaires lithographiques au-dessus desquels se présentent des marnes et des calcaires oolithiques ou noduleux.

Enfin, au nord-ouest de ces plateaux calcaires, de Saint-Martin-d'Auxigny à Sancerre et sur la rive droite de la Loire, jusqu'au delà d'Entrain, on trouve le *kimmeridgien*, composé tantôt d'une argile verdâtre remplie de gryphées virgules, tantôt d'un calcaire gris, assez compact et également pétri de gryphées. C'est une terre humide qui a besoin d'être drainée[2], mais elle est très riche et pourrait même être employée comme marne.

Les coteaux de kimmeridgien sont couverts de vignes quand leur exposition est favorable; ailleurs, ce sont des terres renommées par les froments qu'elles donnent, mais elles sont difficiles à travailler et il vaudrait mieux faire des prés de toutes celles qui ne sont pas en forte pente.

Une terre de vignes de Saint-Doulchard et une terre de Bouy,

---

1. D'après MM. Douvillé et Jourdy, les couches supérieures des marnes spongiaires contiennent, près de la Guerche, des moules d'ammonites très riches en phosphate (35 p. 100 d'acide phosphorique correspondant à 54,3 p. 100 de phosphate de chaux). Les mêmes couches se retrouvent sur la rive droite de la Loire, à la Loge (*Bulletin de la Société géologique de France*. Série III, tome III, p. 103).

2. En certains endroits, les fossiles sont si abondants, qu'ils forment un drainage naturel. (Pencau et Lecat, *Étude géologique et agronomique du département du Cher*. Bourges, 1882.)

toutes deux appartenant au kimmeridgien, ont été analysées par MM. Peneau et Lecat.

	St-Doulchard.	Bouy.
Pierres.	13	16
Sable	37	51
Impalpable	50	44
	100	100
Acide phosphorique . . .	0,150	0,157
Potasse	0,068	0,144
Carbonate de chaux . . .	21,600	26,017
Carbonate de magnésie. .	0,071	0,111
Oxyde de fer et alumine .	6,713	4,171
Matières organiques . . .	5,876	5,317
Résidu inattaquable . . .	65,522	66,288
	100	100

Bourgogne. La bande de terrains jurassiques que nous avons suivie au nord du plateau central traverse le Nivernais et se prolonge dans la *Bourgogne,* en conservant à peu près la même série de couches que dans le Berry.

Au-dessus des plateaux de lias qui s'appuient sur les granites du Morvan, le *calcaire à entroques (bajocien),* calcaire gris très dur, de 30 mètres environ d'épaisseur, forme des escarpements qui ressemblent à des fortifications naturelles et qui ont, en effet, souvent été utilisés pour établir des places fortes ou des camps retranchés, entre autres celui d'Alise, sur le mont Auxois, près de Sainte-Reyne, où Vercingétorix se défendit contre les Romains. La forteresse de Langres est établie sur le même terrain.

La partie inférieure du calcaire à entroques fournit des matériaux de construction très utiles pour les travaux d'art et sa partie supérieure se débite en plaques plus minces qui sont employées, sous le nom de *laves,* pour les toitures des bâtiments.

Le *vésulien,* représenté par des calcaires roux marneux et le *bathonien* (grande oolithe, forest-marble et cornbrash), composé de 80 à 100 mètres de calcaires, la plupart fissurés en tous sens ou feuilletés et entremêlés de minces lits de marnes, font des terres légères et perméables qui conviennent parfaitement à la vigne.

Les vignobles les plus renommés de la Côte-d'Or sont situés sur le bathonien. La Romanée-Conti, le Clos-Vougeot, le Chambertin, le Richebourg, le Musigny, etc., appartiennent à la *Côte de Nuits* qui s'étend de Dijon à Nuits. Les vins rouges de Pomard, Volnay, Beaune, etc., et les vins blancs de Montrachet et Meursault se récoltent sur la *Côte Beaunoise*, qui est comprise entre Nuits et la rivière de Dheune, au sud de Beaune. Les terres les plus marneuses sont réservées au blanc. Tous ces vins, de première qualité, s'obtiennent au moyen des pinots. Dans les terres d'alluvion qui s'étendent au pied de ces collines jurassiques, sur les bords de la Saône, on cultive le *gamai* qui donne beaucoup, mais dont le vin est de qualité inférieure.

Jusqu'à environ 250 mètres de hauteur au-dessus du niveau de la mer, tous les coteaux exposés au levant et au sud sont couverts de vignobles. Dans les expositions nord ou nord-ouest, on trouve de belles luzernes ou, quand le sol est trop maigre pour elles, de l'esparcette. Les prairies sont rares, comme les sources. On n'en trouve qu'au fond des vallées et sur les points où affleurent des couches de marnes.

Les étages oxfordien et corallien (oolithe moyenne) ne se trouvent, dans la chaîne de la Côte-d'Or, que par massifs isolés et allongés du sud au nord, suivant la direction générale de la chaîne, au-dessus du bathonien.

Le chemin de fer de Dijon à Paris traverse d'abord le tunnel qui est percé sous les collines de la Côte-d'Or, puis il suit la vallée de la Brenne dont les sinuosités sont souvent coupées, à partir de Montbard, par le canal de Bourgogne, autrefois le seul moyen de transport économique qui unissait le bassin de la Saône à celui de la Seine. Des prés, ombragés de peupliers, et des champs que l'on devrait également convertir en prés, couvrent le fond de ces fraîches vallées.

Au nord, les vastes plateaux de calcaire recommencent et s'étendent dans le Tonnerrois et le Châtillonais jusqu'aux environs de Langres et de Chaumont. La Seine prend sa source au-milieu d'eux, près de la ferme d'Ergeraux, dans un vallon désigné sous le nom de *Buis-de-Seine*, à la cote de 471 mètres au-dessus du niveau de la mer.

Après avoir fait tourner les roues d'une usine, elle disparaît pendant les temps de sécheresse et ne reparaît plus qu'à 4000 mètres de sa source.

Puis, traversant la haute Bourgogne, de l'est vers l'ouest, la Seine rencontre, par ordre d'ancienneté, toutes les couches successives de la formation jurassique qui plongent dans la même direction.

Dans sa partie supérieure, la vallée, très encaissée, a environ 140 mètres de profondeur. Le fleuve coule sur les marnes supraliasiques qui sont couvertes, sur ses bords, de magnifiques prairies. Le calcaire à entroques forme au-dessus d'elles des parois presque verticales d'environ 25 mètres de hauteur que l'on ne peut utiliser qu'en les boisant. Il est surmonté par le *vésulien* ou terre à foulon, calcaire marneux qui, par une pente de 40°, élargit le haut de la vallée et permet quelquefois d'y faire de maigres cultures. Enfin, tout au haut de ces parois, la grande oolithe et le forest-marble présentent un nouvel escarpement dont les parties les plus abruptes montrent la roche nue au milieu de bois qui recouvrent les pentes les moins fortes. Quelquefois le calcaire à entroques manque et le vésulien repose directement sur les marnes supraliasiques.

Plus bas, le thalweg est formé par les roches fissurées de la grande oolithe ou du forest-marble; entre Nod-sur-Seine et Étrochey, les eaux s'y perdent en grande partie, à tel point qu'on a été obligé de faire un canal latéral à la Seine.

Dans les environs de Châtillon-sur-Seine, le *bathonien* se voit, sur le bord de la vallée, formant des hauteurs escarpées quelquefois de 50 mètres, composées d'une série de bancs de calcaires gris ou blancs plus ou moins épais. Les agents atmosphériques et la gelée les désagrègent en cailloux ou sable calcaire à angles aigus, détritus qui s'accumulent à la base des roches et au fond de la vallée, en couche végétale très mince, très sèche et très peu fertile. Les eaux de pluie traversent le forest-marble, comme la grande oolithe, et vont se rassembler sur les marnes vésuliennes qui les amènent à jour en sources souvent magnifiques, comme celles de la Douis, près de Châtillon-sur-Seine [1].

----

1. En Bourgogne, on appelle *douis* la plupart des sources de la formation jurassique.

Le bathonien forme les plateaux calcaires qui s'étendent au sud de Châtillon jusqu'aux environs de Montbard. On n'y trouve que de rares villages et leurs noms, Ampilly-le-Sec, Coulmier-le-Sec, etc., caractérisent bien le pays. Coulmier-le-Sec est à plus de 8 kilomètres d'une source ou d'un cours d'eau quelconque. On n'y trouve pas un seul hectare de pré naturel. D'après le relevé du cadastre fait en 1811, la commune avait :

	de 1re classe	99ʰ,36
	de 2ᵉ classe	222 ,80
Terres labourables	de 3ᵉ classe	802 ,58
	de 4ᵉ classe	784 ,73
	de 5ᵉ classe	327 ,16

Total . . . . : 2440ʰ,97

Jardins et vergers . . . . 7 ,09
Bois de toutes classes . . . . 706 ,09

Total de la commune 3154ʰ,15

A cette époque, on y suivait l'assolement triennal : jachère, blé, avoine, mais le blé ne rendait en moyenne que 9 hectolitres à l'hectare et l'avoine 12. Toutes les terres les plus arides et les plus éloignées du village étaient laissées incultes et servaient de parcours aux moutons.

Vers 1825, on commença à employer une partie des jachères en pommes de terres ou racines, trèfle, minette, jarosse ou légumes ; et, tout en conservant le cadre de l'ancien assolement triennal, on y adjoignit ou intercala de la luzerne dans les terres les plus profondes, de l'esparcette dans les autres. On eut ainsi une série de cultures comme la suivante : 1) racines, avec fumier ; 2) blé ; 3) avoine ; 4) trèfle plâtré ; 5) blé ; 6) avoine ; 7) racines, avec fumier ; 8) blé ; 9) avoine ; 10)-13) luzerne ou sainfoin ; 14) blé ; 15) avoine. On arriva à des récoltes de 16 hectolitres de blé et 20 hectolitres d'avoine, et l'on put doubler la quantité de moutons nourris avec les fourrages, tout en obtenant un poids plus grand par tête et une amélioration dans les formes. Dès 1850, la commune entretenait 3,700 bêtes à laine de divers âges, 102 vaches pour l'alimentation des habitants et 133 chevaux avec une vingtaine de bœufs pour le travail des champs. Avec l'assolement triennal et les jachères du vieux temps, l'hectare ne rendait guère plus de 25 fr. net. Avec le nouveau, on obtint environ 60 fr. En 1825, disait un cultivateur de la commune, on aurait pu, à 100 écus l'hectare, obtenir un terrain quelconque; en 1850, les terres à 1,000 écus n'étaient pas rares. La quantité de terres de première classe avait plus que doublé.

Depuis 1850, un nouveau progrès a commencé à se répandre dans le Châtillonais. On renonce de plus en plus à la culture des terres de quatrième et de cinquième classe pour y planter des bois. On concentre les fumures sur le reste. On peut ainsi les répéter plus souvent et l'on obtient un plus grand produit brut par hectare, sans augmenter les frais de culture dans la même proportion.

Quelques cultivateurs qui sont à la tête du progrès, comme M. Achille Maistre, lauréat de la prime d'honneur du département de la Côte-d'Or en 1878, adoptent des assolements alternes. De plus, M. Achille Maistre a beaucoup augmenté le rendement de ses fourrages par l'emploi des sels de potasse des salines du Midi.

L'amélioration de la race des mérinos bourguignons a marché de pair avec celle de la production fourragère. Aujourd'hui, ils rivalisent avec ceux du Soissonnais comme producteurs de viande. Suivant l'expression d'un vétérinaire du pays, M. Mathieu, ils sont devenus de véritables southdowns quant à la forme et à la précocité, tout en restant mérinos quant à la toison.

C'est dans le bathonien des environs de Montbard qu'était située la ferme où Daubenton plaça, en 1766, le premier troupeau de mérinos qui fut importé en France.

Lorsque, entre Montbard et Châtillon-sur-Seine ou du côté du nord-est, aux environs de Langres et jusqu'en Lorraine, on suit une de ces vieilles routes tracées en ligne droite, montant et descendant avec tous les accidents de terrains, on trouve sur les hauteurs de vastes plateaux que l'on croirait souvent privés de toute habitation ; mais, si l'on continue à avancer, on découvre tout à coup, au fond d'un vallon, le groupe de fermes où les cultivateurs demeurent et d'où ils partent chaque jour pour aller travailler sur les terres du voisinage ou pour mener plus loin leurs moutons au pâturage.

Arrivé au bord du plateau, au-dessus de Châtillon et de la verte vallée où coule la Seine, on voit que le plateau recommence de l'autre côté, mais sa surface n'a plus la même couleur. Au lieu de la blancheur des calcaires oolithiques, c'est le rouge des marnes ferrugineuses qui forment la base de l'oxfordien, terres riches et profondes, dans lesquelles le trèfle et la luzerne, comme les céréales et le colza, donnent de magnifiques récoltes. Ces marnes sont mélangées de calcaires en rognons ou en plaques minces (laves) qui se délitent facilement. Puis viennent les marnes à spongiaires, marnes grises, également fertiles. Un certain nombre de sources débouchent à la surface de ces assises argileuses et permettraient d'y créer des prairies.

Cette zone de terres fertiles s'étend du sud-ouest au nord-est, comme l'ensemble de la stratification jurassique. Mais elle n'a que quelques kilomètres de largeur. A une faible distance, on aperçoit une crête blanche qui la domine : c'est le bord du corallien, la seconde de ces assiettes de calcaires fissurés qui forment le fond du bassin de Paris. Avec elle commence le nouvel étage de plateaux également inclinés vers le nord-ouest et découpés par des vallées, fractures élargies peu à peu par les cours d'eau qui convergent vers le centre, comme l'Yonne, la Seine, la Marne, etc. Les crêtes culminantes de ce deuxième étage ne s'élèvent plus aussi haut que celles du bathonien ; elles ne dépassent pas 300 à 350 mètres.

Dans la basse Bourgogne, les meilleurs vignobles sont placés, soit sur l'oxfordien, soit sur les coteaux bien exposés que forment les déchirures du corallien, par exemple aux environs de Chablis, dans la vallée du Serain, et aux environs de Tonnerre, dans la vallée de l'Armançon et dans les vallons secs qui y aboutissent. Le phylloxera n'a pas encore envahi cette partie de la Bourgogne. Si jamais il y arrive, les remèdes seront très difficiles à appliquer. Le sulfure de carbone fait peu d'effet dans des terres pierreuses comme celles du corallien et le pal est difficile à y enfoncer. L'eau manquerait presque toujours pour l'emploi du sulfocarbonate de potasse. Quant à la reconstitution des vignobles détruits par les plants américains, les expériences faites dans la Charente-Inférieure ne font guère espérer que ces plants pourront bien s'adapter à ces *groies* calcaires. Du

reste, pour les employer comme porte-greffes, il faudrait complètement transformer les méthodes de culture. Dans la basse Bourgogne, comme en Champagne, les vignerons procèdent par cou-
chages successifs; en enterrant ainsi les sarments, ils reproduiraient
constamment des racines françaises qui seraient attaquées par le
phylloxera.

Devant les nombreuses difficultés que l'on peut ainsi prévoir, ne
serait-il pas prudent d'appliquer aux départements qui ne sont pas
encore envahis ou qui n'ont que peu de taches phylloxérées, à l'Yonne,
la Côte-d'Or, le Jura, le Doubs, la Haute-Saône et à tout le nord de
la Loire, le système de défense qui réussit jusqu'à présent fort bien
à nos voisins de la Suisse et que nous avons adopté pour l'Algérie?

Sur les *plains* des plateaux coralliens, on trouve de vastes terrains
pierreux et arides. C'est sur un de ces plateaux, près de Cruzy-le-
Châtel, à l'extrémité nord du département de l'Yonne, qu'est situé
le domaine de Maulne dont le propriétaire, M. Charles Martenot, a
obtenu la prime d'honneur du département en 1866. M. Ch. Martenot trouva en 1856, lorsqu'il entreprit la culture des 134 hectares qui
composent le domaine, seulement 8 hectares de prairies artificielles,
avec 41 hectares de jachères et autant de blé et d'avoine en assolement
triennal. On y nourrissait 330 métis-mérinos, comme ceux que l'on
trouve dans la plupart des fermes du Tonnerrois, sans type bien
déterminé, sans suite, décousus et provenant de croisements faits
au hasard. M. Martenot imita ses voisins du Châtillonais et, par un
choix sévère des reproducteurs, il réussit à former un troupeau
d'élite aussi remarquable par ses formes que par la qualité de sa
laine. En 1865, il avait porté ce troupeau à 650 têtes. Il avait concentré tous ses efforts vers ce but qui lui était indiqué à la fois par
la nature de ses terres, la rareté de la main-d'œuvre et l'éloignement
des villes. Il ne tenait pas d'autres animaux, sauf les chevaux nécessaires à la culture et quelques vaches de race Schwytz pour les besoins de la ferme. Pour nourrir ce cheptel vivant, il avait porté la
culture des prairies artificielles à 58 hectares, celle des racines à
13 et réduit celle des céréales à 60. La valeur de l'ensemble de la
propriété, estimée en 1856 à 250,000 fr., était montée en 1865
à 320,000.

Cette ferme de Maulne avait été créée en 1830 par M. le marquis de Louvois, sur un défrichement de forêt et peu de temps après elle avait été vendue à la famille de M. Martenot.

Autour d'elle s'étendent encore de vastes forêts qui couvrent toutes les parties les plus arides des plateaux jurassiques.

« La carte géologique n'existerait pas, dit M. Mathieu, sous-directeur de l'École forestière de Nancy, que pour les terrains jurassiques et surtout pour ceux du bord oriental du bassin de Paris, la carte forestière permettrait de la construire, tant est étroite et, l'on peut ajouter, logique, la relation entre les collines calcaires et les forêts. Rien n'est mieux accusé que ces zones forestières que l'œil discerne aisément de Mézières à Poitiers, en suivant toutes les inflexions de la ceinture jurassique qui sépare le centre du bassin de Paris du trias de la Lorraine vers l'Est, et qui au sud vient le plus souvent s'appuyer sur les premiers contreforts du plateau central.

« On peut remarquer que cette union entre les sols jurassiques et les forêts se poursuit en dehors du bassin de Paris. Une bande des premiers se détache du plateau de Langres et, se dirigeant vers le sud, longe le pied oriental du Morvan et du Charolais, pour se terminer aux environs de Mâcon. La carte forestière reproduit fidèlement cette disposition géologique ; une région bien boisée coïncide exactement avec elle[1]. »

Au lieu de diminuer par des défrichements cette zone forestière si bien adaptée aux caractères du sol jurassique, il y aurait souvent, dans l'étage corallien comme dans l'oolithe inférieure, avantage à reboiser les terrains trop arides pour la production agricole ou trop éloignés des centres de population. M. de Taillasson, sous-inspecteur des forêts, a cité, dans une brochure fort encourageante, les résultats financiers obtenus par quelques propriétaires de la Côte-d'Or et de l'Aube, par exemple, M. Dutailly, aux Riceys, M. Du Bois du Tilleul, à Cunfin, M. de Bantal, à Mussy-sur-Seine, en faisant des plantations de pins sylvestres, pins d'Autriche, pins laricios et mélèzes dans des terrains qu'ils avaient achetés, il y a environ 40 ans, à très bas prix (40 à 100 fr. l'hectare). Le capital engagé a été de

____

1. Mathieu, *Catalogue raisonné de l'Exposition de 1867.*

280 fr. par hectare, dont 100 fr. pour l'achat et 180 fr. pour frais de plantation de 10,000 sujets à l'hectare. Les produits ont été :

Premier nettoiement à 16 ans : 200ᶠ pour 2,000 brins dominés à 0ᶠ10.
Deuxième nettoiement à 22 ans : 600ᶠ pour 4,000 brins dominés à 0ᶠ15.
Troisième nettoiement à 28 ans : 500ᶠ pour 1,000 perches à houblon à 0ᶠ50.
Quatrième coupe à 35 ans :   1,500ᶠ pour 1,500 perches à 1ᶠ.

Total en 35 ans : 2,800ᶠ

C'est un placement à environ 9 p. 100 l'an.

§ 5. — La Haute-Marne, la Lorraine et les Ardennes.

La zone forestière que M. Mathieu a décrite se continue dans le département de la *Haute-Marne*, dont le tiers de la surface est couvert de bois et dont le territoire presque tout entier appartient à la formation jurassique. Il n'y a qu'au nord-ouest, dans les environs de Vassy et de Saint-Dizier, un petit coin de grès vert.

C'est un pays de forges. Les terrains jurassiques lui donnent à la fois le minerai de fer et le bois. Autrefois, les forges fournissaient au bois un débouché et à la population un travail modestement rémunéré, mais régulier pendant toute l'année. Mais les chemins de fer ont ruiné beaucoup de ces petites forges au bois par la concurrence des grandes usines qui se servent de la houille et qui ont beaucoup perfectionné leurs procédés de fabrication.

Si les chemins de fer ont fait du tort à l'industrie métallurgique de la Haute-Marne, ils ont fait du bien à son agriculture. Autrefois, les cultivateurs consacraient une grande partie de leur temps aux transports d'approvisionnements pour les usines et ne s'occupaient de leurs champs que d'une manière accessoire, quand ils n'étaient pas occupés par la forge. Ils achetaient dans les foires voisines les chevaux dont ils avaient besoin pour les transports. Les moutons, de race commune et les quelques vaches qu'on élevait n'avaient guère d'autre ressource que la vaine pâture. Comme tous ces animaux étaient constamment hors de la ferme, il n'y avait presque pas d'engrais, et les champs étaient très mal cultivés. On suivait l'assolement triennal, mais la jachère ne produisait rien, sauf un peu de trèfle ou de pommes de terre. Le prix du blé variait alors, selon les bonnes ou mauvaises récoltes, de 15 à 30 fr. l'hectolitre. L'avoine se vendait de 4 à 5 fr., le vin de 10 à 15 fr. l'hectolitre. Les moutons ne valaient que 15 à 20 fr. la paire.

Aujourd'hui, les prix des animaux ont doublé et encouragent à la culture des fourrages. Le trèfle, l'esparcette et la luzerne occupent des surfaces de plus en plus considérables et la plupart des fermes ont des racines fourragères. L'élevage du cheval se répand. Les bêtes à cornes s'améliorent et, si le nombre des moutons a diminué, leur qualité supplée à la quantité. Les fumures sont plus abondantes, et les céréales rendent davantage à l'hectare.

A l'Est, le lias et l'oolithe inférieure couvrent une grande surface, environ 270,000 hectares, près de la moitié du département.

La petite propriété maintient la plupart des marnes du lias en cultures de céréales et quelquefois en vignes. Ces champs fertiles et humides auraient besoin d'être drainés ; on pourrait ainsi supprimer la jachère et obtenir le blé à un prix de revient moins élevé. Mais leur meilleur emploi serait d'en faire des prés.

Au-dessus des plaines ou mamelons doucement ondulés que forme le lias, le calcaire à entroques élève des remparts de roche calcaire qui semblent être un prologement des fortifications de Langres.

Puis on trouve une couche de marnes à foulon et, en avançant toujours vers l'ouest, la grande oolithe que l'on exploite, près de Chaumont, en pierres de taille d'une blancheur et d'une finesse de grain remarquables, et le cornbrash dont les couches supérieures fournissent des *laves* qui sont employées à la couverture des maisons.

La contrée qui s'étend de Langres et Bourmont à Château-Villain et Chaumont ressemble à celle que nous avons vue dans la haute Bourgogne, au sud et à l'est de Châtillon-sur-Seine.

Quelques vallées étroites, formées par les fractures des plateaux oolithiques, sont arrosées par des eaux limpides et couvertes de prairies. Presque toute la population du pays s'est groupée sur le bord de ces rivières.

Autour d'elles s'étendent les plateaux. Les villages y sont aussi rares que les sources. Les cultures les entourent et plus loin, sur de vastes espaces, on ne trouve que la vaine pâture ou la forêt.

A l'ouest de Château-Villain et de Chaumont, se développent les étages de l'oolithe moyenne (oxfordien et corallien), compris entre les cotes 390 et 230 et couvrant une surface de 120,000 hectares environ.

Les terrains ferrugineux de l'oxfordien forment une bande de 4 à 5 kilomètres de largeur, qui se distingue, comme dans la Côte-d'Or, par sa fertilité.

Puis vient le corallien qui a environ 100 mètres d'épaisseur et se distingue, dans la Haute-Marne, par un caractère plus marneux et, par conséquent, plus favorable à la production agricole que dans les autres régions de la France. La partie inférieure se compose de marnes, la partie moyenne de marnes et de calcaires compacts, renfermant des intercalations de calcaires grumeleux, et l'étage se termine par l'*oolithe corallienne de Doulaincourt* et de Saucourt, parfois interrompue par des bancs marneux.

Le kimmeridgien et le portlandien couvrent, dans le département, une surface de 85,000 hectares et sont compris entre les cotes 370 et 170.

Le *kimmeridgien* est composé d'alternances de calcaires compacts et de marnes où abondent les *Exogyra virgula*. Il a en moyenne 100 mètres de puissance.

Le *portlandien inférieur* ou *calcaire du Barrois* (zone de l'*Amm. gigas*) renferme, à sa base, des calcaires lithographiques compacts, gris jaunâtre, séparés en bancs de $0^m,10$ à $0^m,15$ par des lits d'argile marneuse blanchâtre riches en *pholadomyes;* puis viennent des marnes grises à texture grumeleuse, qui alternent avec des bancs calcaires à structure grossière et noduleuse, avec lumachelles rougeâtres (*Amm. Irius*), et une oolithe fine d'un mètre d'épaisseur (*oolithe de Bure*), surmontée de calcaires lithographiques cariés ou tubuleux. L'ensemble a 80 mètres d'épaisseur.

Le *portlandien supérieur*, dont la puissance varie de 15 à 20 mètres, se compose de calcaires qui, dans la partie inférieure, sont sableux, tendres, verdâtres, quelquefois dolomitiques et légèrement quartzeux, et deviennent peu à peu, dans la partie supérieure, oolithiques. Cette *oolithe vacuolaire* ou *oolithe du Barrois*, dont les grains assez uniformes ont la grosseur des grains de millet et sont réunis par un ciment calcaire, est surtout développée vers la limite des départements de la Haute-Marne et de la Meuse, où elle atteint 6 à 7 mètres d'épaisseur et donne de belles pierres de taille non gélives, exploitées à Chevillon, Sombreuil, etc.

On trouve sur les plateaux portlandiens des puits naturels dont le diamètre ne dépasse pas 1^m,50 à 2 mètres, mais dont la profondeur va parfois jusqu'à 150 mètres et même 200 mètres. Tantôt ils sont vides, tantôt, au contraire, ils sont remplis de limon rouge et de minerai de fer. Ce *fer de roche* est considéré comme d'excellente qualité.

L'école pratique d'agriculture de Saint-Bon, fondée en 1876 et très bien dirigée par M. Rolland, est située dans la partie du département de la Haute-Marne que l'on appelle *la Montagne*, à 2 kilomètres du village de Blaise, dans un vallon dont les alluvions argilo-calcaires sont couvertes de prés.

Les champs se trouvent sur les pentes et sur le haut des collines qui entourent ces prairies, collines formées par le calcaire à astartes et par les argiles kimmeridgiennes, au-dessus desquelles commence un peu plus haut le portlandien.

Sur le calcaire à astartes, le sol est fertile lorsqu'il peut s'accumuler en couche assez profonde, comme dans les bas-fonds. Mais partout où la pente est rapide, la terre végétale est rare et le sous-sol se compose de calcaires compacts où l'on a fait des plantations de sapins.

Par contre, les argiles kimmeridgiennes, formées de marnes qui alternent avec des bancs de calcaires, ont besoin de drainage pour pouvoir être cultivées facilement et donner de belles récoltes.

En 1882, M. Rolland a fait sur du blé et dans une terre argilo-calcaire qui appartient à l'étage du calcaire à astartes, des essais d'engrais chimiques qui offrent de l'intérêt, quoiqu'ils ne s'étendent qu'à 1 are et à une année.

PARCELLE.	NATURE des engrais.	QUANTITÉ d'engrais.	RENDEMENTS		
			Paille.	Grain.	Grain.
		kilogr.	kilogr.	litres.	kilogr.
1 a.	Sans engrais.	0	35	22	17
1 b.	Sulfate d'ammoniaque	4	43	27	21
2 a.	Sans engrais.	0	35	22	17
	Superphosphate de chaux	4			
2 b	Potasse épurée	1,5	43	25	25
	Sulfate de chaux.	3,5			
3 a.	Sans engrais.	0	30	22	17
	Superphosphate de chaux	4			
	Nitrate de potasse	2			
3 b.	Sulfate d'ammoniaque	2,5	53	36	27,5
	Sulfate de chaux.	3,5			
4 a.	Sans engrais.	0	20	18	14,5
4 b.	Sulfate d'ammoniaque	1,5	38	23	17

Le sulfate d'ammoniaque a donné une augmentation de 5 litres de grain, le même sur la parcelle 4 où il avait été employé à la dose de $1^k,500$ que sur la parcelle 1 où il avait été employé à la dose de 4 kilogr. Il y a même eu plus de paille avec la faible dose qu'avec la forte.

Les engrais minéraux, sans azote, de la parcelle 2 n'ont amené qu'une augmentation de 3 litres de grain et 8 kilogr. de paille.

Mais les deux réunis, les engrais minéraux et les engrais azotés, ont fait beaucoup plus d'effet: ils ont donné 14 litres de grain et 23 kilogr. de paille de plus que sur la parcelle témoin sans engrais. C'est un accroissement plus considérable que la somme de ce qui était dû, d'un côté, à l'azote seul et, de l'autre côté, aux engrais minéraux seuls. L'un a donc aidé l'autre. Lorsqu'on met à la disposition des plantes plus de matière azotée, elles peuvent assimiler plus de carbone et d'eau, et former ainsi une masse plus grande de substance végétale. Mais, pour former cette substance végétale, il faut aussi qu'elles aient plus de potasse et d'acide phosphorique.

Réciproquement, pour qu'une dose plus forte de potasse et d'acide phosphorique puisse être assimilée par le blé, il faut qu'on lui donne aussi plus d'azote.

Le calcaire à astartes paraît donc contenir à peu près assez d'acide phosphorique et de potasse pour une production médiocre ; mais, si l'on veut rendre cette production plus intensive par un apport d'engrais azotés, il faut, dès que l'azote dépasse la proportion qui correspond à 1^k,5 de sulfate d'ammoniaque par are, y joindre aussi un certain apport de matières minérales. Parmi ces matières minérales, il est probable que c'est la potasse qui manque le plus vite. Je suis porté à le croire d'après un essai de salins du Midi qui a donné à M. Rolland un résultat favorable.

D'autres expériences, faites en 1883 dans les argiles kimmeridgiennes, ont montré que l'acide phosphorique seul n'y sert à rien, mais qu'il est utile lorsqu'il est associé à une certaine quantité d'azote assimilable, comme dans le phospho-guano.

Dans les terres où elles ont des chances de succès, M. Rolland fait des luzernes, mais ces terres sont rares à Saint-Bon, et l'habile directeur a cherché, avec raison, ses ressources fourragères dans des prairies temporaires composées de sainfoin, trèfle blanc, trèfle hybride, minette et anthyllis vulnéraire et, comme graminées, du ray-grass, vulpin, dactyle pelotonné, fléole et flouve odorante, etc. Ces prairies fauchées les deux premières années donnent en moyenne 4,000 kilogr. par hectare de foin et regain, puis elles servent de pâturage.

Tandis que l'Yonne, la Seine, l'Aube, la Marne, l'Aisne et leurs affluents coulent vers le centre du bassin de Paris suivant les rayons que forment les fractures de sa triple ceinture jurassique, la Meuse échappe à ce régime en suivant les contours curvilignes de la zone. Elle prend sa source au milieu des marnes du lias, près du village de Meuse, au nord-ouest de Langres, puis elle traverse l'oolithe inférieure jusqu'à Neufchâteau, dans le département des Vosges. Quand ses eaux sont basses, elles s'engouffrent près du village de Bazoilles dans les roches fissurées qui lui servent de lit et reparaissent à 3 kilomètres plus bas, devant Noncourt, à une petite distance en amont de Neufchâteau. De là, elle coule jusqu'à Dun, au milieu de la bande formée par l'oolithe moyenne, dans une vallée fertile où les débris des roches vosgiennes se mêlent à ceux des calcaires qui s'étagent sur les côtes. Puis elle traverse de nouveau l'oolithe inférieure jusqu'à Mézières, avant de continuer sa course vers le nord.

Suivons la Meuse pour aller parcourir la formation jurassique dans les départements des Vosges, Meurthe-et-Moselle, Meuse et Ardennes.

Les diverses assises forment une succession de bandes plus ou moins larges, dirigées à peu près du sud au nord et échelonnées de l'Est vers l'ouest, comme nous l'avons déjà vu pour les trois étages du trias, suivant l'ancienneté de ces assises, de telle sorte qu'on descend l'échelle d'ancienneté en même temps qu'on descend la pente générale des terrains, depuis les montagnes des Vosges jusqu'au centre du bassin, Paris. Dans sa *Géologie de la Meurthe*, M. Levallois appelle cette disposition *série à niveau décroissant*.

Chacune de ces zones comprend un plateau calcaire élevé, dont les terres, sèches et pierreuses, sont couvertes de forêts. Du côté de l'ouest, le plateau, plus ou moins rompu par des fractures qui forment des vallées étroites, s'abaisse lentement. Du côté de l'Est, il est brusquement terminé par une falaise abrupte dont le pied est constitué par des pentes raides que l'on appelle en général des *côtes*. Sur ces côtes, le sol est plus ou moins argileux, mais modifié par les éboulis calcaires des couches supérieures. Quand leur exposition est favorable, ces pentes sont plantées en vignes.

Les plaines basses, qui relient les côtes aux plateaux, ont une terre argilo-calcaire qui convient bien au blé, au trèfle, à la luzerne, mais qui a souvent besoin d'être drainée.

Les alluvions récentes, au fond des vallées, sont réservées aux prairies naturell

Au-dessus des plateaux calcaires et les recouvrant sur beaucoup de points, on trouve un diluvium jaune ou rouge qui a quelquefois jusqu'à 5 mètres d'épaisseur. Comme il constitue le sol de la plupart des forêts, les gens du pays l'appellent *terre de bois*, mais, amendé par les calcaires sur lesquels il repose, il peut faire d'excellentes terres labourables.

Quelquefois ce diluvium renferme des veines de sable ou de cailloux de quartz que l'on appelle *grève*, tandis que les graviers calcaires sont désignés par le nom de *grouine*.

Examinons, avec MM. de Lapparent et Braconnier, les détails de cette contrée jurassique.

La plaine de la Lorraine se termine avec les marnes supraliasiques sur lesquelles se trouve bâtie la ville de Nancy.

A l'ouest de la ville, le *bajocien*, composé de 5 mètres de calcaires gris, de 12 mètres de roche rouge, de 24 mètres de roche grise et de 21ᵐ,50 de calcaires oolithiques ou cristallins (*castine*), couronne la grande falaise qui court du sud au nord, souvent rompue par des lignes de fracture qui forment une foule de vallons pittoresques. « Dans chacun de ces vallons, dit M. Braconnier, une pente douce conduit à travers les vignes, les cultures ou les vergers jusqu'à une source plus ou moins abondante qui prend naissance au pied des escarpements boisés.

« Là, le vallon se resserre et se transforme en une gorge de zigzags dont le thalweg grimpe rapidement jusqu'au sommet du plateau, en empruntant successivement des lignes de cassures de différents systèmes. »

Quelquefois ces fractures ont été assez puissantes pour détacher une partie du plateau de la falaise principale. Souvent, au contraire, elles se bornent à donner passage aux eaux d'infiltration qui y circulent, en corrodant les calcaires, entraînant les lits de marnes qui y sont interposés et formant ainsi des grottes.

Le *bathonien* commence par 8 ou 10 mètres de marnes ou d'argiles sableuses qui contiennent quelquefois, en grande abondance, des *Ostrea acuminata*. Puis viennent successivement une vingtaine de mètres de calcaires oolithiques de couleur jaune, en bancs épais, qui fournissent une excellente pierre de taille, 3 à 4 mètres de marne sableuse et enfin une série de lits de calcaires gris ou jaunâtres formés d'oolithes de diverses grosseurs et constituant un ensemble d'environ 36 mètres. Ces calcaires forment, entre Nancy et Toul, les plateaux de la *Haye*, plateaux arides presque tout entiers garnis de forêts de chênes, hêtres et charmes. Quelquefois le roc calcaire est à nu ou recouvert seulement d'une *grouine* légère. Une de ces grouines blanches, analysée par M. Braconnier[1], s'est trouvée composée de :

---

1. Braconnier, *Description géologique et agronomique des terrains de Meurthe-et-Moselle.*

Silice.	9,00
Alumine	3,20
Peroxyde de fer	1,20
Chaux	47,90
Magnésie	0,20
Acide phosphorique.	0,10
Perte au feu.	38,40
	100,00

Les défrichements sur les pentes n'ont généralement donné que des savarts incultes. M. Braconnier cite, entre autres, près de Liverdun et d'Aingeray, des vallées sèches, sans aucune culture, sur les flancs arrondis desquelles les bancs calcaires, à peine voilés par un maigre herbage, dessinent des sortes de courbes de niveau.

Les meilleures terres sont celles qui sont recouvertes d'une certaine épaisseur de diluvium rouge. Une de ces terres rouges des forêts à l'ouest de Laxou contenait :

Alumine	18,70
Silice	50,40
Peroxyde de fer	11,40
Chaux	1,50
Magnésie	0,10
Acide phosphorique.	0,20
Perte au feu.	18,10
	100,00

Du côté du nord, dans l'arrondissement de Briey, le *bathonien* est plus marneux et les forêts y laissent plus de place à l'agriculture.

L'assise supérieure de l'oolithe inférieure, le *callovien*, formée par 9 à 11 mètres d'argile et 3 mètres environ de calcaires plus ou moins sableux, constitue, avec les marnes grises, également sableuses et mélangées de rognons calcaires assez riches en acide phosphorique de l'*oxfordien*, les plaines de la *Woëvre*.

Ces plaines argileuses et fertiles offrent un contraste frappant avec les plateaux pierreux de la Haye. Dans les parties cultivées, le blé donne de belles récoltes. Les prairies naturelles y occupent déjà environ un quart de la surface et il y aurait avantage à les étendre de plus en plus, par exemple dans la région des étangs que l'on rencontre encore dans le voisinage de la Meuse. Dans cette région, il reste également quelques forêts, moitié en chênes, moitié en hêtres, frênes, trembles, érables, etc. M. Braconnier estime le rendement annuel de ces forêts à 4 à 5 mètres cubes à l'année, tandis que sur les plateaux de la Haye il n'est que de 3 à 3,6 mètres cubes et sur leurs pentes que de 2 à 3. Près de Toul, les argiles oxfordiennes sont exploitées pour la fabrication de la faïence et des tuiles.

Voici la composition d'une de ces argiles et d'une terre forte de Gye de même formation :

	Argile.	Terre.
Silice	562	637
Alumine.	140	172
Peroxyde de fer.	38	36
Chaux.	142	59
Magnésie.	3	1
Acide phosphorique	0,4	0,4
Perte au feu	114	91
	1000	1000

L'oxfordien supérieur est caractérisé par des marnes sableuses ou concrétions siliceuses (*calcaire à chailles*) qui, plus résistantes à l'action destructive des agents atmosphériques, forment des pentes plus raides. Souvent ces pentes sont recouvertes par les éboulis calcaires des étages supérieurs. Elles sont occupées par des vignes, des friches ou des forêts.

Le *corallien*, d'une puissance totale de 28 mètres, se compose, au Mont-Saint-Michel, de deux variétés distinctes de calcaires. Dans la partie inférieure, ce sont des calcaires cristallins, saccharoïdes, à grain fin, fondus dans un calcaire dur, compact, grenu, plus ou moins coloré par l'oxyde de fer ; dans la partie supérieure, des calcaires oolithiques que l'on exploite pour moellons. A Creuë, on trouve, au même niveau, un calcaire blanc à grain fin qui se poursuit, sur plus de 60 mètres, jusqu'au sommet du plateau d'Hattonchâtel.

D'après M. Braconnier, les calcaires du Mont-Saint-Michel se composent de :

	Partie inférieure.	Partie supérieure.
Silice	30	34
Alumine	8	6
Peroxyde de fer	10	24
Chaux	526	515
Magnésie	1	1
Acide phosphorique	3	2,5
Perte au feu	418	405
	1000	1000

C'est un sol éminemment forestier ; les bois peuplés de hêtres mélangés de chênes, charmes et érables, donnent un rendement annuel de 3 ³/₄ mètres cubes à l'hectare.

Quelques plateaux sont défrichés et cultivés. Le sol y est formé, le plus souvent, par la désagrégation des calcaires oolithiques et n'offre qu'une faible épaisseur de terre végétale. En quelques points seulement, on rencontre une couche plus ou moins épaisse d'alluvion consistant en grouine terreuse composée de grains calcaires, d'une faible proportion d'argile sableuse et de quelques galets de grès vosgien et de grès bigarré.

A Gibeaumeix, sur les limites du département de Meurthe-et-Moselle, et à Saint-Mihiel dans celui de la Meuse, le *dicératien*, partie supérieure du corallien, se compose de 40 à 44 mètres de calcaire blanc comme la craie, à grain très fin, formé d'oolithes très fines et renfermant beaucoup de nérinées et de *Diceras arietinum*, et de 10 mètres de calcaires analogues, dans lesquels on rencontre des nodules siliceux et surtout des nodules de calcaires à polypiers, cristallins, à grain fin. C'est au corallien qu'appartiennent les pierres de construction si estimées d'Euville et de Lérouville, dans la Meuse.

D'après M. Braconnier, le calcaire de la base du dicératien renferme à Gibeaumeix :

Silice	12
Alumine	5
A reporter	17

Report.   17
Peroxyde de fer   10
Chaux   541
Magnésie   1
Acide phosphorique   2,3
Perte au feu   428
                                           ———
                                           1000

L'*astartien* ou *séquanien*, première assise du *kimmeridgien*, présente, à la base, une petite couche de marnes jaunâtres et des lumachelles à *Ostrea delloida*, puis des calcaires blancs avec nérinées qui donnent des pierres de taille remarquables par la finesse de leur grain. Le tout est surmonté par d'autres calcaires blancs à oolithes irrégulières (oolithe de la Mothe).

Le *ptérocérien*, qui vient ensuite, se compose de calcaires lithographiques (*calcaire de Gondrecourt*) sur lesquels repose un calcaire glanduleux très dur.

M. Neucourt a publié, dans le *Bulletin de la Société d'agriculture de Verdun*, un certain nombre d'analyses de : 1° terres des plateaux qui bordent la vallée de la Meuse dans l'arrondissement de Verdun, et dont la plus grande partie est couverte de forêts ; 2° terres des versants sur lesquels la vigne alterne avec les prairies artificielles ; 3° terres des vallées latérales qui sont creusées, sur la rive droite, dans le corallien et, sur la rive gauche, dans le séquanien ou le ptérocérien, et qui sont en général occupées par des prairies ; enfin 4° terres de la grande vallée de la Meuse, alluvions fertiles, composées de débris de roches vosgiennes et de calcaires jurassiques ; toutes les cultures y réussissent, mais les prairies naturelles y sont très étendues.

	Acide phosphorique.			Potasse.			Mat. organ.	Azote.
	min.	max.	moy.	min.	max.	moy.		
	p. 100	p. 100	p. 100	p. 100	p. 100	p. 100		
Terres de plateaux	0,016	0,098	0,053	0,045	0,679	0,100	2,704	0,459
— de versants	0,051	0,915	0,166	0,010	0,109	0,054	1,895	0,532
— de vallées latérales.	0,071	0,704	0,253	0,009	0,280	0,062	1,722	0,403
— de la vallée de la Meuse . . .	0,023	0,424	0.168	0,030	0,665	0,326	2,880	0,700

Au-dessus du ptérocérien, on trouve les marnes du *virgulien,* généralement argileuses et remplies d'*Exogyra virgula,* alternant avec des calcaires. A Verdun, ce sont des calcaires blancs associés à des marnes foncées. Dans le Barrois, le virgulien tend de plus en plus à passer à l'état de calcaire lithographique, avec intercalation de lumachelles à *Ex. virgula* et de marnes.

Le *kimmeridgien* est surmonté, dans la Meuse comme dans la Haute-Marne, par une masse de 100 à 200 mètres d'épaisseur de calcaires que l'on appelle *calcaires du Barrois* et qui appartiennent au *bolo-nien* ou, en suivant la feuille de Bar-le-Duc de la carte géologique détaillée, au *portlandien inférieur*. A la base, ces calcaires sont compacts (zone à *Amm. gigas*), séparés par de minces lits d'argile, et contiennent quelques lumachelles à *Exogyra bruntrutana.* En haut, ils deviennent caverneux ou cariés avec *Cyprina Brongniarti,* ptéro-cères, etc.

Enfin, le *portlandien supérieur* ou *proprement dit,* qui a 25 à 40 mètres d'épaisseur, couronne, sous forme de lambeaux discontinus et souvent incomplets par le haut, les collines du Barrois et de l'Argonne. Il se compose d'une oolithe vacuolaire qu'on utilise comme pierre de taille, puis, d'un grès calcaire jaune ou gris verdâtre; généralement il est couvert de forêts.

Après avoir atteint sa plus grande largeur entre Metz et Bar-le-Duc, la zone jurassique s'amincit du côté des Ardennes et de l'Aisne. Sa partie supérieure, le kimmeridgien, disparaît près de Vouziers sous les argiles du gault, et il ne reste plus que l'oolithe moyenne, l'oolithe inférieure et le lias qui s'appuie, aux environs de Sedan et de Mézières, sur les terrains de transition. D'après M. J. Gosselet [1], le *bajocien* se compose, dans les Ardennes, d'une zone de 10 mètres environ de calcaire marneux (à *Amm. Murchisonœ*) qui n'est bien distincte qu'à l'ouest de Charleville, et d'une zone de calcaire jau-nâtre, quelquefois oolithique (à *Amm. Blagdeni*) dont la puissance varie de 10 à 40 mètres, mais qui forme une bande régulière depuis le plateau qui porte le fort d'Hirson jusque dans les Ar-dennes.

---

1. *Esquisse géologique du nord de la France.*

A Dun-sur-Meuse, entre Charleville et Sedan, les bancs homogènes de ce calcaire fournissent d'excellentes pierres de taille.

Le *bathonien* peut être divisé en six zones :

1° Une zone de calcaires marneux, de marnes, de calcaires arénacés et de lumachelles à *Ostrea acuminata* qui a 15 mètres d'épaisseur dans les Ardennes, mais seulement 2 mètres aux environs d'Hirson et d'Aubenton (équivalent de l'argile à foulon).

2° Une zone de calcaire oolithique (à *Clypeus Plotii*) qui se délite facilement à l'air et est employé, sous le nom de *castine*, pour le marnage des terres. Cette couche a 10 mètres dans les Ardennes et s'amincit vers l'ouest.

3° 50 à 60 mètres de calcaire blanc, crayeux, formé d'oolithes de diverses dimensions et rempli de fossiles, parmi lesquels le *Cardium pes-bovis* est le plus caractéristique.

4° 10 mètres de calcaire blanc, marneux, où les *Rhynchonella decorata* sont très abondantes.

5° 48 mètres de calcaires marneux à fines oolithes (calcaires à *Rhynchonella elegantula*).

6° Un calcaire gris, oolithique, caractérisé par la *Terebratula lagenalis* et de grandes huîtres (*Ostrea flabelloides*) qui n'est guère visible qu'à Signy-l'Abbaye et à Rancourt.

Les eaux de pluie, tombées à la surface des plateaux calcaires, disparaissent dans les fissures qui les traversent et descendent jusqu'aux marnes de l'assise inférieure du bathonien (marnes à foulon) dont la présence est presque toujours signalée par une ligne de sources ou de suintements d'eau. Dans le domaine de Haute-Écogne, commune de Fagnon (arrondissement de Mézières), cette couche de marnes a 3 à 4 mètres d'épaisseur. En retenant, au moyen d'un barrage, les eaux assemblées à sa surface, les moines de l'abbaye de Sept-Fontaines, dont ce domaine fut une dépendance jusqu'à la fin du siècle dernier, y avaient autrefois formé un étang. Cet étang, d'abord imparfaitement desséché en 1825, restait marécageux et malsain ; mais le propriétaire actuel du domaine, M. Henry, ancien ingénieur des ponts et chaussées, l'a drainé et chaulé, et en a fait une terre très fertile qui doit être particulièrement bien qualifiée pour faire un herbage.

D'après M. Nivoit, cette marne contient :

Eau hygrométrique.	3,30
Eau combinée et matières organiques.	2,85
Sulfate de chaux.	0,48
Carbonate de chaux.	25,40
Peroxyde de fer	3,46
Alumine	9,86
Argile et silice.	52,75
Pyrite de fer	1,70
	100,00

Les calcaires oolithiques qui forment la masse principale du bathonien (grande oolithe, forest-marble et cornbrash) se décomposent en terres maigres, sèches et pierreuses, comme dans les autres régions de la France où nous les avons déjà vues. Dans les Ardennes, on y trouve également beaucoup de forêts, principalement de chênes, bouleaux, frênes, et les parties les plus arides ne peuvent guère recevoir d'autre emploi.

Mais, quand la terre végétale a une épaisseur suffisante, on y trouve des cultures passables de seigle, d'avoine, de pommes de terre auxquelles on peut joindre l'esparcette et, quand la consistance de cette terre est améliorée par l'affleurement d'une couche marneuse ou par un dépôt superficiel d'argile diluvienne, le froment et le trèfle réussissent fort bien. C'est une terre saine où les produits ont, en général, plus de qualité que de quantité.

M. G. Gosselet divise l'*oxfordien* des Ardennes en quatre zones :

1° La zone à *Ammonites macrocephalus*, composée d'argile exploitée pour poteries, de marnes employées pour l'agriculture, de concrétions siliceuses appelées *cailloux de Stonne* qui servent à charger les routes et, de minerai de fer à l'état de limonite oolithique disséminée dans la marne. Ce minerai de fer alimentait naguère de nombreuses usines à Poix, Raillicourt, etc.

2° La zone à *Ammonites Lamberti,* qui a, dans les Ardennes, un caractère tout particulier. Elle est constituée par des roches siliceuses grises ou jaunâtres, de texture sableuse, contenant 20 p. 100 de sable siliceux, 6 à 7 p. 100 d'argile, 9 p. 100 de grains verts de glauconie et 56 p. 100 de silice soluble dans la potasse. On l'appelle *gaize*, comme la roche que nous aurons à décrire plus tard dans le grès vert du voisinage et qui contient également beaucoup de silice gélatineuse. Cette gaize jurassique a 100 mètres d'épaisseur et constitue des falaises escarpées qui s'élèvent au-dessus de la plaine argileuse formée par la zone précédente. Elle est en général couverte de bois (forêt de Ligny, etc.). A sa partie inférieure, elle alterne avec des bancs de calcaires marneux, gris ou bleuâtres, tantôt très durs, tantôt assez tendres qui renferment 70 à 80 p. 100 de carbonate de chaux, 0,2 à 1 p. 100 de carbonate de magnésie, et 0,75 à 1 p. 100 d'oxyde de fer.

Ces deux premières zones correspondent au *callovien* ou oxfordien inférieur. L'*oxfordien supérieur* comprend :

3° 10 mètres d'argiles (à *Amm. cordatus*) à la base desquelles se trouve une couche de limonite oolithique exploitée comme minerai de fer à Launois, Saint-Remy, Neuvisy, etc.

4° 50 mètres de marnes brunes avec lits calcaires (zone à *Amm. Martelli*). Ces marnes portent de bonnes prairies, quelquefois trop humides, ou de magnifiques forêts, les plus belles du grand massif de l'Argonne.

Les sources formées dans les calcaires coralliens qui dominent les couches argileuses de l'oxfordien débouchent sur ces dernières et se réunissent en ruisseaux qui coulent vers la Meuse.

Partout où les marnes oxfordiennes sont encore cultivées en céréales, il faut aujourd'hui, dans notre temps de main-d'œuvre rare et de blé à bas prix, les fermer et les transformer en herbages. C'est ce qu'a fait un des propriétaires les plus éclairés des Ardennes, M. le marquis de Wignacourt, sur ses trois propriétés de Launois, Guignicourt et Saint-Marceau, qui sont échelonnées à peu de distance de la ligne ferrée de Rethel à Mézières et qu'il a réunies sous une même administration centrale. A Guignicourt, où se trouve le château qu'il habite et où les terres sont plus accidentées et moins fertiles, M. de Wignacourt fait de l'élevage; à Launois et à Saint-Marceau, il engraisse des bœufs et obtient ainsi, dans des terres qui se louaient en champs seulement 60 fr. l'hectare, un produit net de 73 fr.

Le *corallien* a, dans les Ardennes, une épaisseur de 120 à 130 mètres et forme une bande qui, des environs de Dun-sur-Meuse, se dirige vers le nord-ouest, en passant par Barricourt, le Chêne, Puiseux, Wasigny et Givron. Il se compose de trois assises principales : un calcaire terreux rempli de baguettes d'oursins et de nombreux polypiers siliceux, un calcaire compact et oolithique avec nombreuses nérinées et dicérates, et un calcaire d'aspect lithographique, alternant avec des marnes.

Quelquefois on rencontre à la surface des plateaux coralliens, des dépôts diluviens complètement dépourvus de chaux, par exemple à la ferme de la Haute-Maison, appartenant à M. Fagot, ferme située dans la commune de Mazerny. Elle a eu, il y a quelques années, la prime d'honneur du département et a été décrite par M. Fagot fils, ancien élève diplômé de l'Institut agronomique.

Dans la partie la plus élevée de la ferme, il a fallu, à cause du morcellement et de l'enchevêtrement des champs avec ceux des voisins, conserver à l'assolement la forme triennale usitée dans la contrée. Mais cet assolement est appuyé par des luzernières, des trèfles et par les prés et herbages qui ont été créés dans la partie inférieure de la propriété, sur les marnes oxfordiennes. De plus, M. Fagot emploie des phosphates minéraux pour enrichir ses fumiers, et des tourteaux de graines oléagineuses pour améliorer la ration alimentaire de son bétail.

Avec un rendement moyen de 21 hectolitres à l'hectare, le prix de revient du blé ressort à 16 fr. 65 c. par hectolitre. L'avoine revient à 8 fr. 92 c. l'hectolitre, le foin à 4 fr. 70 c. les 100 kilogr.

Sur les 91 hectares de la ferme, M. Fagot nourrit l'équivalent de 70 têtes du gros bétail, 23,292 kilogr. de poids total, principalement en vaches de race hollandaise, croisées Durham, dont il emploie le lait à faire du beurre, et en bœufs qu'il engraisse sur ses herbages.

Le capital d'exploitation est de 937 fr. par hectare et rend en moyenne 6 $\frac{1}{2}$ p. 100.

————

§ 6. — Les terrains jurassiques du midi de la France.

Au sud du plateau central, les montagnes granitiques forment deux promontoires, la montagne Noire et les Cévennes, et laissent entre eux une vaste échancrure, golfe jurassique qui s'étend depuis Rodez et Mende sur une partie des départements de l'Aveyron et de la Lozère et même jusque dans ceux de l'Hérault et du Gard. Le lias tapisse le fond de ce golfe, recouvert lui-même par une masse de plusieurs centaines de mètres de rocs calcaires. Ce sont les *causses* (nom dérivé, dit-on, du latin *calx*, chaux): au sud, le causse du Larzac qui confine aux monts Garrigues; au nord, les causses Noir, Méjean, de Séverac et de Concourès, grands plateaux séparés les uns des autres par des vallées profondes, à parois abruptes, au fond desquelles serpentent le Tarn et ses confluents sur un lit de marnes liasiques. La masse des plateaux appartient à l'oolithe inférieure et, à leur surface, apparaissent de loin en loin quelques mamelons formés par l'oolithe moyenne.

« Les vallées étroites qui traversent ces plateaux, disent Élie de Beaumont et Dufrénoy dans leur *Explication de la carte géologique de la France*, sont dues à des fractures profondes qui ont coupé les formations jurassiques sur de grandes hauteurs. Quelques-unes de ces vallées se sont élargies par le talus qu'ont pris les matières ébouleuses : les vallons de Mende et d'Hispagnac en offrent des exemples, mais la plupart, ouvertes dans un calcaire solide, ont leurs parois à pic, et leur largeur n'excède pas le lit de la rivière qui les arrose. Le simple passage d'une de ces vallées exige fréquemment une heure de marche, et, quand on domine les escarpements qui la bordent, on ne prévoit pas le moyen de la traverser; mais on trouve, de loin en loin, de véritables escaliers qui longent ces murs naturels et offrent les moyens de les gravir. »

Ces escaliers naturels se composent d'une suite d'escarpements qui correspondent aux roches les plus dures et de talus à pente adoucie qui sont formés par les marnes. Ainsi, en partant du fond de la vallée, on rencontre, des deux côtés, d'abord les marnes infra-liasiques dont la surface est presque horizontale, puis un talus à pente assez raide, coupé de distance en distance par des gradins verticaux qui sont composés de calcaires à gryphées, ensuite une sorte de terrasse que forment les marnes supraliasiques, puis de nouveau un escarpement dû au calcaire à entroques, une troisième terrasse correspondante aux marnes vésuliennes (argile à foulon) et enfin, le gradin supérieur et le plus considérable, l'escarpement de la grande oolithe (bathonien). Quelques vallons ne descendent pas jusqu'au lias et s'arrêtent aux marnes vésuliennes.

D'après M. Ad. Boisse [1], dans le plateau du Larzac, la puissance de la grande oolithe atteint sur quelques points plus de 600 mètres ; à la base, on trouve un calcaire noduleux, gris cendré ou bleuâtre, disposé en bancs de $0^m,20$ à $0^m,35$ d'épaisseur qui alternent encore avec quelques lits de marne ou d'argile. Dans la partie supérieure de ce calcaire, quelques assises contiennent du minerai de fer, sur certains points (Mondalazac, Saint-Antonin, etc.) en quantité assez grande pour être exploité avec avantage. Puis, les marnes et les argiles disparaissent complètement pour faire place aux calcaires. Ces calcaires contiennent, surtout dans le voisinage des grandes lignes de fracture, des portions dolomitiques. De plus, ils sont presque partout divisés en deux étages par des marnes schisteuses noires dans lesquelles se trouvent intercalées quelques couches de lignites qui sont exploités dans certaines localités, par exemple à la Cavalerie et à la Liquisse, près de Millau.

Le reste de cette masse de calcaires présente, en général, dans toute son épaisseur un caractère très uniforme. Il forme la surface pierreuse des causses.

C'est dans les causses de l'Aveyron et du Lot que l'abbé Para-melle fit ses premières études hydrographiques, et je crois devoir reproduire ce qu'il dit, dans son livre sur l'*Art de découvrir les sources*, des bétoires et des cavernes qui caractérisent les terrains :

Dans un grand nombre de terrains jurassiques, on voit des creux circulaires ou elliptiques, en forme de cirques ou d'entonnoirs, que

---

1. Ad. Boisse, *Esquisse géologique du département de l'Aveyron.*

l'on appelle, dans le nord de la France, *béthunes*; dans la Normandie, *bétoires, boitouts* ou *boilards*; dans la Franche-Comté, *garagaïs*, et dans le Midi, *cloups*. Ces sortes de creux n'ayant pas encore de nom généralement adopté dans notre langue, je les nommerai *bétoires*.

Ces creux ont été formés, les uns pendant la retraite des eaux de la mer, les autres postérieurement et en divers temps. L'on en voit encore se déclarer journellement. Tantôt sous les pas d'un animal, tantôt sous le poids d'un arbre et le plus souvent pendant les grandes pluies, le terrain s'écroule subitement, et il se forme un puits étroit qui n'a parfois que quelques mètres de profondeur, et d'autres fois il en a plus de cent. Peu à peu les bords de ce puits se désagrègent, son ouverture s'élargit et les débris descendent en combler le fond. Lorsque deux puits se forment à peu près dans le même temps et très près l'un de l'autre, le terrain intermédiaire s'écroule, et la bétoire prend et conserve la forme elliptique. Lorsque, après quelques siècles, les éboulements ont cessé de combler ces creux, et que les talus en sont parvenus à environ 45 degrés de pente, leur diamètre et leur profondeur demeurent stationnaires. Dans cet état, les uns n'ont que deux ou trois mètres de diamètre, d'autres en ont jusqu'à 20 ou 30 et quelquefois bien davantage. Ce diamètre est ordinairement double de la profondeur.

Certaines bétoires ont encore leur gueule béante et forment des gouffres; les autres l'ont déjà obstruée par les éboulements; d'autres n'ont plus que quelques décimètres de profondeur et sont à peine perceptibles, et d'autres ont été entièrement comblées par les ravines ou par la culture.

Dans certaines localités, les bétoires sont disséminées sur des plateaux où elles n'absorbent que les eaux pluviales qui tombent sur leur surface; dans d'autres localités, elles occupent le fond des vallons, dont les unes sont toujours à sec et les autres conduisent des ruisseaux ou des rivières qui viennent se perdre dans les premières bétoires qu'ils rencontrent [1]; dans d'autres endroits, les bétoires sont

---

1. Les cours d'eau qui s'engouffrent dans des bétoires sont extrêmement nombreux en France. Quiconque voudra continuer de suivre le vallon dans lequel le cours d'eau disparaît, et, si le vallon s'efface, marcher dans la direction qu'in-

placées dans le fond d'un vaste bassin dont elles absorbent les eaux et qui, sans elles, formerait un lac de plusieurs kilomètres de traversée.

Les bétoires ne sont pas du tout disséminées au hasard, comme pourraient le croire les personnes qui ne les ont pas observées attentivement ou qui n'ont aucune connaissance de l'hydrographie souterraine : elles sont, au contraire, placées dans un ordre assez régulier. Si le plateau présente un vallon principal, quoique très faiblement déprimé, on y voit une série de bétoires constamment placées dans la ligne de son thalweg. On peut les suivre depuis l'issue du vallon jusqu'à son origine. Si, en montant par le thalweg de ce vallon, on remarque à droite ou à gauche d'autres vallons qui viennent y affluer, on voit dans chacun de ces vallons secondaires une série de bétoires placées l'une à la suite des autres et qui en occupent toujours le thalweg. Si le long du vallon principal, ou d'un vallon secondaire, on rencontre une bétoire isolée, c'est parce que le pli du terrain ou affluent qu'elle représente est très court.

La régularité avec laquelle les bétoires sont alignées sur le thalweg de chaque vallon prouve que, sous chaque rangée de bétoires, il existe un cours d'eau permanent ou temporaire, qui les a successivement produites ; car : 1° tous les cours d'eau souterrains, dans les passages étroits ou rapides, corrodent et minent plus ou moins les parois de leurs conduits, et, chaque fois que les supports de leur voûte viennent à manquer, elle s'écroule, entraîne le terrain qu'elle supporte, et il s'opère, à la surface du sol, un enfoncement qui n'est autre chose que le puits dont nous venons de parler ; 2° dans certains vallons, lors des grandes pluies, le conduit souterrain que je dis exister sous les bétoires ne pouvant suffire à l'écoulement du cours d'eau, on voit des colonnes d'eau sortir par les bétoires et quelquefois s'élancer hors de terre à plusieurs mètres de hauteur ; 3° en appliquant l'oreille sur l'orifice de certaines bétoires, on entend

---

diquent le cours d'eau visible et la pente générale du terrain, peut être assuré de trouver, plus ou moins loin, le débouché du cours d'eau qui a disparu et de le voir considérablement augmenté. Quelquefois il s'épanche dans le bout d'un vallon profond, d'où il se rend à la rivière voisine, et le plus souvent il s'épanche au bord même de la rivière.

bruire le cours d'eau qui passe au fond ; 4° lorsque, par suite d'un orage extraordinaire, il se forme à la surface d'un vallon à bétoires un cours d'eau momentané, si les premières bétoires ne peuvent pas l'absorber, il continue de parcourir la ligne qu'elles forment en versant dans chacune d'elles une partie de ses eaux jusqu'à ce qu'il soit entièrement absorbé ; il y a donc sous terre et sous la ligne que forment les bétoires, un conduit qui reçoit successivement les différentes parties du cours d'eau qui marche à la surface ; 5° certains propriétaires, afin de faire disparaître ces creux du milieu de leurs champs, les ont comblés ; mais presque toujours, lors des premières fortes pluies, l'enfoncement s'est reproduit ; le cours d'eau souterrain avait donc entraîné à la base de la colonne du terrain affaissé autant de terre que le propriétaire en avait déposé en haut.

Quoiqu'il soit hors de doute que sous chaque série de bétoires il y a un cours d'eau souterrain, dont l'importance augmente avec la longueur et le nombre des affluents, je regarde néamoins comme défavorables à la découverte des sources tous les terrains à bétoires, à cause de leur trop grande profondeur. Vers l'origine des vallons et vers leur embouchure avec la rivière, en creusant dans les bétoires mêmes, les cours d'eau peuvent être atteints au moyen de puits de 5, 10 ou 15 mètres de profondeur ; mais, dans la plus grande partie de leur parcours, leur profondeur est bien plus considérable. On est le plus souvent obligé de creuser jusqu'au niveau de la rivière dans laquelle les cours d'eau se jettent, moins la hauteur que peut donner la pente du cours d'eau, qui est à peu près la même que celle des ruisseaux qui marchent à découvert. Aussi, à la vue des dépenses considérables que causent des puits aussi profonds et de la grande difficulté d'en tirer l'eau, je n'en ai fait établir que dans un petit nombre de localités.

Le nom de *caverne* ou *grotte* n'est ordinairement appliqué qu'à des cavités qui ont plus d'une vingtaine de mètres de longueur, et qui sont d'une largeur et d'une hauteur considérables. On en connaît qui ont 2 ou 3 myriamètres de longueur, qui ont des salles de 30 à 40 mètres de hauteur, en sorte que ces salles sont plus spacieuses que nos plus grandes cathédrales. Il en est qui ont les côtés parallèles entre eux, la voûte parallèle au sol, et qui forment ainsi des corridors à peu près réguliers; mais elles sont en très petit nombre. Presque toutes, au contraire, sont sinueuses, et leurs côtés entre eux, ni la voûte avec le sol, n'offrent aucun parallélisme; les deux côtés, la voûte et le sol, s'éloignent et se rapprochent alternativement ; en sorte qu'une caverne se compose d'une suite de salles placées l'une au bout de l'autre et communiquant entre elles par des couloirs, quelquefois si resserrés, qu'on ne peut y passer qu'en rampant. Chaque salle est ordinairement allongée dans le même sens que la grotte; la voûte est cintrée et, à partir du milieu, elle va en baissant jusqu'aux orifices des deux couloirs qui sont un à chaque bout de la salle ; les deux côtés vont aussi en se rapprochant jusqu'aux mêmes orifices. Presque toutes les cavernes ont plusieurs ramifications qui se détachent de la principale, et vont former d'autres séries de salles de toutes dimensions.

Les grottes excitent au plus haut degré la curiosité du public par les admirables concrétions dont elles sont décorées, par les débris d'animaux qu'elles contiennent et par les courants d'air qu'on y éprouve ; mais, ces objets n'influant en rien sur les cours d'eau souterrains, il serait inutile d'en parler ici.

Dans le département du Lot, où le calcaire jurassique forme la principale partie du sol, on compte 155 grottes plus ou moins remarquables.

Certaines grottes ont été produites par l'affaissement ou le soulèvement d'une des deux roches qui en forment les côtés; d'autres, par l'action érosive des courants d'eau souterrains, qui ont peu à peu détaché et entraîné les parties tendres ou solubles des masses calcaires; d'autres, par le retrait des roches, lorsqu'elles passèrent de l'état fluide à l'état solide. La plupart ont été produites par plusieurs de ces causes.

Le nombre des cavernes connues n'est rien en comparaison de celles qui sont ignorées. En effet, on n'a qu'à se représenter que chaque source importante qui sort du terrain calcaire et dont le volume est de plus d'un demi-mètre de diamètre, ne peut se former et marcher sous terre qu'au moyen des cavernes; que son point de départ est à plusieurs lieues de distance; qu'elle a reçu dans son parcours un grand nombre de cours d'eau accessoires qui lui ont été amenés chacun par une grotte qui a plusieurs ramifications. De ce que les eaux qui marchent dans les grottes ne font éruption sur aucun point du bassin qui fournit la source, pas même lors des grandes pluies et fontes de neige, il s'ensuit que toutes les grottes conductrices des sources ont des dimensions assez grandes pour les laisser librement circuler, et sans beaucoup hasarder, on peut bien conjecturer que les grottes inconnues sont généralement semblables à celles qui sont connues.

La présence et la direction des cavernes sont évidemment indiquées: 1º par les innombrables séries de bétoires dont nous avons parlé; 2º par les vapeurs aqueuses qu'exhalent parfois un grand nombre de bétoires; 3º par les affaissements du sol et les nouvelles bétoires qui se forment de temps en temps; 4º par les courants d'air que certaines grottes très spacieuses aspirent ou expirent avec bruit par des soupiraux étroits ou des fentes de rocher. Celui qui parcourt et examine attentivement les contrées à bétoires, quel nombre prodigieux de cavernes ne reconnaît-il pas! sur combien d'abîmes, recouverts d'une mince voûte, ne marche-t-il pas!

L'entrée des grottes est ordinairement dans des escarpements ou des coteaux à pentes rapides, et à toutes les hauteurs. Les grottes qui sont placées à des hauteurs notables, comparativement aux rivières voisines, sont à sec ou ne renferment que des amas d'eau immobiles; celles, au contraire, qui sont au niveau des rivières ou très peu au-dessus, renferment ordinairement des flaques, des lacs ou des cours d'eau, dont les uns suivent les cavernes dans leur longueur, et les autres ne font que les traverser [1].

Le contraste entre ces plateaux jurassiques et les montagnes granitiques qui les entourent est frappant. Sur le granite, c'est le *ségala*, *pays à seigle* et à châtaignes, pays d'élévage pour les bêtes à cornes, où de nombreuses sources arrosent les prairies, pays de petite propriété. Sur les causses, ce sont d'immenses déserts arides et pierreux où l'on ne voit ni eaux, ni arbres, ni maisons. Si de loin en loin on aperçoit quelques fermes, on peut être sûr qu'elles correspondent à des affleurements de marnes ou à des dépôts d'argiles érup-

---

1. L'abbé Paramelle, *Art de découvrir les sources.*

tives [1]. D'après M. Élisée Reclus, plusieurs communes des causses n'ont pas dix habitants par kilomètre carré, il en est même qui ont seulement le tiers de cette population.

Les fermes occupent de grandes étendues. Elles cultivent les champs les plus rapprochés des bâtiments. Le blé n'y donne qu'un faible rendement, 4 $\frac{1}{2}$ pour 1 de semence, mais la culture tend à s'améliorer par l'introduction des instruments perfectionnés et surtout par l'extension qu'ont prise les semis d'esparcette. Le principal produit est l'élevage des moutons. D'avril jusqu'à la fin de novembre, les troupeaux s'en vont pâturer sur les immenses plateaux calcaires qui entourent le centre d'exploitation et reviennent parquer, pendant la nuit, dans les champs. Avec le lait des brebis nourries sur les causses, on fabrique le fromage de Roquefort.

Le fromage de Roquefort est essentiellement un produit jurassique : non seulement les brebis dont le lait sert à le fabriquer se nourrissent sur les plateaux du calcaire jurassique, mais les caves, dans lesquelles il acquiert ses qualités distinctives, sont ces grottes naturelles que l'on rencontre dans toutes les contrées jurassiques.

« Lorsque les fromages fabriqués dans les fermes ont atteint le point convenable de dessiccation, dit M. Boussingault dans l'*Encyclo-*

---

1. Les calcaires jurassiques des causses de la Lozère et de l'Aveyron sont traversés par de nombreux filons et pointements d'argiles, de limonites et de sables éruptifs. Les parois calcaires de ces filons sont corrodées. Les argiles, plus ou moins rutilantes, sont mélangées sans ordre à des sables et graviers quartzeux, parfois kaoliniques. La limonite, sous différentes formes, tantôt s'isole dans les argiles en masses, rognons ou grains, tantôt agglutine ces graviers et en fait des grès ferrugineux.

Ces argiles éruptives jouent, dans l'économie agricole des causses, un rôle important, celui de terrains absolument imperméables. Étendues à la surface des dolomies fissurées, elles constituent de petites nappes locales de quelques ares de superficie, remarquables, au milieu de la stérilité générale, par la richesse de leur végétation

Aux abords des points d'émission, le dépôt présente nécessairement une plus grande épaisseur et permet, soit l'établissement d'abreuvoirs (dits *lavagnes*), soit l'extraction de l'argile elle-même, que l'on emploie comme mortier dans les constructions rurales; à mesure que l'on s'éloigne des failles, le dépôt s'amincit progressivement, et il passe enfin à une terre végétale rouge, argileuse, qui couvre d'un manteau discontinu toute la surface des calcaires jurassiques et qui en voile à peine l'aridité.

C'est la seule terre végétale des causses.

(Fabre, *Bulletin de la Société géologique de France*, série III, tome III, p. 585.)

pédie de l'agriculture, et qu'une bergerie en a une quantité suffisante pour en faire un chargement, on le transporte dans les caves de Roquefort, où ils acquièrent, sous l'influence d'une température basse et à peu près invariable, toutes les qualités qui les distinguent des autres produits de la laiterie.

« Le village de Roquefort est à deux heures de Saint-Affrique, à l'extrémité d'une étroite vallée, sur le penchant d'une colline dominée par d'immenses masses calcaires dans lesquelles il y a, au fond d'une caverne de 300 mètres de profondeur et tapissée de stalactites, une mare dont l'eau est à 6°7 centigrades, alors que l'air est à 16°2.

« Dans la proximité du village, le terrain est fracturé, les couches sont comme disloquées.

« Les caves sont établies dans les crevasses, dans les grottes ou dans des cavités pratiquées par l'homme ; souvent elles sont accolées au rocher calcaire, fermées par un mur de clôture élevé sur la rue ; leurs dimensions ne sont pas très grandes, mais dans toutes, et c'est là le singulier phénomène qui les caractérise, en en faisant la bonté, il sort des fissures, dont la roche est criblée, un vent froid assez fort pour éteindre une chandelle.

« Aussi la température de ces caves se maintient-elle, en toutes saisons, entre 5 et 7 degrés, lors même qu'un thermomètre suspendu en dehors marque à l'ombre 28 degrés. Ce courant d'air frais, que l'on appelle *fleurine* et qui est sans cesse renouvelé dans l'intérieur de ces caves, contribue, sans aucun doute, à la bonne confection des fromages en modérant la fermentation et en éloignant les insectes.

« Les caves de Roquefort sont généralement étroites, à étages superposés ; elles ont une valeur qui atténue beaucoup les bénéfices de la fromagerie, à cause de l'intérêt du capital engagé pour leur acquisition ; il en est qui ont été payées 245,000 fr.

« Comme l'a fait remarquer M. Giron, c'est en réalité l'air glacial qui émane des fissures des soupiraux que l'on achète à un aussi haut prix, car la construction des plus belles caves et de leurs dépendances n'exige pas une dépense de plus de 12,000 fr.

Dès le XIe siècle, les chroniques du moyen âge nous l'apprennent, les villageois de Roquefort utilisaient leurs caves pour la fabrication des fromages, et vers le milieu du XVIe siècle ils étaient investis du monopole de ces produits par un édit du parlement de Toulouse.

A mesure que la réputation du fromage de Roquefort se répandit et qu'il trouva plus de consommateurs, on aménagea de nouvelles grottes pour sa fabrication.

Ainsi, en 1841, M. Gibelin convertit en caves fromagères la grotte de l'Étang, située à 20 lieues au nord-ouest de Roquefort, dans les causses de Siverac. Il fit une excellente affaire, car les caves ne lu coûtèrent que 20,000 fr. et, en même temps, les bergeries du causse de Siverac, qui vendaient mal leurs produits, parce qu'elles étaient trop loin de Roquefort, trouvèrent ainsi près d'elles un débouché qui fit hausser les prix du fromage frais de 30 p. 100 et contribua à développer l'élevage des moutons.

Plus tard, une compagnie ayant affermé toutes les caves de Roquefort et des environs et cherchant à profiter de ce monopole pour payer le fromage frais moins cher, la Société d'agriculture du département chercha elle-même à reconstituer la concurrence par la création de nouvelles caves.

A l'ouest du promontoire de granite que forment les montagnes du Tarn, entre Figeac, Cahors et Montauban, on trouve le causse de Quercy, zone calcaire qui ressemble beaucoup aux causses de l'Aveyron et de la Lozère : mêmes étendues monotones, pierreuses, recouvertes d'un rare gazon, même rareté des eaux courantes, mêmes gouffres en forme d'entonnoirs où se perdent les eaux de pluie, mêmes sources pures jaillissant à la base des falaises dans les vallées qui découpent le plateau. La seule grande différence dans l'aspect du pays provient de la moins grande élévation du sol et de la douceur relative du climat.

C'est dans les crevasses du calcaire oxfordien, qui forme les plateaux du Quercy, que Poumarède a découvert, en 1865, des phosphates remarquables par leur richesse. Voici, d'après M. Nivoit, la composition d'un échantillon représentant à peu près la moyenne des gisements de phosphates du Quercy:

Eau.   5,31
Acide phosphorique. . . .   35,33) Correspondant à 77,13 p. 100 de
Chaux . . . .   48,72)   phosphate de chaux tribasique.

Magnésie.	0,08
Oxyde de fer.	2,24
Alumine	2,78
Acide carbonique.	3,42
Silice et résidu insoluble .	2,12
	100,00

L'analyse chimique y a montré de plus la présence du fluor, du chlore, de l'iode et du brome. L'iode s'y trouve parfois en proportion assez élevée (2 millièmes) pour qu'on ait songé à l'extraire.

Le phosphate du Quercy est amorphe, concrétionné comme le calcaire ou la calamine. Souvent, il a une structure rubanée qui rappelle celle de la calcédoine ; quelquefois la marne est composée de boules arrondies ou de morceaux cylindriques qui se séparent facilement en couches concentriques.

Sa cassure fraîche a l'éclat de la porcelaine ou de l'ivoire. La couleur est blanche, jaune rougeâtre ou brune, quelquefois bleuâtre ou noire. Les matières qui lui sont le plus souvent associées sont la chaux carbonatée et les oxydes de fer et de manganèse.

Dans une partie des dépôts, on trouve une argile rougeâtre, contenant des phosphates et des grains de minerai de fer, que l'on appelle *terre phosphatée*, et des ossements assez nombreux de mammifères de l'époque tertiaire, ce qui a fait admettre par quelques géologues que ces phosphates proviennent de restes d'animaux et sont, comme on l'a dit, des *nougats d'os*.

Mais, dans d'autres carrières, et, par exemple, dans celle de Larnagol qui est une des plus grandes (elle paraît contenir environ 30,000 mètres cubes de phosphate), les os fossiles sont très petits et très rares, ce qui ferait croire que ces phosphates sont les dépôts d'eaux minérales venues au jour à travers les fissures du calcaire oxfordien.

Dans certains endroits, le phosphate forme des couches de plusieurs mètres carrés de surface qui sont cachées sous le gazon. Ces petits dépôts sont très nombreux, mais il y en a de beaucoup plus grands, comme celui de Larnagol dans le Lot que nous venons de citer et celui d'Albertas, près de Caylus, dans le département de

Tarn-et-Garonne, qui occupe une surface de plusieurs hectares avec une profondeur de 10 à 15 mètres et plus.

Le phosphate remplit les fissures ou les poches en entonnoirs que l'on trouve à la surface du causse du Quercy, comme sur tous les causses du sud de la France et sur tous les calcaires de l'oolithe inférieure ou moyenne, cavités qui souvent communiquent les unes avec les autres et se ramifient de mille manières.

En général, on peut reconnaître la présence du phosphate à une dépression sensible de la surface du sol. Quelquefois la recherche a été guidée par les parcelles de phosphate que l'on reconnaissait dans la terre rejetée au dehors par les taupes ou par les fouilles faites en vue de la récolte des truffes, une des principales productions des bois de chênes, qui sont nombreux sur les plateaux du Quercy.

Autrefois on prenait ces phosphates pour de simples pierres calcaires et on les employait pour construire les murs qui servent de clôtures aux propriétés ou les cabanes destinées à abriter les troupeaux ; quand on eut appris à les reconnaître, on a démoli ces murs pour employer leurs matériaux à fabriquer des engrais.

Une partie de ces phosphates sont achetés par des fabricants français, entre autres par la maison Jaille, d'Agen, mais la plupart sont exportés en Angleterre, où ils sont connus sous le nom de *phosphates français* ou *phosphates de Bordeaux* (*French or Bordeaux-phosphates*). D'après un rapport de M. Voelcker, chimiste de la Société royale d'agriculture d'Angleterre, les premières cargaisons amenées sur le marché de Londres contenaient souvent plus de 74 p. 100 de phosphate tribasique de chaux et rarement moins de 71 p. 100.

	N° 1.	N° 2.
Humidité.	2,28	3,28
Eau de combinaison.	2,52	1,24
Acide phosphorique[1].	35,51	33,72
Chaux.	47,81	44,23
Magnésie.	0,12	
Fluor (par différence)	0,89	1,74
Acide carbonique[2].	5,06	3,26
A reporter.	94,19	87,47

1. Équivalent à phosphate de chaux 77,52   75,61
2. Équivalent à carbonate de chaux. 11,50   7,40

Report	91,19	87,47
Acide sulfurique	0,64	»
Oxyde de fer	2,80	2,66
Alumine.		6,42
Matière siliceuse insoluble	2,37	3,45
	100,00	100,00

En 1875, M. Voelcker constatait que quelques-unes des cargaisons reçues dosaient encore, comme les précédentes, de 73 à 77 p. 100 de phosphate effectif, mais que d'autres étaient de qualité inférieure et ne contenaient que 53 à 58 p. 100 de phosphate avec des quantités de fer et d'alumine beaucoup plus considérables.

Du côté du Nord, les plateaux jurassiques de Lot-et-Garonne et du Lot se prolongent le long du plateau central, à travers la Dordogne où ils ne forment qu'une lisière étroite, et ils vont rejoindre ceux de la Charente, de la Charente-Inférieure et des Deux-Sèvres qui se développent sur une grande largeur jusqu'à La Rochelle et dans l'île de Ré. On divise ordinairement ces départements en trois régions : la *montagne,* formée par les roches cristallines du plateau central; le *plateau,* élevé d'environ 400 mètres au-dessus du niveau de la mer et formé par les calcaires jurassiques, et la *plaine,* formée soit par les terrains crétacés ou tertiaires, soit par les alluvions des vallées qui se dirigent vers la Garonne.

La partie méridionale du causse de Larzac pénètre dans le département de l'Hérault. On l'appelle spécialement *les Garrigues* et ce nom a été donné à tous les plateaux de calcaire jurassique ou néocomien que l'on trouve dans l'Hérault et le Gard. Ces plateaux sont secs et pierreux, tantôt nus, tantôt couverts de chênes *garouilles* (*Quercus coccifera*), réduits à l'état de broussailles, restes chétifs des grandes forêts qui y existaient autrefois et dont la disparition a beaucoup contribué à amener les longues sécheresses dont ces contrées souffrent aujourd'hui.

D'après M. P. de Rouville, l'oolithe inférieure n'est représentée dans l'Hérault que par des calcaires à fucoïdes et des dolomies, qui correspondent au *bajocien.*

Les *calcaires à fucoïdes* varient de nature suivant les localités. Au pied du mont Saint-Loup, aux environs de Montpellier, il constitue le causse de la Figarède et se compose, sur une épaisseur de 80 à 100 mètres, d'une succession de couches calcaires de 20 à 30 centimètres alternant avec des assises très minces de marnes. Il forme des monticules peu élevés, à pentes rapides, avec saillies de calcaires.

Quelquefois, par exemple près du village de Castelnau, le calcaire est tout pénétré de silice, très compacte et d'un noir brillant, et des bancs de silex y sont intercalés. Ce calcaire silicifié forme un sol caillouteux, connu dans le pays sous le nom de *grès*.

La *dolomie* est poreuse, de couleur brune. Elle se délite facilement en sable ou prend, sous l'influence des agents atmosphériques, des formes bizarres qui lui ont valu le nom de *Roquet* ou de *Capouladou* (petite roche, petite tête). Ses surfaces déchiquetées sont, en général, dépouillées de végétation.

L'*oxfordien* peut être divisé en trois sous-étages :

1° Des *marnes grises feuilletées*, d'épaisseur variable dont le maximum n'atteint pas 15 mètres.

2° Des *calcaires gris bleuâtre*, plus ou moins compacts, en bancs nettement stratifiés de 30 à 50 centimètres d'épaisseur. Ils forment, entre autres, au sud-ouest de Montpellier, la petite chaîne de la Gardiole qui s'étend jusqu'à la mer. Le domaine de Launac, qui a eu la prime d'honneur du département de l'Hérault en 1860, est situé sur le versant nord de la Gardiole. Une partie de ses terres, les *garrigues*, se trouvent sur les calcaires qui forment les collines. « C'est un terrain rocheux, dit le propriétaire de Launac, M. Henri Marès, correspondant de l'Institut, terrain rocheux sur lequel se trouve déposée de la terre végétale en quantité plus ou moins grande. Quand la pente n'est pas rapide et que la roche est feuilletée verticalement, le sol devient susceptible d'être défriché et planté en vignes, en mûriers, en oliviers, etc. La roche affleure presque partout dans le sol des garrigues ; sous un climat aussi sec que celui de Montpellier, la culture des arbres et arbustes y est seule possible, et encore faut-il que la couche de terre végétale soit assez épaisse. Cette terre est, du reste, d'excellente nature, très calcaire, magnésienne, ferrugineuse, légèrement argileuse, et convient particulièrement à la culture de la vigne. Il est à regretter que la roche, qui se montre fréquemment, rende le défrichement très coûteux. Le sol se couvre naturellement dans toute la partie montagneuse de chênes verts, de chênes bâtards ou garouilles, de genêts épineux, de cystes, etc. ; ces végétaux sont par groupes, çà et là mêlés d'herbe, de romarin, de lavande et de thym. Certaines parties des garrigues sont boisées ; mais, dans le tènement de Launac, elles sont découvertes, et les chênes verts qui y existent sont ou isolés ou à l'état rabougri. Dans la partie montagneuse, on a récemment cherché à recréer des bois, et, malgré les obstacles de toute nature, des résultats intéressants ont été obtenus. La sécheresse et la chaleur excessive du climat ont empêché les semis de glands de réussir. Mais, là où se trouvaient encore quelques arbres, on a pu les multiplier. Les plantations de pins d'Alep ont bien résisté ; si le prix de ce bois augmentait, on pourrait en peupler les garrigues. »

M. P. de Gasparin a fait l'analyse d'une ces terres de garrigues du domaine de Launac :

Analyse physique.	Pierres	35,20
	Sable	53,60
	Argile	11,20
		100,00

Analyse chimique.	Acide phosphorique	0,063
	Potasse	0,215
	Carbonate de chaux	0,854
	Carbonate de magnésie.	0,849
	Sesquioxyde de fer.	5,540
	Alumine	4,710
	Eau combinée.	2,610
	Matières organiques	11,524
	Partie inattaquable par l'eau régale, calcinée	73,600

Les terres labourables du domaine de Launac se trouvent situées au-dessous des garrigues jurassiques et appartiennent à une formation plus récente. Dans les parties déclives des garrigues, M. Henri Marès fait des trous et de solides barrages qui arrêtent les limons charriés par les eaux de pluie. Il se procure ainsi, chaque

année, de 100 à 400 mètres cubes de bonne terre qui est en partie
employée directement sur les vignes à raison de 50 mètres cubes
par hectare, en partie répandue comme litière dans les bergeries, en
partie étendue comme couverture, pendant les grandes chaleurs,
sur le fumier.

3° La partie supérieure de l'oxfordien des environs de Montpellier
se compose de calcaires d'un gris plus clair que les précédents,
plus ou moins jaunâtres, quelquefois dolomitiques, ordinairement
en blocs énormes, séparés par de larges fissures.

La montagne de Cette, constituée par des dolomies et des calcaires
que M. de Rouville croit pouvoir rapporter à l'époque oxfordienne
contient des poches, crevasses, des fissures irrégulières dans lesquelles
s'est accumulé du phosphate de chaux. Les cavités sont quelquefois assez abondamment remplies pour donner lieu à une exploitation avantageuse, mais en tout cas très limitée. La phosphorite
est généralement massive, assez dense et disposée en couches
concentriques de nuances diverses affectant souvent la forme rubanée ; rarement elle est terreuse. Sa teneur varie de 40 p. 100 de
phosphate tribasique pour les parties terreuses, à 70 p. 100 pour
les parties compactes ; ce sont les teneurs élevées qui dominent.

D'après des renseignements fournis par M. Aguillon à M. Nivoit
auquel je les emprunte [1], des dépôts semblables, fort peu étendus,
se trouvent aussi dans les fissures des calcaires oxfordiens, entre
Frontignan et la montagne de la Gardiole. Le remplissage consiste
principalement en une masse argilo-calcaire, parfois ocreuse, contenant quelques nodules de fer hydroxydé et des rognons de phosphorite et de calcite zonés dont le centre est parfois occupé par un
morceau de calcaire, et présentant à la partie supérieure des débris
d'ossements indéterminables. Contre les parois des cassures, fortement corrodées, sont collées des bandes continues de phosphorites
et de calcites zonées. La richesse de ces phosphates en acide phosphorique varie de 10 à 27 p. 100. M. H. Marès vient de découvrir
des phosphorites analogues près de Launac.

. 1. Nivoit, *Gisements de phosphate de chaux*, dans l'*Encyclopédie chimique* de
M Frémy. Tome V.

Quant à l'étage *corallien*, il forme, dans l'Hérault, une masse non stratifiée de calcaires blanchâtres.

Comme partout ailleurs où nous les avons vus, les calcaires jurassiques de l'Hérault présentent quelquefois, à leur surface, de vastes ouvertures résultant le plus souvent d'effondrements (le cros de Miège), plus fréquemment des trous plus ou moins spacieux appelés *évents* ou *boit-tout*, ou encore des fissures plus ou moins étroites qui se prolongent bien avant dans leur intérieur et aboutissent à de larges cavités susceptibles de fournir aux eaux des bassins de réception. Ces bassins communiquent avec l'extérieur par des canaux plus ou moins sinueux, et donnent un écoulement d'eau disproportionné avec les conditions météorologiques et pluviométriques du lieu d'émergence [1].

Dans le sud de la France et, en général, sur tout le littoral de la Méditerranée, la série oolithique présente un caractère d'uniformité qui s'étend, non seulement de l'oxfordien jusqu'au purbeckien, mais aussi à la partie inférieure de la formation crétacée, au néocomien, qui se trouve souvent superposé aux terrains jurassiques. Ce sont des calcaires gris dans les étages inférieurs, blancs ou jaunâtres dans les étages supérieurs, en grands massifs dans lesquels les couches de marnes sont très rares, mais qui, par contre, sont traversés par des fissures et des cavernes nombreuses. Malheureusement, la plupart des forêts ont disparu ; les eaux de pluie se perdent dans les crevasses et souvent il reste, à la surface de ces rochers arides, trop peu de terre pour qu'il soit facile de les utiliser pour une culture quelconque ou de les reboiser, sous le soleil ardent qui achève de les dessécher. Par suite de cette triste uniformité de caractères, on a souvent confondu les terrains jurassiques avec le néocomien, ou réciproquement.

De plus, les étages supérieurs de la série oolithique contiennent, dans le bassin de la Méditerranée, outre la faune qui les caractérise, des fossiles que l'on avait pendant longtemps considérés comme n'apparaissant qu'avec le néocomien. Le néocomien lui-même ren-

---

1. P. de Rouville, *Introduction à la description géologique du département de l'Hérault.*

ferme, sur le littoral de la Méditerranée, des faunes coralligènes analogues à celles des étages supérieurs de la formation jurassique. « Les choses se passent, dit M. de Lapparent, comme si la zone des polypiers constructeurs avait constamment reculé vers le sud. » La Méditerranée de l'époque jurassique, beaucoup plus vaste que la Méditerranée actuelle, a subsisté pendant l'époque néocomienne ; les sédiments s'y sont succédé sans aucun trouble et, dans ces dépôts pélagiques, tous formés sous l'empire de conditions semblables, la faune a varié d'une manière presque continue, en reproduisant des types très peu différents les uns des autres.

Sur les limites de l'Hérault et du Gard, aux environs de Sumène, de Ganges et de Saint-Hippolyte, dans les basses Cévennes, la série oolithique a déjà le type méditerranéen.

Elle se compose, d'après M. Jeanjean, de :

1° Marnes grises, schisteuses, feuilletées, à *Ammonites macrocephalus*, correspondant au *callovien ;*

2° Marnes et calcaires marneux (30 mètres) des zones à *Ammonites transversarius* et *Ammonites cordatus*, partie supérieure de l'oxfordien[1] ;

3° Calcaires bleuâtres, avec marnes bitumineuses (20 mètres) à *Ammonites bimammatus*, correspondant au corallien ;

4° Calcaires gris (80 mètres) à *Ammonites polyplocus*, correspondant au séquanien, base du kimmeridgien ;

5° 100 mètres de calcaires compacts, gris très clair, ruiniformes,

---

1. M. Lombard-Dumas vient de me communiquer la note suivante sur un gisement de phosphates qui a été découvert dans l'oxfordien du département du Gard :

Près du mas de Plantel, dans la commune de Quissac, arrondissement du Vigan, il existe une source thermale qui sourd des calcaires oxfordiens. L'analyse de cette eau ayant révélé des traces de phosphore, on fit aux environs quelques recherches qui amenèrent la découverte de plusieurs gîtes. La phosphorite s'y trouve associée à un peu de manganèse et de silice ; le dépôt tapisse les parois de la roche encaissante, et les fragments qu'on en détache présentent parfois l'aspect feuilleté d'une coquille d'huître couverte de dendrites. Ce dépôt stalagmitique s'est effectué dans des poches verticales qui vont en se rétrécissant vers le bas.

Le propriétaire du sol a passé un traité avec une compagnie qui s'est formée pour l'exploitation de ces gisements, mais qui n'a encore entrepris rien de sérieux.

avec dolomies et, dans le haut, silex pyromaques, contenant, outre *Ammonites transitorius,* etc., *Terebratula janitor,* térébratule perforée qui appartient à un type particulier aux étages supérieurs des terrains jurassiques du bassin de la Méditerranée (ptérocérien);

6° 150 à 200 mètres de calcaire compact, blanc, souvent oolithique, à polypiers et dicérates, avec *Terebratula moravica* (virgulien);

7° Calcaires compacts ou marneux à *térébratules diphyoïdes.*

Dans l'Ardèche, comme dans le Gard, la partie supérieure de la ormation jurassique se compose de calcaires compacts, blancs, en bancs épais, d'aspect ruiniforme, avec de nombreuses cavernes.

Au-dessus de ces calcaires, on en trouve d'autres, gris ou jaunes, qui contiennent encore des térébratules diphyoïdes, mais de plus des bélemnites plates et des ammonites qui marquent la transition au néocomien. Ces calcaires, qui ont 50 mètres d'épaisseur à Berrias, paraissent être un équivalent marin des couches de Purbeck. Partout où le calcaire de Berrias existe, le purbeckien proprement dit manque, et réciproquement.

---

§ 7. Les montagnes du Jura.

Les montagnes du Jura, qui ont donné leur nom à la formation urassique, s'étendent du S.-O. au N.-E. dans le département de l'Ain, du Jura et du Doubs, formant la limite entre la France et la Suisse.

Du côté de la France, elles s'élèvent doucement par plateaux successifs jusqu'à une hauteur qui atteint 1,600 mètres à la Dôle et au Chasseron. Du côté de la Suisse, elles ont des parois abruptes, des *côtes,* recouvertes à leurs pieds par du néocomien et par des dépôts glaciaires, dont on trouve aussi des bandes ou des lambeaux épars sur les hauteurs de la montagne.

Si l'on examine la carte géologique du Jura, on voit que les diverses couches qui le constituent sont disposées par bandes qui courent presque parallèlement du S.-O au N.-E., suivant la direction générale du soulèvement. En émergeant au-dessus du niveau des mers, elles ont été plissées et ces plis longitudinaux ont formé des vallées ou *vals*, dépressions séparées par des voûtes dont les unes sont restées pleines, tandis que les autres ont été déchirées, de manière à ouvrir des vals secondaires ou des *combes*.

Outre ces plissements longitudinaux, il s'est produit un certain nombre de ruptures transversales, quelques-unes avec des *failles*. Ce sont les *cluses*, échancrures naturelles à travers la chaîne jurassique que les ingénieurs ont utilisées pour tracer ces magnifiques routes par lesquelles, en venant de France, on s'élève peu à peu au milieu des forêts de sapins et des pâturages jusqu'aux points les plus élevés ; et tout à coup, en arrivant du côté de la Suisse, on découvre la chaîne splendide des Alpes avec les glaciers qui la couronnent et les lacs bleus qui baignent ses pieds.

On peut distinguer dans le Jura français 4 régions agricoles :

1° La *région basse* ou *région de la vigne*, où l'on cultive la vigne jusqu'à 400 mètres de hauteur, dans les endroits bien exposés, principalement dans les marnes du lias ; la culture du maïs y est aussi très répandue et les fermes sont entourées de noyers et d'arbres fruitiers de toutes sortes.

2° Dans la *région moyenne* ou *région des forêts de chênes et de hêtres,* qui s'étend de 400 à 700 mètres de hauteur, la vigne a disparu ; le maïs devient rare, mais toutes les céréales donnent de bons produits. Les forêts sont composées de chênes et de hêtres.

3° Dans la *région montagneuse* ou *région des forêts de sapins,* de 700 à 1,100 mètres environ, le froment ne réussit plus. Comme céréales, on ne cultive que l'orge et l'avoine. Plus de noyers, plus d'arbres fruitiers. Les forêts de sapins et d'épicéas ont remplacé celles de chênes et de hêtres. Comme partout ailleurs, l'administration forestière a de la peine à lutter contre les éleveurs qui voudraient envoyer leur bétail pâturer dans ces forêts ; mais elle a su être assez énergique pour sauver ses plantations et conserver les superbes futaies qui font la beauté et la richesse des montagnes du Jura. Dans l'arrondissement de Pontarlier, il y a des futaies de sapins qui valent 20,000 à 25,000 fr. par hectare; le revenu moyen de cet arrondissement forestier est de plus de 200 fr. par hectare[1].

Enfin, 4° la *région des pâturages*, qui s'élève de 1,100 mètres jusqu'aux cimes les plus hautes, parsemée de bois de sapins.

Les pluies sont beaucoup plus abondantes sur le versant français que sur le versant suisse des montagnes du Jura. Elles sont amenées par les vents d'ouest dont l'humidité se condense avec d'autant plus d'abondance que les couches d'air sont plus refroidies en s'élevant pour passer en Suisse. Sans doute, la fraîcheur des forêts contribue à augmenter cette condensation d'eau et, dans tous les cas, à la retenir au milieu de l'humus qu'elles ont accumulé dans le sol. Grâce à cette humidité, les terres légères qui recouvrent les calcaires fissurés de la formation jurassique peuvent nourrir des bêtes à cornes, tandis que, sous le climat sec et chaud des causses de l'Aveyron et des plateaux de la Bourgogne, ces mêmes terres ne peuvent nourrir que des moutons. Sur une même roche, l'abondance du pâturage est en raison de l'humidité qu'elle reçoit.

Mais, dans les mêmes conditions de climat, la fertilité des terres qui varie avec leur composition chimique et avec leurs propriétés physiques. Examinons donc la nature des couches successives que l'on rencontre en s'élevant dans les montagnes du Jura.

Dans les départements du Doubs et du Jura, le *lias* forme, à la base des montagnes du Jura et presque toujours sur la limite des îlots de trias qu'on y trouve (près de Besançon, entre Salins, Arbois et Poligny, dans les environs de Lons-le-Saulnier, etc.), des terres fertiles qui sont plantées en vigne, quand l'exposition est favorable, et ailleurs couvertes de prairies qu'il est facile d'arroser au moyen des sources nombreuses qui débouchent à leur niveau supérieur.

Du côté de la Suisse, le lias est assez rare. On découvre ses marnes au fond de quelques combes dont les prés sont renommés par leur fertilité. Dans le canton d'Argovie, l'assise inférieure du *sinémurien*, *les marnes de Schämelen*, près de Mülligen, offrent aux géologues un grand intérêt par la faune, surtout par les insectes fossiles qu'elles

---

1. Près de Pontarlier, on cultive l'absinthe. Dans les prés et les pâturages, on trouve en abondance les gentianes qui servent à fabriquer de l'eau-de-vie.

renferment. Puis viennent le *calcaire à gryphées* qui a peu d'épaisseur, l'étage *liasien* avec ses marnes schisteuses, jaunes ou noires, très appréciées comme amendement, et enfin l'étage *toarcien* (20 à 40 mètres) dont les schistes bitumineux à *Posydonies* et les marnes à *Ammonites jurensis* et *Ammonites opalinus* alternent avec des bancs de calcaires et de chailles.

En Franche-Comté, le *bajocien* se compose de l'oolithe ferrugineuse, du calcaire à entroques et d'un calcaire à polypiers, rempli de nodules siliceux.

Dans le Jura suisse, l'oolithe ferrugineuse est un calcaire brun ou bleu noirâtre, renfermant quelques couches riches en oolithes de fer hydraté et se laissant facilement désagréger par les influences atmosphériques. Le minerai de fer est exploité à Undervélier, aux Orties et à Grange-Guéron[1]. D'après M. le docteur Greppin, l'oolithe ferrugineuse a 15 mètres de puissance dans cette dernière localité. Au-dessus d'elle, le calcaire à entroques est représenté, tantôt par des calcaires compacts, noirs ou gris, tantôt par des marnes de même couleur (7 à 8 mètres). Le calcaire à polypiers prend un grand développement : dans les gorges de Moutiers, il a 54 mètres de puissance. Ce sont des calcaires gris ou bruns, en dalles ou en masse compactes, séparés par couches plus marneuses. Partout où le bajocien affleure, on remarque une belle végétation.

Le *bathonien* de la Franche-Comté montre la même composition qu'en Bourgogne. Le sous-étage vésulien a 40 mètres de puissance et la grande oolithe 80 mètres ; le cornbrash est représenté par la *dalle nacrée*, calcaire en plaquettes, renfermant de grandes huîtres à reflets nacrés, qui a 8 mètres d'épaisseur à Besançon.

Dans le Jura bernois, la grande oolithe a environ 38 mètres d'épaisseur et se compose de calcaires stratifiés compacts, empâtant des oolithes miliaires, de couleur grisâtre, jaunâtre, avec grandes taches bleues, en bancs de 2 à 9 mètres alternant avec des marnes grises, blanches ou légèrement jaunâtres, où l'on trouve des fossiles nombreux et très bien conservés. Les calcaires fournissent d'excellentes pierres de construction.

---

1. Dr Greppin, *Essai géologique sur le Jura suisse.*

La *dalle nacrée* est souvent remplacée par des *calcaires roux, sableux*, qui contiennent des nids de marne bleuâtre durcie. La couleur jaune ou jaune-brun des assises de calcaires et des marnes du bathonien (de là le nom de *Jura brun* donné à cette partie inférieure de la série oolithique) contraste avec la couleur blanche des étages supérieurs.

Le *callovien* est peu développé en Franche-Comté et dans le Jura bernois. Il se compose de 1 à 2 mètres de marnes grises ou jaunes, très tendres, qui empâtent de nombreuses oolithes ferrugineuses (9 à 15 p. 100) souvent exploitées comme minerais, et de quelques mètres de marnes bleues ou noires, bitumineuses, se décomposant facilement à l'air et renfermant beaucoup de fossiles pyriteux et de cristaux de gypse. Ces marnes sont très recherchées comme amendement.

L'*oxfordien* atteint 100 mètres d'épaisseur en Franche-Comté, comme dans les cantons de Neuchâtel et de Soleure. Il en a un peu moins dans le Jura bernois.

Des deux côtés, il est formé par : 1° des *marnes* bitumineuses, bleues ou noires, qui se décomposent facilement à l'air et renferment beaucoup de fossiles pyriteux et de cristaux du gypse, et 2° des *calcaires hydrauliques* à sphérites ou chailles siliceux.

L'ensemble de l'oxfordien occupe ordinairement dans le Jura des *combes* couvertes d'un riche tapis de verdure et arrosées par des sources nombreuses.

Ces sources proviennent des calcaires coralliens qui entourent les combes oxfordiennes de falaises abruptes, de voûtes ou de crêts couverts d'une maigre végétation.

Près de Besançon et de Salins, le *corallien* a la même puissance (40 à 60 mètres) que dans les cantons de Vaud, Neuchâtel, Soleure et Berne. A sa base sont les calcaires à polypiers et les bancs à *Glypticus hieroglyphicus*, puis les calcaires à *nérinées*, à *Diceras arietina*, *Cardium corallinum*, tantôt compacts et lythographiques, tantôt saccharoïdes et crayeux, toujours blancs. Ces calcaires ont fourni, depuis l'époque des Romains, des pierres de construction qui se sont très bien conservées.

Le *calcaire à astartes* ou *séquanien*, qui montre presque partout une épaisseur d'environ 60 mètres, est marneux dans sa partie inférieure; puis viennent des bancs de calcaires plus ou moins compacts, jaunes ou gris jaunâtre, au milieu desquels reparaissent quelques couches de marnes. Les marnes astartiennes sont ordinairement recouvertes par les éboulis des assises supérieures qui forment des escarpements très raides.

Le *ptérocérien* est réduit, près de Besançon, à une vingtaine de mètres de marnes grumeleuses et de calcaires marneux; mais, dans le canton de Neuchâtel, il atteint, d'après Gressly et Desor, 130 à 150 mètres. Les calcaires massifs de sa partie inférieure forment souvent des parois immenses dans lesquelles sont ouvertes de nombreuses carrières (à Soleure, Laufon, Courgenay, Delémont, etc.), puis vient une couche marneuse de 2 mètres et une nouvelle série de bancs de calcaires compacts, généralement gris.

Dans le nord du Jura, à Besançon et dans le Jura bernois, le *virgulien* est représenté par des calcaires marneux, intercalés entre deux bancs de gryphées virgules; mais plus au sud, à Salins et dans le canton de Neuchâtel, ces marnes perdent leur caractère littoral et sont remplacées par des calcaires compacts, d'aspect laiteux et peu fossilifères.

Au-dessus de cette zone marneuse, on trouve les *calcaires à nérinées* qui correspondent au *bolonien* et la *dolomie portlandienne du Jura*, dolomie jaunâtre et quelquefois sableuse [1].

Enfin, sur quelques points des montagnes du Jura, près de Pontarlier, à Villers-le-Lac, etc., MM. Lory, Jaccard et de Loriol ont constaté l'existence d'une couche d'eau douce qui représente le *purbeckien*. Elle se compose de marnes bleues gypsifères et de calcaires d'eau douce.

Dans les nombreux étages et sous-étages de la série oolithique, la composition chimique varie, et ces variations sont jusqu'à un certain point indiquées par les conditions dans lesquelles les différents dépôts se sont formés au fond des mers jurassiques. Mais la série tout entière n'en a pas moins des caractères généraux qui ont une grande importance au point de vue agricole.

---

1. Bertrand, *Notice de la feuille de Besançon de la Carte géologique de France.*

Partout le carbonate de chaux prédomine et la magnésie, quoiqu'en faible proportion, accompagne presque toujours la chaux. Dans la plupart des assises, l'acide phosphorique ne manque pas, mais son abondance dépend de celle des polypiers, etc.... Le fer peut, pour ainsi dire, être dosé à l'œil d'après la couleur des roches; il y en a peu dans le Jura blanc, beaucoup dans le Jura brun et dans le lias ou Jura noir. Ce qui fait le plus défaut, c'est la potasse; sa quantité dépend de celle de l'argile qui se trouve dans les roches. Elle n'est abondante que dans les marnes. Quant à l'acide sulfurique, il est généralement absent; de là l'utilité de l'emploi du plâtre dans la plupart des terrains jurassiques.

Voici les résultats des analyses de deux roches de l'Alpe-Amburnez (Jura suisse) faites par MM. Fehling et Schramm. La première est un calcaire jaune, appartenant à l'oolithe moyenne; la deuxième, un calcaire blanc, appartenant à l'oolithe supérieure.

	1.	2.
Carbonate de chaux	87,99	93,07
Carbonate de magnésie	1,37	0,33
Alumine	1,21	1,17
Oxyde de fer	3,05	1,19
Potasse	0,02	0,01
Soude	0,01	0,009
Acide phosphorique	0,77	0,85
Résidu insoluble dans les acides. . . .	4,89	2,11
Total . . .	99,34	98,77

Pendant les années 1868 à 1870, M. Colin, juge de paix et plus tard député de Pontarlier, a fait dans sa ferme des Miroirs, située sur la montagne de l'Armont, près de Pontarlier, des expériences fort intéressantes au moyen d'engrais analyseurs achetés à la maison Joulie et Cie. Je vais résumer les résultats de cette analyse indirecte d'un sol jurassique. Il s'agit de prés secs, exposés au sud-est, en terrain calcaire légèrement argileux, formé par la décomposition des roches ptérocériennes qui constituent, comme je l'ai dit, les voussures principales du haut Jura.

Outre les engrais chimiques de MM. Joulie et Cie, M. Colin a essayé des cendres de hêtres, les unes lessivées, les autres non lessivées, des bouses de vaches et de la chaux grasse.

Le tableau suivant présente les résultats de ces expériences qui ont duré 3 ans :

	Produit moyen à l'hectare par an.	Excédent sur la partie sans engrais.	Coût en engrais de 50 kil. ou d'un quintal d'excédent.
	kil.	kil.	
1. Engrais complet intensif	3547	1361	5f90
2. Engrais complet	3333	1150	4,52
3. — sans minéraux	2917	734	3,62
4. — sans azote	3258	1075	3,90
5. — sans potasse	3028	845	3,65
6. — sans phosphates	2367	181	19,70
7. Sans engrais	2183	»	»
8. Cendres lessivées de hêtre	2567	384	2,15
9. Cendres non lessivées de hêtre	2983	800	2,09
10. Bouses de vaches	2833	650	1,54
11. Chaux grasse	1000	Déficit.	»

On voit, d'après la dernière colonne, que la bouse de vaches et les cendres, lessivées ou non, donnent seules du foin à un prix rationnel. Quant aux engrais chimiques, ils sont trop chers. Mais il n'en résulte pas moins un enseignement utile par cette analyse indirecte du sol jurassique : c'est que pour lui l'élément le plus important des engrais est le phosphate de chaux ; l'engrais sans phosphate n'a guère donné plus que la parcelle sans engrais, tandis que la privation d'azote et de potasse n'a pas eu des conséquences aussi graves. Ce fait serait encore devenu plus évident, si M. Colin avait sur une parcelle essayé le superphosphate de chaux seul ; peut-être se fût-il montré rémunérateur.

L'engrais sans potasse a donné en 1868 un excédent de 1,616 kilogr. par hectare sur la partie sans fumier. En 1869, l'excédent n'était déjà plus que de 1,000 kilogr. et en 1870, il s'était transformé en déficit. Ainsi, les deux premières années il y avait dans le sol assez de potasse assimilable pour subvenir à l'accroissement de production amené par l'azote et les phosphates des engrais. Mais, en 1870, la provision était épuisée et M. Colin en conclut, avec raison, que, pour les prés secs du Jura, il faut ajouter de la potasse aux phosphates que l'on emploie.

Le tableau ci-dessus montre que l'engrais sans azote a donné des produits presque égaux à l'engrais complet 2. M. Colin remarque que dans ce carré sans azote le trèfle de montagne blanc et rouge a pris peu à peu le dessus sur les graminées et, comme il a plus besoin de minéraux que d'azote, la privation de cet azote ne lui a rien fait.

En 1870, M. Colin a fait répandre du sulfate d'ammoniaque sur une moitié de chacune des parcelles 1, 2, 3, 5 et 6. Cette addition a fait beaucoup de bien et surtout dans les parcelles 1, 2 et 5 où l'on avait employé le plus de phosphates en 1868. Il semblerait donc que, au moment où les expériences ont commencé, en 1868, il y avait dans le sol assez d'azote pour subvenir, avec les apports naturels que font chaque année les pluies, aux besoins d'une végétation modérée, comme celle qui a lieu sur les prés non fumés. Mais, quand une fumure riche en phosphates vient surexciter la production du sol, il se produit peu à peu pour l'azote le même fait que M. Colin a signalé pour la potasse. Comme il faut toujours que le foin récolté contienne l'azote et la potassse dans la même proportion que l'acide phosphorique, la terre reste en arrière pour l'azote et la potasse, et il est bon de venir à son aide pour rétablir la proportionnalité des divers éléments nutritifs.

Dans les terrains calcaires du Jura, il faut donc des engrais qui renferment beaucoup de phosphates aussi solubles que possible avec un peu d'azote et de potasse. Les engrais complets 1 et 2 d'après le système Ville ont donné une grande augmentation de récolte, mais il est probable qu'on pourrait y diminuer la dose d'azote et de potasse.

M. Colin a essayé sur une terre argilo-calcaire très compacte le sulfate d'ammoniaque seul avec du sulfate de chaux. Il en a obtenu un résultat magnifique. On peut en conclure que ces terres argileuses sont naturellement plus riches en phosphates et en potasse que les terres calcaires plus légères sur lesquelles ont été fait les pincipaux essais.

Comme prix de revient, et en définitive c'est toujours à cela que doit revenir l'agriculteur, les cendres et surtout le fumier conservent la première place. M. Colin remarque que, si tout le monde voulait employer des cendres, leur prix hausserait, mais on peut dire la même chose des engrais chimiques.

M. Colin termine son intéressant mémoire en montrant que les frais de transport du fumier sont 14 fois plus considérables que ceux des engrais chimiques ; c'est encore vrai. Mais nous les transporterions encore plus volontiers sur nos montagnes, s'ils étaient moins chers.

MM. Pillichody et Mathey-Doret ont fait, de 1869 à 1871, sur les prés de la propriété de Beauregard, près du Locle, dans le canton de Neuchâtel, en Suisse, des expériences avec de la poudre d'os, des cendres, du compost, etc. Les prés de Beauregard sont à une altitude presque égale à celle de l'Armont, dans les montagnes du Jura, mais leur sol n'appartient pas au même étage géologique ; il fait partie de l'étage bathonien (dalle nacrée et grande oolithe).

Voici la quantité moyenne de foin que MM. Pillichody et Mathey-Doret ont obtenu par hectare, pendant les trois années 1869, 1870 et 1871, sur leurs différentes parcelles :

	Par hectare, kilogr.	Excédent sur la parcelle sans engrais.
550 chars de compost	4027	2111
400 pieds cubes de fumier de vache.	3819	1903
60 tonneaux de purin.	3069	1153
250 kilogr. de poudre d'os, employés au printemps 1869.	3000	1081
1,500 kilogr. de cendres.	3911	1028
500 kilogr. de poudre d'os, employés en automne 1868.	2608	764
70 chars de marne	2500	584
300 kilogr. de plâtre.	2013	97
Rien	1916	•

Si l'on compte la poudre d'os employée au printemps (250 kilogr. par hectare) à 22 fr. les 100 kilogr., l'excédent de foin qu'elle a produit (1,084 kilogr. par hectare) revient à un peu plus de 5 fr. par 100 kilogr.

Il est probable que le superphosphate de chaux aurait donné des résultats encore plus avantageux ; mais son action aurait été plus vite épuisée, tandis que la poudre d'os aurait donné encore après 1871 un excédent sur la parcelle sans engrais.

Par contre, 500 kilogr. de poudre d'os par hectare paraît avoir été une dose trop forte. L'excédent de foin ainsi produit revient trop cher.

Les fissures et les cavités des calcaires jurassiques supérieurs sont, dans les montagnes du Jura, remplies d'argiles bigarrées que l'on appelle *bolus*[1]. Les bigarrures, jaunes, rouges, quelquefois vertes ou bleues, proviennent des divers degrés d'oxydation du fer que renferment ces argiles. On y trouve aussi des veines de sable quartzeux blanc. Le tout entoure une masse de grains de fer, tantôt arrondis comme des oolithes, tantôt en forme plus allongée, comme des fèves, ou bien en morceaux plus gros de plusieurs quintaux. Ce fer est exploité en beaucoup d'endroits. Les nids ont de 6 à 7 mètres de longueur sur 1 à 2 de largeur.

Les parois de la roche calcaire qui les contient ont subi des transformations dignes de remarque : elles sont silicifiées ; elles ont pris une teinte rouge-brun et un aspect de scorie ; elles font feu sous le briquet. Il est probable que ces dépôts proviennent de sources chaudes (*geysers*), sortes de petits volcans de boue et de fer qui ont surgi à travers les crevasses du terrain jurassique dans les localités où ce terrain était émergé au milieu de la mer éocène qui l'entourait.

Cette terre argilo-ferrugineuse, que nous avons déjà trouvée dans la Côte-d'Or, en Lorraine, sur les garrigues de l'Hérault et du Gard et que nous retrouverons encore au sud-est de la France et en Italie où elle est appelée *terra rossa*, modifie beaucoup les caractères agricoles des sols de calcaire jurassique sur lesquels elle repose. Quand elle a une assez grande épaisseur, elle donne d'excellentes récoltes de blé. Souvent elle est employée comme amendement sur les terres de pur calcaire du voisinage. Il y aurait même lieu de rechercher si, comme dans le département de Lot-et-Garonne, elle ne contient pas quelquefois du phosphate de chaux. Les arbres suivent avec leurs racines les fissures qui en sont remplies et la beauté de leur végétation montre les ressources qu'ils y trouvent.

---

1. Renevier, *Bulletin de la Société vaudoise d'histoire naturelle*.

Outre ces dépôts ferrugineux, on trouve, à la surface des montagnes du Jura, des restes des argiles et des moraines des glaciers qui couvrirent autrefois tout le bassin de la Suisse et s'élevèrent, sur certains points, jusqu'à 1,200 mètres au-dessus du niveau de la mer. Ces terres, débris de toutes les roches des Alpes plus ou moins décomposées par l'action mécanique de la glace, sont moins riches en chaux et, par contre, plus riches en potasse que les calcaires jurassiques auxquels elles sont superposées.

M. Boitel, inspecteur général de l'agriculture, a comparé la flore des prairies de pur calcaire jurassique avec celle des prairies des terrains pauvres en chaux de la Dombes. « Dans le Bugey (partie jurassique du département de l'Ain), dit-il, l'examen du foin fourni par les prairies naturelles donne la formule suivante : graminées, 5/10 ; légumineuses, 3/10 ; plantes diverses, 2/10.

« Le rendement moyen de ces prairies ne dépasse guère 2,000 kilogr. à l'hectare en première coupe. Ce qui distingue principalement ce foin de celui des terres non calcaires, c'est la variété et la forte proportion de légumineuses qu'on y observe. Les foins maigres de la Dombes contiennent 3 ou 4 légumineuses, tandis qu'on en compte 11 dans les prairies calcaires des montagnes. C'est seulement dans ces conditions spéciales de sol et de climat qu'on voit croître en grande abondance et spontanément dans les prairies naturelles le sainfoin, la coronille variée et le trèfle des montagnes.

« Il faut croire aussi que les graminées obtenues en sol calcaire sont plus substantielles et plus nutritives. On ne peut pas expliquer autrement la supériorité des animaux nourris au foin et à l'herbe des montagnes sur ceux de la plaine siliceuse ; si ces derniers sont chétifs et rabougris, on doit attribuer cet état à la mauvaise qualité des herbes qui renferment peu de légumineuses et dont les graminées, quoique composées des mêmes espèces, n'ont pas les qualités nutritives des plantes croissant en montagne sur des terres essentiellement calcaires.

« A quelques kilomètres d'Artemare et à l'altitude de 700 mètres, la même qu'à la Balme, en pleine formation jurassique, les eaux sont tellement calcaires que les plantes en sont incrustées. Ces eaux, restées longtemps inutiles pour les prairies sur lesquelles elles faisaient plus de mal que de bien, sont devenues bienfaisantes après qu'elles ont été battues à l'air par des chutes successives et enrichies de purin et de fumier de ferme. Il suffit alors de les rassembler dans de vastes réservoirs et de les lancer avec vitesse sur les surfaces à irriguer, en ayant bien soin qu'elles ne séjournent nulle part sur le gazon qu'elles fument et qu'elles humectent. Une grande prairie en sol calcaire et pierreux, traitée de cette façon, n'a pas tardé à se couvrir de bonnes espèces et à atteindre un rendement en foin des plus satisfaisants.

« Examinée sur pied, la prairie est composée comme il suit: graminées, 5/10; légumineuses, 4/10; plantes diverses, 1/10. L'herbe est d'excellente qualité à cause de l'abondance des graminées et des légumineuses; les plantes diverses, représentées par 1/10 de la masse, modifient peu la nature du foin. »

Ces eaux *tuffeuses,* que l'on trouve souvent dans les vallées du Jura, sont nuisibles, non seulement aux prés qu'elles arrosent, lorsqu'on ne prend pas les précautions qu'indique M. Boitel, mais elles le sont également pour le bétail qui s'en abreuve. Les vaches maigrissent, perdent peu à peu leur lait et, chose curieuse, montrent une disposition invincible à ronger le bois de leur crèche, etc... Je connais plusieurs fermes où l'on a été forcé de renoncer à tenir des vaches à lait et de se borner à faire de l'élevage, parce que les eaux des fontaines y étaient trop chargées de carbonate de chaux et probablement aussi trop pauvres en oxygène, ce qui marche de pair.

C'est seulement, quand les eaux ont traversé des tourbières mélangées de fragments de roches calcaires, qu'elles se chargent de quantités de carbonate de chaux assez grandes pour devenir mauvaises pour l'irrigation et pour l'alimentation. Les matières organiques leur enlèvent en même temps leur oxygène pour en faire de l'acide carbonique qui favorise la dissolution du carbonate de chaux. Quand ces eaux ont été battues à l'air, comme le dit M. Boitel, sur les rochers où elles tombent de cascade en cascade, une partie de l'acide carbonique qu'elles contiennent se dissocie et le carbonate de chaux qui se précipite forme, à la surface des roches, des incrustations de tuf. En même temps, les eaux reprennent de l'oxygène à l'air.

Quant à la quantité et à la répartition des eaux du Jura, elles ne sont abondantes qu'au fond des grandes vallées, à la surface des marnes du lias, et dans les combes oxfordiennes où débouchent les sources formées dans les massifs supérieurs. Les autres lits de marnes que nous avons signalés sont moins considérables et fournissent également moins d'eau. Sur la plupart des pâturages des montagnes du Jura, on est obligé d'avoir recours à des citernes pour abreuver le bétail et, dans les étés où les pluies sont rares, ces citernes sont quelquefois à sec. Quelques-unes des villes importantes que l'industrie horlogère a formées sur les points les plus élevés de la montagne, le Locle, la Chaux-de-Fonds, etc., s'alimentent également au moyen de citernes où se rassemblent les eaux des pluies et des neiges tombées sur les toits.

Il y a, dans le haut Jura, un assez grand nombre de bassins fermés, presque tous allongés du sud au nord, suivant les plis du soulèvement de la montagne. On trouve dans ces bassins des tourbières, quelquefois des lacs, comme, par exemple, le lac de Joux, dont l'eau s'écoule par les fissures du calcaire qui forme le fond et les bords du bassin.

M. Brückner, ancien officier d'artillerie et représentant du peuple, réfugié à Lausanne, s'est servi habilement d'un de ces entonnoirs naturels pour y écouler les eaux des marais de la commune de Baulmes, dans le canton de Vaud, et il a ainsi pu, sans grands frais, dessécher les marais et les transformer en terrains productifs.

La nature caverneuse des roches calcaires que traverse le Doubs lui donnait, récemment encore, un régime assez bizarre. Le lit de la rivière principale et ceux de plusieurs de ses affluents sont coupés de fissures dans lesquelles disparaissait naguère une partie des eaux, près de Mont-Benoît.

Pendant les sécheresses, le Doubs n'était, en aval de Pontarlier, qu'un mince filet liquide, et la plupart des usines étaient obligées de chômer. Les crevasses augmentant peu à peu de largeur, les riverains craignaient de voir le Doubs s'engouffrer en entier pendant la saison des basses eaux. Enfin, on eut l'heureuse idée d'entourer les fissures de maçonneries en forme de margelles, un peu moins hautes que le niveau de crue. Durant les inondations, l'eau trop abondante peut s'y engloutir en partie; mais à l'époque des sécheresses, il ne se perd pas une goutte [1].

Le Rhône, déjà très considérable à sa sortie du lac de Genève et surtout après avoir reçu l'Arve, coule au milieu de mollasses et de dépôts glaciaires, jusqu'à son arrivée aux gorges du Jura, au-dessous des falaises abruptes sur lesquelles est bâti ou plutôt creusé le fort de l'Écluse. Là, il rencontre une crevasse dans le rocher de calcaire jurassique qui forme son lit et il disparaît tout entier. C'est ce qu'on appelle la *Perte du Rhône.* Le fleuve se retrouve bientôt, mais à environ 60 mètres plus bas et il continue sa course au fond d'une gorge étroite, après avoir reçu, en amont de Bellegarde, la Valserine. On a profité de cette différence de niveaux pour percer un canal de quelques centaines de mètres de longueur qui prend l'eau au-dessus de la *Perte* et l'amène à des turbines très puissantes placées dans le lit de la Valserine.

On a créé ainsi, avec des frais relativement faibles, environ 3,000 chevaux de force que des câbles système Hirn transmettent sur les plateaux voisins où l'on a commencé à établir quelques usines. Malheureusement, les usines ne suffisent pas pour employer la force disponible. L'entreprise, très bien conçue et très bien exécutée au point de vue mécanique, n'avait pas été suffisamment bien étudiée au point de vue économique. En attendant que la force créée trouve des acheteurs, les capitaux employés dans les constructions restent improductifs.

Pendant quelque temps, on avait espéré pouvoir employer un millier de chevaux à moudre des phosphates de chaux que l'on avait découverts, près de Bellegarde, dans des couches de grès vert superposées au calcaire jurassique, mais ces phosphates n'étaient pas assez riches pour donner lieu à une exploitation avantageuse.

Ailleurs, les montagnards du Jura exercent des industries très variées. A Saint-Claude, ce sont les tourneries d'os, de corne, d'ivoire, de buis; à Septmoncel, les pierres fines; dans le Doubs, la quincaillerie, les filatures de coton, les papeteries, etc. Mais c'est l'horlogerie qui a le plus d'importance en Franche-Comté et dans le canton suisse de Neuchâtel.

---

1. Élisée Reclus, *Géographie de la France.*

Cette industrie a formé, à des hauteurs où l'on s'attendrait à ne trouver que des sapins et des rochers, des villes florissantes comme le Locle, la Chaux-de-Fonds, etc., etc.; mais, loin d'avoir une tendance exagérée à se centraliser, elle est au contraire dispersée sur tous les points de la montagne. Comme le tissage dans les Vosges, la fabrique d'horlogerie s'allie heureusement avec l'agriculture et la petite propriété. La plupart des familles d'horlogers ont leur maison dont les murs, couverts, comme les toits, de *tavillons* (tuiles en bois de sapin), sont percés de nombreuses fenêtres du côté où se trouvent les ateliers, tandis qu'à l'autre extrémité une vaste porte donne accès dans la grange, autour de laquelle sont les étables. Près de cette ferme-atelier se groupent quelques champs où l'on cultive des pommes de terre, du seigle, de l'orge ou de l'avoine, seules récoltes possibles dans ces hautes altitudes, et les prés où l'on récolte le foin destiné à hiverner les vaches et les élèves qui vont passer la belle saison sur les pâturages. Cette agriculture plus que demi-pastorale fournit à la famille sa subsistance et n'absorbe tout son travail qu'à l'époque de la fenaison. Le reste du temps et surtout les longs hivers de la montagne sont employés à fabriquer les pièces d'horlogerie, et ces ouvriers sobres, habiles, mais assurés d'avoir toujours leurs moyens de vivre, peuvent fournir ces pièces à des prix assez bas pour défier toute concurrence.

Tout en jouissant d'un grand bien-être, la population des montagnes du Jura est aussi dense que celle des Vosges (environ 56 habitants par kilomètre carré). Il est vrai que le sol calcaire du Jura est moins pauvre que les granites et le grès des Vosges, mais, par contre, les eaux sont mieux réparties dans les Vosges que dans le Jura et elles fournissent à son industrie des forces motrices très économiques.

Les départements de la Côte-d'Or, de la Haute-Marne et de la Meuse, qui sont, comme la Franche-Comté et le canton de Neuchâtel, presque tout entiers de formation jurassique, n'ont guère plus de 40 habitants par kilomètre carré et cependant le climat y est beaucoup moins rigoureux.

Les cinq départements du plateau central (la Haute-Vienne, la Creuse, la Corrèze, le Cantal et le Puy-de-Dôme), dont l'altitude peut être comparée à celle des montagnes du Jura et dont le sol ressemble à celui des Vosges, ont, d'après les statistiques, à peu près la même population, mais on sait que beaucoup d'Auvergnats et de Limousins émigrent chaque année pour aller chercher dans les grandes villes un gagne-pain supplémentaire. Les économies qu'ils rapportent au pays natal s'ajoutent aux productions de son agriculture pour leur donner un bien-être qui est encore loin d'atteindre celui des populations jurassiques.

La petite propriété et la petite culture, qui en est la conséquence forcée, ont de grands avantages, surtout lorsqu'elles s'allient à l'industrie. C'est l'organisation du travail qui s'adapte le mieux aux pays de montagnes. Les vallées où se trouvent les eaux, les terres profondes et les routes n'ont qu'une faible surface relativement à l'ensemble des massifs et, pour que la population puisse atteindre un chiffre aussi élevé que dans le Jura et les Vosges, il faut que chacun ou du moins chaque famille y ait sa part de vallée. Par contre, les forêts et les pâturages d'été, échelonnés sur les parties les moins accessibles de la montagne, appartiennent aux riches particuliers ou le plus souvent aux communes.

Aujourd'hui, la plupart de ces pâturages sont *amodiés*, comme on dit dans le pays, à des fermiers qui y mènent leur propre bétail ou des vaches qu'ils ont prises en location pour la saison. Autrefois, quand les *bourgeois* seuls des communes suisses avaient droit à la jouissance de la propriété communale, chacun de ces bourgeois y envoyait le bétail qu'il pouvait hiverner, et c'est alors que s'établit l'usage d'utiliser aussi en commun le *fruit* des vaches, c'est-à-dire de faire fabriquer le fromage dans la *fruitière* du pâturage communal par un même *marcaire* ou *fruitier*. A la fin de la saison, les fromages étaient partagés entre les propriétaires des vaches proportionnellement à la quantité de lait que celles-ci avaient fournie. Peu à peu, le fromage trouvant des débouchés avantageux et payant bien le lait, on prit l'habitude d'en fabriquer aussi en hiver, c'est-à-dire, de *faire fruitière d'hiver*, et cette fabrication par association se propagea même dans des communes qui n'envoient jamais leurs vaches à la montagne. Du Jura suisse, les fruitières par association passèrent en Franche-Comté et aujourd'hui on cherche à les introduire dans les Pyrénées et les Hautes-Alpes.

Partout ces fruitières ont donné à l'élevage des vaches le meilleur stimulant qu'on puisse lui fournir, l'argent comptant produit par le lait. Les races se sont améliorées, la quantité de gros bétail a augmenté et peu à peu remplacé les moutons qui donnent moins de bénéfice. Dans le Jura, on nourrit fort peu de moutons et leur absence a contribué à la conservation des forêts.

La Grande-Chartreuse, massif jurassique couronné de calcaires néocomiens, qui s'élève entre Chambéry et Grenoble, a encore tous les caractères des montages du Jura. Mon ami, M. Jules Clavé, en a donné une description que je reproduis [1] :

« Ces montagnes, autrefois presque inaccessibles, dépourvues de routes, dans lesquelles on ne pouvait pénétrer que par des défilés étroits dont quelques-uns même étaient fermés par des portes, appartenaient, avant la Révolution, à l'ordre des Chartreux, qui avait conservé avec soin les belles forêts qui les couvraient. Devenues à cette époque propriété nationale, ces forêts ont été jusqu'ici préservées de la dent du bétail et exploitées avec méthode par les soins de l'administration forestière. Aussi présentent-elles les aspects les plus pittoresques et les plus grandioses. Quand du sommet du Grand-Som ou du haut du Grand-Couloir, on promène ses regards sur les cimes qu'on a sous ses pieds et qu'entoure en demi-cercle la riante et fertile vallée du Grésivaudan, au milieu de laquelle coule l'Isère, on aperçoit une mer de verdure qui s'étale sur les flancs des montagnes. Partout où les détritus des plantes ont fourni quelques centimètres de terre végétale, une forêt de hêtres, de sapins et de mélèzes, a pris possession du terrain ; elle pénètre dans toutes les fissures, dentèle le ciel avec les flèches des arbres qui se profilent sur les sommets les plus élevés, s'accroche aux moindres saillies et court sur les corniches du rocher en traçant une raie verte sur le fond grisâtre de la muraille à pic. Sous le couvert des sapins et des mélèzes végète un fouillis de sorbiers, d'aunes rampants, de viornes, de surcaux, d'airelles et de toute cette multitude d'arbustes et d'arbrisseaux dont la flore alpestre est si bien pourvue. Parfois, des taches d'un vert moins sombre trouent le massif ou frangent la lisière supérieure de la fo-

----

1. *Revue des Deux-Mondes.*

rêt, jusqu'au pied de l'escarpement rocheux ; ce sont des prairies pourvues d'un chalet, où pendant l'été vont pâturer les vaches du couvent. Partout la végétation maîtresse étreint le sol sous sa puissance ; des sources jaillissent dans toutes les dépressions, donnant naissance à des ruisseaux qui coulent limpides et purs, sans entraîner jamais ni terre ni rochers. C'est un paysage splendide, qui ne le cède en rien aux plus beaux que la Suisse peut offrir. »

A quelques kilomètres de là, ajoute M. Clavé, le spectacle est tout différent. Si l'on suit les chemins de fer de Grenoble à Gap, on ne tarde pas à rencontrer des montagnes dénudées, aux flancs déchirés. Nous entrons dans les Alpes, et le déboisement y a eu des conséquences d'autant plus graves, que leur constitution géologique diffère beaucoup de celle du Jura.

§ 8. — Les Alpes.

La partie montagneuse du Dauphiné se divise en deux régions : 1° celle des chaînes centrales, Alpes proprement dites, composées de roches granitiques, surtout de protogyne, de gneiss, micaschistes et schistes talqueux. Ces roches cristallines sont entourées de schistes argilo-calcaires noirs qui prennent souvent la structure d'ardoises et qui appartiennent au lias, et des lambeaux de ce terrain ont été portés jusque sur les parties centrales et les plus élevées des massifs granitiques. Entre le lias et les terrains cristallisés, apparaissent des affleurements peu étendus de trias. 2° La région des chaînes secondaires, qui comprend les montagnes de Lans, du Vercors, du Royans, du Diois, du Trièves et du Dévoluy, et qui est formée de roches généralement calcaires, appartenant aux terrains jurassiques, surtout à l'étage oxfordien et aux terrains crétacés, recouverts dans quelques parties par des terrains tertiaires et principalement par la mollasse.

Les terrains jurassiques ne forment pas dans les Alpes des plateaux à surfaces presque horizontales comme dans le bassin de Paris, ni des massifs de roches dures et compactes comme dans les mou-

tagnes du Jura. Le lias, qui est à peine représenté dans ces dernières, atteint une puissance énorme dans les Alpes ; il a près de
700 mètres aux environs de Digne. Il entoure à peu près de toutes
parts les terrains cristallisés qui forment les régions les plus élevées,
et c'est dans la zone du lias que la dénudation a les plus funestes
effets. Il se compose presque entièrement d'une énorme série de
calcaires plus ou moins feuilletés, contenant des proportions variables d'argile et de sable fin, et colorés en noir bleuâtre par une matière charbonneuse et du sulfure de fer intimement disséminé. La
teinte noire des roches est générale et fait distinguer ce terrain de
très loin, dans toutes les parties des Alpes centrales. La structure
feuilletée existe dans la plus grande partie des couches ; elles se dé-
bitent en grandes pierres plates ou *lauzes* et en plaques employées
comme ardoises grossières (à Allevard, etc.).

Par suite de cette structure plus ou moins schisteuse et feuilletée,
les roches du lias sont généralement peu consistantes ; elles s'éboulent facilement et offrent beaucoup de prise aux agents d'érosion ;
la gelée, les eaux pluviales, les torrents surtout les dégradent sans
cesse. et rien n'est plus frappant que ces énormes ravins noirs,
creusés dans les schistes du lias, que l'on rencontre à chaque pas
dans toutes les parties des Alpes où ce terrain existe. Sous ce rapport, ce terrain diffère encore complètement des terrains cristallisés
qui se dégradent fort peu et d'autant moins que leur structure est
moins schisteuse. La dégradation des schistes du lias ne cesse que
lorsqu'ils sont protégés par une épaisse couche de terre, fixée par
une végétation vivace, et cette dégradation recommence inévitable-
ment partout où la terre végétale vient à disparaître par suite des
défrichements ou de l'abus des pâturages[1].

Dans son admirable livre sur les torrents des Hautes-Alpes,
M. Surell a ainsi défini les *torrents :* « Ils coulent dans des vallées très
courtes, qui morcellent les montagnes en contreforts, quelquefois
même dans de simples dépressions. Leurs crues sont courtes et
presque toujours subites. Leur pente excède 6 centimètres par mètre, sur la plus grande longueur de leur cours ; elle varie très vite,

---

1. Ch. Lory, *Description géologique du Dauphiné* (Isère, Drôme, Hautes-Alpes).

et ne s'abaisse pas au-dessous de 2 centimètres par mètre. Ils ont une propriété tout à fait spécifique : ils *affouillent* dans la montagne et ils *déposent* dans la vallée. »

M. Surell appelle *bassin de réception* la région dans laquelle les eaux s'amassent et *affouillent* le terrain, région qui a la forme d'un vaste entonnoir, diversement accidenté et caché dans la montagne, à la naissance du torrent, et *lit de déjection*, la région où les torrents *déposent*.

On comprend de suite, dit M. Surell, comment s'exercent les dévastations dans la montagne. Le torrent, qui roule un grand volume d'eau sur des pentes très rapides, affouille et ronge avec fureur le pied de ses berges. Celles-ci s'éboulent et abaissent peu à peu vers le lit les propriétés voisines que les eaux finissent par engloutir.

Comme les berges sont généralement très profondes, leur chute entraîne des effets qui s'étendent fort loin. Tout le terrain environnant s'ébranle. Certaines parties, minées par la base, s'affaissent en masse ; d'autres glissent, d'autres se crevassent. Le long des deux rives du torrent, on voit courir de larges fentes, dirigées parallèlement au lit. Ces abaissements, ces fentes, cet ébranlement, communiqués de proche en proche, se propagent jusqu'à des distances incroyables, et finissent par embrasser des pans tout entiers de montagnes.

Des villages entiers, bâtis dans les bassins de réception, sont menacés d'être engloutis peu à peu. Chaque année, le torrent gagne du terrain et le village lui abandonne quelques cabanes.

Le plus souvent, l'affaissement du sol se fait graduellement, et cette action est d'autant plus lente et plus régulière, qu'elle embrasse une région plus étendue. La grande masse du terrain amortit les mouvements, et leur imprime une sorte de continuité. Mais d'autres fois aussi, le sol se détache et tombe brusquement, comme par l'effet d'une secousse.

Mais les plus grands maux se concentrent dans leurs lits de déjection ; et ceux-ci, par une circonstance malheureuse, se trouvent précisément placés dans les vallées, où les cultures sont les plus précieuses. Les dénominations d'un grand nombre de torrents se rapportent aux propriétés de leur cône de déjection ; plusieurs même les caractérisent d'une manière si énergique, qu'on n'oserait pas les traduire[1].

Les matières que le torrent dépose se composent tantôt de boue, tantôt de graviers, de galets ou même de blocs.

La boue accompagne les alluvions de la plupart des torrents, mais surtout de ceux qui sortent du lias. Dans ce cas, la boue elle-même est noire. D'autres fois elle est grise. Dans tous les cas, elle imprègne les eaux et leur communique sa couleur.

Cette boue empoisonne toutes les cultures sur lesquelles le torrent la répand. Elle forme, en séchant, une espèce de ciment tenace, qui empêche l'action de l'air sur les racines et fait périr les arbres. Effondrée et abandonnée pendant quelque temps à l'action atmosphérique, elle devient d'une fertilité remarquable.

Quand les eaux charrient, en même temps que la boue, des galets ou des blocs, il se forme, du mélange de toutes ces matières, une espèce de *béton*, qui prend, par l'action du temps, une grande dureté.

Après avoir montré que la constitution géologique des Alpes est la cause principale des torrents et de leurs ravages, M. Surell prouve, par de nombreux exemples, qu'étant donnée cette constitution géologique, c'est la destruction des forêts qui a livré le sol aux ravages des torrents et que le meilleur moyen de les éteindre, c'est le reboisement. Parmi les exemples qu'il cite, voici le plus frappant :

Le *Dévoluy* forme, à l'ouest du département des Hautes-Alpes, une vallée allongée, divisée en deux parties par un petit col, et circonscrite par des chaînes élevées. On y pénètre par cinq passages, dont les uns sont des gorges de torrents, et les autres des cols que les tourmentes rendent impraticables pendant une partie de l'hiver. Les montagnes sont chauves, dévorées par les ravins, les troupeaux et et le soleil : nulle ombre, nulle verdure. Les fonds, presque déserts, sont ruinés par les déjections des torrents. L'aspect de ce misérable pays serre l'âme : on le dirait frappé de mort. La couleur pâle et uniforme du sol, le silence qui pèse sur ces campagnes, le spectacle

---

1. On les appelle, dans quelques localités des Hautes-Alpes, *merdanel* ou *merdarel ;* dans les Basses-Alpes, *merdarics.*

hideux de ces montagnes, écorchées par les eaux et tombant en décomposition, tout annonce une terre d'où la vie se retire, et qui ne semble même plus lutter contre sa destruction. L'immobile sérénité du ciel, qui serait partout ailleurs un trait de beauté, ajoute encore ici à la tristesse morne du pays.

Quelles sont les fautes qui l'ont amené à cet état ?

D'abord, tout atteste que ce pays était entièrement boisé. On déterre dans ses tourbières des troncs ensevelis, monuments de l'ancienne végétation. Dans les charpentes des vieilles habitations, on découvre des pièces de bois énormes, que l'on ne retrouverait plus dans la contrée. Plusieurs quartiers, complètement nus, portent encore aujourd'hui le nom de bois. Un de ces vallons, celui d'*Agnères*, est appelé *Comba-Nigra* dans les anciens titres, à cause de ses épaisses forêts. — Ces preuves, et beaucoup d'autres, confirment les traditions, qui sont d'ailleurs unanimes sur ce point.

Là, comme dans toutes les Hautes-Alpes, les déboisements ont commencé sur les flancs des montagnes, et de là ont remonté peu à peu jusqu'aux cimes les plus accessibles.

Là aussi, après les déboisements, sont venus les défrichements et les dépaissances. On défrichait les terrains les plus voisins des habitations. On lâchait les troupeaux partout où il était incommode ou impossible de transporter les araires. Cette marche, commencée depuis bien des siècles, accélérée par les désordres de la Révolution, a produit ses inévitables fruits, et les habitants portent aujourd'hui durement la peine de l'imprévoyance de leurs pères.

Leur première misère est dans l'extrême rareté du bois.

Les communes se grèvent en achetant à grands frais la jouissance de forêts lointaines. Il faut, dans certaines localités, treize heures de fatigue pour rapporter à dos de mulet une charge à travers d'affreux précipices.

D'autres communes ont conservé des bois qui, à la rigueur, suffiraient à leurs besoins; mais elles n'en sont pas plus heureuses, et ce fait démontre bien que les forêts ont ici une tout autre destination que celle de satisfaire aux besoins quotidiens des habitants. — En effet, les déboisements, puis la charrue et les troupeaux, ont tellement usé le sol végétal, qu'il n'en reste plus qu'une mince couche, formée par la décomposition du roc tendre qui est au-dessous et qui perce de tous côtés. Telle est la mobilité de ce terrain qu'il coule aux moindres pluies, et laisse un fond aride à la place de champs cultivés. Chaque orage fait surgir un torrent nouveau. On en montre qui ne comptent pas encore trois années d'existence et qui ont détruit les plus belles parties des vallées. Des villages entiers ont failli être emportés par des ravins formés dans quelques heures. — Souvent les eaux sauvages, ruisselant en nappes libres sur la superficie du terrain sans lit, sans ravin, sans torrent, ont suffi pour déblayer et ruiner des quartiers entiers, qui ont été abandonnés à jamais.

On peut voir ainsi, dispersées çà et là sur les flancs des montagnes, les traces d'anciennes cultures, dont les limites sont encore dessinées par des murs grossiers en pierres sèches, mais que l'homme a dû abandonner depuis longtemps. On imaginerait difficilement quelque chose de plus affligeant et de plus significatif que la vue de ces murs, délimitant des héritages qui n'existent plus : ils écrivent sur les revers du Dévoluy la future destinée de toutes les Alpes françaises.

Ici reparaissent encore ces fortes preuves qui ne permettent aucun doute sur l'influence destructive des troupeaux. — Des communes, épouvantées de l'avenir, ont mis quelques quartiers à la réserve, aussitôt la végétation a repris possession du sol. L'herbe, les broussailles, les arbustes fourrés ont reparu avec une merveilleuse célérité et formé ce qu'on appelle des *blaches* dans le pays. Des forêts entières se sont relevées sur le sol des forêts détruites pendant la Révolution, mais que les habitants, mieux inspirés cette fois, avaient soumises de suite au régime forestier.

Enfin, sur le même revers, les quartiers mis en réserve se distinguent, au bout de deux ans, de ceux abandonnés aux troupeaux. Les derniers sont nus et ravinés. Les premiers sont couverts de végétation ; le sol s'est raffermi, et les ravins, tapissés de plantes touffues, semblent cicatrisés, comme des plaies sous l'influence d'un topique bienfaisant. Dans les deux quartiers, l'exposition, les pentes, le sol, sont les mêmes ; la mise en réserve seule a tranché la différence. Que peut-on objecter à de pareils faits ? Ne sont-ils pas concluants ? Ne donnent-ils pas la clef du système à suivre pour arrêter et guérir le mal ?

Le pays se dépeuple chaque jour. — Ruinés dans leur culture, les habitants émigrent loin de cette terre désolée, et beaucoup n'y reviennent plus, contre l'habitude générale des montagnards. On voit de toutes parts des cabanes désertes ou en ruine, et déjà, dans certaines localités, il y a plus de champs que de bras.

L'état précaire de ces champs décourage la population : elle abandonne la charrue, et fonde toutes ses ressources dans les troupeaux. Mais les troupeaux hâtent la ruine du pays, qui périra par cette ressource même. Chaque année, leur nombre diminue, faute de pacages. Le chiffre des bêtes à laine, qui était de 53,000, il y a vingt ans, n'est plus que de 36,000. Une commune qui en nourrissait 25,000 il y a quinze ans, n'en nourrit plus que 11,000. — Ainsi, les habitants, qui sacrifient tout leur sol aux troupeaux, ne laisseront pas même ce dernier héritage à leurs descendants[1].

Pour éteindre les torrents, ajoute M. Surell, il faut transporter le champ des défenses dans le bassin de réception. On déterminera le *périmètre de cette zone de défense,* en traçant sur l'une et l'autre des deux rives du torrent une ligne continue, qui suivra toutes les inflexions de son cours, depuis son origine la plus élevée jusqu'à sa sortie de la gorge. La zone de défense comprendra la bande comprise entre ces lignes et le sommet des berges. Les zones des deux rives se rejoindront dans le haut, en suivant le contour du bassin, et borderont ainsi le torrent dans toute son étendue, de même qu'une ceinture. Leur largeur, variable avec les pentes et avec la consistance du terrain, sera d'environ 40 mètres dans le bas ; mais elle croîtra rapidement, à mesure que la zone s'élèvera dans la montagne, et elle finira par embrasser des espaces de 400 à 500 mètres.

Le tracé s'appliquera, non seulement à la branche principale du torrent, mais encore aux divers torrents secondaires qui s'y déversent. Il s'appliquera encore aux ravins que reçoit chacun de ces torrents secondaires, et poursuivant ainsi une branche après l'autre, il ne s'arrêtera qu'à la naissance du dernier filet d'eau. De cette manière, le torrent se trouvera saisi et enveloppé jusque dans ses plus petites ramifications. Puis, cette zone étant mise en défens, elle se

1. Surell, *Études sur les torrents des Hautes-Alpes.*

gazonnera ; les berges vives seront consolidées, soit par des clayonnages et des barrages, soit par l'adoucissement des pentes et leur plantation en banquettes boisées, alternant avec des banquettes gazonnées.

Le programme tracé par l'illustre ingénieur a été adopté par l'administration forestière et, partout où il a pu être exécuté, il a donné d'excellents résultats. Malheureusement, les ressources financières mises à la disposition des agents forestiers n'ont permis de l'appliquer que sur des surfaces encore bien faibles. Loin d'être partout éteints, les maux causés par les torrents des Alpes continuent à grandir ; un rapport récent de M. Chambrelent, inspecteur général de l'hydraulique agricole, vient de nous en donner encore de tristes preuves.

Comme je l'ai déjà dit au § 6, les parties supérieures de la formation jurassique prennent, sur tout le littoral de la Méditerranée, dans les Alpes du Dauphiné et de la Provence, comme en Italie, en Grèce et en Algérie, un caractère d'uniformité qui s'étend jusqu'à la formation infracrétacée. Ce sont partout des calcaires plus ou moins compacts, caractérisés par la présence des *térébratules perforées*. En certains points, dit M. de Lapparent, et probablement à diverses hauteurs, les couches prennent le caractère réciforme et se développent à l'état de calcaires blancs avec nérinées, dicérates et oursins.

Déjà à la montagne de la Bastille, près de Grenoble, la série oolithique commence à prendre ce type méditerranéen. Au-dessus d'une assise de marnes, on trouve une masse colossale de calcaires gris ou noirs, que l'on appelle *calcaires de la Porte de France*, et dans lesquels apparaît une térébratule perforée, *Terebratula janitor*. Puis viennent les calcaires à ciment hydraulique dans lesquels se trouve *Terebratula dyphia*. La couleur bitumineuse de ces calcaires rappelle encore celle du lias et contraste avec la blancheur du corallien dont on trouve les *balmes* abruptes, non loin de là, sur les bords de la vallée de l'Isère, à Voreppe et à l'Échaillon. Ce calcaire de l'Échaillon repose sur une assise dolomitique et forme un récif de plus de 200 mètres de hauteur; il est recouvert par les calcaires jaunâtres ou roux du néocomien.

On retrouve cette même superposition des calcaires de l'infracrétacé au jurassique dans toutes les chaînes secondaires qui s'étendent, à la base et à l'ouest des Alpes, dans les départements de l'Isère, de la Drôme et de Vaucluse.

Le contrefort des Alpes, qui sépare le bassin de la Durance de la Provence et qui se termine par la chaîne de Sainte-Baume, au nord-est de Marseille, se compose également de calcaires infracrétacés qu'il est difficile de distinguer des assises jurassiques sur lesquelles ils reposent. Ils s'avancent jusqu'au bord de la Méditerranée et forment à l'est de Marseille, la côte rocheuse qui s'étend jusqu'à la Ciotat et Bandol.

« Le massif de la Carpiane, dit M. Lenthéric, qui se dresse au sud-ouest de Marseille, est d'une sécheresse toute provençale ; la région est inculte, presque déserte. Les crêtes supérieures de la montagne, qui ne dépassent pas une altitude de 600 mètres, sont seules couvertes de pins dont la verdure sombre se détache très nettement sur la roche d'un gris cendré presque bleuâtre ; mais les flancs sont abrupts et dénudés, et, du côté du nord, s'abaissent presque à pic sur la banlieue de Marseille que les irrigations ont transformée depuis trente ans en un magnifique jardin. En regard de la mer, les gorges moins profondes, mais tout aussi sauvages, viennent aboutir à une sorte de plateau pierreux et bosselé qui forme une immense terrasse ; et c'est à peine si, dans les creux de ces vallons, quelques amandiers souffreteux et de longues files d'oliviers rabougris rappellent le sol de la Provence[1]. »

Après la rade de Saint-Nazaire, la côte calcaire est remplacée par les granites des Six-Fours et de la presqu'île de Sicié, derrière laquelle s'abrite la rade de Toulon ; mais les calcaires jurassiques forment, derrière la ville, les escarpements blanchâtres du Coudon et du Faron qui s'élèvent à 700 mètres au-dessus du niveau de la Méditerranée.

Le reboisement du Faron, montagne qui s'élève au nord de la ville de Toulon, est un des chefs-d'œuvre de notre administration forestière.

---

1. Lenthéric, *la Provence maritime.*

D'après la tradition, des futaies superbes, sans doute de chênes verts et de pins d'Alep, avaient recouvert autrefois cette montagne, mais, depuis plus de trois siècles, elles avaient disparu, et peu à peu toutes les plantations de vignes et d'oliviers établies sur ses contreforts avaient été détruites par les eaux torrentielles qui, de temps en temps, descendaient de ces crêtes dénudées. En été, le soleil, réfléchi par les roches calcaires, rendait la chaleur intolérable dans les rues de la ville et gênait parfois même, dit-on, les mouvements de la flotte dans la rade.

« Le rêve des Toulonnais, écrit dans la *Revue des eaux et forêts* M. Vincent, l'habile forestier auquel nous devons cette magnifique restauration, aurait été de voir reverdir ces cimes désolées, mais ce n'était pas sans quelque apparence de raison que l'on traitait de fous ceux qui parlaient de reboiser ces vastes étendues de rochers, car le mouton et la chèvre avaient dévoré jusqu'à la racine les dernières graminées, et une grande partie de la rade se trouvait obstruée par les terres que les orages avaient peu à peu entraînées dans le torrent du Las et les fossés des remparts. On peut dire sans exagération que le squelette de la montagne restait seul et présentait aux yeux son aspect désolé, comme une immense et irréparable ruine. »

Après quelques essais de semis tentés dès 1850 par M. Robert, pharmacien de la marine, M. Vincent entreprit, en 1866, le reboisement général, et il commença sur les pentes les plus arides, pentes de 40 à 50 p. 100 qui se penchent vers Toulon. Sous la couche de pierres roulantes, il avait remarqué, à une profondeur variable, mais souvent de près d'un mètre, des graviers, sable, argile, un peu d'humus. Pour atteindre ces couches encore favorables à la végétation, il fit creuser des *potets*, trous de 0^m,80 à 1 mètre de côté et espacés de 3 à 5 mètres les uns des autres suivant la nature du fond que les ouvriers rencontraient. Dans les endroits où la roche présentait des fissures verticales où les jeunes arbres pourraient enfoncer leurs racines, on les rapprochait ; là, au contraire, où les bancs étaient horizontaux, il fallait abandonner les trous commencés et chercher un peu plus loin une meilleure place.

En creusant les potets, les ouvriers rejetaient les blocs et les grosses pierres, tandis qu'ils réservaient avec soin tout le gravier, le sable et la terre qu'ils découvraient. Puis, lorsqu'ils avaient recueilli une quantité suffisante de ces éléments de terre végétale, ils les répandaient dans le fond des trous et y semaient des graines de pin d'Alep, de pin pinier, ou de pin maritime, de chêne vert et d'acacia. Aujourd'hui, les arbres qui proviennent des premiers semis atteignent déjà près de 10 mètres de hauteur. La dépense a été en moyenne de 253 fr. par hectare. Il y a en tout 364 hectares, dont 169 étaient resemés en 1873.

A partir de Toulon, les plateaux de calcaire jurassique et crétacé s'élèvent par étages successifs et s'éloignent des côtes; ils forment la *Montagne* qui enveloppe, comme un vaste amphithéâtre, les collines de trias des environs de Cuers, le Buc, Lorgues, Callas et Grasse, que les massifs des Maures et de l'Estérel séparent encore de la mer. Puis les Alpes calcaires tournent au sud, et leurs ramifications s'avancent jusqu'au bord de la Méditerranée, à Antibes, Nice et Monaco.

« Une presqu'île rocheuse, dit M. Lenthéric, qui se détache à angle droit de la côte et s'avance en mer comme un épi, limite à l'est le golfe Juan. C'est le promontoire de la Garoupe. L'ossature calcaire du continent disparaît sous une admirable végétation. Partout des pins d'Alep, des pins parasols, des aloès et des orangers en pleine terre et surtout de magnifiques oliviers dont la grande envergure contraste avec les arbustes rabougris de la vallée du Rhône. C'est toujours le même paysage oriental et la même flore, moitié italienne et moitié africaine, qui s'épanouit dans tous les abris de la côte depuis Toulon jusqu'à l'Italie.

La petite ville d'Antibes est bâtie au pied de la montagne de la Garoupe, du côté de l'est, à l'endroit même où ce grand promontoire s'enracine à la ligne du continent. A dix-huit kilomètres plus loin, après le Var, on retrouve les mêmes dispositions; et une ramification des Alpes Maritimes projette en mer deux contreforts, le mont Boron et le mont Ferrat, entre lesquels s'enfonce la rade de Villefranche. A l'origine de ces massifs et du côté de l'ouest, se déroule la plage de Nice, couverte d'hôtels et de jardins[1].

---

1. Lenthéric. *la Provence maritime.*

Dans les environs d'Antibes, l'*infralias* se compose de marnes vertes ou noires et de calcaires en plaquettes, surmontés d'une lumachelle qui contient en abondance les fossiles de la zone à *Avicula contorta,* puis de dolomies à couleurs variées, et enfin de gros bancs très siliceux, assez résistants pour avoir été exploités comme pierres à meules.

Au-dessus de l'infralias, on trouve des *calcaires* et des *dolomies* d'apparence grenue avec couches de silex, qui couronnent toute la crête des coteaux de Fayence, aux environs de Cannes (zone à *Lima heteromorpha*).

Près de Clausonne, on exploite des argiles, accompagnées de lignites, qui paraissent séparer ces calcaires inférieurs d'une assise supérieure également calcaire, caractérisée par la *Rhynchonella decorata.*

Près de Biot, les terrains jurassiques se terminent par des *dolomies* que recouvrent des lambeaux de *calcaires* blancs mal stratifiés.

A partir de Nice, dit M. Lenthéric, la côte change d'aspect. Plus de vallées, plus de plages. Les derniers contreforts des Alpes Maritimes plongent à pic dans la mer, et la grande falaise calcaire est un véritable rempart qui protège d'une manière absolue le rivage contre les vents du nord. Nulle part en France et même en Europe, on ne trouve une température plus élevée; et c'est avec toute raison que les environs de Villefranche, de Beaulieu, d'Eza et de Monaco ont pu être désignés sous le nom de *Petite Afrique.* Les escarpements de la falaise ont pris de place en place, sous l'action du soleil, une teinte rouge-feu comme celle du métal chauffé à la fournaise. Les routes qui longent la côte sont jalonnées de distance en distance d'aloès et de palmiers. Sur le bord des chemins, des géraniums toujours en fleur forment de longues haies, hautes souvent de 4 à 5 mètres. Les plantes épineuses de la flore tropicale tapissent les rochers de leurs feuilles larges et massives. Les citronniers surtout prospèrent mieux que partout ailleurs en Provence. C'est en particulier la culture dominante et productive de la banlieue de Menton, et les terrasses qui dominent cette ville à moitié italienne en sont littéralement couvertes.

Cette merveilleuse flore de la région de Villefranche et de Menton est encore mise en relief par l'incomparable harmonie que présentent les dentelures de la côte. La montagne de Mont-Boron qui sépare le golfe de Nice du grand bassin de Villefranche, la péninsule du cap Ferrat, la pointe du Saint-Hospice, les roches de Monaco, le cap Martin qui commande la rade de Menton, forment autant de môles naturels qui se détachent de la grande falaise du littoral et déterminent entre eux un nombre égal de petites baies riantes, bordées de bois d'oliviers et d'orangers, dont les orientations opposées permettent aux navires de venir chercher un abri, quelle que soit la direction des vents.

§ 9. — L'Autriche et la Grèce.

« Le type méditerranéen de l'oolithe supérieure, dit M. de Lapparent, joue un grand rôle dans la région des Karpathes, où il donne naissance au calcaire ruiniforme connu sous le nom de *Klippenkalk* ou *calcaire à récifs*. »

Au sud de l'empire d'Autriche, l'Herzégovine, la Bosnie, la Croatie, la Dalmatie, l'Istrie, etc., ont plus de 800 milles carrés de ces contrées à calcaires blancs ou gris, remplis de fissures, de bétoires et de cavernes, dans lesquelles s'engouffrent les eaux de pluie, couverts d'un sol aride et pierreux, au milieu duquel s'élèvent de loin en loin des récifs coralliens, en forme de ruines. Ces terrains appartiennent en partie à l'oolithe supérieure, en partie à l'infracrétacé, mais ils ont tous le même caractère, et les Slaves leur ont donné un nom spécial. Il les appellent *Krs* en croate, *Kras* en slovak. Les Italiens les nomment *Carso*, les Allemands *Karst*. C'est partout le même radical avec des terminaisons variées.

Des échantillons de calcaire du *Kars*, analysés par le docteur Reitlechner, à Ungarisch-Altenburg, contenaient 80 à 97 p. 100 de carbonate de chaux, 1 à 5 p. 100 d'oxyde de fer et d'alumine, 0 à 1/2 p. 100 de silice et 1 à 10 p. 100 de résidu insoluble dans les acides. Au milieu des terrains pierreux qui couvrent ces roches, on trouve, par lambeaux, remplissant les fissures et les cavités du calcaire, une terre rouge que les Italiens appellent *terra rossa*, analogue au *bolus* des montagnes du Jura et aux argiles éruptives que nous avons eu l'occasion de signaler sur tous les plateaux jurassiques, causses de l'Aveyron et du Quercy, garrigues du Midi de la France, etc., etc...

D'après M. Vierthaler, professeur à Trieste, la *terra rossa* est composée de :

Silice	75,89 p. 100.
Carbonate de chaux	4,40 —
Carbonate de magnésie.	1,61 —
Sulfate de chaux.	0,40 —
Alumine.	5,33 —
Oxyde de fer	12,30 —

avec des traces de potasse et d'acide phosphorique assez notables pour en faire une terre fertile. On y voit, entre autres dans les forêts de la frontière militaire de la Croatie, des sapins et des hêtres de 40 mètres de hauteur, et la plupart des beaux arbres, par exemple les noyers, qui ont l'air de pousser sur le roc nu du *Kars*, se nourrissent en réalité seulement de la *terra rossa* qui remplit ses fissures.

Cette *terra rossa* est, avec les quelques couches de marnes (*terra bianca*) qui sont éparses au milieu du calcaire compact, la principale ressource de l'agriculture des provinces limitrophes de la mer Adriatique. On ne trouve dans ces provinces que 29 p. 100 de terres cultivables, 25 p. 100 de forêts et 26 p. 100 de pâturages pierreux. En Dalmatie, il n'y a même que 19 p. 100 de terres cultivables, 15 p. 100 de forêts et 66 p. 100 de pâturages. Des broussailles éparses dans ces pâturages montrent, et les documents historiques le confirment, que la plus grande partie du *Kars* était autrefois boisée, mais les coupes rases ou les incendies ont détruit les forêts. Les graines d'arbres résineux, privées de couvert, n'ont pas pu reformer le peuplement, et les bestiaux qui pâturent détruisent toutes les jeunes pousses des autres essences [1].

---

1. H. de Guttenberg, *Die forstlichen Verhältnisse des Karstes*. Trieste, 1882.

L'Herzégovine et le Montenegro appartiennent presque tout entiers au *Kars*. Dans la Turquie d'Europe, la plus grande partie de la région des Balkans paraît avoir une constitution géologique du même genre, mais elle n'a encore été que très imparfaitement étudiée.

Quant à la Grèce, les descriptions des anciens auteurs et celle qu'en a donnée récemment M. Élisée Reclus, dans son bel ouvrage sur la géographie de l'Europe, montrent qu'une grande partie de ses montagnes ont tous les caractères des contrées jurassiques et crétacées que nous avons déjà trouvées dans le reste de l'Europe. Le tonneau des Danaïdes représentait, dans la mythologie grecque, le sol pierreux et sec de la plaine d'Argos ; c'est un type de plateau jurassique. Les eaux de pluie se perdent dans les fissures et les bétoires ou *Katavothres* dont les rochers calcaires sont criblés et reparaissent au-dessous de la plaine, au défilé de Lerne, en sources abondantes dont les eaux, ne trouvant pas assez d'écoulement, formaient des marais qui répandaient la fièvre autour d'eux et *dévoraient* ainsi les habitants. Ces sources, appelées *Kephalaria* ou, en grec moderne, *Kephalovrysis,* sont les *têtes* de l'hydre de Lerne qu'Hercule réussit à *couper*. La fable de l'hydre de Lerne ne représente donc pas autre chose qu'un vaste *drainage* de marais, bienfait que les populations reconnaissantes attribuèrent à un demi-dieu.

Il faudrait aujourd'hui à la Grèce quelques-uns de ces Hercules pour reboiser ses montagnes et redrainer ses vallées.

Beaucoup de localités portent encore des noms qui indiquent qu'autrefois elles étaient couvertes ou entourées de bois ; les noms sont restés, mais les forêts ont disparu. Il ne reste plus que des *mâquis,* landes couvertes d'un fouillis de cytises, de lentisques, arbousiers, lauriers-roses, etc., ou des rochers complètement nus, dont les pluies, rares mais torrentielles, ont enlevé toute terre végétale. Les montagnes et les plateaux de calcaire jurassique et crétacé ressemblent de plus en plus au tonneau des Danaïdes, et les vallées de la Béotie, autrefois si fertiles, sont de nouveau converties en marécages, parce qu'on a négligé d'entretenir l'écoulement des eaux à travers les *Katavothres.*

Le type méditerranéen de la formation jurassique se trouve également en Algérie, mais comme il y est peu développé et que, d'ailleurs, ses caractères ressemblent à ceux des terrains crétacés qui y occupent de très grandes surfaces, nous nous en occuperons, en même temps que de ces derniers, dans les chapitres IX et X.

§ 10. — L'Angleterre.

En Angleterre, nous retrouvons les terrains jurassiques avec la même composition minéralogique que sur le continent ; la seule différence qu'on peut constater, c'est que les grès et les sables y deviennent plus fréquents au milieu des marnes et des calcaires qui continuent à prédominer et à former le caractère principal de la formation.

Mais la production végétale est fonction à la fois du sol et du climat. Au lieu du ciel pur des contrées méridionales, nous allons trouver le climat brumeux des bords de l'Océan ; et tel sol de calcaire oolithique, que la sécheresse rend improductif sur les causses ou les garrigues du Midi de la France, portera de magnifiques récoltes de turneps, d'orge ou de trèfle, grâce aux pluies qui l'arrosent dans le comté de Leicester.

De plus, nous aurons à tenir compte plus que jamais d'un troisième facteur qui joue un rôle considérable dans les systèmes de culture : le débouché. L'Angleterre nous a devancés dans la voie de la culture intensive, parce que, grâce à une population industrielle très nombreuse, la viande y avait atteint des prix plus élevés que chez nous. Elle devait donc et elle pouvait spécialiser ses animaux en vue de cette production et, en même temps, employer relativement beaucoup de travail et de capitaux pour leur fournir une nourriture abondante, en été des pâturages, en hiver des turneps. Son climat convenait très bien à ces deux productions. Quant à ses terres, celles de formation jurassique leur sont très favorables, le lias particulièrement aux herbages et aux bêtes à cornes, les calcaires oolithiques aux cultures de turneps et de céréales avec élevage de moutons.

Les terrains jurassiques forment au sud de l'Angleterre une large bande qui la traverse en écharpe depuis le comté de Dorset jusqu'à celui de Leicester, puis se dirige vers le nord, en devenant plus étroite dans le Lincolnshire, et enfin se termine à l'est du Yorkshire. En Écosse, on n'en trouve que quelques lambeaux du côté de la mer du Nord. Le lias se trouve à l'ouest de cette bande, puis on rencontre successivement tous les étages de la série oolithique, en s'avançant à l'est vers le gault et la craie qui s'allongent parallèlement à la formation jurassique.

Au-dessus du *rhétien* ou *série de Penmarth*, dont l'épaisseur dépasse rarement 12 à 15 mètres et qui se compose d'argiles schisteuses noires et de grès blancs à *Avicula contorta*, supportant un *bone bed* à ossements de vertébrés, on trouve une série, de quelques mètres d'épaisseur, de lits alternatifs de calcaire blanc jaunâtre et d'argile que les Anglais appellent *lias blanc* à cause de sa couleur et qui correspond à l'hettangien, puis le *sinémurien* ou *lower lias clay and limestone*, composé d'argiles gris bleuâtre, souvent schisteuses et de calcaires bleus argileux. Cet étage, où les *Gryphaea arcuata*, les *Ammonites Bucklandi*, etc., abondent, a une grande puissance (160 à 300 mètres) et par suite une importance considérable au point de vue agricole.

Le *liasien*, qui lui succède, n'a que 50 mètres d'épaisseur dans le Yorckshire. Argileux à la base, il passe peu à peu à un grès tendre, brun et ferrugineux (*marly sandstone*), qui se décompose en terres moins compactes.

Enfin, le *toarcien* ou *upper lias clay and limestone* reprend les caractères du sinémurien. C'est une argile tenace, d'un bleu foncé, avec quelques lits de calcaire noduleux. Il a 65 mètres de puissance dans le Yorckshire.

Dans les terres fortes, cultivées en larges billons, on suit, en général, un assolement de 6 ans composé de : 1) froment ; 2) fèves avec fumure ; 3) froment ; 4) jachère, dont une partie est en turneps ou betteraves ; 5) froment ou orge ; 6) trèfle et graminées. La jachère nue est encore conservée par d'excellents fermiers qui la croient indispensable, mais cependant elle tend à diminuer, à mesure que le drainage prend de l'extension.

Dans les sols plus légers, on fait : 1) froment ; 2) pois, suivis de

turneps hâtifs que l'on fume avec du guano ; 3) orge ou blé de printemps ; 4) turneps, avec fumier et guano ; 5) orge ; 6) trèfle et graminées. Les turneps sont en partie consommés sur place par les
moutons, auxquels on donne en même temps des tourteaux, en partie
amenés à la ferme pour la nourriture des vaches.

Partout où les argiles et les marnes prédominent et, comme on
vient de le voir, c'est ce qui a lieu dans la plus grande partie du lias,
on trouve des herbages et des prairies permanentes. Dans les fonds
les plus riches, par exemple dans la vallée de Gloucester, on engraisse des bœufs. Dans ceux de deuxième qualité, on nourrit des
vaches laitières dont le lait est vendu en nature ou converti en
beurre, lorsque la ferme est située à proximité des grandes villes, et
employé à faire du fromage (Gloucester, Stilton ou Leicester),
quand elle est plus éloignée des marchés. En général, les fermiers
font des élèves pour le recrutement de leur vacherie. Quelques troupeaux de choix ont pour but principal la vente des reproducteurs.
La ferme de Whitefield, que lord Ducie a rendu célèbre par les durhams qu'il y élève, est située dans la vallée de Gloucester.

Beaucoup de ces herbages du lias ont besoin d'être améliorés par
le drainage ; mais l'emploi des superphosphates y est beaucoup
moins utile que dans les grès rouges du Cheshire.

Les terres formées par les affleurements des couches calcaires et
par le *marly-sandstone*, moins tenaces, sont tantôt en herbages
comme les argiles, tantôt en terres arables.

Souvent la même ferme contient des uns et des autres et, dans ce
cas, on réunit, à une certaine quantité de bêtes à cornes, un troupeau
de brebis de race Leicester ou Cotswold, dont les agneaux sont vendus à l'âge d'un an.

Bajocien et bathonien :

Le *bajocien* ou *oolithe inférieure* se compose, aux environs de
Cheltenham, de 70 à 80 mètres de calcaires, les uns oolithiques et
entremêlés de couches de marnes, les autres sableux. Dans le Yorkshire, il débute par un grès ferrugineux que l'on appelle *dogger*,
nom que quelques géologues, par exemple M. Credner, ont étendu
à tous les étages jurassiques qui se trouvent entre le lias et l'oxfordien.

Puis vient la *terre à foulon* (*fuller's earth*), argile bleue, tenace, avec de nombreux lits de calcaires à *Ostrea acuminata*. Elle a 50 à 60 mètres d'épaisseur près de Bath et forme la partie inférieure du *bathonien*. On trouve souvent, au-dessus de ces argiles, des calcaires fissiles et coquilliers qui sont intercalés dans des schistes sableux. On les appelle *schistes de Stonesfield* dans l'Oxfordshire.

Le reste du *bathonien* se compose de la *grande oolithe* qui a 12 mètres d'épaisseur aux environs de Bath ; de l'*argile de Bradford* (*Bradford-clay*) qui en a 20 et se transforme souvent en un calcaire coquillier compact, autrefois exploité comme marbre dans la forêt de Whichwood, d'où le nom *forestmarble* que lui a donné M. Smith ; enfin du *cornbrash*, calcaire marneux ou calcaire coquillier, en fines plaquettes entremêlées d'argile, qui se désagrège à l'air en fragments anguleux et donne un sol très propre à la culture des céréales ; de là son nom de *cornbrash*.

Voici comment M. Clare Sewel Read a décrit les caractères agricoles des terrains jurassiques dans un rapport sur l'agriculture de l'Oxfordshire (*Journal de la Société royale d'agriculture*, vol. XV) :

« En allant au nord-est du comté, vers Great Tew, on trouve des terres rouges (*red land*) qui indiquent la présence de l'oolithe inférieure. En effet, l'oolithe inférieure forme une rangée de collines arrondies qui dominent les vallées de lias. Cette formation est composée de matières calcaires, siliceuses, micacées et ferrugineuses. En certains endroits, le roc est à quelques pouces de la surface ; mais le plus souvent il y a une bonne profondeur de terre meuble qui varie d'un sable rouge à un loam argileux. C'est, on ne peut en douter, un des meilleurs sols de l'Oxfordshire ; Arthur Young l'a nommé *la gloire du comté*. C'est une terre profonde, saine et friable, quoique suffisamment tenace. La plus rouge est celle qui contient le plus de sable ; elle convient très bien à l'orge et aux turneps. Dans quelques rares localités, c'est du sable pur et par trop léger. En général, il est mélangé d'une assez grande quantité de terre calcaire pour avoir des propriétés physiques parfaites et être extrêmement fertile ; par exemple, dans les environs d'Adderbury, Hempton, etc., on ne craint pas d'y faire deux céréales de suite et même on trouve que l'orge faite après blé est supérieure en qualité comme en quantité à celle qui est faite immédiatement après les turneps. Une grande partie de ces terres est, d'ailleurs, en herbages excellents, assez substantiels pour engraisser des bêtes à cornes, tout en étant très salutaires (*kind*) pour les moutons. »

Le district du Stonebrash se compose de plateaux élevés (*flat table-land*), terminés par des parois abruptes et caractérisés par leurs vastes champs et leurs clôtures de pierres.

Cet étage se compose de bancs de calcaire oolithique écailleux (*shelly*) de diverses épaisseurs, les uns assez minces pour qu'on puisse les employer comme des ardoises à la couverture des maisons, tandis que les autres ont une puissance considérable et fournissent une pierre à bâtir très compacte. Entre ces bancs pierreux sont interposés des lits de marnes à la surface desquelles il y a des suintements d'eau, lorsqu'elles sont à jour sur les pentes des collines. Quelquefois, ces marnes sont assez étendues pour donner lieu à un sol humide et tenace, mais ce sont des exceptions. En général, on trouve sur les calcaires oolithiques une terre sèche, pierreuse, loam friable, contenant peu de matière végétale. La couche arable a une épaisseur de trois pouces jusqu'à un pied. C'est sur les plateaux qu'il est le plus profond et le meilleur. L'orge, le blé, les turneps et le sainfoin y réussissent bien. Dans les meilleures terres, on suit l'assolement de quatre ans de Norfolk. Dans la plupart, c'est un assolement de cinq ans : 1) turneps ; 2) orge ; 3) mélange de trèfle et de rye-grass fauché ; 4) pâturage ; 5) blé. Quelquefois on prend une avoine ou une récolte de pois après le blé ; mais, dans ce cas, on a soin d'employer un supplément d'engrais.

Les bons fermiers ont l'habitude d'avoir un dixième de leurs terres en sainfoin en dehors de l'assolement. On le sème dans l'orge à raison de 3 hectolitres et demi par hectare avec 5 kilogr. de trèfle. Pendant plusieurs années, on fauche le sainfoin pour le sécher ; il donne 3,500 à 4,000 kilogr. de foin de première qualité. Quant au regain, on le fait pâturer : les agneaux s'en trouvent fort bien. Dès que le rendement descend au-dessous de 2,000 kilogr., ce qui arrive en général au bout de six ou sept ans, on ne le fauche plus du tout ; on le fait pâturer encore pendant un ou deux ans, et puis on le rompt pour reprendre la culture des turneps et des céréales avec l'assolement ordinaire.

On trouve aussi l'assolement suivant dans la grande oolithe, le forest-marble et le cornbrash des comtés de Dorset, Gloucester, Buckingham, Northampton et York : 1) turneps ; 2) avoine ; 3) vesces avec seigle, semés à différents intervalles pour fourrages verts; 4) orge ou avoine ; 5) betteraves ; 6) blé ou orge, avec semis de trèfle et de rye-grass ; 7) pâturage ; 8) blé.

Après le déchaumage du blé qui termine la rotation, on nettoie le sol au moyen d'un extirpateur, on ramasse les mauvaises herbes et on les brûle ou les mélange avec de la chaux pour les décomposer. Puis on mène le fumier et l'enterre à la charrue. On laisse ainsi le sol jusqu'en février ou mars, puis on y passe encore une fois l'extirpateur ou scarificateur pour bien mélanger le fumier avec la terre et détruire les herbes qui ont repoussé; et l'on sème les turneps en raies distantes de 40 à 50 centimètres.

Dès que les racines ont été enlevées, on donne le seul labour nécessaire pour préparer les semailles de l'orge; après ce labour, un coup d'extirpateur en travers et quelquefois le rouleau avant de semer à la machine.

Même préparation les autres années ; toujours un seul labour peu profond.

La sixième année, on sème dans le blé au printemps par hectare 15 kilogr. de trèfle rouge, 10 kilogr. de trèfle blanc, 6 kilogr. de trèfle jaune ou minette et 2 et demi à 3 hectolitres de rye-grass. On obtient ainsi un herbage qui nourrit 12 brebis avec leurs agneaux depuis le milieu d'avril jusqu'en automne. Quand le pâturage n'est pas très abondant, on donne à chaque brebis une ration supplémentaire d'un quart de kilogramme de tourteau par jour.

Du reste, les fermiers anglais préfèrent les terres un peu pierreuses à celles qui, ne contenant pas de fragments de roches calcaires et composées uniquement de particules très fines, se battent par les pluies et se couvrent d'une croûte qui nuit beaucoup à la végétation. Ils appellent ces dernières *dead land* (terres mortes) ou *sleepy land* (terres endormies).

Une des races de moutons les plus estimées de l'Angleterre, celle des Cotswold, est originaire d'une contrée qui appartient aux calcaires inférieurs de la série oolithique et que l'on appelle les *collines de Cotswold* (*Cotswold Hills*). Cette contrée se trouve dans le Gloucestershire et s'étend depuis Stow-on-the-Wold à l'ouest jusqu'au Severn et au sud jusqu'à Cirencester. Elle se compose d'une série de plateaux dont quelques-uns s'élèvent à plus de 200 mètres au-dessus du niveau de la mer, en sorte que le climat y est assez froid et que les céréales y mûrissent ordinairement quinze jours plus tard que dans les vallées qui les entourent.

Ces vallées sont la plupart couvertes d'herbages. Mais sur les collines, les terres, assez légères, sont en culture arable. L'assolement suivant y est assez habituel : 1) turneps ; 2) orge ; 3) trèfle ; 4) blé ; 5) avoine ; 6) et 7) sainfoin. Autrefois, on avait l'habitude singulière mais, dit-on, profitable aux turneps, d'écroûter la terre remplie de racines de sainfoin, de la mettre en tas et de la brûler pour en répandre les cendres comme engrais pour les racines. On abandonne cette vieille pratique depuis qu'on a pu la remplacer par l'emploi du guano et de la poudre d'os.

Presque toutes les fermes nourrissent, outre un troupeau de brebis Cotswold dont les agneaux vendus à l'âge d'un an rendent, y compris la laine, 45 à 50 fr. chacun, des génisses qu'ils achètent aux laiteries du Buckinghamshire et qu'ils leur revendent à l'âge de 2 ans et demi ou 3 ans, quand elles sont prêtes à faire le veau.

Outre les cours des universités d'Oxford et d'Édimbourg, la Grande-Bretagne n'a qu'une seule école d'agriculture qui est située dans le comté de Gloucester, à 1 mille et demi de la ville de Cirencester, dans un magnifique bâtiment d'architecture gothique, entouré d'une vaste ferme avec 300 hectares de terres. Ces terres sont toutes de formation jurassique. Dans les sols légers, qui prédominent, on suit l'assolement de 4 ans de Norfolk ou un assolement de 5 ans qui lui ressemble, mais avec 2 années de pâturage, au lieu d'une. Dans les plus fortes, l'assolement est de 3 ans : 1) turneps; 2) fèves; 3) blé.

Oxfordien:

A la base de l'oxfordien, on trouve sur une épaisseur de 10 à 25 mètres, une série de bancs de grès calcaire jaunâtre et parfois très ferrugineux que l'on appelle le *Kelloway-rock*.

Mais la grande masse de la formation se compose de 150 à 200 mètres d'*argiles* tenaces, d'un bleu foncé, quelquefois bitumineuses, qui contiennent par places des rognons calcaires.

Au-dessus de ces argiles, se présente une nouvelle assise de grès calcaire, le *lower calcareous grit*, dont la puissance a 25 à 30 mètres.

Les argiles oxfordiennes doivent leur nom à la ville d'Oxford autour de laquelle elles forment de vastes étendues. Comme elles sont excessivement tenaces, leur culture serait trop dispendieuse. Elles sont presque toutes entièrement couvertes de pâturages dans lesquels on nourrit principalement des vaches laitières.

La culture n'y apparaît que sur les points où des sables provenant de la décomposition du grès calcaire ou de dépôts diluviens sont venus se mélanger aux argiles et modifier leurs propriétés physiques.

Corallien :

Le corallien se compose d'une série d'environ 17 mètres de couches oolithiques, tantôt compactes, tantôt marneuses qui s'appelle *oolithe d'Osmington* ou *coralline oolithe*, du *coral-rag* proprement dit, calcaire bréchiforme, presque entièrement formé de polypiers, de coquilles brisées et d'oursins ; d'abord associé au *grès calcaire supérieur (upper calcareous grit)*, il finit par en être complètement recouvert.

Tous trois forment des sols calcaires, en général très maigres, quoique exceptionnellement on y trouve des loams assez profonds. La plus grande partie de cet étage est en culture arable, culture peu coûteuse, car elle exige peu d'attelages pour les labours, et les moutons peuvent y consommer sur place les turneps et les fourrages verts. Les parties non cultivées fournissent à ces moutons un pâturage peu abondant, mais sain et de bonne qualité.

Kimmeridge clay :

Les argiles de Kimmeridge sont beaucoup plus développées en Angleterre et surtout dans le comté de Lincoln que sur le continent ; elles y ont environ 300 mètres de puissance. Un peu sableuses et entremêlées de rognons gréseux dans leur partie inférieure, elles deviennent dans le haut schisteuses et bitumineuses, alternant quelquefois avec des bancs de pierre à ciment. Partout leur couleur est foncée.

Au point de vue agricole, les argiles de Kimmeridge ont les mêmes caractères que celles d'Oxford. Elles conviennent mieux aux herbages qu'à la culture arable.

Portlandien :

Le portlandien, dont le type se trouve dans l'île de Portland, est composé de deux assises : le *Portland sand* ou *sable de Portland*, sable quartzeux, mélangé de grains verts et de marnes, et le *Portland stone* ou *calcaire de Portland*, calcaire à silex, surmonté d'une couche remarquable par la finesse de son grain et très recherchée pour les constructions.

Les caractères agricoles du portlandien ressemblent tout à fait à ceux du corallien, et il en est de même pour l'étage qui, en Angleterre, termine la série oolithique, le *purbeckien* ou *Purbeck beds*, série alternante de marnes et de calcaires d'eau douce.

§ 11. — L'Allemagne.

Nous avons décrit les montagnes de la Forêt-Noire, qui séparent le Wurtemberg du grand-duché de Bade, et les trois étages du trias qui forment la partie septentrionale du Wurtemberg. Sa capitale, Stuttgart, est située dans un vallon qui communique, près de Cannstadt, avec la grande vallée du Neckar; elle est entourée de vignobles qui s'étagent sur les grès du keuper.

Si, partant de la ville, on suit la route dont les lacets montent au milieu de ces vignobles, on arrive sur un plateau de lias. On traverse d'abord une belle forêt qui appartient à l'État, puis on passe à côté du haras de Klein-Hohenheim, où le roi de Wurtemberg élève des chevaux de race arabe, et l'on arrive à l'école d'agriculture de Hohenheim, qui fut fondée en 1817 par Schwerz et resta longtemps l'école la plus importante de l'Allemagne.

L'école est établie dans un ancien château des ducs de Wurtemberg, admirablement situé au bord du plateau des Filders ; ce plateau, couvert de nombreux villages et de riches cultures, est tout entier formé par le lias et s'étend *comme un tapis* jusqu'au pied de l'Alb wurtembergeoise, que l'on aperçoit dans le lointain.

Une ferme de 250 hectares fait partie de l'école. Environ 60 hectares de prairies s'étendent au-dessous du jardin botanique et des champs d'expériences qui entourent le château, sur le penchant de deux vallons.

Les marnes supérieures du keuper apparaissent encore dans la partie inférieure de ces vallons.

Le *rhétien*, qui se trouve au-dessus d'elles, a été mis à découvert dans quelques carrières, où l'on exploite le grès qui en forme la partie principale. L'épaisseur de ce banc de grès ne dépasse pas 2 mètres. Le *bone-bed* repose sur lui ; il n'a ordinairement que 20 à 30 centimètres d'épaisseur et sa composition varie : tantôt c'est un conglomérat de débris de poissons et de reptiles avec de nombreux coprolithes, tantôt un grès brun avec de rares ossements ou des restes de plantes carbonisées. Il n'a, du reste, aucune importance agricole et n'offre d'intérêt que comme horizon géologique, marquant le commencement de la formation jurassique[1].

Il en est de même du *hettangien inférieur* (*lias α, a, de Quenstedt, couches à Ammonites psilonotus*) dont les argiles, entremêlées de lits de calcaires marneux, affleurent sur quelques points au bord du plateau et y forment des bandes de terre tenace et très difficile à cultiver ; leur surface humide donne quelquefois lieu à des glissements.

La plupart des terres du domaine de Hohenheim appartiennent à l'*hettangien supérieur* (*lias α, b, de Quenstedt*, couches à *Ammonites angulatus*), composé de grès jaunes, qui se décomposent facilement en sable très fin et de marnes ou d'argiles pauvres en chaux. Ce sont des terres *battantes* (en allemand *Schleissboden*), difficiles à cul-

---

1. M. Quenstedt, auteur d'un livre très complet sur le *Jura*, particulièrement en Allemagne et en Suisse, classe le rhétien dans le keuper, comme couronnement du trias, et ne commence le lias qu'avec l'hettangien.

liver, mais néanmoins assez fertiles, quand on a réussi à les labourer en temps opportun.

M. Émile Wolf, professeur à Hohenheim, y distingue deux variétés
de terres, les premières plus pauvres en chaux que les autres. Voici
les résultats de leur analyse:

	N° 1.	N° 2.
Humidité.	2,918	3,406
Eau combinée.	1,899	1,395
Humus.	0,825	1,336
Azote	0,076	0,099

Matières solubles dans l'acide chlorhy-
drique concentré.

	N° 1.	N° 2.
Silice	0,152	0,054
Oxyde de fer	2,800	3,157
Alumine	2,898	3,209
Acide phosphorique	0,083	0,109
Acide sulfurique.	0,013	Traces.
Carbonate de chaux	0,177	0,495
Magnésie.	0,074	0,295
Potasse	0,218	0,257
Soude	0,012	0,015
Résidu insoluble calciné.	87,404	85,503

Comme on le voit, ces terres sont riches en potasse, mais assez
pauvres en acide phosphorique.

Le champ d'expériences de Hohenheim appartient à cette assise de
l'hettangien supérieur. M. Émile Wolf a fait son bilan chimique, en
dosant les matières minérales qui lui ont enlevé les récoltes pendant
9 années successives et les comparant avec celles qui lui avaient été
rendues par le fumier de ferme, à raison de 45,000 kilogr. par hectare tous les 3 ans, et il a trouvé que cette fumure lui restitue en
quantités suffisantes toutes les matières minérales, sauf l'acide phosphorique. C'est une raison de plus pour employer les phosphates de
chaux comme addition au fumier.

Le reste du domaine d'Hohenheim est formé par les calcaires à
gryphées du *sinémurien* (*lias α, c, de Quenstedt*), calcaires marneux
dans la partie inférieure, puis compacts sur 1ᵐ,20 à 2 mètres d'é-

paisseur, et recouverts d'argiles brunes, dont la plus grande partie du sol arable est composée.

Voici les résultats d'une analyse de ce sol, faite par M. Émile Wolf :

Humidité	4,039
Eau combinée	3,927
Humus	2,091
Azote.	0,122

Matières solubles dans l'acide chlorhydrique concentré.

Silice	0,012
Oxyde de fer	6,011
Alumine.	5,985
Acide phosphorique	0,178
Acide sulfurique	0,024
Carbonate de chaux	2,180
Magnésie	0,516
Potasse	0,633
Soude.	0,023
Résidu insoluble calciné	74,400

Ces terres sont riches en acide phosphorique, en potasse assimilable et en chaux. Ce sont les meilleures de la ferme.

Soit pour offrir aux élèves des exemples de cultures plus variées, soit pour se conformer à la nature des sols et surtout à leur distance des bâtiments d'exploitation, on a adopté 3 assolements différents : l'un avec luzerne et betteraves à sucre alternant avec des céréales, le second de 8 ans avec betteraves fourragères, colza et fourrages verts alternant avec des céréales, le troisième sur les terres les plus pauvres et les plus éloignées de la ferme, assolement semi-pastoral, imitation anglaise, dont le pâturage est utilisé par le troupeau de moutons.

Les animaux, nourris avec les ressources fourragères que donnent ces 3 rotations, consistent en 10 chevaux, 18 à 28 bœufs de travail, 80 à 90 vaches et élèves de race Simmenthal et 800 à 1000 moutons de races diverses.

Schwerz était un grand admirateur de l'agriculture belge, et les procédés de culture qu'il introduisit à Hohenheim et qui s'y maintinrent pendant longtemps, se ressentaient beaucoup de cette admiration.

Les fermes annexées aux écoles d'agriculture doivent-elles présenter ainsi aux étudiants des modèles empruntés à d'autres pays et peut-être mal adaptés aux conditions économiques dans lesquelles se trouvent placées ces fermes? Ne risque-t-on pas ainsi de fausser l'esprit des jeunes gens, tout en faisant une culture trop coûteuse?

Hohenheim fut autrefois le type des écoles supérieures d'agriculture qui avaient la prétention de réunir l'enseignement théorique à l'enseignement pratique.

Dans les années 1850 à 1860, Liebig proposa de réunir l'enseignement théorique aux universités, laissant aux fermes exploitées par les particuliers le soin d'y ajouter l'expérience pratique. Les partisans du système d'Hohenheim se défendirent vivement. On pourrait former toute une bibliothèque des brochures qui furent publiées à cette occasion. Mais les idées de Liebig finirent par triompher.

Aujourd'hui, toutes les écoles les plus florissantes de l'Allemagne sont des annexes des grandes universités. Les autres végètent et peu à peu on les supprime. L'école forestière, qui pendant longtemps faisait partie de celle d'Hohenheim, a déjà été transférée à Tubingue, et il est probable que l'école d'agriculture ne tardera pas à la suivre.

Sur les plateaux des Filders, qui s'étendent de Hohenheim jusqu'au pied de la montagne de l'Alb, l'assolement triennal persiste, parce que le morcellement des propriétés et l'enchevêtrement des parcelles ne permettent pas d'en adopter un autre. Mais il est devenu aussi intensif que possible par l'emploi de jachères bien fumées et bien nettoyées pour la culture des racines et du trèfle.

Au sud d'Hohenheim, les *calcaires à gryphées du sinémurien* se développent largement. Les argiles schisteuses, qui constituent sa partie supérieure (*lias β de Quenstedt*), fournissent une bande de terres encore plus fertiles, généralement couvertes de prairies et de vergers.

Puis viennent, sur la rive droite du Neckar, les *marnes grises à*

Terebratula numismalis (*lias* γ) et les *argiles noires* à Ammonites *Amaltheus* (*Amalthenthon, lias* δ) qui correspondent au *liasien* et fournissent des terres très fortes et très humides. Elles contiennent, d'après M. Émile Wolf, 0,160 p. 100 d'acide phosphorique.

Le *toarcien* du Wurtemberg se compose de deux assises : les *schistes à posidonies* (*lias* ε), schistes noirs et bitumineux, quelquefois avec lignites, alternant avec des bancs de calcaire gris.

Elles renferment :

Eau et bitume	5,70	27,90 p. 100.
Matières insolubles dans les acides	21,21	61,31 —
Alumine et oxyde de fer	2,09	4,76 —
Chaux	12,29	28,22 —
Magnésie	0,13	1,30 —
Sulfate de chaux	0,75	2,94 —
Phosphate de fer	0,23	0,80 —

et les *marnes* à Ammonites *jurensis* (*lias* φ) qui terminent le lias.

Les terres argileuses du *liasien* et du *toarcien*, qui s'étendent au pied de l'Alb, sont presque entièrement couvertes de prés où l'on récolte le foin destiné à l'hivernage des moutons qui passent la belle saison sur les pâturages de ces hauts plateaux.

L'*Alb wurtembergeoise* ou *rauhe Alb* (le substantif indique la couleur *blanche* des calcaires et l'adjectif veut dire *rude*) est un prolongement du Jura suisse qui, après avoir été coupé par le Rhin, entre Bâle et Schaffhouse, forme une bande qui s'élargit de plus en plus en traversant, du sud-ouest au nord-est, le sud du grand-duché de Bade, le centre du Wurtemberg et le nord de la Bavière, la Franconie. Sa partie méridionale s'appelle l'Alb wurtembergeoise et sa partie septentrionale le Jura de Franconie.

Avec le lias que nous venons de décrire, l'Alb, où nous trouverons tous les étages supérieurs de la formation jurassique, occupe à peu près le tiers central du Wurtemberg. Le tiers méridional, qui s'étend jusqu'au Rhin et au lac de Constance, se compose de terrains tertiaires. Le Danube, après avoir pris sa source dans la Forêt-Noire, près de Donaueschingen, traverse le commencement de l'Alb, près de Sigmaringen, puis il la côtoie au sud jusqu'en Bavière, près de

Ratisbonne, où les soulèvements granitiques de la Bohème le forcent à tourner au sud-est.

Les vallées qui découpent les plateaux de l'Alb sont des nids de verdure. Elles ont des sources abondantes (par exemple, celle de la Blau, rivière qui se jette dans le Danube) et une terre fertile, mélange des débris calcaires qui sont tombés des hauteurs environnantes avec les marnes qui affleurent à leur base. Sur les bords de ces vallées, de vigoureuses futaies de hêtres ; au fond, des prés et des vergers ; partout de riches villages qui suivent une culture très intensive dans leur voisinage immédiat.

Mais les plateaux sont secs et arides. Ils s'élèvent à une hauteur moyenne de 800 mètres au-dessus du niveau de la mer, et leur climat mérite bien l'épithète de *rude* qu'on lui a donnée. Les villages dispersés dans ces vastes solitudes n'avaient, pendant longtemps, d'autre eau que celle des pluies recueillie dans des citernes ou dans des mares. Quelquefois la provision s'épuisait et, lorsqu'un incendie éclatait dans une de ces maisons couvertes de chaume, il n'y avait aucun moyen de le combattre; le feu se propageait avec une effrayante rapidité. Aujourd'hui, on a établi dans quelques vallées des machines hydrauliques qui envoient de l'eau sur les plateaux [1].

Près des villages, on suit l'assolement triennal avec jachère nue. Plus loin, c'est un assolement semi-pastoral, transition entre le système triennal et les pâturages permanents ou plutôt les friches permanentes qui s'étendent sur tous les points les moins accessibles du territoire.

L'Alb a de cette manière une abondance de pâturages sur lesquels elle nourrit beaucoup de moutons, mais, comme elle a peu de prés qui valent la peine d'être fauchés, elle ne peut en hiverner qu'une faible partie. Au contraire, les fermes établies dans le lias au pied de l'Alb et dans le centre du Wurtemberg peuvent nourrir plus de moutons en hiver qu'en été. Il s'est donc établi une espèce de transhumance des troupeaux analogue à celle qui a

---

1. Il y aurait lieu d'étudier ces machines hydrauliques et de voir si nous aurions avantage à en établir de semblables pour les plateaux jurassiques que nous avons en Bourgogne, dans le Berry, en Saintonge et dans le midi de la France.

lieu dans les Alpes du Dauphiné et dans les sierras de l'Espagne. Les bergers forment leurs troupeaux soit en louant les moutons des paysans à tant par tête pour l'été et les rendant à la descente de la montagne, soit en les achetant pour leur compte, et devenant locataires de l'étable où ils les hivernent, aussi bien que des pâturages. Le pâturage d'été sur l'Alb dure environ deux cent quinze jours C'est ordinairement la commune qui le loue à un prix variable avec l'offre et la demande, en moyenne 2 fr. 15 c. (1 florin) par tête ; elle dispose du parcage, mais elle s'engage à payer au berger 15 cent. par nuit pour la translation du parc, et à le nourrir. Elle revend le parcage, à l'enchère, pour 1 fr. à 1 fr. 25 c. par nuit et par centaine de moutons, aux cultivateurs, qui prennent alors à leur charge la nourriture du berger.

Pendant quarante jours en moyenne, au printemps et en automne, les bergers nourrissent leurs troupeaux sur d'autres pâturages situés dans le bas pays. Ces pâturages leur coûtent 45 cent. par tête, mais ils restent propriétaires du parcage, qu'ils revendent aux paysans voisins. Pour le gros de l'hiver, ils louent des étables. Les cultivateurs leur vendent du foin pour 4 à 5 fr. le quintal métrique, et leur livrent la paille en échange du fumier. D'après ces données que j'emprunte à M. Walz, ancien directeur d'Hohenheim[1], les frais annuels pour un troupeau de 200 têtes sont de 1,584 fr. Le produit, en comptant 6 fr. 45 c. de laine par tête et 2 fr. 15 c. pour le croît, est de 1,810 fr. Il reste donc 226 fr. pour le berger et les bénéfices qu'il peut faire par le commerce, en achetant et revendant ses bêtes.

Comme il faut varier les soins et la nourriture avec la manière dont le troupeau est composé, il y a quatre sortes de troupeaux : les troupeaux d'élevage, qui vendent les jeunes bêtes comme antenais et les mères hors de service ; les troupeaux de croît, qui achètent les antenais et les gardent un à deux ans ; les troupeaux mixtes, qui élèvent et font croître, et les troupeaux d'engraissement, qui se recrutent par les vieilles brebis et les moutons de trois ans que leur vendent les premiers, qui sont nourris dans les meilleurs pâturages

---

1. *Mittheilungen aus Hohenheim.*

et vont ensuite, en grande partie, alimenter les marchés de Suisse, de France, et particulièrement de Paris. Ainsi l'Alb est le principal instrument de l'élevage de ces moutons qui viennent, avec ceux de la Hongrie, faire concurrence à nos champenois, beaucerons et berrichons.

Le point de départ des troupeaux de l'Alb a été l'ancien mouton du sud de l'Allemagne, race très rustique, d'assez grande taille, à laine commune, machine bien appropriée à faire de la viande à bon marché sur ces plateaux sans abris et sans eaux. En 1786, le duc Charles de Wurtemberg fit venir d'Espagne des mérinos avec lesquels il forma, à Justingen, une bergerie destinée à améliorer la laine. En 1822, cette bergerie fut réunie à l'institut de Hohenheim. Elle a servi à créer des métis-mérinos qui forment aujourd'hui la grande majorité dans la population ovine de la contrée. Leur laine se vend assez cher. Poursuivre ce croisement plus loin et chercher à obtenir plus de finesse encore, en faisant prédominer le sang mérinos, ne pouvait pas convenir. Avec le parcage et les longs voyages sur des routes poudreuses, sous le soleil et la pluie, la laine n'aurait rien gagné; la taille, essentielle quand les droits d'entrée se payaient par tête, et l'aptitude à faire de la viande, qui le devient de jour en jour davantage, auraient diminué. Il serait plus rationnel de recourir à une infusion de sang anglais. On a essayé des dishleys, mais je crois que le southdown conviendrait mieux.

Nous avons vu comment cette transhumance des troupeaux s'allie aux systèmes de culture suivis dans le Wurtemberg. Dans le centre, à mesure qu'une population croissante consomme et travaille plus, la propriété se divise davantage. Le mouton cède la place aux bêtes à cornes, aux bœufs de travail et d'engrais, aux vaches laitières. Sur l'Alb, la population augmente aussi, quoique moins rapidement. Elle devient plus riche, parce qu'elle loue mieux ses pâturages et vend mieux ses propres moutons. Elle a donc plus de moyens pour améliorer ses terres. La jachère étant mieux fumée, elle peut l'utiliser; les céréales qui la suivent et les fourrages profitent également des engrais. Au lieu de laisser la nature créer ces pâturages, on sème des graines fourragères. Dans les meilleurs endroits, on peut faucher, faire des provisions d'hiver; on construit des bergeries et des citernes; on achète des moutons. Il viendra un temps où l'Alb hivernera tous ses troupeaux elle-même. Mais il est encore éloigné. J'indique seulement le mouvement qui tend à se produire, pour montrer comment les circonstances économiques peuvent modifier la culture.

Autrefois, les bergers du Wurtemberg formaient une corporation. Elle a été supprimée en 1828. Elle avait fondé une fête des bergers qui se célèbre encore tous les ans à Markgröning. Le marché le plus considérable pour la laine est celui de Kirchheim. Comme importance, il vient au quatrième rang en Allemagne, après ceux de Berlin, Breslau et Stettin.

L'Alb a environ huit lieues de large. Sa surface équivaut à la sixième partie du Wurtemberg. Ses couches calcaires sont inclinées vers le sud. Au nord, elles se terminent brusquement. Leurs sommités calcaires et les cônes volcaniques, qui les ont percées de loin en loin, offrirent des places favorables pour bâtir les châteaux du moyen âge. Ils portent des ruines pittoresques et intéressantes par les souvenirs historiques qu'elles rappellent. Quelques-unes sont assez bien conservées pour servir de bâtiments de ferme; les salles voûtées sont transformées en bergeries; le bêlement des moutons remplace le bruit des armes et le hennissement des coursiers. Le charmant petit château de Lichtenstein a été réparé dans le style du temps où il fut bâti. Le Hohenzollern, berceau de la famille régnante de Prusse, est encore debout. Le Hohenstauffen n'est plus qu'un mamelon vert. Sur la porte murée d'une chapelle, dernier vestige du manoir des anciens empereurs d'Allemagne, on lit cette inscription : *Hic transibat Cæsar.*

On trouve dans l'Alb les deux divisions supérieures que les géologues allemands ont introduites dans le système jurassique: le *Jura brun* ou *dogger*, et le *Jura blanc* ou *malm.*

Le Jura brun, dont l'ensemble a 100 à 150 mètres de puissance, comprend, outre les argiles à *Ammonites opalinus* que M. de Lapparent place au haut du toarcien :

Le *bajocien*, qui est composé d'une assise de grès jaunes avec minerais de fer oolithiques, puis d'un calcaire dur, de couleur bleue, au-dessus duquel apparaissent successivement des argiles à *Belem-*

nites giganteus, des calcaires à *Ostrea* et une oolithe ferrugineuse à *Amm. bifurcatus* ;

Le *bathonien*, formé par des calcaires oolithiques ou marneux (à *Amm. Parkinsoni* et à *Rhynchonella varians*) ;

Et le *callovien*, calcaire oolithique (à *Amm. macrocephalus*) surmonté d'argiles et de marnes (à *Amm. ornatus* et *Amm. Lamberti*).

D'après les analyses de M. A. Hilger, ce calcaire oolithique contient peu de potasse, mais une assez grande quantité d'acide phosphorique.

	Parties solubles dans l'acide chlorhydrique.	Parties insolubles dans l'acide chlorhydrique.
Silice	0,04 p. 100	2,47 p. 100.
Carbonate de chaux . .	90,63 —	» —
Carbonate de magnésie.	2,95 —	» —
Chaux.	0,52 —	traces —
Oxyde de fer.	0,21 —	0,13
Alumine.	0,05 —	0,20 —
Potasse	0,09 —	0,21 —
Soude.	0,18 —	0,38 —
Acide phosphorique . .	0,40 —	» —
Acide sulfurique . . .	0,94 —	» —
Eau.	1,08 —	» —
	97,09	3,39

Quant au *Jura blanc*, il comprend tous les étages supérieurs à l'oxfordien. À la partie inférieure, ce sont : 1° des bancs calcaires avec intercalations d'argiles, puis 2° des calcaires argileux de couleur foncée et des calcaires plus durs, en nids irréguliers, avec d'abondants spongiaires (*argovien* et *glypticien*) ; 3° des calcaires solides et souvent siliceux nettement stratifiés (*corallien*) ; 4° des calcaires finement grenus ou compacts, non stratifiés, des dolomies, des oolithes et des bancs coralliens qui correspondent au *séquanien* et à la base du *ptérocérien* ; 5° des calcaires en plaques, calcaires argileux qui sont exploités, aux environs d'Ulm, pour faire de la chaux hydraulique et que M. de Lapparent considère comme la partie supérieure du *ptérocérien*, et enfin 6° des *calcaires lithographiques* très remarquables par la finesse de leur grain, la grandeur et la régularité des plaques. Ceux de Solenhofen, de Bavière, sont très renommés.

M. E. Wolf a fait des analyses complètes d'un calcaire du Jura supérieur de l'Alb wurtembergeoise ainsi que de la terre et du sous-sol qui sont formés par sa décomposition; mais les matières solubles dans les acides ne sont pas séparées des matières insolubles :

	Roche.	Couche arable.	Sous-sol.
	p. 100.	p. 100.	p. 100.
Silice	15,998	28,587	46,388
Alumine	2,885	7,661	15,601
Oxyde de fer	0,496	1,304	2,878
Protoxyde de manganèse.	0,027	0,187	0,176
Carbonate de chaux . .	79,585	60,143	31,992
Chaux	0,165	traces	0,059
Magnésie.	0,720	0,536	0,766
Acide phosphorique . .	0,050	0,251	0,149
Acide sulfurique. . . .	0,027	0,114	0,082
Potasse.	0,471	0.958	1,576
Soude	0,081	0,244	0,529
	100	100	100

Le Jura de la Franconie est séparé de l'Alb du Wurtemberg par une vallée de fracture que le chemin de fer traverse de Nördlingen à Donauwörth. Sa partie septentrionale, qui s'avance jusqu'à Lichtenfels, a été appelée la Suisse franconienne, parce que des dolomies ruiniformes et remplies de grottes lui donnent un aspect très pittoresque.

Entre Magdebourg et Brunswick, on retrouve des terrains jurassiques autour des massifs éruptifs des montagnes du Harz. Puis ils reparaissent, au sud de Hanovre, dans les environs de Hildesheim et forment une chaîne étroite de hauteurs qui s'étendent de l'Est à l'Ouest et sont coupées par le Weser aux Portes westphaliennes, près de Minden. Les *couches de Purbeck* y ont, comme en Angleterre, une épaisseur de plusieurs centaines de mètres. Elles sont composées de calcaires en plaques minces (à *Corbula inflexa*), recouvertes de marnes grises, rouges ou verdâtres, dans lesquelles sont intercalées des lentilles de gypse et de sel gemme; la partie supérieure est formée par un calcaire à *serpulites*.

ERRATA ET NOTES COMPLÉMENTAIRES

Page 36, ligne 21. Au lieu de : *hygrométriques*, lisez : *hydrotimétriques*.

Page 169, ligne 21. Au lieu de : *dans le silurien et dans le granit qui y est intercalé, entre autres à Logrosan, près de Cacérès, dans l'Estramadure*, lisez : *dans les calcaires du silurien, à Logrosan et à Cacérès, dans l'Estramadure.*

Page 171, ligne 24. Récemment, une compagnie française, la *Société générale des phosphates de Cacérès*, a entrepris l'exploitation des mines de Cacérès qui sont beaucoup plus considérables que celles de Logrosan. Son succès paraît assuré par la construction d'un embranchement qui relie Cacérès au chemin de fer de Madrid à Lisbonne et par la richesse de ses produits. L'année dernière, l'extraction a atteint plus de 50,000 tonnes de phosphates qui ont été vendus en Angleterre. Ils sont classés en 3 qualités dont voici des analyses faites par M. Ogston, à Londres :

	QUALITÉ supérieure.	QUALITÉ moyenne.	QUALITÉ inférieure.
Humidité (séchée à 212° F)	0	0	1,50
Eau de combinaison	1,00	0,95	0,49
Acide phosphorique[1]	35,37	28,52	24,06
Chaux	49,14	42,37	38,02
Oxyde de fer			
Alumine	0,70	1,10	1,72
Acide carbonique[2]	3,20	5,00	6,42
Silice, etc.	7,60	20,20	25,36
Non déterminé.	2,97	1,86	2,45
	100,00	100,00	100,00
1. Égal à phosphate tribasique de chaux	77,22	62,27	53,33
2. Égal à carbonate de chaux.	7,27	11,36	14,51

Page 193, ligne 33. Au lieu de : *60 cent. à 1 fr.*, lisez : *40 à 60 centimes.*

Page 208, ligne 26. Au lieu de : *sillons*, lisez : *billons*.

TABLE DES MATIÈRES

CHAPITRE IV.

Terrains de transition.

P

CHAPITRE V.

CHAPITRE VI.

CHAPITRE VII.

Le trias.

CHAPITRE VIII.

Terrains jurassiques.

Nancy, impr. Berger-Levrault et Cⁱᵉ.